Raj Spielmann

Wahrscheinlichkeitsrechnung und Statistik

Weitere empfehlenswerte Titel

Philosophie der Mathematik
Thomas Bedürftig, Roman Murawski, 2015
ISBN 978-3-11-033117-2, e-ISBN (PDF) 978-3-11-033118-9,
e-ISBN (EPUB) 978-3-11-038226-6

Mathematik. Wo Sie sie nicht erwarten
Norbert Herrmann, 2016
ISBN 978-3-11-044196-3, e-ISBN (PDF) 978-3-11-044197-0,
e-ISBN (EPUB) 978-3-11-043369-2

Wahrscheinlichkeit. Eine Einführung für Bachelor-Studenten
René L. Schilling, 2017
ISBN 978-3-11-035065-4, e-ISBN (PDF) 978-3-11-035066-1,
e-ISBN (EPUB) 978-3-11-038750-6

Prozesse und Martingale
René L. Schilling, 2017
ISBN 978-3-11-035067-8, e-ISBN (PDF) 978-3-11-035068-5,
e-ISBN (EPUB) 978-3-11-038751-3

Wavelet Analysis on the Sphere
Sabrine Arfaoui, Imen Rezgui, Anouar Ben Mabrouk, 2017
ISBN 978-3-11-048109-9, e-ISBN (PDF) 978-3-11-048188-4,
e-ISBN (EPUB) 978-3-11-048124-2

Raj Spielmann

Wahrscheinlichkeits-rechnung und Statistik

Mathematische Anwendungen in Natur und Gesellschaft

DE GRUYTER

Autor
Dr. Raj Spielmann
Muri bei Bern / Schweiz
raj.spielmann@bluewin.ch

ISBN 978-3-11-054252-3
e-ISBN (PDF) 978-3-11-054254-7
e-ISBN (EPUB) 978-3-11-054265-3
Set-ISBN 978-3-11-056146-3

Library of Congress Cataloging-in-Publication Data
A CIP catalog record for this book has been applied for at the Library of Congress.

Bibliografische Information der Deutschen Nationalbibliothek
Die Deutsche Nationalbibliothek verzeichnet diese Publikation in der Deutschen Nationalbibliografie; detaillierte bibliografische Daten sind im Internet über http://dnb.dnb.de abrufbar.

Umschlaggestaltung: Iustitia, Göttin der Gerechtigkeit, auf dem Gerechtigkeitsbrunnen in Bern.
Bildhauer: Hans Gieng 1543; Wikimedia Commons
Coverabbildung: Creative commons
Satz: le-tex publishing services GmbH, Leipzig
Druck und Bindung: CPI books GmbH, Leck
♾ Gedruckt auf säurefreiem Papier
Printed in Germany

www.degruyter.com

Einführung

Dieses Buch ist aus einem Kurs für Wahrscheinlichkeitsrechnung entstanden, der für humanwissenschaftlich orientierte Hörer konzipiert war. Die künftigen Sozialwissenschaftler, Juristen, Psychologen und Mediziner sollten Einblicke in reale mathematische Problemstellungen erhalten, die ihren späteren Arbeitsgebieten nahestehen. Die beiden großen Themengebiete Natur und Gesellschaft weisen zahlreiche Parallelen und Verknüpfungspunkte auf, die sich leicht in ein gemeinsames Konzept einbinden lassen. Eine Durchleuchtung ihrer Querverbindungen ist teilweise mit einfachen mathematischen Ansätzen möglich, welche jedoch in andere mathematische Gebiete hineinführen können. Soweit der Aufwand vertretbar blieb, wurden sie zur Bereicherung der Diskussion ebenfalls aufgenommen.

Der Aufbau des Buches folgt dem Grundsatz vom Einfachen zum Komplizierteren. Dadurch werden den ursprünglichen Kernthemen, Anwendungen der Wahrscheinlichkeitsrechnung, zunächst einige Kapitel vorangestellt, in denen mathematische Prinzipien der Wechselwirkungen von Organismen zu ihrer Umwelt erläutert sind. Wie sich zeigt, wird deren Struktur und Größe wesentlich dadurch bestimmt, auf welche Weise sie einen Gleichgewichtszustand zur Umgebung erreichen können. Die Größe allein darf niemals Selbstzweck sein. Zu große Organismen tendieren zu höherem inneren Verwaltungsaufwand, einem Höchstverbrauch bei Leerlauf. Dieser ist jedoch nur möglich, wenn in der Umgebung immer wieder genügend Ressourcen zur Verfügung stehen. (Wie sähe es damit eigentlich für die Wirtschaft aus?)

Der Rest des Buches setzt sich aus gesellschaftlichen Themenbereichen zusammen. Anhand einfacher mathematischer Überlegungen gewinnt der Leser einen kritischen Blick auf Fragen aus Finanzwirtschaft, Gesundheitswesen, Justiz oder sozialen Bereichen, die zuweilen durch stereotype, glaubensähnliche Denkmuster dominiert werden.

Den Interpretationen der Ergebnisse wird hier weitaus mehr Platz eingeräumt, als es in Mathematikbüchern üblich ist. Formeln und Gleichungen laufen nicht davon. Mit oberflächlicher Kommentierung sind sie trocken und nutzlos. Genauso bleiben komplexere Sachverhalte jeder Art, sofern sie einen mathematischen Hintergrund besitzen, ohne dessen Erforschung unverständlich.

Ehrliche Diskussionen über gesellschaftliche Themen zeichnen sich durch eine große Bandbreite der Meinungen aus. Es ist unvermeidlich, dass dabei subjektive Ansichten eindringen. Der Autor versteckt seine persönliche Meinung nicht, bemüht sich jedoch größtmöglich, sie zu begründen und durch Quellen zu belegen.

Eines der Ziele des Buches ist die lebendige Vermittlung von Mathematik. Abstraktion ist das Resultat einer oft über mehrere Stufen gehenden Zusammenfassung und Neuformulierung verwandter Sachverhalte. In jeder Etappe werden Klassen von Problemen in einer neuen Symbolik komprimiert, deren Verständnis für Einsteiger meistens bereits durch eine knappe und fremdartig wirkende Formelsprache erschwert

https://doi.org/10.1515/9783110542547-201

wird. Der Nutzen ist groß, denn auf der höheren Stufe gewinnt man durch ein einziges Resultat oft Einsichten zu einer Vielzahl von alten Problemen. Wesentliche Erkenntnisse wurden überhaupt erst dadurch möglich. Doch als Nebenwirkung besteht die Gefahr der Intransparenz für Lernende, welche den Abstraktionsprozess nicht von Grund auf mitverfolgen können. Die Illustration durch einprägsame und realitätsnahe Beispiele ist damit gleichzeitig ein Mittel zum Verständnis späterer Abstraktionen.

Einige hier vorgestellte Ansätze sind sehr jung. Erfreulicherweise ist Mathematik keineswegs die Geheimwissenschaft einer kleinen Schar Auserwählter, sondern bringt auch in elementaren Bereichen ständig neue Ideen hervor, die geeignet sind, Denkschablonen umzustürzen oder wenigstens kräftig am Lack der Autoritäten zu kratzen. Zumal sich, wie wir sehen werden, auch ausgewiesene Experten beträchtlich irren können.

Zur Lektüre werden Mathematikkenntnisse auf dem Niveau der Gymnasialstufe vom mathematisch-naturwissenschaftlichen Typus bzw. eines Erstsemesters im Nebenfach Mathematik an einer Hochschule vorausgesetzt, deren wichtigste Aussagen im Anhang kurz zusammengestellt sind. Außerdem sind im laufenden Text noch drei spezielle Einschübe, gekennzeichnet als Überblickkapitel, eingearbeitet.

- In Kapitel 2 werden zentral benötigte Aussagen zu Skalengesetzen hergeleitet. Kapitel 4 stellt Formeln zur Regression bei Skalengesetzen und zur logarithmischen Skalierung bereit. Beide Übersichten sind für das Grundverständnis der Biomathematik unverzichtbar. Die Materie wird jedoch in der Hochschulausbildung, mit Ausnahme der Kurse für Biologie- und Physikstudenten, eher am Rande erwähnt.
- Kapitel 8 fasst für den Hauptteil des Buches die wichtigsten Begriffe und Formeln zur Wahrscheinlichkeitsrechnung für diskrete Wahrscheinlichkeitsräume zusammen.

Der Schwerpunkt im mathematischen Apparat liegt auf diskreten Modellen. Sie sind vom Ansatz her leichter verständlich und erfordern weniger Vorkenntnisse, auch wenn sie in der Handhabung meist schwerfälliger als ihr entsprechender kontinuierlicher Gegenpart erscheinen und schneller an ihre Grenzen stoßen.

Eine Reihe von Fragen verschiedener Schwierigkeitsgrade ist im laufenden Text als Probleme formuliert, bei denen sich der Leser zunächst eigene Gedanken machen kann, aber anschließend eine detaillierte Lösung vorfindet.

Um Leser zu erreichen, deren Interessenschwerpunkt nicht in der reinen Mathematik liegt, habe ich mich um Anschaulichkeit bemüht und die Zusammenhänge möglichst grafisch dargestellt. Zwar gilt bei mathematischen Herleitungen allgemein die kurze, knappe Form als die eleganteste, doch ist eine zusätzliche Zeile sicherlich weniger lästig als eine halbe Stunde Kopfzerbrechens. Das Ziel war, ein breites Spektrum leicht verständlicher Mathematik in Aktion vorzustellen.

Das vorliegende Buch wäre nicht zustande gekommen ohne die Unterstützung mehrerer Personen. In erster Linie gebührt der Dank Herrn Dozenten Dr. M. Mocker (Humboldt-Universität zu Berlin), der mich detailliert auf zahlreiche kritische Punkte hinwies und zu Verbesserungen anregte. Dasselbe betrifft Herrn Prof. Dr. Th. Riedrich (TU Dresden), der wesentliche Teile in den Abschnitten 4.2 und A.6 (Anhang) gestaltete, sowie Herrn Prof. Dr. P. Bachmann (TU Dresden sowie BTU Cottbus). Als Hochschullehrer vermittelten sie nicht nur solides Fachwissen für Generationen von Studenten, sondern motivierten diese darüber hinaus, Kenntnisse und Fähigkeiten zur Einordnung gesellschaftlicher Zusammenhänge einzusetzen. Durch ihre konstruktive Kritik in der Entstehungsphase des Manuskripts ermutigten sie mich, die Arbeit fortzusetzen.

Herr Prof. Dr. R. Garve (Danube Private University Krems-Stein) versorgte mich mit Bildmaterial und außergewöhnlichem Insiderwissen zur Lebensweise der Völker auf Papua-Neuguinea.

Im Verlag Walter de Gruyter unterstützte Frau Berber-Nerlinger die Veröffentlichung von Anbeginn auf eine Weise, die weit über das Übliche hinausgeht. Eine große Hilfe in der End- bzw. Startphase leisteten ebenfalls ihre Kollegin Frau Schedensack sowie Herr Dr. Damialis. Das Team von le-tex sorgte für eine ansprechende typografische Umsetzung.

Zu guter Letzt bedanke ich mich bei meiner Familie, insbesondere bei meiner Frau Olga für die unerschöpfliche Geduld, das Verständnis und Interesse, welches sie über mehrere Jahre bis zur Fertigstellung des Buches aufgebracht hat.

Inhalt

1 Schildkröten, Helden und Geld

1.1 Ein Ausflug in die Antike

Eine interessante Anwendung zur geometrischen Reihe geht auf den griechischen Philosophen Zenon zurück, der von 490 bis 430 v.Chr. in der süditalienischen Stadt Elea nahe dem heutigen Neapel lebte.

Problem 1. *(Paradoxon von Achilles und der Schildkröte) Der für seine Kraft und Schnelligkeit berühmte antike Held Achilles, veranstaltet ein Wettrennen mit einer Schildkröte, wobei er ihr fairerweise einen Vorsprung d_1 gibt.*

Doch nachdem er diese Distanz zurückgelegt hat, ist die Schildkröte ebenfalls ein Stück d_2 weitergekommen. Sie hat sich also einen neuen, wenn auch kleineren Vorsprung erkämpft, den der Held einholen muss. So geht das immer weiter. Damit kann er sie niemals einholen.

Lässt sich dieser Widerspruch lösen?

Das Paradoxon regte die Diskussion über die Begriffe Unendlichkeit und Bewegung an. Darüber hinaus ist es ein Beispiel dafür, wie man die Widerspruchsfreiheit wissenschaftlicher Theorien mit Gedankenexperimenten prüfen kann. Zenon argumentierte, dass einerseits kein Mensch eine unendliche Anzahl von Tätigkeiten ausführen kann, aber andererseits das Durchlaufen der Strecke gerade darin besteht.

Lösung. Wir bezeichnen die Geschwindigkeit des Achilles mit v_a und der Schildkröte mit v_s. Dann ist $\frac{v_s}{v_a} < 1$. Im Paradoxon wird der gesamte Wettlauf in eine Folge von Abschnitten unterteilt. Mit (d_n) bezeichnen wir die Folge der Vorsprünge der Schildkröte. Dann enthält (t_n) die von Achilles benötigten Zeiten, um den jeweils nächsten Vorsprung der Schildkröte aufzuholen.

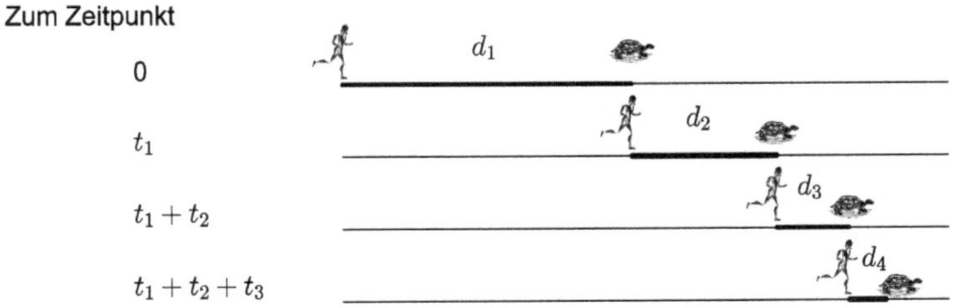

Abb. 1.1: Zeitliche Abfolge beim Wettkampf von Achilles mit der Schildkröte.

Aus dem Bewegungsgesetz $v_a = \frac{d_1}{t_1}$ für Achilles erste Wegstrecke folgt

$$t_1 = \frac{d_1}{v_a}$$

https://doi.org/10.1515/9783110542547-001

Aus dem Bewegungsgesetz $v_s = \frac{d_2}{t_1}$ für die erste Etappe der Schildkröte erhalten wir

$$d_2 = v_s \cdot t_1 = \frac{v_s}{v_a} \cdot d_1$$

wobei wir im letzten Schritt t_1 aus der vorhergehenden Gleichung eingesetzt haben. Wir können dieselbe Überlegung auch für den nächsten Vorsprung d_3 und alle weiteren übertragen. Dann bilden die Wegstrecken eine geometrische Folge (d_n) mit dem Quotienten $q = \frac{v_s}{v_a}$.

$$d_{n+1} = \frac{v_s}{v_a} \cdot d_n$$

Da die Geschwindigkeit jedes Wettkampfteilnehmers konstant bleibt, müssen sich auch die Zeiten nach demselben Gesetz verkürzen, d. h., es ist

$$t_{n+1} = \frac{v_s}{v_a} \cdot t_n$$

Berechnen wir mithilfe von (A.5) die Summe der ersten n Wegstrecken, in denen die Schildkröte in Führung liegt.

$$s_n = \sum_{k=0}^{n-1} d_k = \sum_{k=0}^{n-1} d_1 \cdot \left(\frac{v_s}{v_a}\right)^k = d_1 \cdot \frac{1 - \left(\frac{v_s}{v_a}\right)^n}{1 - \frac{v_s}{v_a}}$$

Die dazugehörige Zeit ist

$$T_n = \sum_{k=0}^{n-1} t_k = t_1 \cdot \frac{1 - \left(\frac{v_s}{v_a}\right)^n}{1 - \frac{v_s}{v_a}}$$

Für $n \to \infty$ erhalten wir die Gesamtwegstrecke S bzw. die Zeit T, in der Achilles im Rückstand bleibt.

$$S = d_1 \cdot \frac{1}{1 - \frac{v_s}{v_a}}, \qquad T = t_1 \cdot \frac{1}{1 - \frac{v_s}{v_a}}$$

Zum Zeitpunkt T hat Achilles die Schildkröte eingeholt und seinen Ruf als schnellster Läufer gerettet.

Wie des Öfteren in der Mathematik besitzt die gestellte Aufgabe eine wesentlich einfachere Lösung, wenn man ein kontinuierliches Modell benutzt. Dazu setzen wir die zum Zeitpunkt t zurückgelegten Strecken für Achilles mit $s_a = v_a \cdot t$ und für die Schildkröte mit $s_s = v_s \cdot t + d_1$ an. Der Held holt das Reptil für $s_a = s_s$ ein, womit die Überholzeit $t = \frac{d_1}{v_a - v_s}$ berechnet wird. □

Zenon von Elea hat außer dem Wettlauf von Achilles und der Schildkröte noch weitere Paradoxa hinterlassen. Sie inspirieren Philosophen bis in die Gegenwart zur Konstruktion neuer Varianten, mit denen Begriffe und Konzepte hinterfragt werden können.

Das folgende Beispiel stammt von James Thomson aus dem Jahre 1954. Er betrachtet im Gedankenexperiment eine Lampe, die folgendermaßen funktionieren soll:

Nach Inbetriebnahme leuchtet sie zunächst für 1 min. Danach schaltet sie sich für 1/2 min aus, dann für eine 1/4 min wieder ein, für eine 1/8 min aus usw. Man kann nachweisen, dass die Lampe für jeden beliebigen Zeitpunkt, der weniger als 2 min nach der Inbetriebnahme liegt, einen wohldefinierten Zustand hat; sie ist entweder an oder aus.

Doch welchen Zustand hat sie genau 2 min nach Inbetriebnahme? Eine Aussage darüber ist unmöglich, obwohl der Zustand durch einen genau definierten Prozess erreicht wurde.

1.2 Wie berechnet man Kreditraten?

Die geometrische Reihe findet bei der Kreditberechnung Anwendung, da Bankguthaben bei einem festen Zinssatz in Form einer geometrischen Folge anwachsen.

Der *Jahreszins* wird mit i bezeichnet. Ein Guthaben b ist beim Jahreszinssatz i nach einem Jahr zu einem Betrag $b + b \cdot i = b \cdot (1 + i)$ und nach j Jahren auf $b \cdot (1 + i)^j$ angewachsen.

Problem 2. *Eine Bank gewährt einen Kredit von K Franken, der in konstanten jährlichen Raten von x Franken zurückgezahlt werden soll. Die erste Ratenzahlung ist genau ein Jahr nach Kreditvergabe fällig. Die Laufzeit zur Rückzahlung beträgt n Jahre.*

Gesucht ist eine Formel zur Berechnung der Rate x aus K, n und i.

Lösung. Ein Franken zum jetzigen Zeitpunkt hat für die Bank nach j Jahren den Wert von $(1+i)^j$ Franken. Diese Wertzunahme von der Gegenwart zur Zukunft durch Zugabe von Zins und Zinseszins wird als Aufdiskontierung bezeichnet.

Entsprechend hat eine erst nach j Jahren an die Bank fällige Rate x jetzt für diese nur den Wert $\frac{x}{(1+i)^j}$. Die Berechnung eines jetzigen Wertes aus dem zukünftigen bezeichnet man als Abdiskontierung.

Für die Bank ist die vergebene Kreditsumme K gleich der Summe der abdiskontierten Ratenzahlungen. Also ist

$$K = \sum_{j=1}^{n} \frac{x}{(1+i)^j} = \frac{x}{1+i} \cdot \sum_{j=0}^{n-1} \left(\frac{1}{1+i}\right)^j$$

Benutzen wir die Summenformel (A.5) mit $a_0 = \frac{x}{1+i}$ und $q = \frac{1}{1+i}$, so erhalten wir

$$\begin{aligned} K &= \frac{x}{1+i} \cdot \frac{\left(\frac{1}{1+i}\right)^n - 1}{\frac{1}{1+i} - 1} \\ &= \frac{x}{i} \cdot \left(1 - \left(\frac{1}{1+i}\right)^n\right) \end{aligned}$$

und damit unsere Formel zur Berechnung der Jahresraten

$$x = \frac{iK}{1 - \left(\frac{1}{1+i}\right)^n} \qquad \square$$

In der folgenden Tabelle sind diese Raten sowie ihre Summe für einen Kredit von $K =$ 1000 Franken und einen jährlichen Zinssatz $i = 0{,}04$ bei Kreditlaufzeiten von 10, 20 und 30 Jahren berechnet.

Laufzeit *n*	**Jahresrate *x***	**Summe der Jahresraten**
10	123,29	1232,91
20	73,58	1471,64
30	57,83	1734,90

Kreditvergaben durch Banken haben den interessanten Nebeneffekt, dass sie die gesamte umlaufende Geldmenge zeitweilig erhöhen, nämlich bis der Kredit wieder zurückgezahlt wurde.

Im Gegensatz zum weitverbreiteten Glauben verleihen Banken kein eigenes Geld, sondern sie schaffen neues. Praktisch geschieht das durch eine elektronische Erhöhung des Kontostands ihres Kreditnehmers. Dieser Fakt der privaten *Geldschöpfung* ist in der Bankenbranche unumstritten. So findet man beispielsweise im frei zugänglichen Unterrichtsmaterial der Schweizerischen Nationalbank:

> „Zum einen kann die Notenbank neues Geld schaffen. Zum anderen können auch die Geschäftsbanken Geld kreieren, indem sie Kredite gewähren.“ [4]

Das Verfahren ist möglich, weil Giralgeld (elektronisches Buchgeld) als gleichwertig zum Bargeld anerkannt wird. Kredite werden nur in den wenigsten Fällen vollständig in bar ausbezahlt, meist wandern sie als elektronische Überweisungen auf andere Konten. Anderenfalls hätten Banken große Schwierigkeiten, sich das Geld zu beschaffen. Eine zwischenzeitliche Erhöhung der Geldmenge mag harmlos erscheinen und ist es auch, solange sie in Grenzen geschieht. Ein Problem kann entstehen, wenn ständig neue Kredite in hohen Größenordnungen vergeben werden.

Geld- und Warenmenge müssen im Gleichgewicht sein. Werden mehr Kredite vergeben, als dadurch Werte geschaffen werden, so wächst die Geldmenge stärker als der Wert der entsprechenden Waren oder Dienstleistungen. Das Geld verliert an Wert und es kommt zur Inflation. Dabei steigen die Preise derjenigen Waren, für welche die Kredite ausgegeben wurden. Diese Erscheinung lässt sich oft an Immobilien- und Aktienmärkten beobachten.

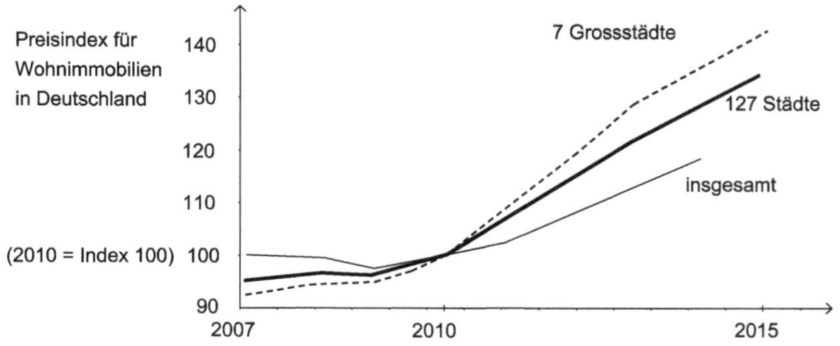

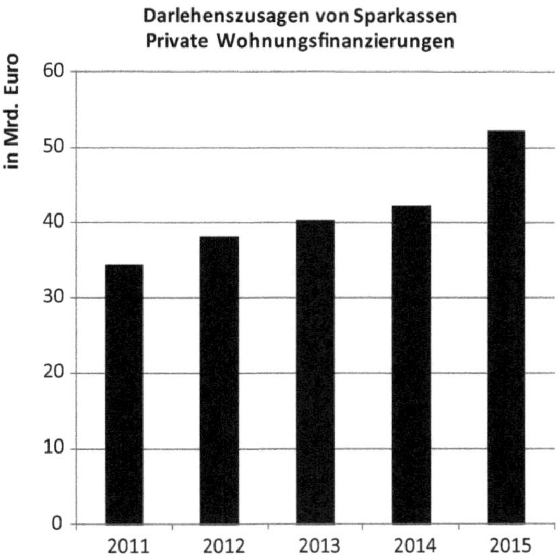

Abb. 1.2: Entwicklung der Immobilienpreise (oben) und -kredite (unten) in Deutschland, Quelle: FAZ [5].

Irrtümlicherweise werden die derart steigenden Vermögenswerte, ob in Aktien oder Immobilien, oft als Wertzuwachs fehlinterpretiert, was die Spekulation noch zusätzlich anheizt.

2 Im Überblick: Skalengesetze

Der folgende Teil kann von mathematisch geübten Lesern übersprungen werden. Hier werden die mathematischen Formeln zur Änderung geometrischer Größen bei zentrischer Streckung zusammengestellt. Die daraus ableitbaren Skalengesetze bilden die Grundlage zum Verständnis der Kapitel 3 bis 7.

2.1 Rechnen mit Proportionalitäten

Eine Proportionalität $x \sim y$ bezeichnet eine lineare Abhängigkeit $y = c \cdot x$ mit einer Konstanten c.

Der konkrete Wert c ist hierbei nicht von Interesse. Das Verhältnis $\frac{y}{x}$ ist konstant. Hieraus erhalten wir die Rechenregeln:

P1 Aus $x \sim y$ und $y \sim z$ folgt $x \sim z$,
denn aus $y = c_1 \cdot x$ und $z = c_2 \cdot y$ ergibt sich $z = c_1 c_2 \cdot x$.

P2 Aus $x \sim y$ folgt $x^r \sim y^r$ für beliebige zulässige Exponenten r,
denn aus $y = c \cdot x$ ergibt sich $y^r = c^r \cdot x^r$.

P3 Aus $x \sim y$ und $u \sim v$ folgt $x \cdot u \sim y \cdot v$,
denn aus $x = c_1 \cdot y$ und $u = c_2 \cdot v$ ergibt sich $xu = c_1 c_2 \cdot yv$.

P4 Aus $x \sim y$ und $u \sim v$ folgt $\frac{x}{y} \sim \frac{u}{v}$.
denn aus $x = c_1 \cdot y$ und $u = c_2 \cdot v$ ergibt sich $\frac{x}{u} = \frac{c_1}{c_2} \cdot \frac{y}{v}$.

2.2 Zentrische Streckung und Skalengesetze

Eine zentrische Streckung ist eine maßstäbliche Vergrößerung oder Verkleinerung.

Figuren, die durch eine zentrische Streckung ineinander übergehen, werden als *ähnlich* bezeichnet.

https://doi.org/10.1515/9783110542547-002

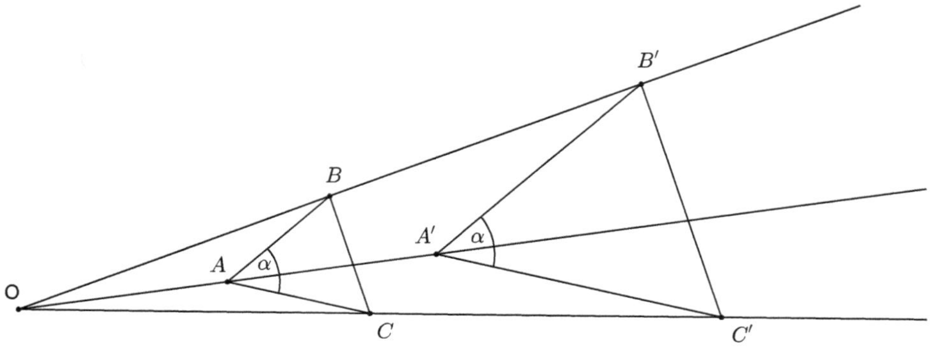

Abb. 2.1: Zentrische Streckung.

Wir interessieren uns zunächst, wie die zentrische Streckung Längen, Flächen und Volumina verändert. Später untersuchen wir, welche Eigenschaften eines Organismus sich bei einer Streckung wie eine Länge, Fläche oder ein Volumen verändern würden. So hängt die Kälteempfindlichkeit von der Größe der Oberfläche ab, da diese die Wärme abstrahlt.

Fassen wir die Eigenschaften der zentrischen Streckung zusammen.

- *Winkel bleiben bei einer zentrischen Streckung gleich.*
- Aus den Strahlensätzen folgt, dass für zwei ähnliche Figuren sämtliche *Strecken mit demselben Faktor x gestreckt bzw. gestaucht* werden.

Wollen wir die Änderung beliebiger Kurvenlängen bei einer zentrischen Streckung berechnen, so nähern wir die Kurve zunächst wie im Bild durch eine Folge kleiner Teilstrecken an.

Abb. 2.2: Approximation einer Randkurve.

Da jedes Teilstück mit x multipliziert wird, trifft das auch auf die Summe zu. Mit einer hinreichend feinen Zerlegung in Teilstücke kann man die Kurvenlänge beliebig genau als Summe von Teilstücken annähern. Also wird die Kurvenlänge bei einer zentrischen Streckung ebenfalls mit dem Faktor x verändert.

Wie ändert sich der Flächeninhalt eines Dreiecks, falls Längen mit dem Faktor x multipliziert werden? Die Dreiecksfläche lässt sich mit $F = \frac{g \cdot h}{2}$ aus einer Grundseite g und der zugehörigen Höhe h berechnen. Die Längen g und h werden bei der Streckung mit x multipliziert, wohingegen der rechte Winkel von Grundseite und Höhe erhalten bleibt. Somit hat das gestreckte Dreieck die Fläche

$$F' = \frac{xg \cdot xh}{2} = x^2 \cdot F$$

Die Dreiecksfläche wird um den Faktor x^2 verändert. Nun können wir die Änderung beliebiger Flächenstücke bei einer zentrischen Streckung berechnen, indem wir die Fläche in kleine Dreiecke zerlegen.

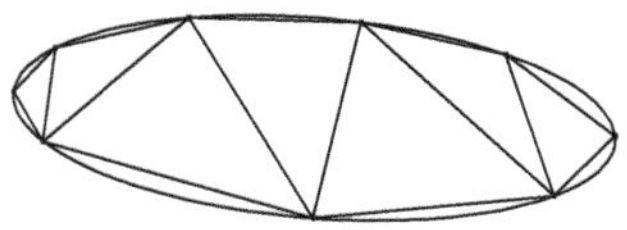

Abb. 2.3: Approximation eines Flächenstücks.

Jede dieser Dreiecksflächen wird mit dem Faktor x^2 verändert, somit auch ihre Summe. Da man das Flächenstück mit einer hinreichend feinen Zerlegung von Dreiecken beliebig genau annähern kann, wird die Gesamtfläche bei einer zentrischen Streckung ebenfalls mit dem Faktor x^2 verändert.

Wie ändert sich das Volumen eines Würfels der Seitenlänge a durch eine zentrische Streckung? Das Volumen des gestreckten Würfels ist das Produkt der gestreckten Seitenlängen $V' = (xa)^3 = x^3a^3$. Es wird mit dem Faktor x^3 multipliziert.

Mit einer Annäherung als Summe kleiner Würfelchen lässt sich ebenfalls erklären, warum das Volumen beliebiger Körper bei zentrischer Streckung mit x^3 multipliziert werden muss.

Bei einer zentrischen Streckung mit dem Faktor x werden also Längen mit x, Flächeninhalte mit x^2 und Volumina mit x^3 multipliziert. Winkel bleiben erhalten.

In Anwendungen interessiert man sich oft für die Abhängigkeit der Oberfläche vom Volumen. Wir betrachten dazu den zentrisch gestreckten Elefanten im unten stehenden Bild. Seine Höhe bezeichnen wir mit x, seine Oberfläche mit S und das Volumen mit V. Mit S_0 bzw. V_0 bezeichnen wir Volumen und Oberfläche des derart geschrumpften Minielefanten, dessen Höhe $x_0 = 1$ ist.

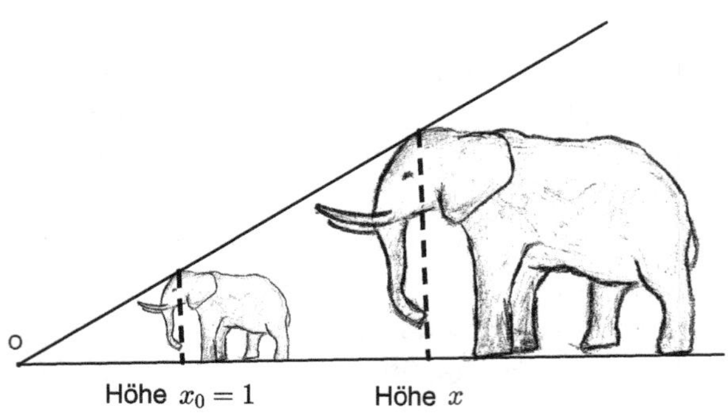

Abb. 2.4: Streckungsfaktor als Verhältnis von tatsächlicher zu normierter Höhe.

Damit ist x der Streckungsfaktor vom Mini- zum großen Elefanten. Nach den vorangegangenen Ergebnissen ist

$$S = x^2 S_0$$
$$V = x^3 V_0$$

Hieraus erhalten wir $\left(\frac{S}{S_0}\right)^{\frac{1}{2}} = \left(\frac{V}{V_0}\right)^{\frac{1}{3}}$ bzw. nach Umstellung

$$S = \frac{S_0}{V_0^{\frac{2}{3}}} \cdot V^{\frac{2}{3}}$$

Die Abhängigkeit einer beliebigen Fläche S von einem beliebigen Volumenstück V im selben Körper wird bei maßstäblicher Veränderung nach der Formel

$$S = c \cdot V^{\frac{2}{3}} \tag{2.1}$$

gegeben, wobei die Konstante c nur von der Figur, aber nicht vom Maßstab der Vergrößerung oder Verkleinerung abhängt.

In der Symbolik der *Proportionalität* schreiben wir $S \sim V^{\frac{2}{3}}$.

Formeln vom Typ $y = a \cdot x^b$ trifft man in der Biologie häufig an. Sie werden als *Skalengesetze* bezeichnet.

Fassen wir abschließend die wichtigsten Ergebnisse zusammen.

Die Grundeigenschaften einer zentrischen Streckung mit dem Faktor x sind

$$\text{für Strecken:} \quad l \sim x \tag{2.2}$$
$$\text{für Flächen:} \quad S \sim x^2 \tag{2.3}$$
$$\text{für Volumina:} \quad V \sim x^3 \tag{2.4}$$

Man kann nun multiplizieren, dividieren und potenzieren, z. B. ist

$$l \cdot V \sim x \cdot x^3 \sim x^4$$
$$\frac{V}{l} \sim \frac{x^3}{x} \sim x^2$$

3 Die ungewöhnlichen Großen und Kleinen

Größe und Gestalt der Lebensformen wird durch die Anpassung an ihre Lebensbedingungen vorgegeben. Spezifische Fähigkeiten zum Überleben sind nur innerhalb bestimmter Größenordnungen möglich. Bei verkleinerten oder vergrößerten Formen gehen sie verloren. Wenn wir also nach der optimalen Größe eines Lebewesens suchen, müssen wir uns seine Funktionsweise in verschiedenen Größen und Formen vorstellen.

Die Abhängigkeit der Eigenschaften (Qualität) von der Größe bzw. Masse (Quantität) lässt sich auch in anderen Bereichen wie der Wirtschaft oder Gesellschaft nachweisen und wurde bereits vom römischen Philosophen Seneca formuliert:

> „Nach vielem Zuwachs bringt der letzte quantitative Zusatz manche Dinge zur Wende und prägt ihnen eine neue und im Vergleich zu ihrer bisherigen Beschaffenheit andere Beschaffenheit auf."

Abb. 3.1: Lucius Annaeus Seneca (um 2 v. u. Z. bis 65 u. Z.) gehörte in seiner Zeit zu den reichsten und einflussreichsten Persönlichkeiten Roms. Als Erzieher und Berater des späteren Kaisers Nero war er wesentlich an der Machtergreifung seines Zöglings beteiligt. Später wurde ihm von diesem wegen der Beteiligung an einer Verschwörung der Selbstmord befohlen. Foto: I, Calidius.

Die Erkenntnis vom Umschlag von Quantität in Qualität gehörte zu den Grundbausteinen der Philosophie von Georg Wilhelm Friedrich Hegel (1770–1831) und beeinflusste später die Ideen von Karl Marx und Friedrich Engels über die Entwicklung der menschlichen Gesellschaft.

3.1 Akrobaten an der Zimmerdecke

Im Vergleich zu ihrer Körpergröße und ihrem Gewicht können Insekten gewaltige Sprünge vollbringen. Sie waren die Pioniere des Fliegens, welches ebenfalls eine gewaltige Kraft erfordert. Im Gegensatz zu den meisten Vögeln sind sie zu sehr ener-

https://doi.org/10.1515/9783110542547-003

gieaufwändigen Flugtechniken wie dem Standflug in der Lage. Es ist wohl auch kein Zufall, dass nur die kleinen Kolibris zu ähnlichen Tricks fähig sind.

Kleine Tiere sind im Vergleich zu ihrem Körpergewicht kräftiger. Dabei sieht man es ihnen äußerlich nicht einmal an. Ihre Gliedmaßen sind nicht muskelbepackt, sondern eben „dünn wie Spinnenbeine“. Doch woran ist die Kraft eines Muskels eigentlich ablesbar?

Im untenstehenden Bild sind der physiologische und anatomische Querschnitt bei verschiedenen Anordnungen der Muskelfasern dargestellt. Die Kraft einer Muskulatur wird hierbei vom *physiologischen Querschnitt* aller Muskelfasern rechtwinklig zu ihrer Faserrichtung bestimmt.

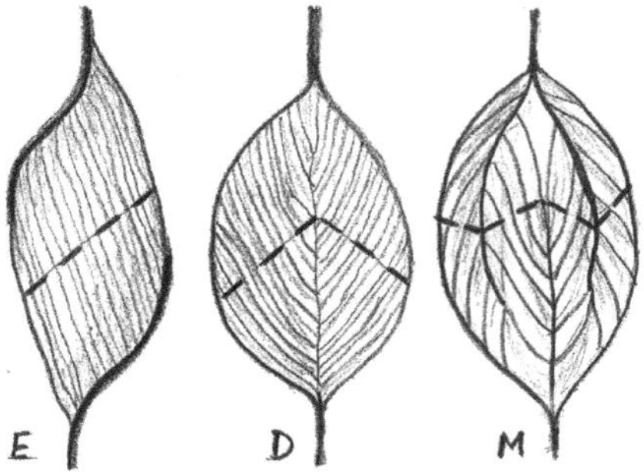

Abb. 3.2: Verschiedene Muskelfiederungen: E einfach, D doppelt, M mehrfach; gestrichelt: physiologischer Querschnitt.

Es bezeichne x seine Länge, V das Volumen und m die Masse. S sei die physiologische Querschnittsfläche der Muskulatur und F die erzeugte Kraft. Zunächst ist also

$$F \sim S$$
$$m \sim V$$

Damit wird bei der horizontalen Bewegung wegen $F = ma$ die Beschleunigung

$$a = \frac{F}{m} \sim \frac{S}{V} \sim \frac{x^2}{x^3} \sim \frac{1}{x}$$

erreicht. Die Proportionalitätskonstante hängt vom Körpertyp und der Muskelart ab. Für kleine Körperlängen x werden also große Beschleunigungen erreicht. Die Geschwindigkeit wird allerdings durch den Luftwiderstand gemindert, welcher proportional zur Körperoberfläche, also zu x^2 ist.

Das Mehrfache des Körpergewichts mg (mit g als Fallbeschleunigung) kann transportiert werden, wenn die Bedingung $\frac{F}{mg} > 1$ erfüllt ist. Wegen

$$\frac{F}{mg} \sim \frac{1}{x}$$

ist das eher möglich, wenn x klein ist. Ein weiterer Grund für die Leistungsfähigkeit von Insektenmuskeln liegt in ihrer wirkungsvollen Sauerstoffversorgung, auf die wir später noch zurückkommen.

Fliegen sitzen problemlos an der Zimmerdecke, während es von den höher entwickelten Tieren höchstens noch die Geckos an die Wände schaffen. Auch hier ist die Größe der Hauptgrund. Es sei F_h die Adhäsionskraft. Die Bedingung des Anhaftens kann mit $\frac{F_h}{mg} \geq 1$ formuliert werden. Nach den obigen Überlegungen ist das für kleine x eher möglich.

Natürlich ist die Beschaffenheit der Füße wesentlich. Ein Insektenfuß besteht aus feinen, mikrometerkleinen Härchen, die an der Oberfläche haften. Die Kontaktfläche wird also in sehr viele Einzelkontakte unterteilt. Eine Fliege besitzt mehr als 5000 Hafthärchen. Insekten erreichen damit sowohl eine Anpassung an die Rauigkeit der Oberfläche als auch ein Vergrößern der wirksamen Kontaktfläche. Beides steigert die Haltekraft. Je schwerer das Tier, desto zahlreicher und feiner sind die Haare. So verfügen Geckos über etwa 500.000 feinste Härchen mit Abmessungen von nur 0,2–0,5 µm. Noch feinere Härchen sind materialtechnisch unmöglich; sie würden zerreißen.

Ihre Kleinheit erlaubte den Insekten die Entwicklung verschiedener Fähigkeiten, mit denen sie Nischen in Ökosystemen besiedeln können.

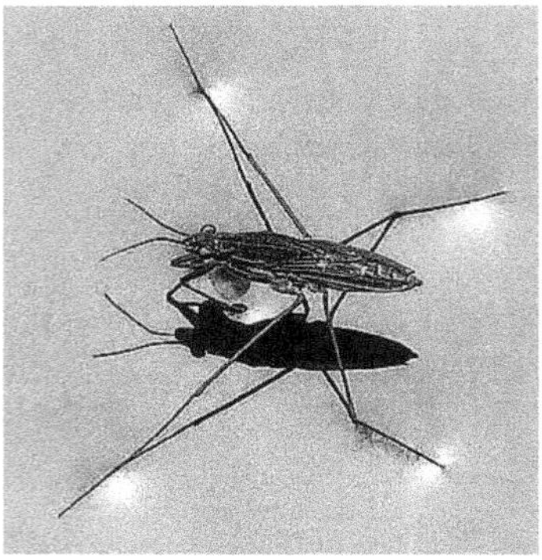

Abb. 3.3: Wasserläufer. Aufgrund des geringen Gewichtes und den Luftpolstern um die Füße hält sich der ca. 9 mm lange Wasserläufer auf der Oberfläche von Seen. Seine Beine haben verschiedene Längen, sodass er sie in weitem Abstand voneinander platzieren und sich damit auf einer großen Fläche abstützen kann. Die Insekten werden durch die Oberflächenspannung des Wassers gehalten. Foto: Schnobby.

Auch die Flugfähigkeit von Vögeln erfordert, dass diese nicht zu groß sind. Sonst würde das Verhältnis von Querschnittsfläche der Brustmuskulatur zum Gewicht das energieaufwändige Abheben unmöglich machen. Die meisten Startschwierigkeiten haben die großen und bis zu 12 kg schweren Albatrosse, welche zugleich auch das höchste Risiko tragen, bei der Landung einen tödlichen Unfall zu erleiden. Doch das gehört bereits ins nächste Kapitel.

3.2 Überlebenskünstler im freien Fall

Wenn Sie eine Spinne aus dem Fenster werfen, setzen Sie sich nicht dem Vorwurf der Tierquälerei aus. Selbst dann, wenn Sie im Hochhaus wohnen. Insekten können ohne Schaden aus Höhen zu Boden fallen, wo sich jeder Mensch die Knochen brechen würde. Insbesondere Käfer besitzen ein hartes, elastisches Außenskelett, sie tragen sozusagen einen Ganzkörperschutzanzug. Ein weiterer Grund ist ihre geringe Größe.

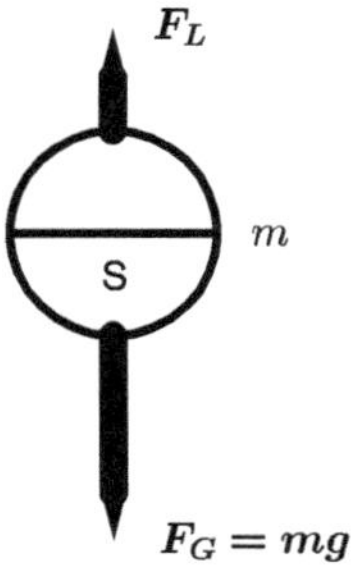

Abb. 3.4: Gewichtskraft und Luftwiderstand.

Beim Fall wird die Gewichtskraft $F_G = mg$ durch den Luftwiderstand F_L vermindert. Dieser wird durch die Formel $F_L = k \cdot v^2 \cdot S$ gegeben. Dabei hängt die Konstante k von der Luftdichte und der Form des fallenden Körpers ab.

S bezeichnet den Teil der Körperoberfläche, durch welche er in der Luft abgebremst wird. v ist seine Geschwindigkeit. Letztere wird selbstverständlich nicht unbeschränkt wachsen, da $F_L \leq F_G$ bleiben muss.

Für ein fallendes Objekt von vorgegebener Form (z. B. einer Kugel) mit einer Länge x (z. B. dem Kugeldurchmesser) und der Dichte ρ schreiben wir die Kräfte in der Form

$$F_G = k_1 \cdot \rho \cdot x^3$$
$$F_L = k_2 \cdot v^2 \cdot x^2$$

wobei in den Konstanten k_1 bzw. k_2 alle Faktoren zusammengefasst werden, die nicht von der Größe bzw. Materialbeschaffenheit des Objekts abhängen. Dann ist die resultierende Kraft beim Fall

$$F_G - F_L = x^2 \cdot (k_1 \cdot \rho \cdot x - k_2 \cdot v^2) \geq 0$$

Solange $F_G - F_L > 0$ ist, wird der fallende Körper nach dem Newtonschen Gesetz $F = m \cdot a$ beschleunigt, was ein Anwachsen der Geschwindigkeit v zur Folge hat. Damit verringert sich jedoch die Differenz $F_G - F_L$, sodass die Geschwindigkeit immer weniger wächst.

Mit Differenzialgleichungen lässt sich nachrechnen, dass die resultierende Kraft $F_G - F_L$ nach einem langen Fall tatsächlich zu null tendiert, sodass der Körper eine konstante Fallgeschwindigkeit v_c erreicht. Diese lässt sich wie folgt berechnen:

$$0 = F_G - F_L$$
$$0 = k_1 \cdot \rho \cdot x - k_2 \cdot v_c^2$$
$$v_c = \sqrt{\frac{k_1 \cdot \rho}{k_2} \cdot x}$$

Mit einer neuen Konstanten $K = \sqrt{\frac{k_1 \cdot \rho}{k_2}}$ erhalten wir also die konstante Grenzgeschwindigkeit

$$v_c = K \cdot \sqrt{x}$$

in Abhängigkeit von der Länge x unseres Körpers. Dabei hängt K nur von der Form und Dichte des Körpers, nicht jedoch von seiner Größe ab. Aus der Gleichung ist ersichtlich, dass maßstäblich verkleinerte Körper derselben Dichte tatsächlich langsamer fallen. Kleine Lebewesen landen sanfter.

Zur näherungsweisen Berechnung einiger Grenzgeschwindigkeiten suchen wir eine Formel für v_c in Abhängigkeit von der Masse m. Wegen $m \sim x^3$ ist $x \sim m^{\frac{1}{3}}$ bzw. $v_c \sim \sqrt{m^{\frac{1}{3}}}$, d. h., es ist

$$v_c \sim m^{\frac{1}{6}} \tag{3.1}$$

Problem 3. *Messungen von Fallschirmspringern ergaben für Menschen (Masse m_M = 70 kg) beim freien Fall eine Grenzgeschwindigkeit $v_M \approx 50\,\frac{\text{m}}{\text{s}}$.*

Schätzen Sie hieraus die Grenzgeschwindigkeiten beim Fall einer Hausmaus (m_m = 20 g) und einer männlichen Vierfleckkreuzspinne ($m_s = 0{,}1$ g).

(Zur Lösbarkeit der Aufgabe müssen wir annehmen, dass Mensch, Hausmaus und Spinne einen ähnlichen Körperbau und gleiche Dichte haben.)

Lösung. Nach (3.1) und unserer Annahme gilt für jedes der drei Lebewesen die Formel

$$v = k \cdot m^{\frac{1}{6}}$$

wobei k eine gemeinsame Konstante ist. Dividieren wir die Gleichung der Hausmaus durch die entsprechende Gleichung des Menschen, so folgt

$$\frac{v_m}{v_M} = \frac{m_m^{\frac{1}{6}}}{m_M^{\frac{1}{6}}}$$
$$v_m = v_M \cdot \left(\frac{m_m}{m_M}\right)^{\frac{1}{6}} \approx 13\,\frac{\text{m}}{\text{s}}$$

Ebenso erhalten wir für die Spinne

$$v_s = v_M \cdot \left(\frac{m_s}{m_M}\right)^{\frac{1}{6}} \approx 5\,\frac{\text{m}}{\text{s}}$$

Diese Werte stimmen trotz unserer Vereinfachungen mit experimentell ermittelten Daten gut überein. □

Herrschen nun zusätzliche Aufwinde, so kann sich ein entsprechend kleiner Körper sehr lange in der Luft halten. Das ist im Zusammenhang mit der Ausbreitung von Samen und Insekten wesentlich. Sogar ungeflügelte Insekten werden durch Luftströmungen oft über weite Entfernungen getragen und können auf diese Weise entfernte Inseln besiedeln.

Manche Spinnenarten sind Hungerkünstler und können selbst 25-tägige Reisen in der Luft überstehen. Zur Verblüffung der Seeleute wurden sie schon auf Schiffen angeweht, die mehr als 1600 km vom Land entfernt waren.

Gewisse Spinnenarten besitzen die Fähigkeit, feine Fäden aus ihrem Leib zu pressen, um sich mit dem in die Luft gespritzten Gewebe durch Windströmungen transportieren zu lassen. Mit der als Ballooning bezeichneten Flugtechnik können sich Heerscharen junger Spinnen über weite Entfernungen einen neuen Lebensraum suchen. In Australien ist diese regelmäßig beobachtete Massenerscheinung als Spinnenregen oder Engelshaar bekannt.Landen sie schließlich, so wirkt die ganze Umgebung von ihren Fäden so weiß wie verschneit.[1]

Abb. 3.5: Spinnenregen bei Wagga Wagga (New South Wales, Australien) im März 2012 infolge schwerer Überschwemmungen. Fotos: Dave.

Bei derartig günstigen Voraussetzungen für Reisen durch die Lüfte ist es nicht verwunderlich, dass die Evolution flugfähige Insekten hervorgebracht hat, die selbst virtuose Techniken beherrschen. Sie müssen in der Zeitspanne zwischen dem Devon (vor 400 Millionen Jahren) und dem Karbon (vor 320 Millionen Jahren) entstanden sein. Heute geht man davon aus, dass sich die Flügel entweder aus Anhängen der Beine oder Ausstülpungen der Brust entwickelt haben.

---

1 Wir werden in Abschnitt 17.6 zeigen, dass diese massenhafte Migration ins Ungewisse und dabei oft in den sicheren Tod keineswegs eine Laune der Natur ist, sondern als typische Verhaltensweise bei zahlreichen Arten beobachtet werden kann. Diese sogenannten r-Strategen zeichnen sich durch eine hohe Vermehrungsrate bei minimaler Brutpflege und gleichzeitig hoher Aktivität bei der Erschließung neuer Lebensräume aus.

3.3 Vorsicht, Austrocknungsgefahr!

Insekten in Wüstengegenden vergraben sich tagsüber im Sand. Ihr Außenskelett ist dicker ausgebildet, um vor Verdunstung zu schützen. Wüstenskorpione sind größer als ihre in feuchteren Klimazonen lebenden Artgenossen, denn Größe schützt vor Austrocknung. Auch Kamele und Oryxantilopen sind im Vergleich zu ihren Verwandten aus feuchteren Klimazonen relativ groß.

Es bezeichne S die Gesamtoberfläche des Insekts und f den absoluten Flüssigkeitsverlust pro Zeiteinheit. Dann ist $f \sim S$, also ist der *relative Flüssigkeitsverlust pro Zeit- und Volumeneinheit*

$$\frac{f}{V} \sim \frac{x^2}{x^3} \sim \frac{1}{x} \to \infty \qquad \text{für } x \to 0$$

Kleinere Lebewesen verlieren relativ zum Körpergewicht viel Flüssigkeit. Der beste Schutz gegen Austrocknung in heißen, trockenen Gegenden besteht im Verstecken. Deshalb gibt es dort entweder sehr kleine Tiere, die Schlupflöcher finden, oder große Tiere mit einem kleinen relativen Flüssigkeitsverlust. Die mittleren Größen fehlen aus Mangel an geeigneten Verstecken.

Bei der Verbrennung von Kohlehydraten und Fetten wird ein hoher Anteil Wärme freigesetzt, der in warmen Gegenden schnell zum Problem wird. Warmblütige Tiere verhindern eine drohende Überhitzung ihres Körpers prinzipiell durch die Verdunstung von Wasser. Das ist in Wüsten aber Mangelware. Als zweite Herausforderung kommt hinzu, dass die Tages- und Nachttemperaturen in diesen Gebieten stark schwanken, da der Wüstenboden die Tageshitze kaum speichert. (In der Sahara variieren die Nachttemperaturen zwischen 25 °C im Sommer und 5 °C im Winter.)

Kamele und Oryxantilopen haben Methoden gefunden, ihren Wärmehaushalt auch bei minimalem Wasserverbrauch zu regulieren und gleichzeitig die täglichen Temperaturschwankungen auszugleichen. Der Trick besteht darin, die Körpertemperatur ebenfalls in großen Bereichen schwanken zu lassen.

Problem 4. *Die Körpertemperatur von Kamelen (Masse $m = 500\,\mathrm{kg}$) kann zwischen 41 und 34 °C schwanken. Welche Wassermenge kann das Kamel dadurch täglich einsparen?*

(Die spezifische Wärmekapazität von Körpergewebe ist $c = 3{,}4\,\mathrm{kJ/kg\,K}$. Die Verdunstungswärme von Wasser beträgt $w = 2400\,\mathrm{kJ/l}$.)

Lösung. Das Kamel heizt sich tagsüber bis zu 41 °C auf, speichert die Wärme und gibt einen Teil davon in der Nacht wieder ab, wenn es sich bis auf 34 °C abkühlt. Diese Wärmemenge beträgt täglich $Q = c \cdot \Delta T \cdot m$. Ohne Möglichkeit zur Temperaturänderung müsste es schwitzen, um die Wärme loszuwerden. Eine Wassermenge V hat die Verdunstungswärme $Q = w \cdot V$. Durch Gleichsetzung von Q berechnen wir die durch Schwitzen verbrauchte Wassermenge

$$V = \frac{c \cdot \Delta T \cdot m}{w} = 5\,\mathrm{l}$$

□

Seine Fähigkeit zur Änderung der Körpertemperatur nutzt das Kamel nur bei Wassermangel, ansonsten hält es die Körpertemperatur konstant. Ihren Wasservorrat, der zwischen ca. 100 und 150 l betragen kann und für eine Durstperiode von bis zu zwei Wochen ausreicht, speichern Kamele im Magensystem. Innerhalb 10 min können sie über 100 l Wasser auf einmal trinken und einlagern.

Auch bei der Energiegewinnung aus Fettreserven, z. B. dem Höcker, entsteht Wasser. Doch das nutzt bei Wassermangel wenig. Bei der Verbrennung von 1 kg Fett entsteht ca. 1,1 kg Wasser. Es wird eine Energie von ca. 39.000 kJ freigesetzt, davon mindestens etwa 31.000 kJ in Form von Wärmeenergie (der Rest eventuell als geleistete Arbeit). Um sie wieder abzuführen, müssen mindestens 14 kg Wasser verdunstet werden.

3.4 Warum wirken große Tiere oft so plump?

Im folgenden Bild ist links das vergrößerte Skelett eines Hamsters einem Nilpferd gegenübergestellt. Knochen mit derselben Funktion wie beispielsweise die Rippen[2] sind beim Hamster leichter und dünner ausgeprägt. Doch warum braucht das Nilpferd breitere Knochen?

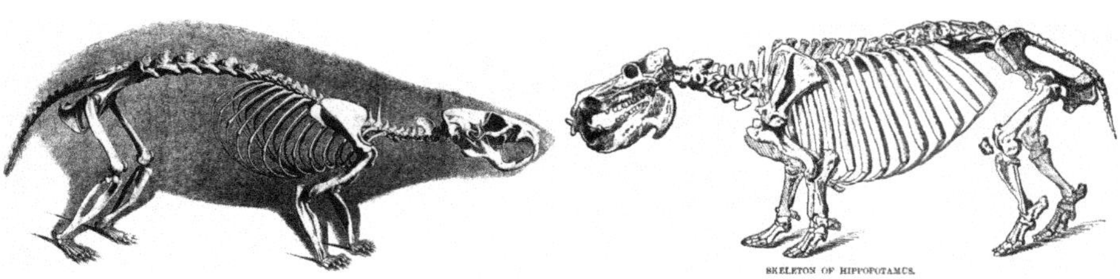

Abb. 3.6: Skelettvergleich von Hamster und Nilpferd.

Bezeichnen wir wie üblich mit p den Druck einer Kraft F auf die Fläche A. Wegen (2.3) und (2.4) ist

$$p = \frac{F}{A} = \frac{m}{A} \cdot g \sim \frac{V}{A} \sim x$$

Der Druck des Körpergewichts wächst also bei einer maßstäblichen Vergrößerung proportional zur Größe des Tieres:

$$p \sim x$$

2 Rippen dienen bei beiden Tieren lediglich zur Stützung und sind somit in der Funktion vergleichbar. Anders verhält es sich beispielsweise bei den Beinknochen. Geometrisch erscheinen sie ähnlicher, doch funktional sind sie grundverschieden, denn der Hamster belastet sie zum Graben wesentlich stärker.

Das biologische Gewebe besitzt jedoch bei allen Tieren dieselben Materialeigenschaften, weshalb größere Tiere bei proportionalem Wachstum nicht mehr in der Lage wären, den Drücken standzuhalten. Eine Möglichkeit, den Druck in Grenzen zu halten, besteht in einer überproportionalen Vergrößerung der belasteten Flächen. Auch die Knochen erfordern eine zusätzliche Querschnittsfläche.

Eine weitere Möglichkeit zur Entlastung besteht in der Verringerung der sportlichen Leistungsfähigkeit. Bekanntlich ist die Belastung des Stützapparats bei sportlichen Höchstleistungen, insbesondere Sprüngen und Biegungen maximal. Große Tiere verzichten auf diesen Extremsport, ansonsten brauchten sie nämlich noch breitere Knochenquerschnitte und Gelenke. Ihre Höchstgeschwindigkeit ist damit deutlich geringer als bei kleineren Tieren.

Das setzt dem Größenwachstum von Raubtieren Grenzen, denn schließlich muss man noch schnell genug bleiben, um die Beute zu erjagen. Für den etwa 6000 kg schweren Tyrannosaurus Rex wurde die Höchstgeschwindigkeit auf 40 km/h geschätzt. Damit war er deutlich langsamer als ein Löwe (55–60 km/h) und hätte heute bei einer Jagd auf Büffel, Gnus oder Antilopen keine Chance.

Elefanten bewegen sich meist im bedächtigen Schritt. Durch das Senkrechtsetzen der Beine reduzieren sie Biegekräfte, die bei kleineren Tieren eine starke Knochenbelastung ausmachen. Im Zoo lassen sich Elefantengehege mit verhältnismäßig wenig Aufwand durch kleine Abhänge sichern, da Elefanten in ihrer Gangart derartiges Gelände meiden.

4 Im Überblick: Messwerte und Ausgleichsrechnung

Der folgende Teil kann von mathematisch geübten Lesern übersprungen werden. Es wird der Begriff der logarithmischen Skalierung erläutert. Um aus Messdaten geeignete Parameter für vorgegebene Skalengesetze bestimmen zu können, werden entsprechende Regressionsformeln hergeleitet. Diese Formeln und Ansätze kommen in den Kapiteln 5 und 7 zur Anwendung.

4.1 Logarithmische Skalierungen

Bei grafischen Darstellungen von Skalengesetzen $y = a \cdot x^b$ bewährt sich die (doppelt) logarithmische Form. Durch Anwendung eines Logarithmus beliebiger Basis erhält man

$$\log y = b \cdot \log x + \log a$$

Der Zusammenhang zwischen den Logarithmen von x und y ist eine Gerade.

Beispiel 1. Die Funktion $y = 10 \cdot x^{\frac{1}{2}}$ soll für $x \geq 1$ und $y \geq 1$ in doppelt logarithmischer Darstellung dargestellt werden.

Lösung. Wegen $\log_{10} y = 0{,}5 \cdot \log_{10} x + 1$ stellen wir

$$Y = 0{,}5 \cdot X + 1$$

mit $X = \log_{10} x$ und $Y = \log_{10} y$ dar.

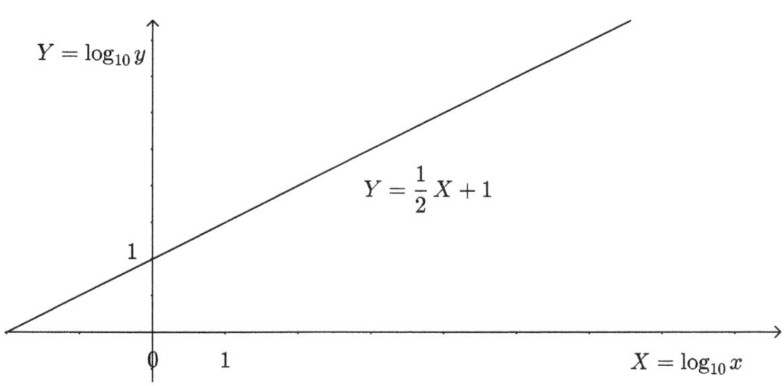

Abb. 4.1: Logarithmische Skalierung für $y = 10 \cdot x^{\frac{1}{2}}$.

Manchmal werden auf den Achsen anstelle der Werte X und Y auch die ursprünglichen Werte $x = 10^X$ und $y = 10^Y$, d. h. $10^0,\ 10^1,\ 10^2, \ldots$, beschriftet. □

https://doi.org/10.1515/9783110542547-004

Man spricht von einer *doppelt logarithmischen Darstellung* bzw. Skalierung, da beide Achsen in einem logarithmischen Maßstab dargestellt sind. Das Wort „doppelt" wird zuweilen weggelassen.

4.2 Die Methode der kleinsten Quadrate

In diesem Abschnitt soll erklärt werden, wie Geraden „möglichst gut" durch experimentell ermittelte Daten gelegt werden können. Eine derart optimale Gerade wird als *Ausgleichs- bzw. Regressionsgerade* bezeichnet. Wir wollen das Prinzip erläutern und die allgemeinen Formeln herleiten.

Wir gehen davon aus, dass zuvor n Punkte $A_1, \ldots, A_n$ mit den Koordinaten $A_k = (x_k, y_k)$ experimentell ermittelt wurden. Bei einer möglichen Ausgleichsgeraden $f(x) = bx + d$ berechnen wir die Längen der gestrichelten Linien im folgenden Bild bzw. den

$$\text{senkrechten Abstand} = | f(x_k) - y_k | \qquad \text{zum Messpunkt } A_k\,.$$

Nun berechnen wir zu jedem Punkt A_k die

$$\text{Fläche des Abstandsquadrats} = (f(x_k) - y_k)^2\,.$$

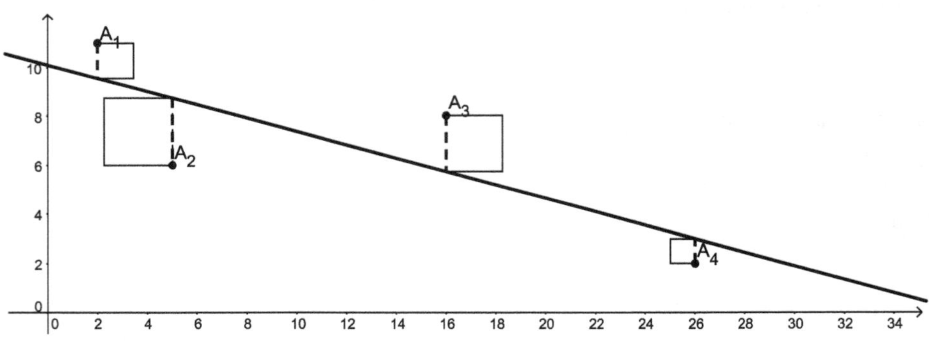

Abb. 4.2: Messpunkte und Abstandsquadrate.

Je weiter der Punkt von der Geraden entfernt ist, desto größer ist dieses Quadrat. Addieren wir alle Quadratflächen, so erhalten wir die Funktion

$$F(b, d) = \sum_{k=1}^{n} (f(x_k) - y_k)^2 = \sum_{k=1}^{n} (bx_k + d - y_k)^2 \tag{4.1}$$

Diese niemals negative Funktion ist ein Maß für den Abstand aller Messpunkte von der Geraden. Wenn idealerweise alle Messdaten auf einer gemeinsamen Gerade liegen, sind ihre Abstände zur Geraden gleich null. Dann verschwinden sämtliche Quadrate, und wir erhalten $F(b, d) = 0$.

Falls die Punkte nicht auf einer gemeinsamen Geraden liegen, versuchen wir b und d zumindest so zu wählen, dass $F(b, d)$ seinen kleinstmöglichen Wert annimmt.

Dieses Problem führt auf eine Extremwertaufgabe für eine Funktion von zwei Variablen. Eine notwendige Bedingung für ein Minimum ist wegen (A.12), dass die partiellen Ableitungen von F nach b bzw. d verschwinden:

$$\frac{\partial F}{\partial b} = 0 \tag{4.2}$$

$$\frac{\partial F}{\partial d} = 0 \tag{4.3}$$

Wir werden diese Gleichungen vereinfachen, indem wir nach Möglichkeit die *Mittelwerte unserer Messdaten*

$$\boxed{\overline{x} = \frac{1}{n}\sum_{k=1}^{n} x_k, \quad \overline{y} = \frac{1}{n}\sum_{k=1}^{n} y_k} \tag{4.4}$$

benutzen. Mit der Kettenregel folgt aus (4.3)

$$\frac{\partial F}{\partial d} = 2\sum_{k=1}^{n}(bx_k + d - y_k) = 0$$

bzw.

$$d = \frac{1}{n}\left(\sum_{k=1}^{n} y_k - b\sum_{k=1}^{n} x_k\right)$$

$$d = \overline{y} - b \cdot \overline{x} \tag{4.5}$$

Aus (4.2) erhalten wir

$$\frac{\partial F}{\partial b} = 2\sum_{k=1}^{n}(bx_k + d - y_k) \cdot x_k = 0$$

bzw.

$$\sum_{k=1}^{n}(bx_k + d - y_k) \cdot x_k = 0$$

$$b \cdot \left(\sum_{k=1}^{n} x_k^2\right) + d\, n\overline{x} = \sum_{k=1}^{n} y_k x_k$$

Mit (4.5) folgt daraus

$$b \cdot \left(\sum_{k=1}^{n} x_k^2\right) + (\overline{y} - b\overline{x}) \cdot n\overline{x} = \sum_{k=1}^{n} y_k x_k \tag{4.6}$$

Wir erhalten nun aus (4.5) und der nach b aufgelösten Gleichung (4.6) die

Bestimmungsgleichungen der Regressionsgeraden $y = bx + d$:

$$b = \frac{\left(\sum_{k=1}^{n} y_k x_k\right) - n\overline{xy}}{\left(\sum_{k=1}^{n} x_k^2\right) - n\overline{x}^2} \tag{4.7}$$

$$d = \overline{y} - b\overline{x} \tag{4.8}$$

Mit der Funktion (4.1) können wir nun die tatsächliche Abweichung unserer Regressionsgeraden vom Punktesystem $(x_i, y_i)_{i=1,\dots,n}$ berechnen. Wir bezeichnen die aus (4.7), (4.8) berechneten Werte mit b^* und d^*. Unter Benutzung der Gleichung (4.8) erkennt man, dass der *Schwerpunkt* unseres Punktsystems, also der Punkt $(\overline{x}, \overline{y})$ von (4.4) stets *auf* der Regressionsgeraden liegt:

$$\overline{y} = b^*\overline{x} + d^*$$

Die kleinste mittlere quadratische Abweichung der Regressionsgeraden vom gegebenen Punktsystem $(x_i, y_i)_{i=1,\dots,n}$ wird bestimmt durch

$$\min_{b,d} F(b, d) = F(b^*, d^*)$$

Hieraus folgt (Aufgabe für den Leser)

$$\min_{b,d} F(b, d) = \left[\left(\sum_{k=1}^{n} y_k^2\right) - \frac{1}{n}\left(\sum_{k=1}^{n} y_k\right)^2\right] - b^*\left[\left(\sum_{k=1}^{n} x_k y_k\right) - \left(\frac{1}{n}\sum_{k=1}^{n} x_k\right)\cdot\left(\sum_{k=1}^{n} y_k\right)\right]$$

mit dem Wert $b^* = \frac{(\sum_{k=1}^{n} y_k x_k) - n\overline{xy}}{(\sum_{k=1}^{n} x_k^2) - n\overline{x}^2}$ aus (4.7).

Beispiel 2. Gegeben seien die Messwerte

$$A_1 = (2{,}11), \quad A_2 = (5{,}6), \quad A_3 = (16{,}8), \quad A_4 = (26{,}2)$$

Lösung. Dann ist $n = 4$ und $\overline{x} = 12{,}25$; $\overline{y} = 6{,}75$; $b = -0{,}2737$; $d = 10{,}1033$. Die Gleichung der Regressionsgeraden lautet

$$f(x) = -0{,}2737x + 10{,}1033$$

und ist in der vorherigen Grafik dargestellt. □

Problem 5. *Gegeben sei ein Datensatz von n Messwerten*

$$A_k = (x_k, y_k) \qquad k = 1, \dots, n$$

welche nur aus positiven x- bzw. y-Werten bestehen. Wir setzen voraus, dass ihr Zusammenhang durch ein Skalengesetz, d. h., eine Potenzfunktion vom Typ

$$y = a \cdot x^b \tag{4.9}$$

für $a > 0$ gegeben ist.

Leiten Sie die unten stehenden Formeln zur Berechnung der Konstanten a und b mit der Methode der kleinsten Quadrate aus den logarithmierten Messwerten $X_k = \log_{10} x_k$, $Y_k = \log_{10} y_k$ *her.*

$$b = \frac{\left(\sum_{k=1}^{n} Y_k X_k\right) - n\overline{XY}}{\left(\sum_{k=1}^{n} X_k^2\right) - n\overline{X}^2}, \qquad a = 10^{\overline{Y} - b\overline{X}} \tag{4.10}$$

Lösung. Logarithmieren wir Gleichung (4.9) wie in Abschnitt 4.1 und bezeichnen $X = \log_{10} x$, $Y = \log_{10} f(x)$, $d = \log_{10} a$, so erhalten wir die Geradengleichung

$$Y = b \cdot X + d \tag{4.11}$$

Logarithmieren wir die Messdaten ebenfalls, so bestimmen wir neue Punkte

$$A'_k = (X_k, Y_k) \qquad \text{mit } X_k = \log_{10} x_k,\ Y_k = \log_{10} y_k \tag{4.12}$$

Anschließend berechnen wir deren Mittelwerte $\overline{X}$, $\overline{Y}$. Nach der Methode der kleinsten Quadrate werden die Koeffizienten der Regressionsgeraden (4.11) durch die Gleichungen

$$b = \frac{\left(\sum_{k=1}^{n} Y_k X_k\right) - n\overline{XY}}{\left(\sum_{k=1}^{n} X_k^2\right) - n\overline{X}^2}$$
$$d = \overline{Y} - b\overline{X}$$

gegeben. Nach der Umrechnung $a = 10^d$ erhalten wir die gesuchten Konstanten für unser Skalengesetz (4.9) in der Form (4.10). □

5 Die Mathematik des Stoffwechsels

Kurzlebige kleine Säugetiere wie Ratten oder Kaninchen besitzen eine bemerkenswerte Robustheit gegenüber Verletzungen. Warum heilen ihre Wunden schneller als bei Menschen? Und wie können Mäuse in radioaktiv stark verstrahlten Zonen überleben und sich sogar ohne Schaden vermehren? Verfügen sie über einen besonderen Reparaturmechanismus?

Auffällig viele kurzlebige Tiere besitzen gleichzeitig eine schnelle Herzfrequenz. Bei langlebigen Tieren wie Elefanten oder Schildkröten kann man oft das Gegenteil beobachten. Sind das Zufälle, oder gibt es einen Zusammenhang zwischen der mittleren Lebensdauer und der mittleren Herzfrequenz?

Welche Rolle spielt bei verwandten Tierarten die Körpergröße für das erreichbare Alter? Berühmt für ihre Langlebigkeit sind Riesenschildkröten. Ist es auch Zufall, dass kleinere Schildkrötenarten kürzer leben?

All diesen Fragen liegt als Antwort eine gemeinsame Gesetzmäßigkeit zugrunde. Es ist eine mathematische Formel, welche im gemeinsamen Bauplan aller Lebewesen, vom Einzeller bis zum Blauwal begründet ist.

5.1 Stoffwechselraten-Gesetze

Unter der (mittleren) *Stoffwechselrate E* eines Lebewesens versteht man seinen Energiegrundumsatz pro Zeit (in Joule pro Sekunde oder Kilokalorie pro Tag).

Alternativ kann man auch die Rate des Sauerstoffverbrauchs oder der Kohlendioxidproduktion (beide in Mol pro Sekunde oder Liter pro Stunde) verwenden, da alle diese Größen proportional zueinander sind.

Der Energiegrundumsatz lässt sich ermitteln, indem man beispielsweise für eine Tagesration die Differenz des Brennwerts von Nahrung und Ausscheidungen bestimmt. Für die Sauerstoffverbrauchs- bzw. Kohlendioxidproduktionsrate lässt man ein Versuchstier im Ruhezustand durch eine Vorrichtung atmen, welche die Gase misst.

Problem 6. *In der folgenden Tabelle 5.1 sind die Messwerte m und E gegeben. Bestimmen Sie einen Zusammenhang als Skalengesetz* $E = a \cdot m^b$.

Hinweis: Die Lösungsformeln wurden in Abschnitt 4.2, Problem 5 hergeleitet.

https://doi.org/10.1515/9783110542547-005

Tab. 5.1: Massen und Stoffwechselraten nach K. Schmidt-Nielsen [20].

Tier	Masse m (kg)	Stoffwechselrate E als O_2-Verbrauch (l/h)	Rel. O_2-Verbrauch E/m (l/h kg)
Spitzmaus	0,0048	0,0355	7,396
Zwergmaus	0,009	0,0225	2,500
Kängurumaus	0,0152	0,0273	1,796
Maus	0,025	0,041	1,640
Erdhörnchen	0,096	0,09	0,938
Ratte	0,29	0,25	0,862
Katze	2,5	1,7	0,680
Hund	11,7	3,87	0,331
Schaf	42,7	9,59	0,225
Mensch	70	14,76	0,211
Pferd	650	71,1	0,109
Elefant	3833	268	0,070

Lösung. Es ist $n = 12$. Wir logarithmieren die Messwerte m und E.

Tier	$X = \log_{10} m$	$Y = \log_{10} E$
Spitzmaus	−2,319	−1,450
Zwergmaus	−2,046	−1,648
Kängurumaus	−1,818	−1,564
Maus	−1,602	−1,387
Erdhörnchen	−1,018	−1,046
Ratte	−0,538	−0,602
Katze	0,398	0,230
Hund	1,068	0,588
Schaf	1,630	0,982
Mensch	1,845	1,169
Pferd	2,813	1,852
Elefant	3,584	2,428

Aus der Tabelle berechnen wir die Mittelwerte $\overline{X} = 0{,}167$, $\overline{Y} = -0{,}037$ sowie

$$\sum_{k=1}^{n} Y_k X_k = 31{,}574; \qquad \sum_{k=1}^{n} X_k^2 = 44{,}875$$

und daraus mithilfe von Formel (4.10) die gesuchten Konstanten

$$a = 0{,}699; \qquad b = 0{,}711$$

Damit lautet das gesuchte Skalengesetz

$$E = 0{,}699 \cdot m^{0{,}711} \tag{5.1}$$

□

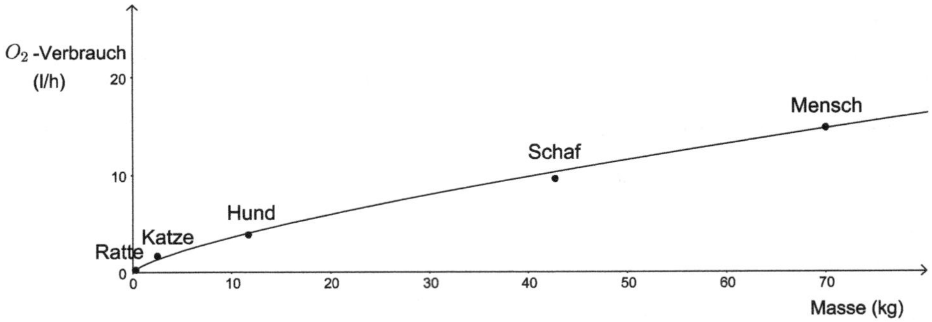

Abb. 5.1: Abhängigkeit der Stoffwechselrate von der Masse (Dreiviertelgesetz).

In der Darstellung von (5.1) erkennt man ein abflachendes Wachstum.
Allerdings ist diese Form ungeeignet zur Darstellung weit auseinanderliegender Messwerte. Wir werden Grafiken von Potenzfunktionen künftig nur verwenden, wenn eine schematische Darstellung diskutiert wird.

Wollen wir die Messwerte grafisch darstellen, so empfiehlt sich die Logarithmierung von (5.1)

$$\log E = 0{,}711 \cdot \log m - 0{,}156$$

mit einer anschließenden logarithmischen Skalierung. Man erhält dann die folgende Kurve.

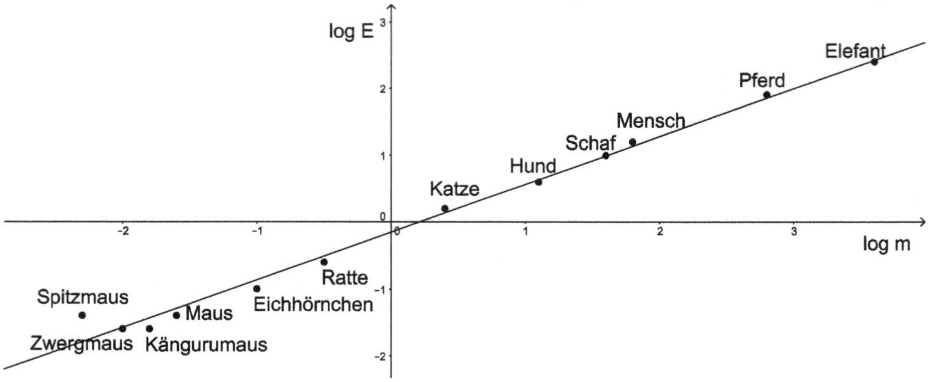

Abb. 5.2: Abhängigkeit der Stoffwechselrate von der Masse in logarithmischer Darstellung.

Je stärker die Tierarten miteinander verwandt sind und je ähnlicher ihre Lebensart ist, desto besser liegen sie auf der Kurve. Fügte man der Grafik zum Beispiel die Daten einer Schildkröte und eines Tigers hinzu, so würde der Tiger recht gut auf der Geraden und die Schildkröte etwas weiter darunter liegen.

Als der Schweizer Biologe Max Kleiber im Jahre 1947 eine Fülle entsprechender experimenteller Daten auswertete, erhielt er den jetzt als *Dreiviertelgesetz* bekannten Zusammenhang zwischen der Stoffwechselrate E und der Masse m:

$$E = a \cdot m^{\frac{3}{4}} \tag{5.2}$$

Der Exponent $\frac{3}{4}$ sorgte lange Zeit für Erstaunen. Wir werden ihn später begründen. Die Konstante a hängt nicht nur von der jeweiligen Stoffwechselrate, sondern auch geringfügig vom Stoffwechselsystem der Art ab und kann experimentell für jede Tierart bestimmt werden. Für verwandte Arten wie in der obigen Grafik liegen die Werte meist nahe beieinander. In der Evolution weit auseinanderliegende Arten unterscheiden sich im Wert a stärker. Gleichwarme Arten haben zum Beispiel einen höheren Energiebedarf und folglich größere a als wechselwarme.[1]

Weiter spielt die Ernährungsweise eine Rolle. Für Pflanzenfresser ist a kleiner als für Fleischfresser. Blätter sind oft ballaststoffreich und energiearm, sodass es mühselig sein kann, aus ihnen ausreichend Energie zu gewinnen. Pflanzenfresser haben sich darauf eingestellt, indem sie ihre Stoffwechselrate gesenkt haben.

Eine besondere Form von Stoffwechselraten sind *Abbauraten von Giftstoffen*. So bestimmt die sogenannte *Clearance* die Leistung der Nieren zur Entfernung bestimmter Schadstoffe aus dem Blut. Sie gibt das pro Zeiteinheit gereinigte Plasmavolumen an und wird in Milliliter pro Minute gemessen.

Allgemein werden bei verlangsamtem Stoffwechsel auch Giftstoffe langsamer abgebaut, was ihre Konzentration im Körper erhöht. Wir können die Lethaldosis (geringste tödliche Dosis) von Medikamenten und Giften als die höchstmögliche Grenze einer Stoffwechselumsatzrate betrachten und somit prinzipiell entsprechend Gesetz (5.2) modellieren.

Einige Arten haben gegenüber gewissen Giften eine hohe Verträglichkeit entwickelt, beispielsweise Pflanzenfresser, welche sich von giftigen Blättern ernähren. Aasfresser besitzen hohe Resistenzen gegenüber Leichengiften. Beim Giftstoffabbau können somit selbst zwischen verwandten Arten große Unterschiede auftreten. Diese Besonderheiten müssen berücksichtigt werden, wenn man auf der Basis von (5.2) Erfahrungswerte von Dosierungen bei Medikamenten aus Tierversuchen von einer Art auf eine andere, z. B. von Affen auf den Menschen übertragen will.

5.2 Die Suche nach dem Wahrheitsserum

LSD (Lysergsäurediethylamid) wurde erstmals 1938 vom Schweizer Chemiker Albert Hofmann aus dem hochgiftigen Getreidepilz Mutterkorn gewonnen, welcher im Mit-

1 Bei wechselwarmen Tieren wird der Stoffwechsel wesentlich durch die Außentemperatur bestimmt. Gemessene Stoffwechselraten schwanken stärker. Gleichung (5.2) gibt nur Durchschnittswerte an.

telalter häufig zu Massenvergiftungen geführt hatte und als Krankheit unter dem Namen Antoniusfeuer gefürchtet war. Dabei traten auch Wahnzustände auf, sodass sich die Kranken von Dämonen besessen glaubten. Eine sehr lebendige Vorstellung dieser grellen mittelalterlichen Schreckensbilder im Rauschzustand vermittelt der von Matthias Grünewald gemalte Altar des ehemaligen Antoniterklosters von Isenheim, Frankreich, dessen Mönche sich der Pflege am Antoniusfeuer Erkrankter widmeten.

Abb. 5.3: Altarbild von Matthias Grünewald; links: Besuch des Heiligen Antonius beim Heiligen Paulus von Theben; rechts: die Versuchung des Heiligen Antonius und seine Peinigungen durch den Teufel und Dämonen.

Nachdem Albert Hoffmann 1943 im Selbstversuch entdeckte, dass die Einnahme von LSD Halluzinationen hervorruft, war auch das Interesse der Psychiater und Psychotherapeuten geweckt. Durch die Eindrücklichkeit von LSD-Trips versprach man sich in Kombination mit anderen Therapien Erfolge bei der Behandlung von Alkoholismus.

Bald darauf traten Geheimdienste auf den Plan, wo man sich für Verhöre eine ganz andere Art der Bewusstseinsveränderung erhoffte. War die Droge ein sicheres Mittel, um die Wahrheit zu erfahren?

Problem 7. *An der Universität von Oklahoma wurde 1962 die Wirkung von LSD auf Tiere getestet. Man verabreichte einem 3000* kg *schwerem Elefanten die Menge von 297* mg.[2]

2 Der Versuch wurde von Doktor Louis Jolyon West durchgeführt, dem damaligen Leiter der Abteilung für Psychatrie an der Universität von Oklahoma. Nach eigener Aussage wollten die Experimentatoren

Man hatte die Dosis, welche eine Katze zum Toben gebracht hatte, proportional auf das Gewicht des Elefanten umgerechnet. Der Elefant tobte jedoch nicht wie erwartet, sondern brach nach einigen Trompetenstößen tot zusammen.

Gesucht ist die Höhe der Überdosierung.

Lösung. Bezeichnen wir die verträglichen Stoffwechselraten von Katze und Elefant mit E_K bzw. E_E und die verabreichte Überdosis mit $\widetilde{E}_E = 297$. Fälschlicherweise ging man davon aus, dass die Stoffwechselraten pro Kilogramm bei Katzen und Elefanten gleich seien:

$$\frac{\widetilde{E}_E}{E_K} = \frac{m_E}{m_K} \quad \Rightarrow \quad \widetilde{E}_E = E_K \cdot \frac{m_E}{m_K} \tag{5.3}$$

Zur Berechnung der korrekten Dosis setzen wir voraus, dass weder Katzen noch Elefanten in ihrem Stoffwechsel besondere Mechanismen zum Abbau von LSD entwickelt haben, sodass wir im Dreiviertelgesetz (5.2) dieselbe Konstante verwenden können. Dann ist

$$\frac{E_E}{E_K} = \left(\frac{m_E}{m_K}\right)^{0,75} \quad \Rightarrow \quad E_E = E_K \cdot \left(\frac{m_E}{m_K}\right)^{0,75} \tag{5.4}$$

und wir erhalten

$$\frac{\widetilde{E}_E}{E_E} = \left(\frac{m_E}{m_K}\right) : \left(\frac{m_E}{m_K}\right)^{\frac{3}{4}} = \left(\frac{m_E}{m_K}\right)^{\frac{1}{4}}$$

Bei einer Durchschnittsmasse von $m_K = 4$ kg für eine Hauskatze ist

$$\left(\frac{m_E}{m_K}\right)^{\frac{1}{4}} \approx 5$$

Der Elefant hat demnach etwa fünfmal zu viel erhalten. Circa 60 mg wären ausreichend gewesen. □

Selbst nach dem Versuch waren sich die Experimentatoren über die Wirkungsmechanismen nicht im Klaren und vermuteten stattdessen, dass Elefanten besonders empfindlich auf LSD reagieren.

Bis jetzt gibt es Mutmaßungen, ob der LSD-Versuch von Oklahoma Teil des umfangreichen CIA-Programms MK-ULTRA war, dessen Unterlagen in der Folge größtenteils „illegal entsorgt“ wurden. Von 1953 bis in die 1970er-Jahre ließ die CIA im Rahmen eines Geheimprojekts an mehr als 30 Institutionen, darunter Universitäten, Krankenhäusern, Gefängnissen und Einrichtungen der US-Armee illegale Menschenexperimente mit Drogen durchführen, um die Möglichkeiten zur Gedankenkontrolle

---

herausfinden, ob die Verabreichung von LSD den Elefanten in den Zustand der Musth versetzen kann. So bezeichnet man die regelmäßig bei geschlechtsreifen Elefantenbullen auftretenden Phasen der Aggressivität, welche durch einen Testosteronschub ausgelöst werden. Das Wort Musth stammt aus dem Persischen und bedeutete „unter Drogen“ oder „im Rausch“. Zur Originalarbeit siehe L. J. West, C. M. Pierce, W. D. Thomas [21].

zu erforschen.[3] Auch der spätere Schriftsteller Ken Kesey war in einem kalifornischen Armeehospital Zeuge der Experimente und verarbeitete seine Erlebnisse im erfolgreich verfilmten Roman *Einer flog über das Kuckucksnest*. Zur Begründung diente den CIA-Strategen das häufig strapazierte Argument, der politische Gegner, also die Sowjetunion und China, wären höchstwahrscheinlich in derselben Richtung aktiv. Die Befürchtung sollte sich nicht bestätigen. Die Geheimdienste dieser Staaten verhörten und erpressten ihre Opfer nach alter Manier.

Das Experiment von Oklahoma war letztlich so sinnlos und grausam wie das gesamte MK-ULTRA-Projekt, dessen Ergebnisse im Nachhinein selbst von der CIA als wissenschaftlich wertlos betrachtet wurden. Man musste eingestehen, dass den Mitarbeitern oft die nötige wissenschaftliche Qualifikation fehlte. Als die Öffentlichkeit schließlich von den Menschenversuchen erfuhr und ein vom US-Kongress eingesetzter Untersuchungsausschuss seine Arbeit aufnahm, ließ der Geheimdienst den Großteil der Akten vernichten.

Kehren wir zu unseren Gleichungen zurück. Zum besseren Verständnis dividieren wir (5.2) durch die Masse und führen die Größe $r = \frac{E}{m}$ ein. Dann ist

$$r = a \cdot m^{-\frac{1}{4}} \tag{5.5}$$

Die Größe r wird als *relative Stoffwechselrate* bezeichnet und gibt die Dosis pro Kilogramm Körpermasse an.

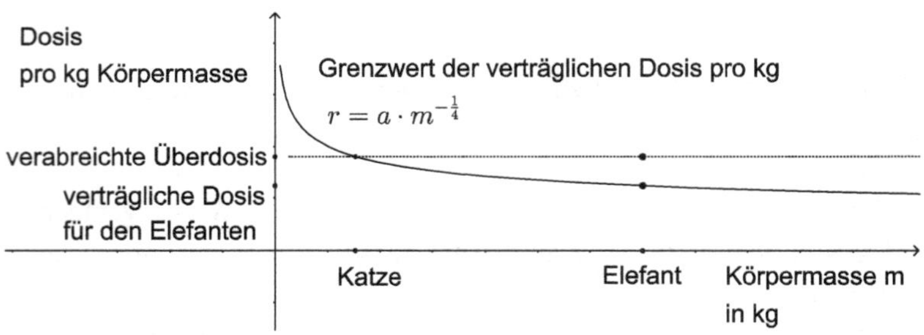

Abb. 5.4: Überdosierung im Oklahoma-Experiment.

Erstaunlicherweise hängt r von der Gesamtmasse eines Tieres ab. Eine Zelle des Nierengewebes einer Riesenschildkröte filtert Giftstoffe langsamer als eine ähnliche Zelle

3 Eine Kulturgeschichte des LSD einschließlich des MK-ULTRA-Projekts findet man bei Martin A. Lee und Bruce Shlain [15]. Nach Colin A. Ross [19] war Dr. West nachweislich am CIA-Programm beteiligt, wofür er finanzielle Mittel in Höhe von 20.800 USD erhielt. Der Fall von Oklahoma wird auch auf der Internetseite von Erowid [16], einer kalifornischen, politisch neutralen Nichtregierungsorganisation diskutiert, die in ihrer Datenbank Informationen zu psychoaktiven Substanzen und verwandten Themen bietet.

von einer kleinen Schildkrötenart! Die Leistungsfähigkeit der Zelle hängt nicht nur von ihrem Aufbau, sondern auch vom umgebenden System der Versorgung ab. Kleinere Tiere besitzen höhere relative Stoffwechselraten, weil die absolute Stoffwechselrate E mit (5.2) schwächer als die Masse wächst.

Die Fähigkeit eines Organismus, in kurzen Zeitabschnitten große Kräfte freizusetzen, sei es beim Sprint, hohen Sprung oder beim Start des Fluges auf Hochtouren zu laufen, hängt aber von einer entsprechenden Versorgung ab. Leistung erfordert also eine hohe relative Stoffwechselrate für die Sauerstoffversorgung. Das ist einer der Gründe, warum größere Tiere zu derartigen Aktivitäten nicht fähig sind.

5.3 Warum gibt es keine größeren Insekten?

Insekten sind meist deutlich kleiner als Reptilien oder Säugetiere. Ein Grund liegt darin, dass das Außenskelett ihre Größe beschränkt. Da es nicht mitwächst, muss es regelmäßig erneuert werden. Unmittelbar danach ist die neue Außenhülle noch sehr weich, und genau dort entsteht das Problem. Ein zu großes Insekt würde sich nach der Häutung zusammendrücken, wie folgende Überlegung zeigt.

Seien S die Grundfläche, V das darüberliegende Volumen und m die Masse dieses Volumens. Die Länge des Insekts ist wiederum x. Dann ist der Druck auf die Grundfläche

$$p = \frac{mg}{S} \sim \frac{V}{S} \sim \frac{x^3}{x^2} \sim x \tag{5.6}$$

Für große Insekten würde dieser Druck zu groß werden. Sie würden sich selbst plattdrücken und auseinanderfließen.

Der hauptsächliche Grund für ihre aktuellen Körpermaße besteht jedoch in ihrem Atmungssystem, den Tracheen. Das sind röhrenartige Einstülpungen, die den ganzen Körper durchziehen und den Sauerstoff direkt an die Zellen heranführen.

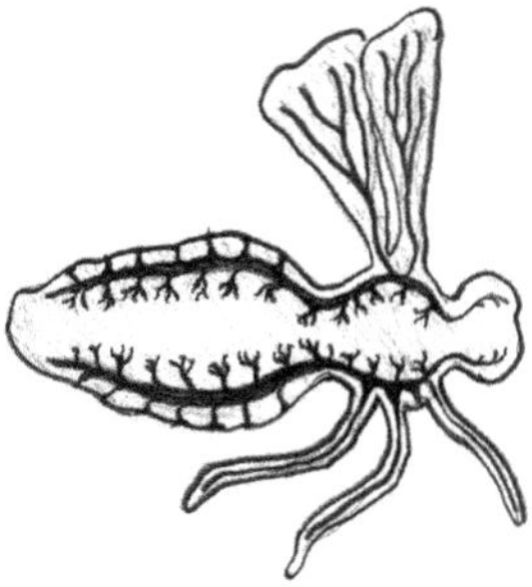

Abb. 5.5: Das System der Tracheenatmung.

Im Gegensatz zu höheren Tieren wird der Sauerstoff jedoch nicht im Blut gelöst, sondern durch die natürliche Molekularbewegung der Gase direkt zu den Muskelzellen geleitet. Die Tracheenatmung läuft durch die natürliche Diffusion, also durch die

Durchmischung von verschiedenen Gasen beim Ausgleich von Konzentrationsunterschieden ab. Dieser Prozess entspricht dem Lüften eines stickigen Zimmers beim Öffnen des Fensters und ist im Gegensatz zur Kiemen- und Lungenatmung völlig passiv.

Im Falle der Tracheenatmung dringt also stärker sauerstoffhaltige Luft von außen zu den Muskelzellen vor, wo durch die Verbrennung eine höhere Konzentration kohlendioxidhaltiger Luft entstanden ist.

Untersuchen wir die Versorgung eines röhrenförmigen Körperteils, wobei der Sauerstoff über die obere Deckfläche S eindringt. Die pro Zeiteinheit zugeführte Sauerstoffmenge ist dann:

$$\text{zugeführte Sauerstoffmenge} = c \cdot S$$

wobei die Konstante c von der mittleren Geschwindigkeit und Anzahl der Sauerstoffmoleküle abhängt, die wiederum durch Sauerstoffkonzentration und Temperatur bestimmt sind. Höhere Sauerstoffkonzentrationen in der Atemluft und höhere Temperaturen begünstigen die Sauerstoffversorgung.

Die zugeführte Sauerstoffmenge ist also proportional zur durchflossenen Fläche S und verändert sich bei maßstäblicher Vergrößerung der Röhre um den Faktor x gemäß (2.2) wie folgt:

$$\text{zugeführte Sauerstoffmenge} \sim x^2$$

Andererseits ist die benötigte Sauerstoffmenge proportional zur Stoffwechselrate E. Nach dem Dreiviertelgesetz erhalten wir:

$$\text{benötigte Sauerstoffmenge} \sim m^{\frac{3}{4}} \sim (x^3)^{\frac{3}{4}} = x^{\frac{9}{4}}$$

Für das Verhältnis dieser Größen erhalten wir

$$\frac{\text{zugeführte Sauerstoffmenge}}{\text{benötigte Sauerstoffmenge}} \sim \frac{x^2}{x^{\frac{9}{4}}} = x^{-\frac{1}{4}} \tag{5.7}$$

Wie man in der unten stehenden Grafik erkennt, wächst der Sauerstoffbedarf bei einer maßstäblichen Vergrößerung stärker als seine Zufuhr. Wegen

$$\lim_{x \to \infty} x^{-\frac{1}{4}} = 0$$

würde das Versorgungssystem über Tracheen ab einer gewissen Körpergröße zusammenbrechen. (Das trifft auf jedes System der Sauerstoffversorgung zu, unter anderem auf unseren Blutkreislauf, wenn man die Körperlänge zu stark erhöht.)

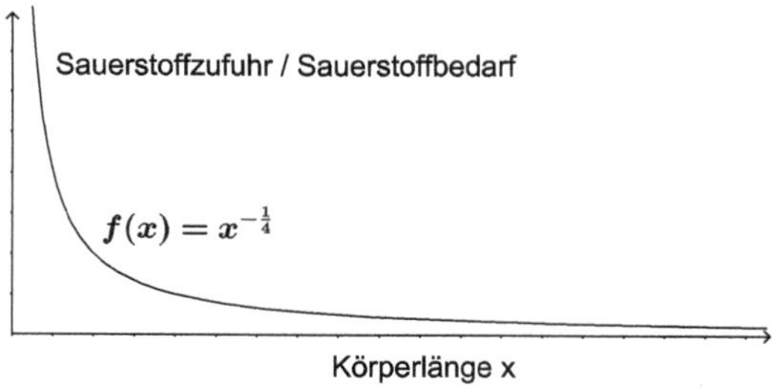

Abb. 5.6: Effizienz der Sauerstoffversorgung in Abhängigkeit von der Körpergröße.

Tatsächlich scheint die Wachstumsgrenze bei Insekten hauptsächlich durch ihre Sauerstoffversorgung vorgegeben zu sein, wie amerikanische Forscher bei einigen Käferarten mithilfe von Röntgenaufnahmen nachweisen konnten. Dort wirken die schmalen Durchgänge zu den Beinen als Flaschenhals, der bei größeren Körpermaßen eine ausreichende Sauerstoffzufuhr nicht mehr gewährleisten würde.

Bei höheren Temperaturen bewegen sich die Luftmoleküle stärker. Damit kann dort mehr Sauerstoff zugeführt werden, und der Zähler im Bruch (5.7) erhöht sich insgesamt.

Deshalb können Insekten in wärmeren Gebieten größer werden. Ihre beeindruckendsten Vertreter leben in feuchtwarmen Klimazonen. In kalten Gebieten reicht die Molekularbewegung der Luft dagegen nicht aus, um die inneren Tracheen ausreichend mit Sauerstoff zu versorgen. Einige Insekten behelfen sich, indem sie mithilfe von Luftsäcken und durch Kontraktion des Hinterleibes im Inneren einen Luftstrom erzeugen.

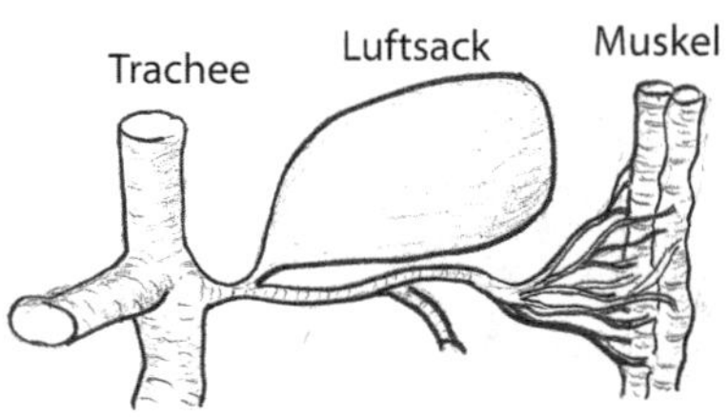

Abb. 5.7: Sauerstoffversorgung eines Muskels bei einer Heuschrecke.

Tracheenatmer sind also in ihrer Größe beschränkt und viel stärker vom Klima abhängig. Interessant ist, dass die Insekten lange Zeit keine bedeutende Rolle in der Erdgeschichte gespielt haben. Erst als sich im Zeitalter des Karbons der Sauerstoffanteil der Luft erhöhte (siehe folgende Grafik), erlebten sie einen Aufschwung.

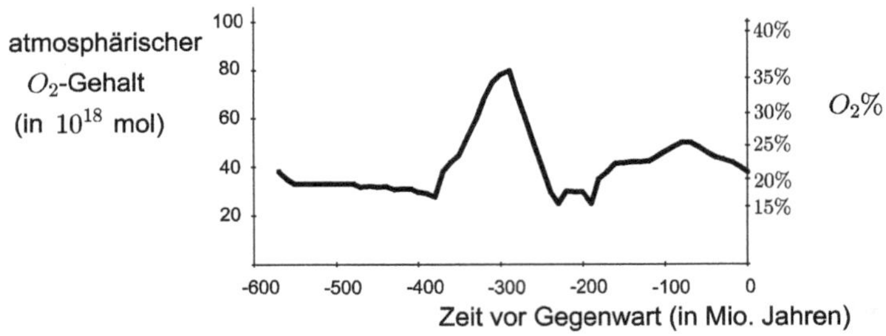

Abb. 5.8: Sauerstoffanteil in der Erdatmosphäre zu verschiedenen Erdzeitaltern nach Robert A. Berner [13].

Während des Karbons vor 356 Millionen bis vor 299 Millionen Jahren, als ausgedehnte tropische Sumpfwälder die Basis der heutigen Kohlelagerstätten bildeten, lag der Sauerstoffanteil bis zu 50 % höher als heute. Dadurch herrschten die besten Bedingungen für die Tracheenatmung, und es kam förmlich zur Explosion in der Artenbildung bei Insekten. Vor rund 300 Millionen Jahren bevölkerten noch Vetreter mit fast 1 m Flügelspannbreite die Erde. Heute dagegen können sie einen Durchmesser von 50 mm kaum überschreiten.

Abb. 5.9: Europäischer Karbonwald.

Bei optimaler Körpergröße und bei günstigen Umweltbedingungen ist der Gastransport in den Tracheen etwa 1000-mal schneller als durch Bindung im Blut. Die Muskeln der Insekten können dann viel effektiver mit Sauerstoff versorgt werden als bei Lungenatmern. Entsprechend sind sie leistungsfähiger.

5.4 Kosten einer weltweiten Expansion

Die Evolution der Tiere vollzog sich vom Wasser zum Lande und später in die Lüfte. Aus wechselwarmen Vorfahren entwickelten sich gleichwarme Säugetiere und Vögel. Wie die folgende Abbildung 5.10 zeigt, wurde diese Evolution mit einer ständigen Steigerung von Stoffwechselrate bzw. Energieverbrauch pro Stunde begleitet. Die Grafik ist in *logarithmischer Skalierung* dargestellt, welche die Kurven in Geraden überführt.

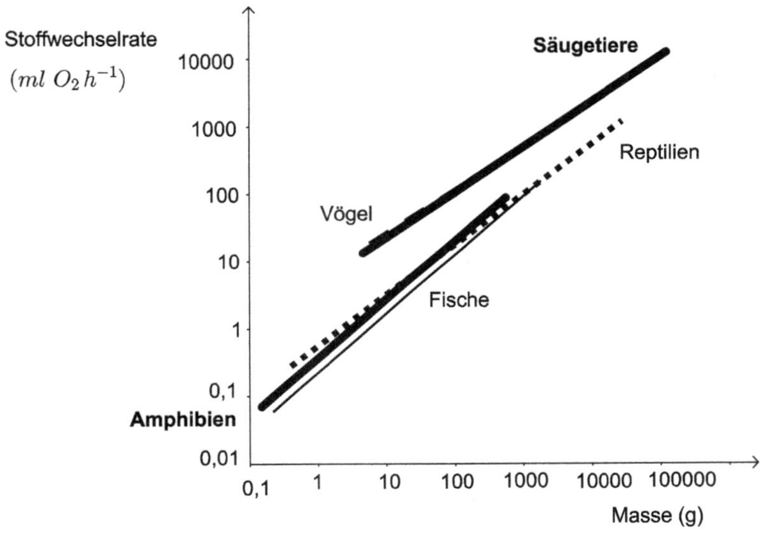

Abb. 5.10: Standardstoffwechselrate (SMR) in Abhängigkeit von der Masse.

Die bereits seit Langem existierenden einfachen Lebensformen der Einzeller besitzen die niedrigsten Raten. Unter den hier dargestellten Lebewesen findet man die geringste Rate bei den Fischen, reinen Wasserbewohnern. Dann folgen die Amphibien, die sowohl im Wasser als auch auf dem Lande zuhause sind. Die höchste Rate unter den Wechselwarmen wird bei den Reptilien gemessen, welche reine Landbewohner sind. Bei den gleichwarmen Tieren besitzen viele kleinere Vögel eine etwas höhere Stoffwechselrate als gleich große landlebende Säugetiere.

Womit hängt das zusammen? Bei der Fortbewegung auf dem Lande benötigen die Tiere bedeutend mehr Energie, sie haben nämlich keinen Auftrieb mehr und müssen jetzt ihr gesamtes Körpergewicht schleppen. Zu den ersten Landbewohnern zählten Wirbellose wie Tausendfüßler, Skorpione und Spinnen mit einem relativ leichten Außenskelett.

Den Vormarsch auf das Festland begannen die Amphibien während des Karbons vor 360 Millionen bis 290 Millionen Jahren.[4] Dort gab es reichlich zu fressen, wenn man entsprechend kräftig und ausdauernd war, deshalb wurde die Stoffwechselrate ständig erhöht.

Um höheren Dauerbelastungen und der stetig größer werdenden Konkurrenz gewachsen zu sein, stellten einige Reptilien ihr Stoffwechselsystem um und entwickelten sich im Laufe der Zeit zu gleichwarmen Tieren. Diese Entwicklung setzte bedeutend später ein, vermutlich erst gegen Ende des Perm vor etwa 50 Millionen Jahren.

Der Preis der Warmblütigkeit war jedoch ein kostspieliger Energieaufwand. Selbst im Ruhezustand produzieren sie etwa das Zehnfache der Energie und Wärme ihrer wechselwarmen Verwandten. Der Vogelflug benötigt schließlich, zumindest in der Startphase, ein Maximum an Energie. Aufgrund ihrer Verwandtschaft zu den Vögeln vermutet man, dass bereits die Dinosaurier gleichwarm waren.

Problem 8. *Zuweilen werden Tiere bei Stürmen auf Treibgut ins Meer gespült und gelangen auf entfernte Inseln, welche sie unter günstigen Umständen besiedeln können.*

Wie lässt sich mit der oben stehenden Grafik begründen, dass Echsen auf diese Weise größere Distanzen überwinden können als Nagetiere?

Lösung. Auf der langen Seereise sind die Nahrungsvorräte beschränkt. Aus der Grafik ist ersichtlich, dass Echsen (Reptilien) geringere Stoffwechselraten als Nagetiere (Säugetiere) haben. Somit benötigen sie weniger Nahrung und halten länger durch. □

Selbst die ungewöhnliche Vielfalt der australischen Reptilienwelt gegenüber der Armut an großen Beutel-Raubtieren lässt sich nach Meinung des Biologen Antoni V. Milewski über den Energieumsatz begründen. Als vor 55 Millionen Jahren noch große Teile des australischen Kontinents von artenreichem Regenwald bewachsen waren, hatten Beuteltiere bessere Entwicklungschancen. Seitdem jedoch ein Hauptteil des Kontinents aus Trockengebieten mit extrem nährstoffarmen Böden[5] besteht, sind die anspruchsloseren Reptilien dort im Vorteil.

Die Konkurrenzfähigkeit gleichwarmer Tiere beruht darauf, dass ihr Tisch ausreichend gedeckt ist. Es gibt keinen Grund zur Behauptung, gleichwarme Tiere wären ihren energiesparenden wechselwarmen Verwandten prinzipiell überlegen oder gar höher entwickelt.

---

4 Als Grund wird ein Massenaussterben vor ca. 360 Millionen Jahren, das sogenannte Kellwasser-Ereignis vermutet, dem etwa zwei Drittel aller Arten zum Opfer fielen. Damals verdunsteten große Wassermassen der Flachmeere und bildeten eine Landschaft von Seen, welche in wechselnder Folge austrockneten und sich durch Regenfälle neu bildeten. Die Anpassung an ein gleichzeitiges Land- und Wasserleben wurde zu einem großen Überlebensvorteil.

5 Australien besteht aus etwa 70 % Wüsten und Halbwüsten. Es mag erstaunen, dass dieses Land trotzdem zu den bedeutendsten Weizenexporteuren der Welt gehört. Obwohl nur auf 5 % der Landfläche Weizen angebaut wird, gehen 70 % der Ernte in den Export.

6 Innenleben eines Naturgesetzes

6.1 Drei Viertel oder nur zwei Drittel?

Lange Zeit versuchte man, das Stoffwechselgesetz durch das Verhältnis von Oberfläche S zu Volumen V zu erklären. Am besten kann das für den Wärmehaushalt von Einzellern verständlich gemacht werden.

Wir wollen seine Oberfläche mit S bezeichnen. E_S sei die Wärmeabstrahlung pro Sekunde bzw. *Wärmeverlustrate* und E seine produzierte Energie. Dann ist $E_S \sim S$, denn die Wärmeabstrahlung verläuft über die Oberfläche. Weiter benutzen wir (2.1) und die Proportionalität von Masse und Volumen:

$$E_S \sim S \sim V^{\frac{2}{3}} \sim m^{\frac{2}{3}} \tag{6.1}$$

Damit ein Tier weder erfriert noch überhitzt wird, muss es sich im energetischen Gleichgewicht befinden, d. h., es ist $E \sim E_S$. Zusammenfassend wäre $E \sim m^{\frac{2}{3}}$ bzw.

$$E = a \cdot m^{\frac{2}{3}}$$

für eine gewisse artabhängige Konstante a. Wir würden anstelle des Dreiviertelgesetzes also eher ein Zweidrittelgesetz erwarten. Tatsächlich ist der Exponent in der Nähe von $\frac{2}{3}$ für sehr einfache Lebewesen oft passender als $\frac{3}{4}$. Das Dreiviertelgesetz beschreibt komplexe, vielzellig aufgebaute Tiere.

Stoffwechselvorgänge sind komplizierter als viele der bekannten physikalischen oder chemischen Naturgesetze. Das Dreiviertelgesetz wurde rein auf der Grundlage von Messdaten aufgestellt. Eine Herleitung mit derselben Exaktheit, wie es beispielsweise bei den keplerschen Gesetze zur Planetenbewegung gelingt, ist unrealistisch, weil in der Biologie zu viele Einflussfaktoren mitspielen. Diese sind im Gegensatz zur Physik oder Chemie bisher kaum erforscht bzw. schwer messbar. Selbst wenn der Aufbau des Blutkreislaufs in seinen Verästelungen und die Beschaffenheit der Adern und Kapillaren in den nötigen Details bekannt wären, ließe sich die Datenfülle kaum in ein überschaubares, einfach lösbares Modell bringen.

So lässt sich das Dreiviertelgesetz nur näherungsweise und auch nur in einem vereinfachten Modell der Nährstoffversorgung herleiten. Es erinnert in den Grundzügen an den Blutkreislauf, wurde 1997 von Geoffrey West, James Brown und Brian Enquist aufgestellt und wird deshalb als WBE-Modell bezeichnet.

6.2 Aufbau einer Struktur

Das Netzwerk des WBE-Modells ist *hierarchisch* aufgebaut. Es besteht aus einem Hauptstrang (Aorta), an dessen Anfangspunkt die Nährstoffe in das Netzwerk eingespeist werden. Dieser Hauptstrang verzweigt sich immer weiter in dünnere und

https://doi.org/10.1515/9783110542547-006

kürzere, zylinderförmige Adern, bis er schließlich in Kapillaren endet. Diese geben schließlich die Nährstoffe an die Körperzellen ab. Adern in der gleichen Hierarchiestufe haben dieselbe Größe und Form.

Es bezeichne N die *Anzahl der Stufen in der Hierarchie*. Wir werden zeigen, dass für das WBE-Modell näherungsweise das Dreiviertelgesetz gültig ist, falls N sehr groß ist.

Mit Ausnahme der Kapillaren besitzt das Netzwerk die Eigenschaft der *Selbstähnlichkeit*. Darunter versteht man, dass man einzelne Teilausschnitte bei entsprechender Vergrößerung nicht voneinander unterscheiden könnte. Mit n bezeichnen wir die *Anzahl der an jeder Ader abzweigenden Äderchen.*

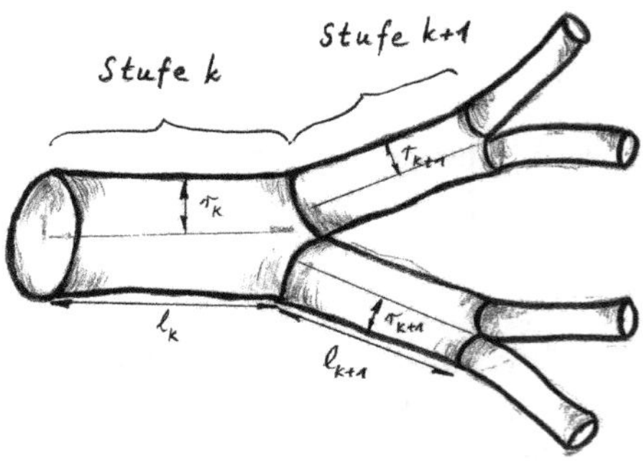

Abb. 6.1: Beispiel einer Hierarchie für $n = 2$.

Weiter setzen wir voraus, dass die Kapillaren als kleinste Versorgungseinheiten für alle Lebewesen dieselbe Form und Größe besitzen. Kapillaren versorgen unmittelbar die Körperzellen mit Nährstoffen. Da der Nährstoffaustausch durch dieselben physikalischen Gesetze (Diffusion) gesteuert wird, gibt es für jeden Nährstoffträger, z. B. Blut, eine optimale Größe und Form seiner Versorgungseinheiten. Sind die Kapillaren zu klein, werden sie verstopft. Sind sie zu groß, so wird die Diffusion verlangsamt. So ist die Größe der Kapillaren zur Blutversorgung exakt auf die Größe der roten Blutkörperchen abgestimmt, was eine optimale Sauerstoffversorgung ermöglicht.

Im WBE-Modell vervielfacht sich die Anzahl der Adern in jeder Hierarchiestufe um den Faktor n. Unser obiges Bild zeigt eine Ader nullter Stufe (Aorta), zwei Adern erster Stufe und vier Adern zweiter Stufe. Die k-te Hierarchiestufe enthält n^k Adern. Bezeichnen wir die *Anzahl der Kapillaren* mit N_c. Bei N Hierarchiestufen ist also

$$N_c = n^N$$

Da sich die Kapillaren verschiedener Organismen nicht voneinander unterscheiden, ist ihr Stoffwechselumsatz konstant. Somit erhält man den gesamten Stoffwechselumsatz eines Organismus als Summe der Stoffwechselumsätze seiner Kapillaren. *Die Stoffwechselrate eines Organismus ist also proportional zur Anzahl seiner Kapillaren.* Das WBE-Modell macht noch zwei Annahmen über Größenverhältnisse im Netzwerk.

WBE 1 Die Längen der Adern in aufeinanderfolgender Ordnung verkürzen sich um den konstanten Faktor

$$\frac{l_{k+1}}{l_k} = \gamma = n^{-\frac{1}{3}}$$

WBE 2 Die Radien der Adern in aufeinanderfolgender Ordnung verkürzen sich um den konstanten Faktor

$$\frac{r_{k+1}}{r_k} = \beta = n^{-\frac{1}{2}}$$

Unter dem *Blutvolumen V* versteht man die Menge des im Netzwerk zirkulierenden Blutes. Wir setzen voraus, dass dieses Blutvolumen für alle ausgewachsenen Tiere einer Art proportional zur Körpermasse *m* ist.

6.3 Vom Bauplan zur Formel

Bezeichnen wir mit l_k die Länge und mit r_k den Radius einer Ader in der k-ten Stufe unserer Hierarchie. Die Aorta hat dann die Länge l_0 und den Radius r_0, wohingegen eine Kapillare die Länge l_N und den Radius r_N besitzt. Eine Ader in der k-ten Stufe unserer Hierarchie ist ein Zylinder und enthält somit die Blutmenge $\pi r_k^2 l_k$.

Unser Ziel ist es, das Blutvolumen in einer Formel mithilfe der Anzahl der Kapillaren darzustellen, da diese Zahl nach den Ausführungen des letzten Abschnitts proportional zur Stoffwechselrate des Organismus ist. Das Blutvolumen ist die Summe der in den Adern enthaltenen Blutmengen. Bei n^k Adern der k-ten Stufe ist das Blutvolumen

$$V = \sum_{k=0}^{N} n^k \pi r_k^2 l_k$$

Aus Eigenschaft *WBE 1* folgt

$$l_k = \gamma^{-1} l_{k+1} = \gamma^{-2} l_{k+2} = \ldots = \gamma^{-s} l_{k+s}$$

Für $k + s = N$ bzw. $s = N - k$ folgt dann

$$l_k = \gamma^{-(N-k)} l_N$$

Aus Eigenschaft *WBE 2* erhalten wir analog $r_k = \beta^{-(N-k)} r_N$ bzw.

$$r_k^2 = \beta^{-2(N-k)} r_N^2$$

und somit

$$V = \sum_{k=0}^{N} n^k \pi \beta^{-2(N-k)} r_N^2 \gamma^{-(N-k)} l_N = \pi r_N^2 l_N \sum_{k=0}^{N} n^k (\beta^2 \gamma)^{-(N-k)}$$

Bezeichnen wir mit $V_c = \pi r_N^2 l_N$ das *Volumen einer Kapillare*. Es ist also

$$V = V_c \sum_{k=0}^{N} n^k (\beta^2 \gamma)^{-(N-k)}$$

Für $m = N - k$ bzw. $k = N - m$ folgt

$$V = V_c \sum_{m=0}^{N} n^{N-m}(\beta^2\gamma)^{-m} = n^N V_c \sum_{m=0}^{N} (n\beta^2\gamma)^{-m}$$

Mit den Werten für β und γ aus *WBE 1* und *WBE 2* folgt

$$n\beta^2\gamma = n \cdot n^{-1} \cdot n^{-\frac{1}{3}} = n^{-\frac{1}{3}}$$

und somit $(n\beta^2\gamma)^{-m} = \left(n^{\frac{1}{3}}\right)^m$. Schließlich erhalten wir

$$V = n^N V_c \sum_{m=0}^{N} \left(n^{\frac{1}{3}}\right)^m$$

Wir erinnern, dass $N_c = n^N$ die *Anzahl der Kapillaren* war und dieser Wert proportional zur Stoffwechselrate E ist. Bezeichnen wir die Proportionalitätskonstante mit α, so ist $N_c = \alpha E$, sodass wir für das Blutvolumen die Gleichung

$$V = E \cdot \alpha V_c \sum_{m=0}^{N} \left(n^{\frac{1}{3}}\right)^m$$

bekommen. Die rechte Summe wird als endliche geometrische Reihe mit (A.5, Anhang) berechnet. Es ist also

$$\begin{aligned}
V &= E \cdot \alpha V_c \frac{n^{\frac{N+1}{3}} - 1}{n^{\frac{1}{3}} - 1} \\
&= E \cdot \frac{\alpha V_c}{n^{\frac{1}{3}} - 1}\left[(n^N)^{\frac{1}{3}} n^{\frac{1}{3}} - 1\right] \\
&= E \cdot \frac{\alpha V_c}{n^{\frac{1}{3}} - 1}\left[(\alpha E)^{\frac{1}{3}} n^{\frac{1}{3}} - 1\right] \qquad \text{wegen } n^N = N_c = \alpha E
\end{aligned}$$

Für eine hinreichend große Hierarchie wird der Wert N und folglich auch N_c bzw. E groß. Somit darf die Eins in der eckigen Klammer vernachlässigt werden und es ist

$$V \approx E \cdot \frac{\alpha V_c}{n^{\frac{1}{3}} - 1}\left[(\alpha E)^{\frac{1}{3}} n^{\frac{1}{3}}\right] = E^{\frac{4}{3}} \cdot \frac{(\alpha n)^{\frac{1}{3}} \alpha V_c}{n^{\frac{1}{3}} - 1}$$

Wir hatten vorausgesetzt, dass das Blutvolumen V proportional zur Körpermasse m ist. Mit einer Proportionalitätskonstante μ ist dann

$$V = \mu \cdot m$$

und es folgt

$$\mu \cdot m \approx E^{\frac{4}{3}} \cdot \frac{(\alpha n)^{\frac{1}{3}} \alpha V_c}{n^{\frac{1}{3}} - 1}$$

bzw.

$$\frac{\left(n^{\frac{1}{3}}-1\right)\mu}{(\alpha n)^{\frac{1}{3}}\alpha V_c}\cdot m\approx E^{\frac{4}{3}}$$

Nun setzen wir diese Gleichung in die Potenz $\frac{3}{4}$

$$\left[\frac{\left(n^{\frac{1}{3}}-1\right)\mu}{(\alpha n)^{\frac{1}{3}}\alpha V_c}\right]^{\frac{3}{4}}\cdot m^{\frac{3}{4}}\approx E$$

Nach der Zusammenfassung aller Konstanten auf der linken Seite zu

$$a=\left[\frac{\left(n^{\frac{1}{3}}-1\right)\mu}{(\alpha n)^{\frac{1}{3}}\alpha V_c}\right]^{\frac{3}{4}}$$

erhalten wir schließlich näherungsweise das Dreiviertelgesetz

$$a\cdot m^{\frac{3}{4}}\approx E$$

6.4 Modell und Wirklichkeit

Der stufenförmige geometrische Aufbau ermöglicht dem zentral organisierten System eine hocheffektive Zirkulation. Es sind die Endverbraucher, welche das Design ihrer unmittelbaren Zuleitungen bestimmen. Diese Stränge sind schmal und entsprechend fragil. Bei einer direkten Anbindung wie im folgenden Bild könnte das Herz nur mit einer schwachen Pumpleistung arbeiten. Damit wäre die Versorgung sehr langsam und nur über kurze Entfernungen möglich.

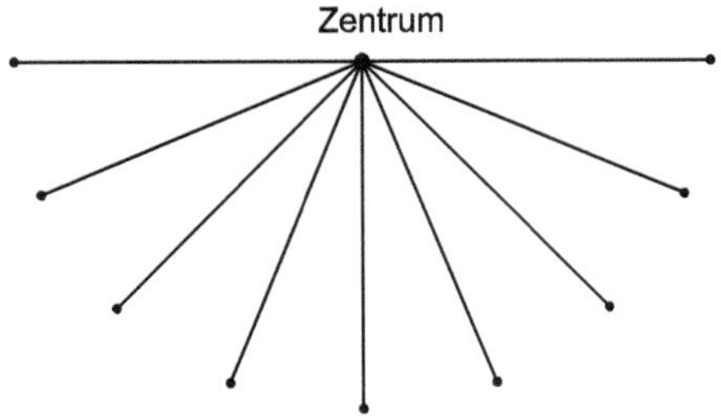

Abb. 6.2: Direkte, aber langsame Versorgung.

Im hierarchischen System sind die näher am Zentrum gelegenen Kanäle breiter. Sie erlauben höhere Druckbelastungen und einen schnelleren Transport.

Die optimale Lösung besteht in einer mehrfachen Staffelung, bei der die Größenverhältnisse zwischen Zulieferer und Abnehmer in jeder Stufe konstant bleiben. Dadurch werden die Stufen bei entsprechender Vergrößerung nicht mehr voneinander unterscheidbar. Derartige Strukturen werden als *selbstähnlich* bezeichnet und spielen in der Biologie eine wichtige Rolle.

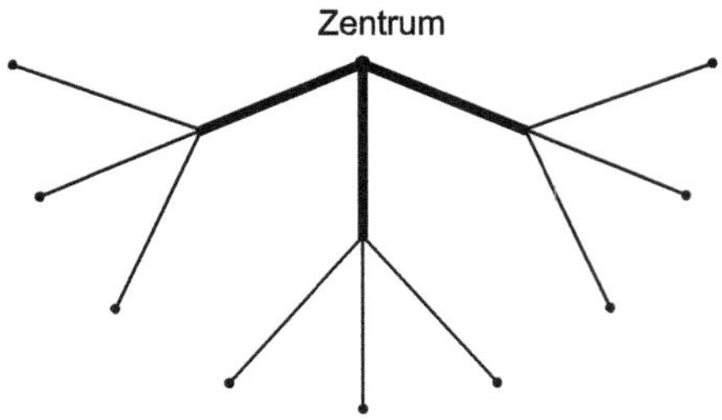

Abb. 6.3: Hierarchisches (zweistufiges) System.

Viele Annahmen des WBE-Modells sind in der Realität nur teilweise erfüllt. So ist N nicht konstant. Die Anzahl der Hierarchiestufen vom Herzen zu den Kapillaren der Koronararterie, welche direkt den Herzmuskel versorgen, ist geringer als die Anzahl der Hierarchiestufen vom Herzen zu den Kapillaren der Füße. Ebenfalls ist n, die Anzahl der abzweigenden Äderchen nicht konstant. Auch die Voraussetzungen WBE 1 und 2 sind nicht überall realistisch. Annahme WBE 1 geht von einem Verhältnis aufeinanderfolgender Aderlängen $\gamma = n^{-\frac{1}{3}}$ aus, was für herznahe Gefäße nicht zutrifft. Dagegen ist WBE 2 nur für größere Blutgefäße sinnvoll, bei kleineren wäre stattdessen $\beta = n^{-\frac{1}{3}}$ eine bessere Näherung.

Dennoch bleibt das WBE-Modell gerade in seiner Einfachheit faszinierend. Es zeigt, dass das Dreiviertelgesetz in seinem Wesen die hierarchische Struktur eines jeden Organismus mit einer Zentrale und Kapillaren als kleinsten, unveränderlichen Versorgungseinheiten darstellt und dass die Stoffwechselsysteme aller Lebewesen einem gleichen Bauplan folgen.

Das Modell erlaubt eine Reihe von experimentell sehr gut bestätigten Vorhersagen und erklärt bemerkenswerte Parallelen zwischen der Tier- und Pflanzenwelt. Beispielsweise gilt

$$r_0 = c \cdot m^{\frac{3}{8}}$$

sowohl bei Tieren, wenn man für r_0 den Radius der Aorta und m die Gesamtmasse nimmt, aber auch bei Bäumen mit einem Stammradius r_0 und der Trockenmasse m. Vielfache des Exponenten in Vierteln bzw. Achteln scheinen insgesamt in der Natur eine Sonderstellung einzunehmen.

Der Anteil des Blutvolumens V am Körpergewicht kann bei verschiedenen Arten stark schwanken. Bei Reptilien, Vögeln und Säugetieren beträgt die Menge des zirkulierenden Blutes 5 bis 10 % des Körpergewichts, dabei halten Wale und Robben wegen ihren langen und sauerstoffaufwändigen Tauchgängen den Rekord. Eine 30 kg schwere Robbe zirkuliert etwa so viel Blut wie ein 70 kg schwerer Mensch. Außerdem kann ihr Blut pro Milliliter fast doppelt so viel Sauerstoff abspeichern wie das Blut des Menschen. Tauchen Wale und Robben, so werden Herzfrequenz und Pumpvolumen des Blutes verringert und dadurch die Stoffwechselrate gesenkt. Das meiste Blut wird dann durch Gehirn, Rückenmark, Herz, Lungen, Augen und Nebennieren geleitet, deren Grundversorgung unerlässlich ist, während die Zufuhr zu den Muskeln eingeschränkt wird.

Abschließend wollen wir noch einmal auf die Konstante im Dreiviertelgesetz zurückkommen. Nach (5.5) ist die relative Stoffwechselrate

$$r = a \cdot m^{-\frac{1}{4}}$$

wobei aus Messungen bekannt ist, dass der Wert a beispielsweise für wechselwarme Tiere geringer als für gleichwarme ist. Das ist nicht verwunderlich, denn Stoffwechselprozesse sind biochemischer Natur und damit temperaturabhängig. Für höhere Temperaturen laufen sie intensiver ab.

Mit dem Ansatz[1]

$$a = a_0 \cdot e^{-\frac{E}{kT}}$$

unter Verwendung einer temperatur- und massenunabhängigen Konstanten a_0, der Boltzmann-Konstante $k = 8{,}62 \cdot 10^{-5}\,\frac{\mathrm{eV}}{\mathrm{K}}$ und $E = 0{,}65\,\mathrm{eV}$ (mittlere Aktivierungsenergie biochemischer Stoffwechselprozesse) erhält man eine Möglichkeit zur Modellierung von Stoffwechselraten von Pflanzen, Tieren und Mikroben, die sich auch zur Schätzung von Mutationsraten eignet.

1 Siehe James F. Gillooly [22].

7 Anpassung und Lebensrhythmus

7.1 Wer hat Angst vor Mäusen?

Die niedlichen Mäuschen waren bei unseren Vorfahren derart verhasst und gefürchtet, dass man sie oft als Symbol des Bösen ansah. Darum werden sie in der traditionellen Traumdeutung vieler Kulturen meist negativ bewertet. In der Erzählung des Slawenapostels Methodius über die Sintflut verwandelte sich der Teufel in eine Maus und fing an, den Boden der Arche zu benagen. Auch im Märchen „Der Schmied und der Teufel“[1] nimmt der Böse die Mäusegestalt an. Die folgenden Berechnungen zeigen, dass es sich bei diesem negativen Image nicht nur um Vorurteile handelte.

Problem 9. *Körperfettreserven von etwa 10 % des Körpergewichts reichen für den Menschen ($m_M = 70\,\mathrm{kg}$) theoretisch fast 40 Tage.*

Wie lange reichen sie für eine Hausmaus ($m_m = 20\,\mathrm{g}$)?

Lösung. Vereinfachend gehen wir davon aus, dass der durchschnittliche Fettanteil im Gewebe von Maus und Mensch gleich hoch ist. Weiterhin wollen wir ihren Energieumsatz hier nicht auf die sonst üblichen Zeiteinheiten Sekunde, Stunde oder Tag, sondern auf den Zeitraum von 40 Tagen beziehen.

Damit lässt sich die relative Stoffwechselrate dieser Lebewesen $r = \frac{E}{m}$ innerhalb von 40 Tagen in Prozent ihres Körperfetts angeben. Für Menschen wäre $r_{\mathrm{M}} = 10\,\% = 0{,}1$. Nach (5.5) gilt

$$r = a \cdot m^{-\frac{1}{4}}$$

Wir berechnen $a = r_{\mathrm{M}} \cdot m_{\mathrm{M}}^{\frac{1}{4}} = 0{,}1 \cdot 70^{\frac{1}{4}}$ und setzen den Wert zusammen mit der Masse der Maus in die obige Gleichung ein. Dann ist für die Maus

$$r_{\mathrm{m}} = \left(0{,}1 \cdot 70^{\frac{1}{4}}\right) \cdot (20 \cdot 10^{-3})^{-\frac{1}{4}} = 0{,}77$$

Eine Hausmaus würde also Fettreserven von 77 % ihres Körpergewichts benötigen, um sich 40 Tage lang versorgen zu können. Die Anzahl x der Tage, für welche sie mit Fettreserven von 10 % ihres Körpergewichts auskäme, ist demnach

$$\frac{77\,\%}{40} = \frac{10\,\%}{x} \quad \Rightarrow \quad x = \frac{400}{77} \approx 5$$

Dieselben anteiligen Körperfettreserven, welche zur Versorgung beim Menschen für fast 40 Tage ausreichen würden, wären bei der Maus bereits nach 5 Tagen aufgebraucht. Übergewichtsprobleme gibt es in der Welt der Mäuse weit weniger als bei uns Menschen. □

---

1 Es handelt sich um ein Märchen der Gebrüder Grimm, dessen Ursprünge bereits aus der Bronzezeit stammen sollen und damit über mehrere Tausend Jahre mündlich überliefert wurde.

https://doi.org/10.1515/9783110542547-007

Problem 10. *Ein Mensch wiegt durchschnittlich* 75 kg *und nimmt täglich etwa* 1,5 kg *Nahrung zu sich. Eine Maus wiegt* 15 g.

Welchen Anteil seines Körpergewichts nimmt ein Mensch bzw. eine Maus täglich zu sich?

Lösung. Der tägliche Nahrungsmittelverbrauch eines Menschen pro Kilogramm Körpermasse beträgt $r_M = \frac{1,5}{75} = 0,02 = 2\,\%$. Aus (5.5) erhalten wir a, wenn wir die Daten des Menschen einsetzen. Dieser Wert wird in die Gleichung (5.5) der Maus eingesetzt, und wir erhalten

$$r_m = 0,02 \cdot \left(\frac{75}{0,015}\right)^{\frac{1}{4}} = 0,168$$

Nach unserem Modell nimmt eine Maus somit täglich Nahrung von ca. 17 % ihres Körpergewichts zu sich, das ist also achtmal höher als beim Menschen. (Tatsächlich liegt ihre Nahrungsaufnahme sogar bei 25–50 % ihres Gewichts.) □

Mäuse verbrauchen ihre Körperfettreserven schnell. Sie müssen ständig fressen, um ihren Energiebedarf zu decken. Da sie den ganzen Winter aktiv[2] bleiben, können sie es sich nicht leisten, bei der Nahrung wählerisch zu sein.

Die Hausmaus kam schon frühzeitig darauf, ihre Nahrungsprobleme auf Kosten des Menschen zu lösen, indem sie ungefragt bei ihm einzog. Mäuseknochen fand man bereits bei Ausgrabungen von jungsteinzeitlichen Siedlungen in Anatolien. Wahrscheinlich als Begleiter des Menschen verbreitete sie sich über den Rest der Welt. Wir werden in Abschnitt 16.6 nochmals darauf zurückkommen.

Ihre Fortpflanzungsrate hängt vom Nahrungsangebot ab und kann beachtlich sein. Möglich sind bis zu acht Würfe im Jahr mit durchschnittlich drei bis acht Jungen. Mäuse stellen somit eine reale Gefahr für die Landwirtschaft dar, sodass sich die Menschen bereits frühzeitig Gedanken über ihre Bekämpfung machten.

Die raschen Stoffwechselumsätze bei Mäusen bieten auch eine Erklärung dafür, dass sie in radioaktiv verstrahlten Zonen überlebensfähig sind. Im ukrainischen Atomkraftwerk Tschernobyl fand 1986 einer der bisher schwersten Atomunfälle statt. Als man 25 Jahre später Mäuse aus der sogenannten Todeszone untersuchte, stellte man fest, dass sie zwar stark verstrahlt waren, aber keine äußeren Schäden wie Tumore oder strahlungsbedingte Missbildungen aufwiesen. Auch ihre Fortpflanzung schien nicht beeinträchtigt zu sein. Da mit dem intensiven Stoffwechsel auch ihr Immunsystem schneller arbeitet, können die Schäden repariert werden.

2 In ihrer ursprünglichen nordindischen Heimat hält niemand den Winterschlaf.

7.2 Machos und Superhirne

Der Exponent $\frac{3}{4}$ gilt im Stoffwechselgesetz nur annähernd, d. h., für verschiedene Arten kommt es zu leichten Abweichungen. Untersucht man den Energieverbrauch einzelner Organe einer bestimmten Art, so sind ebenfalls stärkere Abweichungen vom Wert $\frac{3}{4}$ möglich.

In Abhängigkeit von der Lebensweise setzen einzelne Arten verschiedene Prioritäten zur Verteilung ihrer energetischen Ressourcen. So können gewisse Organe energetisch „subventioniert" werden, solange man die Ressourcen bei anderen Organen wieder einspart. Findet man bei einer Art für verschiedene Organe Skalengesetze mit stärker von $\frac{3}{4}$ abweichenden Exponenten, so stellt sich die Frage, welche Gesetzmäßigkeit dahintersteht.

Ein Beispiel sind Zusammenhänge zwischen der Hirnkapazität und der Körpermasse. Ist m_g das Gehirngewicht und m das Körpergewicht, so gilt

$$m_g = a \cdot m^b,$$

wobei a und b davon abhängen, wieviel Energie die jeweilige Art ihrem Hirn zuteilt. Die Konstanten a und b werden über Messungen ermittelt.

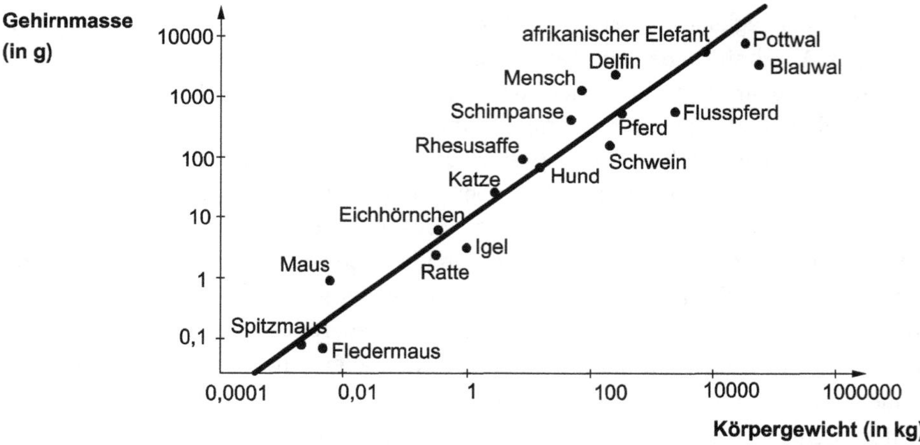

Abb. 7.1: Abhängigkeit der Hirnmasse von der Körpermasse (logarithmische Darstellung). Für verschiedene Gruppen von Säugetieren liegt b zwischen $\frac{2}{3}$ und $\frac{3}{4}$.

Das Gehirn gehört zu den energie- und sauerstoffaufwändigsten Organen. So verbraucht es beim Menschen allein im Ruhezustand fast ein Viertel der gesamten Energie.

Die Arten oberhalb der durchgezogenen Linie in Abb. 7.1 verfügen anteilmäßig über mehr Hirn und gelten oft als intelligenter.[3] Der relativ geringe Hirnanteil bei Walen ist zusätzlich durch die Lebensweise bedingt. Da Sauerstoff bei den langen und tiefen Tauchgängen sparsam verwendet werden muss, können sich Wale kein großes Gehirn leisten.

Die verhältnismäßig kleine Hirnmasse von Fledermäusen ist jedoch eine Folge ihrer überproportionalen Sexualpotenz. Hoden von Fledermäusen können bis zu 8,5 % des Körpergewichts erreichen. Zum Vergleich: Beim Menschen sind es nur 0,2 %. Je größer die Hoden, desto zahlreicher ist der Nachwuchs. Hirn und Samenproduktion verbrauchen aber verhältnismäßig viel Energie. Da muss man manchmal Prioritäten setzen. Die Fledermaus hat sich dazu entschieden, am Hirn zu sparen. Besonders drastisch tritt das bei oft fremdgehenden Arten wie der in Europa vorkommenden Mausohrfledermaus auf.[4] Die größten Fledermaushirne bei Männchen findet man dagegen bei Arten mit monogamen Weibchen. Partnerschaftliche Treue erlaubt den Männchen mehr Intelligenz.

Als Superhirn gilt der Elefantenrüsselfisch (Gnathonemus petersii), der auch als Tapirfisch oder Nilhecht bekannt ist und in den Flüssen von Kamerun, Nigeria und Kongo lebt. Sein Hirngewichtsanteil ist mit 3,1 % des Körpergewichts der höchste aller Fische und damit sogar höher als beim Menschen (2,3 %). Allerdings nutzt er es auf eine unorthodoxe Weise. Der bis ca. 25 cm große Fisch ist nachtaktiv und lebt in Gewässern mit nur geringen Sichtweiten. Bei der Jagd, hauptsächlich auf Insektenlarven, verlässt er sich auf seinen elektrischen Sinn. Große Teile des Gehirns sind für die Erzeugung elektrischer Signale zur Ortung der Beute zuständig. Präzise Signalverarbeitung erlaubt ihm die genaue Unterscheidung seiner Beute aufgrund von Material und Volumen. Elefantenrüsselfische haben eine Abneigung gegen Metall, vermutlich behindert es die Ortung. Der Preis für ihr Hirn ist ein extrem hoher Sauerstoffbedarf, normalerweise werden 60 % des gesamten Sauerstoffs allein für die Hirnaktivität gebraucht. Zum Vergleich benötigen die meisten Wirbeltierhirne 2 bis 8 %. Selbst beim Menschen mit seinem hohen Verbrauch sind es nur 20 %. Wird der Sauerstoff dem Elefantenrüsselfisch kurzzeitig knapp, kann er sich aber einschränken.

7.3 Spurensuche in der Urzeit

Stellt man den Zusammenhang zwischen Körpergewicht und Hirnkapazität für verschiedene Exemplare derselben Art dar, so erhält man eine noch feinere Aufteilung.

3 Ein Vergleich nach Masse ist nur bei Arten zulässig, deren Hirn nach demselben Bauplan konstruiert ist. So sind die Hirne vieler Vögel trotz ihrer Kleinheit nach der Leistung manchen Säugetierhirnen überlegen, da sie platzsparend nach einem anderen Prinzip aufgebaut sind.

4 Wie wir später bei der Untersuchung von Populationsmodellen sehen, ist diese als r-Strategie bezeichnete Lebensweise auch bei anderen Arten ausgeprägt.

Für jede Art können beim Skalengesetz eigene Parameter a, b und somit ein eigener Graph bestimmt werden. Dieser Ansatz wird genutzt, um Fossilienfunde ihren Arten zuzuordnen und eventuelle neue Arten zu bestimmen.

Skalengesetze für Fossilien

Paläontologen beschäftigen sich mit der Einordnung ausgestorbener Lebewesen im Stammbaum der Evolution. Nur selten haben sie das Glück, vollständig erhaltene Skelette zu finden. Meist müssen sie sich mit wenigen Knochenresten begnügen und stehen dann vor dem Problem, den Körperbau und das Körpergewicht zu bestimmen.

Für Überreste von Urmenschen berechnen Forscher die Gestalt aus dem *Durchmesser des Gelenkkopfes des Oberschenkelknochens*, dem sogenannten FHD (*femoral head diameter*):

$$\text{FHD} \quad \Rightarrow \quad \text{Berechnung der Körpermasse}$$

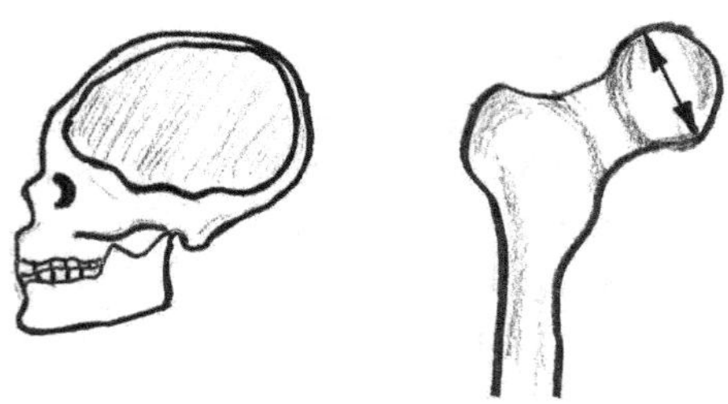

Abb. 7.2: Links: Hirnvolumen (ECV); rechts: Durchmesser des Gelenkkopfes des Oberschenkelknochens (FHD).

Andererseits ist das *Hirnvolumen* ECV (*endocranial volume*) ein Maß für den Energieverbrauch E des Gehirns, denn es ist proportional zur Stoffwechselrate des Gehirns

$$E \sim \text{ECV}$$

Suchen wir eine Beziehung zwischen FHD und der Körpermasse. Die beiden Oberflächen der Gelenkköpfe bilden die tragende Fläche A für die Masse des Rumpfes einschließlich Arme und Kopf, d. h. für etwa $\frac{3}{5}$ des Körpergewichts. Wir gehen davon aus, dass die Belastbarkeit der Sehnen und Gelenke für alle Urmenschen etwa wie bei uns ist. Dann ist der Druck $p = \frac{3}{5}mg/A$ konstant, also $m \sim A$.

Stellt man sich die Gelenkköpfe als Halbkugeln mit Durchmesser FHD vor, so folgt nach der Oberflächenformel der Kugel $A \sim \text{FHD}^2$. Somit ist $m \sim \text{FHD}^2$, und wir erhalten mit dem Dreiviertelgesetz $E \sim m^{\frac{3}{4}}$ die Beziehung

$$\text{ECV} \sim E \sim m^{\frac{3}{4}} \sim \text{FHD}^{\frac{3}{2}}$$

Man vermutet also für die Stoffwechselrate des Gehirns ein Skalengesetz

$$\text{ECV} = c \cdot \text{FHD}^b \qquad (7.1)$$

wobei die Konstanten c und eventuell auch b von der jeweiligen Art abhängen. Der Exponent b sollte etwas unterhalb $\frac{3}{2}$ liegen. Enger verwandte Arten haben näher beieinanderliegende Konstanten. Intelligentere Arten vermuten wir für höhere c.

Hobbits in Indonesien

Im Jahre 2003 wurden auf der indonesischen Insel Flores die Überreste einer Gruppe von Zwergmenschen gefunden. Diese Urmenschen, nach dem bekannten Roman von J. R. R. Tolkien auch als Hobbits bezeichnet, hatten etwa zwei Drittel unserer Körpergröße, jedoch nur ein Viertel unseres Gehirnvolumens. Die Knochen werden auf ein Alter von ca. 18.000 Jahren geschätzt, die Hobbits lebten also zu einer Zeit, als die Neandertaler längst ausgestorben waren.

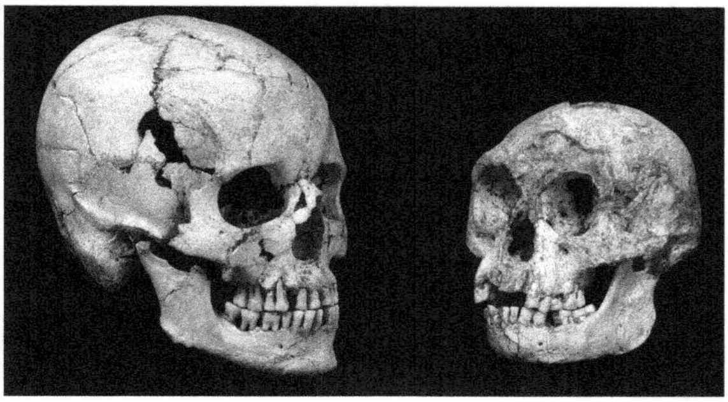

Abb. 7.3: Schädel von Homo sapiens (links) und Homo floresiensis (rechts), Foto: Yosuke Kaifu.

Auf unser Hirn sind wir besonders stolz, obwohl es mit seinem Energieverbrauch eigentlich ein Luxus in einer reichen Umgebung ist. Und nun eine Evolution in Richtung zum Schrumpfhirn? Das passte nicht ins Konzept einer Höherentwicklung, denn bisher hatte sich bei allen Vor- und Urmenschen der evolutionäre Trend zu leistungsfähigeren Gehirnen bestätigt.

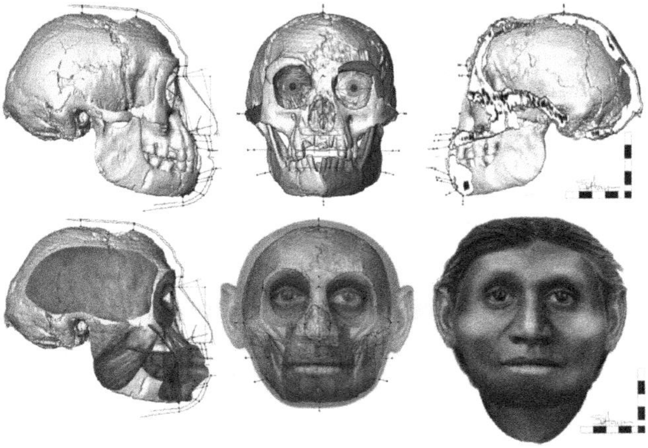

Abb. 7.4: Gesichtsrekonstruktion eines Hobbit-Schädels. Das zugehörige, fast vollständige Skelett gehörte einer nur 1,06 m großen, erwachsenen Frau im Alter von ungefähr 30 Jahren mit einem Gewicht von etwa 25 kg. Foto: Dr. Susan Hayes (2012), University of Wollongong, [30].

Der Fund störte manche Experten derart, dass sie ihn aus der Evolutionstheorie verweisen und stattdessen in die Medizin abschieben wollten. Sie sahen die Hobbits als krankhaft veränderte Artgenossen an, als unter Schwachsinn leidende Homo sapiens sapiens. Am selben Fundplatz fand man nämlich auch Nachweise für eine spätere Besiedlung durch Menschen vor etwa 11.000 Jahren.

Aber für geistig Behinderte lebte diese Gruppe über mehrere Generationen hinweg weder eingeschränkt noch hilflos, sondern recht geschickt. Sie führten gemeinsame Jagden auf respektable Komodowarane und inzwischen ebenfalls ausgestorbene Zwergelefanten (Stegodons) durch. Außerdem beherrschten sie das Feuer und stellten Steinwerkzeuge her. Nach einer stürmischen Diskussion in Fachkreisen wurden die Funde schließlich als neue Art Homo floresiensis klassifiziert.
Spätere Funde bewiesen, dass Hobbits bereits vor 70.000 Jahren auf der Insel lebten und schon damals so klein wie ihre Nachfahren waren. Die These vom kranken anatomisch modernen Menschen war damit endgültig widerlegt.

Skalengesetze helfen bei der Suche nach möglichen Vorfahren. Abbildung 7.5 stellt logarithmierte Messdaten der Werte ECV und FHD für verschiedene Vor- bzw. Urmenschen gegenüber. Unser Ansatz (7.1) wird bestätigt, indem wir Geraden mit einem entsprechenden Anstieg erhalten.

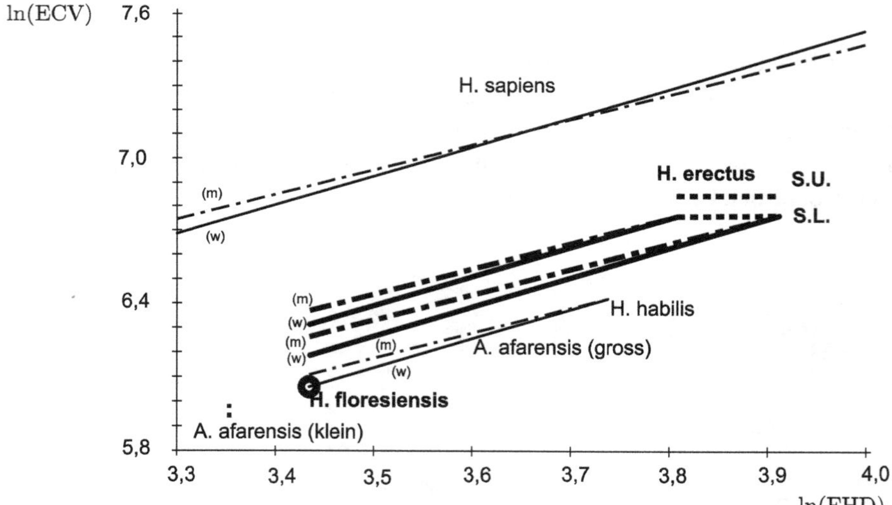

Abb. 7.5: Beziehung zwischen ECV und FHD (logarithmische Darstellung) nach Daisuke Kubo, T. Reiko Kono und Yousuke Kaifu [32].

Die gestrichelten Linien stellen das Skalengesetz jeweils für männliche (m), die durchgezogenen Linien für weibliche (w) Individuen dar. Hier sind die folgenden Arten dargestellt:

- ein oberes Linienpaar männlich/weiblich für den Homo sapiens sapiens;
- zwei waagerechte punktierte Streifen für den vor 700.000 bis 1 Million Jahren lebenden indonesischen Homo erectus erectus, der nach seiner Fundstelle Sangiran auf der Insel Java als Sagiran Upper (S. U.) und Sagiran Lower (S. L.) bezeichnet wird[5];
- ein unteres Linienpaar für Australopithecus afarensis und Homo habilis, die beide vor ca. 3,8 bis 2,9 Millionen bzw. vor ca. 2,1 bis 1,5 Millionen Jahren in Ostafrika lebten. Australopithecinen werden als Vormenschen bezeichnet und stehen im Stammbaum der Evolution tiefer als die Vertreter der Gattung Homo.

Der Hobbit (Homo floresiensis) befindet sich auf dem unteren Linienpaar in Gesellschaft mit den afrikanischen Homo habilis und Australopithecinen, mit denen er weder den Lebensraum teilt noch sonstige auffallende Gemeinsamkeiten aufweist, da er wesentlich höher entwickelt war. Deshalb geht man zurzeit davon aus, dass die Hobbits am ehesten vom frühen indonesischen Homo erectus abstammen könnten.

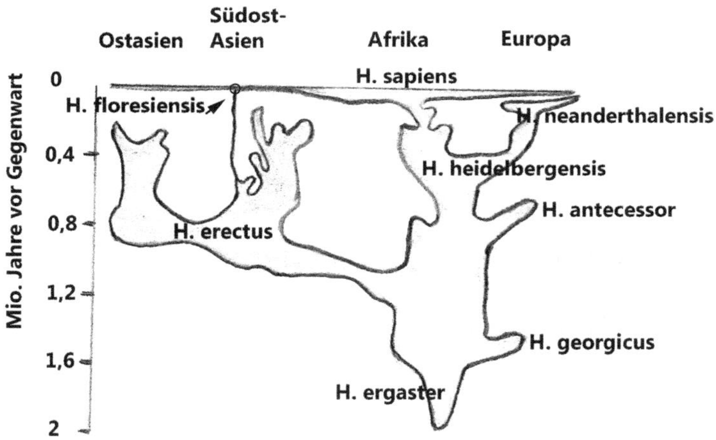

Abb. 7.6: Vermutliche Ausbreitung verschiedener Arten der Gattung Homo innerhalb der letzten 2 Millionen Jahre. Nach Mirazon Lahr und Foley [34].

Als Ursache ihrer Verkleinerung vermutet man die Isolation und die spezifischen Lebensbedingungen auf der Insel. So gibt es auch andere Beispiele, wo große Säugetiere auf Inseln aufgrund des reduzierten Nahrungsangebotes bei gleichzeitigem Fehlen von Räubern als „Sparmaßnahme" ihre Körpergröße reduziert haben. Wir werden

5 Aufgrund der wenigen Fundstücke ist die Ungenauigkeit sehr hoch, sodass die Messpunkte zu Streifen verbreitert werden mussten. Dasselbe betrifft Australopithecus afarensis (klein), für den unten links eine kleine senkrechte Linie eingezeichnet wurde.

später sehen, dass damit gleichzeitig auch sämtliche Lebenszyklen verkürzt werden, sodass die Individuen schneller das fortpflanzungsfähige Alter erreichen.

Interessant ist ein Mythos der Einheimischen von Flores über ein Ebu Gogo genanntes, ausgestorbenes Volk, den sie dem australischen Forscher Richard Roberts mitteilten:

> „Die Ebu Gogo waren winzig wie kleine Kinder, außer im Gesicht komplett behaart und hatten lange Arme und einen runden Trommelbauch. Sie murmelten ständig in einer unverständlichen Sprache, plapperten aber auch nach, was wir ihnen sagten.“ [36]

In der Sprache der Eingeborenen bedeutet Ebu Gogo so viel wie „Großmutter, die alles isst“. Der Name und die Beschreibung des Äußeren passen gut auf das rekonstruierte Bild der Hobbits. Angeblich wurden die Ebu Gogo erst unmittelbar vor der Kolonisation der Insel im 19. Jahrhundert ausgerottet, nachdem sich ein Konflikt mit den Einheimischen zugespitzt hatte. Möglicherweise lebte also auf der kleinen Insel Flores neben den Menschen lange Zeit noch eine zweite menschenähnliche Art.

Problem 11. *Berechnen Sie aus der Grafik 7.5 den Wert des Exponenten b in (7.1) für Homo sapiens.*

Lösung. Wir lesen die Koordinaten des Anfangspunkts A sowie des Endpunkts B der durchgezogenen Linie ab: $A = (3{,}3;\ 6{,}7)$, $B = (4;\ 7{,}5)$. Dann ist der Anstieg der Geraden $b = \frac{7{,}5-6{,}7}{4-3{,}3} = 1{,}14$. □

7.4 Anpassung und ökogeografische Regeln

Pinguine besiedeln ein riesiges Gebiet von der Antarktis bis zum Äquator. Aber warum sind ausgerechnet die antarktischen Kaiserpinguine am größten und die äquatorialen Galapagos-Pinguine am kleinsten?

Tab. 7.1: Die Bergmannsche Regel für Pinguine, Quelle: Wikipedia.

Pinguinart	Länge (cm)	Masse (kg)	Federlänge (cm)	Vorkommen (südliche Breite)
Galápagos-Pinguin	50	2,2	2,1	Äquator
Humboldt-Pinguin	65	4,5	2,1	5 bis 35
Magellan-Pinguin	70	4,9	2,4	34 bis 56
Königspinguin	95	15	2,9	50 bis 60
Kaiserpinguin	120	40	4,2	65 bis 77

Ebenso die Bären. Vom kleinsten beginnend sind das der syrische Braunbär, dann kommen seine transkaukasischen und europäischen Verwandten. Darauf folgt der Kodiakbär, benannt nach der Insel Kodiak vor Alaska und schließlich der Eisbär. Andere Beispiele findet man unter Wildschweinen, Füchsen oder Tigern. Verallgemeinernd formulierte der Anatom Carl Bergmann die Regel[6]:

Je näher den Polen, desto mehr steigt die durchschnittliche Körpergröße der Tiere verwandter Arten.

Der Körperbau wird durch die Lebensweise vorgeschrieben. Muss man flink sein, so sollte man schlank bleiben. Doch beim Vergleich von Ohren und Schwanzlänge verwandter Arten kann man Abhängigkeiten vom Klima feststellen. Der Elefant hat größere Ohren als sein ausgestorbener Vetter, das der Kälte trotzende Mammut. Bei den Füchsen besitzt der Wüsten bewohnende Fennek die größten Ohren. Die kleinsten Ohren hat der Polarfuchs, und unser europäischer Rotfuchs liegt irgendwo dazwischen. Ähnliches findet man für Luchsarten (Wüstenluchs, eurasischer bzw. Tundra bewohnender Luchs) sowie Hasen (Feldhase, Schneehase). Dieses Prinzip wurde vom Zoologen Joel Asaph Allen zusammengefasst:

Bei gleichwarmen Tieren ist die relative Länge von Extremitäten, Schwanz und Ohren in kalten Klimazonen geringer als bei verwandten Arten in wärmeren Gebieten.

Die Extremitäten bewirken eine Vergrößerung der Körperoberfläche. In kälteren Gebieten ist eine möglichst geringe Körperoberfläche vorteilhaft, denn dadurch sind die Wärmeverluste geringer. In wärmeren Gebieten können große Körperanhänge mit der Vergrößerung der Oberfläche jedoch zur Kühlung beitragen. Die Ableitung der überschüssigen Wärme von der Oberfläche kann als Verdunstungswärme mittels Schwitzen oder Wasserbädern erfolgen. Da Elefanten nicht schwitzen können, benetzen sie ihre Oberfläche mit Wasser, woraufhin dem Körper durch die Verdunstung Wärme entzogen wird. Dabei spielen ihre großen, stark durchbluteten Ohren eine wesentliche Rolle. Lange Beine sind Straußen, Antilopen und Giraffen von Vorteil, weil sie den Abstand vom Hitze abstrahlenden Boden vergrößern.

Körpergrößen lassen sich ebenso wie Formen über die Energiebilanz erklären. Energie wird im Körperinneren – zumeist in der Leber und den Muskeln – produziert, aber der gesamte Austausch mit der Umwelt läuft über die Körperoberfläche.

Wir wollen zunächst davon ausgehen, dass die Außentemperatur geringer als die Körpertemperatur des Tieres ist. Damit wird Wärme abgegeben. Für die *Wärmeverlustrate* E_S, d. h. die *Energiemenge, die das Tier pro Zeiteinheit an seine Umgebung verliert*, hatten wir in Abschnitt 6.1 mit Formel 6.1 die Beziehung $E_S \sim m^{\frac{2}{3}}$ erhalten. Dagegen ist die produzierte Energiemenge pro Zeiteinheit nach dem Dreiviertelgesetz $E \sim m^{\frac{3}{4}}$.

6 Eine Ausnahme bilden Wüstengebiete.

Es ist also

$$\frac{E_S}{E} \sim \frac{m^{\frac{2}{3}}}{m^{\frac{3}{4}}} \sim m^{-\frac{1}{12}}$$

Die Größe $\frac{E_S}{E}$ gibt den Anteil des Wärmeverlusts pro erzeugte Kilokalorie Wärme und Zeiteinheit an, d. h., es ist die relative Wärmeverlustrate. Ist sie hoch, so verbleibt dem Tier wenig Energie zur Aufrechterhaltung seiner Lebensfunktionen. Liegt sie dagegen nahe bei null, so gibt das Tier kaum Wärme ab, sodass es entweder auch sehr wenig Energie produzieren sollte oder vom Tod durch Überhitzung wegen Wärmestau bedroht ist. Stellen wir die letzte Gleichung grafisch dar, so erhalten wir die folgende Kurve.

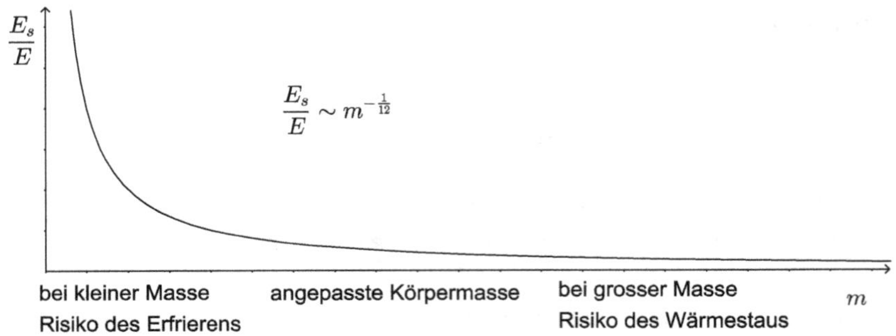

Abb. 7.7: Relative Wärmeverlustrate E_S/E in Abhängigkeit von der Masse.

Da bei hohen Wärmeverlusten der Tod droht, sollten zu kleine Tiere kalte Gegenden meiden. Damit wird die Beschränkung des Lebensraums von Insekten auf wärmere Gegenden verständlich. Aus genau demselben Grund werden in unseren Zoos kleine afrikanische Säugetiere in beheizten Häusern gehalten, Elefanten dagegen meist im Freien. Auch die eingangs zitierte Bergmannsche Regel kann durch unsere Grafik illustriert werden. In heißen Gegenden drehen sich die Verhältnisse um. Dort sind größere Tiere stärker von Hitzestau bedroht als kleinere.

In gewissen Grenzen sind Tiere in der Lage, ihr Verhältnis von Wärme abstrahlender Oberfläche zum Volumen über ihre geometrische Form zu verändern. Im Winter kuscheln sich Kaninchen beispielsweise fast kugelförmig zusammen, während sie sich im heißen Sommer platt ausstrecken. Doch eine optimale Gestalt muss funktional sein. Was würde es dem Wiesel nutzen, energiesparend kugelrund zu sein, wenn es dann nichts erbeutet. Seine schlanke Gestalt ermöglicht ihm, mehr Beute zu machen und Wärmeverluste durch eine hohe Stoffwechselrate auszugleichen. Bei gegebener Körperform und Klima wird die Körpergröße optimiert.

Da die Wärmeleitfähigkeit von Wasser bedeutend höher als von Luft ist, haben Wasserbewohner mit hohen Wärmeverlusten zu kämpfen und benötigen in kalten Gewässern eine besonders gute Isolation. Durch ihr großes Volumen können Wale Wärmeverluste begrenzen.

Wie eingangs erwähnt benötigen kleine gleichwarme Tiere in kälteren Gegenden höhere Stoffwechselraten, um Wärmeverluste auszugleichen. Dadurch sind hohe Herzfrequenzen und leistungsfähige Herzmuskeln bedingt. Der Zoologe Richard Hesse erkannte für gleichwarme Tiere die nach ihm benannte *Herzgewichtsregel*:

In kälteren Klimazonen lebende gleichwarme Tiere haben ein größeres und schwereres Herz als nahe verwandte Arten in wärmeren Regionen.

Tab. 7.2: Die Hessesche Regel für den Haussperling, Quelle: [24].

	Herzgewicht in ‰ des Körpergewichts
St. Petersburg	15,7
Hamburg	14
Tübingen	13,1

Ähnliche Beispiele lassen sich für Eichhörnchen und Bussarde nachweisen.

Energiesparmodus gegen Spitzenbelastungen

Besonders haben Kolibris und Spitzmäuse unter Wärmeverlusten zu leiden, denn auch in warmen Gebieten kann es sich nachts stark abkühlen. Ihre Stoffwechselraten sind nicht mehr steigerungsfähig, die Kreislaufsysteme arbeiten bereits auf Höchstleistung. Um einem Kollaps zu entgehen, haben einige Tiere die Fähigkeit entwickelt, ihr gesamtes Umsatzsystem kurzfristig in einen Ruhe- und Energiesparmodus, den sogenannten Torpor herunterzufahren. Das ist ein Starrezustand, der bei Temperatur- und Trockenstress auftritt. Ähnlich wie beim Winterschlaf werden die Stoffwechselintensität und die Körpertemperatur stark gesenkt, wodurch der Temperaturunterschied ΔT zur Umgebung und damit auch der Wärmeverlust E_S gesenkt werden können. Tierarten wie Kolibris nutzen den Torpor täglich, allerdings sind sie dann reaktionsunfähig und hilflos. Sie müssen sich also vorher ein gutes Versteck suchen.

Selektionsdruck durch Profitgier

Die Menschheit verändert den Planeten zurzeit derart drastisch, dass sie die Selektionskriterien der restlichen Lebewesen wesentlich mitbestimmt. Diese haben im Grunde nur die Alternative, sich eine geschützte Nische zu suchen oder auszusterben.

Eine der verzweifelt um ihr Überleben kämpfenden Arten ist die Makrele. Die Fische werden heute meist nur noch 30 bis 50 cm lang. Zur Zeit des Römischen Reiches, als sie ebenfalls zu den geschätzten Delikatessen zählten, erreichten sie oft die doppelte Länge. Zuweilen findet man in römischen Museen noch Überreste ihrer beeindruckenden Wirbelknochen, welche uns wie von einer anderen Fischart erscheinen. Durch die Überfischung erhalten kleinwüchsige Makrelen einen wesentlichen Selektionsvorteil. Sie können durch Maschen der Fischernetze entkommen, die ihren Artgenossen zum Verhängnis werden. Da sie eher ausgewachsen sind, pflanzen sie sich entsprechend schneller fort.

7.5 Überleben im Regenwald

Wir Menschen sind ebenso wie alle anderen Lebewesen der Anpassung an die Umwelt unterworfen. Bewohner der tropischen Regenwälder gehören eher zu den kleinwüchsigeren Völkern. Das beste Beispiel sind die zentralafrikanischen Pygmäen und die Mek aus Papua-Neuguinea. Beide Völker haben eine durchschnittliche Körpergröße von nur 1,40 m.

Abb. 7.8: Bei den Mek im Hochland von Papua. Foto: Rainer Garve, Roland Garve.

Es handelt sich hier keinesfalls um einen genetischen Defekt, sondern um eine jahrtausendelange natürliche Selektion. Doch welchen Vorteil bietet sie ihnen? Worin unterscheiden sich ihre Lebensbedingungen von den hochgewachsenen Massai der ostafrikanischen Steppen?

Das Klima der tropischen Regenwälder ist warm, aber vor allem feucht. Das Schwitzen, unser wichtigster Schutz vor Überhitzung, ist bei einer Luftfeuchtigkeit von nahezu 100 % weniger effektiv. Wenn der Schweiß feucht auf der Haut kleben bleibt, entzieht er dem Körper keine Verdunstungswärme. Da ein kleinerer Körper jedoch stets mehr Wärme abgeben kann, hat er seinen Wärmehaushalt besser un-

ter Kontrolle. Weiterhin besitzt er den Vorteil, zur Bewegung seines Eigengewichts weniger Energie aufwenden zu müssen.
Eine Hauptursache der Kleinwüchsigkeit scheint jedoch in der Lebenserwartung zu liegen. Das harte Leben, gekennzeichnet durch Tropenkrankheiten und den geringen Proteinanteil der Nahrung verkürzte maßgeblich die Lebensdauer vorangegangener Generationen. Hungerperioden werden dadurch begünstigt, dass im feuchtwarmen Klima eine Vorratshaltung kaum möglich ist. Dabei war die Kindersterblichkeit außerordentlich hoch. Man musste sich also beeilen, um Kinder zu bekommen. *Bei einem kürzeren Wachstum ist die benötigte Zeit zur Geschlechtsreife entsprechend geringer, sodass sich Kleinwüchsigere früher und öfter fortpflanzen können.*

Nach Auskunft des Ethnologen und Mediziners Prof. Roland Garve, der die Stämme auf Papua-Neuguinea mehrfach besuchte, wurden die kleinwüchsigen Mek (oder Kimyal) früher von anderen Gruppen immer weiter in die landwirtschaftlich schlecht zu bewirtschaftenden höheren Gebirgsgegenden verdrängt, wo sie aufgrund ihres vergleichsweise geringeren Nahrungsbedarfs gerade noch überleben konnten. Nahrungsknappheit führte allerdings bis in die jüngste Vergangenheit regelmäßig zu Kindstötungen durch die Aussetzung von Neugeborenen, insbesondere Mädchen.[7]

7.6 Biologische Uhren

Als *Zykluslängen L* bezeichnet man verschiedene Größen wie die *maximale oder durchschnittliche Lebensdauer*, die *Dauer bis zur Fortpflanzungsfähigkeit* oder die *Dauer eines Atemzuges* bzw. des *Herzschlags*. Auch sie lassen sich in Abhängigkeit von der Körpermasse durch Skalengesetze mit einem (nahezu) konstanten Exponenten darstellen:

$$L = c \cdot m^{\frac{1}{4}} \tag{7.2}$$

Nur c variiert in Abhängigkeit von der gewählten Zykluslänge und Ordnung. (Unter der Ordnung versteht man die Einteilung in größere Gruppen wie z. B. Lurche, Schildkröten, Krokodile, Vögel, Säugetiere.)

Diese Zusammenhänge wurden experimentell bestätigt. Doch warum gerade ein Viertel? Für die Dauer des Herzschlags bzw. Atemzuges geben wir die Antwort am Ende des Abschnitts. Für die Lebensdauer steht dazu eine Begründung noch aus.

---

7 Inzwischen haben sich die Lebensbedingungen bei den Mek verbessert, sodass sich ihre Lebenserwartung verlängert hat. Angehörige nachfolgender Generationen sind heute oft einen Kopf größer als ihre Eltern oder Großeltern. Weiter südlich im Flachland bei den Kombai oder anderen Sumpfnomaden, die auch heute noch isoliert im dichten feuchtheißen Regenwald leben, gibt es jedoch bis jetzt aufgrund der harten Lebensbedingungen kaum eine Generation von Großeltern. Eine detaillierte Schilderung der Lebensweise verschiedener Stämme auf Papua-Neuguinea findet man im Buch von Roland und Miriam Garve [28].

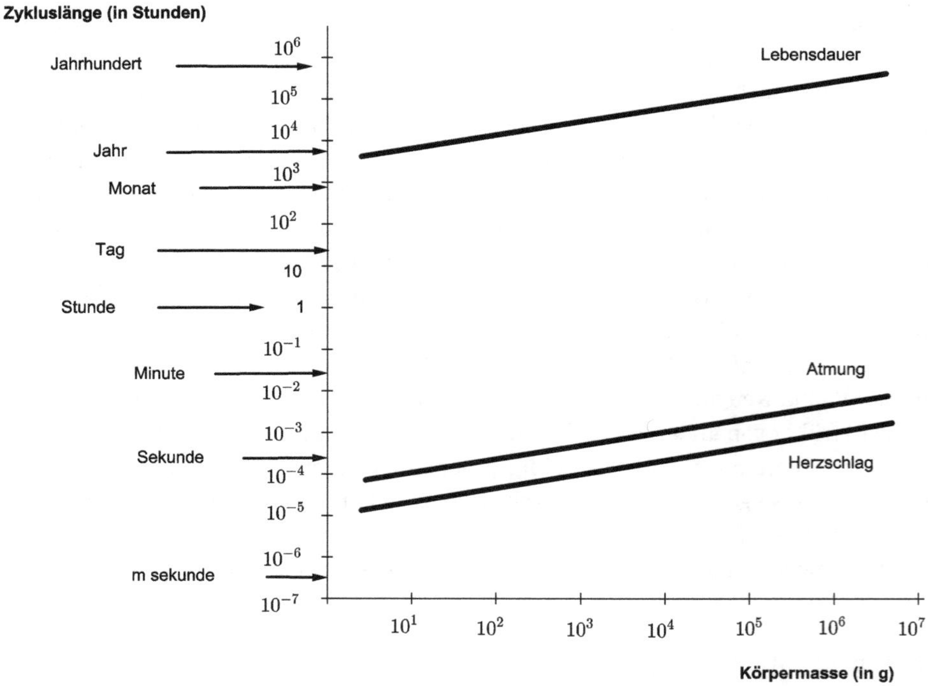

Abb. 7.9: Zykluslänge von Herzschlag, Atmung und Lebensdauer landlebender Säugetiere in Abhängigkeit vom Gewicht. Die Achsenskalierung ist doppelt logarithmisch. Die Geraden sind parallel mit dem Anstieg $b = \frac{1}{4}$.

Es ist also kein Zufall, dass Riesenschildkröten längere Lebenserwartungen haben als ihre kleinen Verwandten. Im Gegensatz zum Dreiviertelgesetz ist der Anstieg von $L = c \cdot m^{\frac{1}{4}}$ im Bereich mittlerer Massen jedoch geringer, sodass die Massenabhängigkeit meist nur im Vergleich von sehr kleinen zu sehr großen Tieren auffällt. Die Lebenserwartung einer Maus ist viel geringer als beim Elefanten, aber Kobra und Anakonda unterscheiden sich nur unwesentlich.

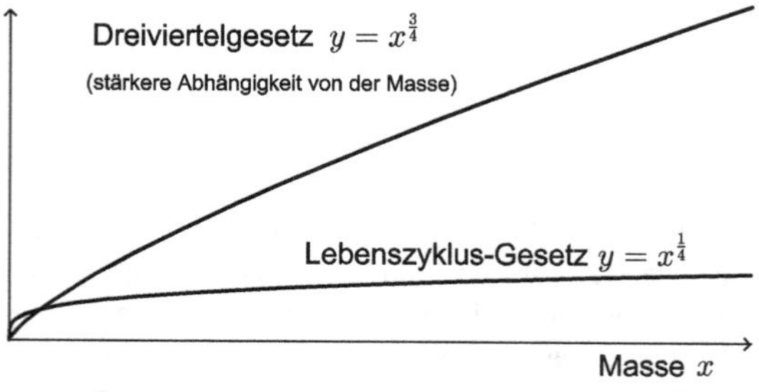

Abb. 7.10: Vergleich der Massenabhängigkeit beim Lebenszyklus- und Dreiviertelgesetz.

Problem 12. *Schätzen Sie die Lebenserwartung eines Elefanten aus dessen Masse (m_e = 5000 kg) sowie aus Masse und Lebensdauer eines Kaninchens (m_k = 1 kg und L_k = 9 Jahre)*

Lösung. Wir benutzen (7.2) mit demselben c für beide Tiere. Nach Division beider Gleichungen folgt

$$\frac{L_e}{L_k} = \frac{m_e^{\frac{1}{4}}}{m_k^{\frac{1}{4}}} = \left(\frac{m_e}{m_k}\right)^{\frac{1}{4}} \quad \Rightarrow \quad L_e = L_k \cdot \left(\frac{m_e}{m_k}\right)^{\frac{1}{4}} = 75{,}6 \text{ Jahre}$$

Dieser Wert passt gut zu den 70 Jahren aus Tabelle 7.3. Allerdings stimmt das Lebenszyklusgesetz längst nicht bei allen Tieren einer Ordnung so gut mit der Realität überein. □

Problem 13. *Um welchen Faktor müssten sich die Massen zweier Tiere aus der gleichen Ordnung unterscheiden, damit sich die Lebenserwartung verdoppelt?*

Lösung. Seien m_k und L_k die Masse und Lebensdauer des kleineren Tieres bzw. m_g und L_g die Werte des größeren Tieres. Dann ist

$$2 = \frac{L_g}{L_k} = \left(\frac{m_g}{m_k}\right)^{\frac{1}{4}} \quad \Rightarrow \quad \frac{m_g}{m_k} = 2^4 = 16$$

Das größere Tier müsste 16-mal schwerer sein. □

Problem 14. *Der Zusammenhang zwischen Herzfrequenz f_H und maximaler Lebensdauer L_L ist grafisch darzustellen. Haben Tiere derselben Ordnung mit höheren Herzfrequenzen tendenziell ein kürzeres Leben?*

Lösung. Die Herzfrequenz f_H ist der Kehrwert der mittleren Dauer eines Herzschlags L_H, also $L_H \sim \frac{1}{f_H}$. Aus den Skalengesetzen (7.2) für L_H und L_L erhalten wir $L_H \sim L_L$ und damit

$$L_L \sim \frac{1}{f_H}$$

Diese Beziehung kann als Hyperbel dargestellt werden.

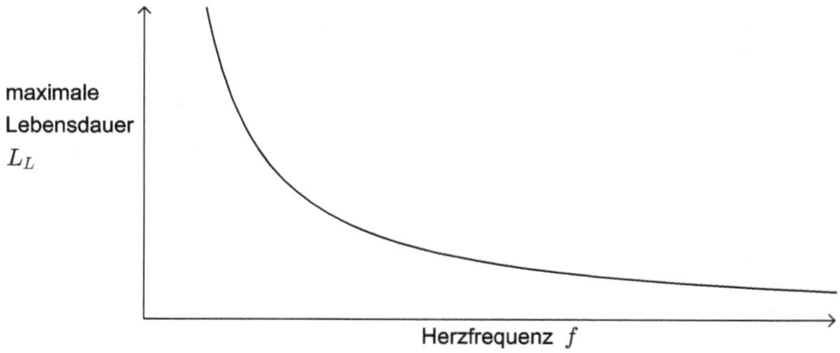

Abb. 7.11: Abhängigkeit der mittleren Lebensdauer von der Herzfrequenz für verschiedene Arten.

Damit ist klar, dass Tiere mit höheren Herzfrequenzen ein kürzeres Leben haben müssen. □

Den Rekord der Herzfrequenz hält sicherlich die Etruskerspitzmaus mit etwa 1200 Herzschlägen und bis zu 900 Atemzügen pro Minute. Sie lebt vom Mittelmeerraum bis Südostasien und ist auch im Schweizer Kanton Tessin heimisch. Die Lebenserwartung des nur 1,6 g schweren Tieres, das Gewicht entspricht einem Schweizer Fünfrappenstück, wird auf maximal 2,5 Jahre geschätzt.

Da Herz- und Atemfrequenz proportional sind, erhält man dieselbe Abhängigkeit zwischen Atemfrequenz f_A und Lebensdauer:

$$L_L \sim \frac{1}{f_A}$$

Abschließend wollen wir die eingangs erwähnten Zusammenhänge zwischen der Herzfrequenz f_H bzw. der mittleren Dauer eines Herzschlags L_H zur Masse ausarbeiten.

Satz 1. *Für die Herzfrequenz gilt* $f_H \sim m^{-\frac{1}{4}}$.
Für die mittlere Dauer eines Herzschlags ist $L_H \sim m^{\frac{1}{4}}$.

Nachweis. Wir betrachten das durch die Herztätigkeit zirkulierende Blutvolumen V. Offensichtlich ist es sowohl zum Volumen des Herzens V_H als auch zur Herzfrequenz proportional.

$$V \sim V_H \cdot f_H$$

Da die Masse des Herzens proportional zur Körpermasse ist,[8] folgt auch $V_H \sim m$ und somit

$$V \sim m \cdot f_H$$

8 Nach E. Schwaiger [37] beträgt die Herzmasse bei Säugetieren etwa 0,58 % der Körpermasse.

Da der transportierte Sauerstoff einerseits im zirkulierenden Blut gebunden und andererseits proportional zur Stoffwechselrate E ist, erhalten wir $V \sim E$ und damit

$$E \sim m \cdot f_H$$

Benutzen wir jetzt das Dreiviertelgesetz, so folgt daraus $m^{\frac{3}{4}} \sim m \cdot f_H$ und durch Kürzen von m

$$f_H \sim m^{-\frac{1}{4}}$$

Da die Dauer eines Herzschlags L_H umgekehrt proportional zu seiner Frequenz ist, erhalten wir ebenfalls

$$L_H \sim m^{\frac{1}{4}}$$ □

Kleine Tiere haben also tendenziell höhere Herzfrequenzen. Dieselbe Beziehung lässt sich zwischen Atemfrequenz und Masse aufstellen.

7.7 Wie oft kann ein Herz schlagen?

Die folgende Tabelle zeigt eine Gegenüberstellung der Herzfrequenz f_H und der mittleren Lebensdauer L für verschiedene Tiere.

Tab. 7.3: Herzfrequenz und Lebensdauer von Tieren (Thayer Watkins [38]).

	Masse m **(g)**	**Herzfrequenz** f_H **(1/min)**	**Lebensdauer** L **(Jahre)**	**Gesamte Herzschläge** $f_H \cdot L \cdot 365 \cdot 24 \cdot 60$ **(Mrd.)**
Mensch	90.000	60	70	2,21
Katze	2000	150	15	1,18
Kleiner Hund	2000	100	10	0,53
Mittlerer Hund	5000	90	15	0,71
Großer Hund	8000	75	17	0,67
Hamster	60	450	3	0,71
Huhn	1500	275	15	2,17
Affe	5000	190	15	1,50
Pferd	1.200.000	44	40	0,93
Kuh	800.000	65	22	0,75
Schwein	150.000	70	25	0,92
Kaninchen	1000	205	9	0,97
Elefant	5.000.000	30	70	1,10
Giraffe	900.000	65	20	0,68
Wal	120.000.000	20	80	0,84

Das Produkt $f_H \cdot L \cdot 365 \cdot 24 \cdot 60$ gibt die *mittlere Gesamtzahl der Herzschläge im Leben* an und ist theoretisch für jede Ordnung eine Konstante. Für Tierarten verschiedener

Ordnungen bewegt sie sich insgesamt in einem Rahmen von 0,5 Milliarden bis 2,2 Milliarden Herzschlägen. Für dieses Produkt ist keine Abhängigkeit von Körpergröße, Art oder Lebensweise erkennbar.

Die folgende Grafik 7.12 ist im logarithmischen Maßstab dargestellt, was die Gesamtzahl der Herzschläge scheinbar noch enger zusammenrücken lässt. Während der Mensch unter den hier aufgeführten Tieren scheinbar den Rekord der Langlebigkeit hält,[9] lässt die Grafik die Vermutung zu, dass *die Gesamtzahl der Herzschläge eine Art biologische Uhr zur Begrenzung der Lebensdauer für alle Lebewesen darstellen könnte.* Zwar kann ein Leben durch Krankheiten oder gewaltsame Umstände eher beendet werden, doch lässt es sich nicht mehr wesentlich verlängern, wenn das Herz eine gewisse Anzahl von Schlägen getan hat. Diese Schranke liegt für die gesamte Lebenszeit unterhalb von 10^{10} Schlägen.

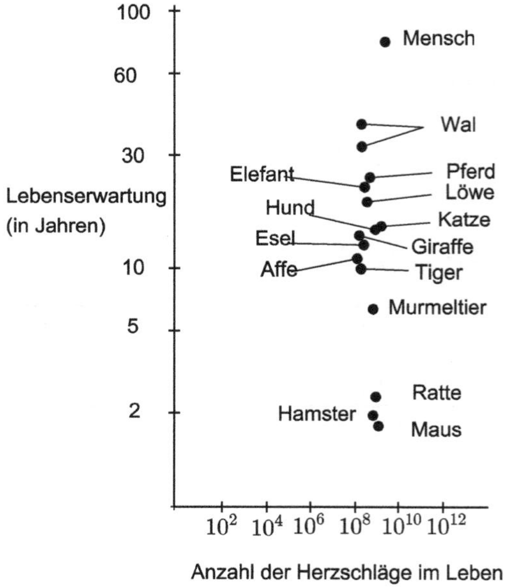

Abb. 7.12: Verschiedene Arten weisen eine gemeinsame Schranke der Gesamtzahl ihrer Herzschläge auf.

Eine ähnliche Funktion als biologische Uhr könnten auch andere Stoffwechselzyklen wie beispielsweise die Gesamtzahl aller Atemzüge übernehmen. Natürlich ist das eine

9 Im Gegensatz zu anderen Lebenszyklen sind die Lebenserwartungswerte weitaus weniger exakt. Vergleichbare Lebenserwartungen setzen vergleichbare Bedingungen voraus, doch Menschen leben oft unter besseren Bedingungen als Tiere. Die Lebensdauern vieler Tiere sind somit ungenau, besonders wenn diese selten sind.

gewagte Hypothese, doch passt sie ganz gut in die Welt unserer Gleichungen. Kombinieren wir nämlich die Lebensdauer L mit der relativen Umsatzrate r aus (5.5), so folgt

$$r \cdot L = a \cdot m^{\frac{1}{4}} \cdot c \cdot m^{-\frac{1}{4}} = a \cdot c = \text{konstant}$$

Das Produkt $r \cdot L$ ist nichts anderes als die Anzahl von Stoffwechselzyklen, wie es auch die Gesamtzahl der Herzschläge ist. Stellen wir die obige Beziehung nach L um, so ist

$$L \sim \frac{1}{r}$$

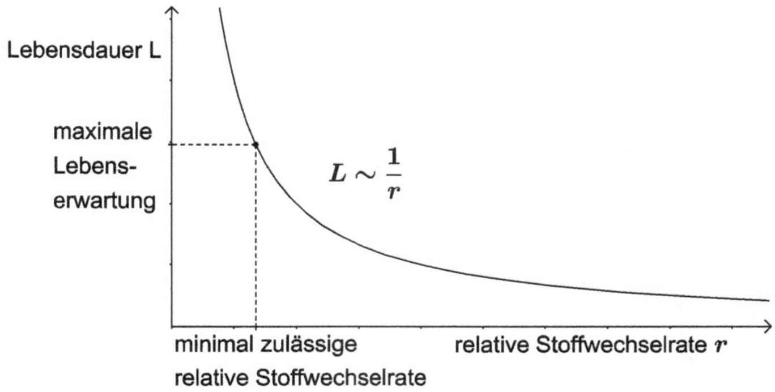

Abb. 7.13: Die relative Stoffwechselrate einer Art bestimmt ihre Lebenserwartung.

Je geringer der Energieumsatz einer Zelle $r = \frac{E}{m}$ pro Stunde, desto höher kann folglich die Lebenserwartung werden.[10] Die minimal mögliche Umsatzrate bestimmt die höchstmögliche Lebensdauer. Tiere mit geringeren relativen Umsatzraten hätten dann größere Chancen, älter zu werden.

Unsere eingangs formulierte Hypothese, wonach die Gesamtzahl der Stoffwechselzyklen eines Lebewesens bis zu seinem Tode nahezu unabhängig von der Art ist, ließe außerdem einige andere Erscheinungen erklären.

Bei Einzellern betrachtet man als Lebenszeit den Zeitraum bis zur nächsten Zellteilung. Diese Zeitspanne halbiert sich nachweislich, wenn man durch Temperaturerhöhung für eine Verdopplung der relativen Umsatzrate sorgt.

Wechselwarme Tiere haben einen geringeren Grundverbrauch als gleichwarme Tiere, da ihr Stoffwechsel an die Umgebungstemperatur gekoppelt ist und nicht künstlich hochgehalten werden muss. Unter günstigen klimatischen Bedingungen erleidet ein genügend großes wechselwarmes Tier nur geringe Wärmeverluste (meist nachts) und benötigt weniger Energie. Deshalb können Riesenschildkröten und Krokodile

10 Das Immunsystem arbeitet bei einer höheren relativen Stoffwechselrate effizienter. Deshalb haben Tiere mit kürzeren Lebensdauern, solange sie noch nicht zu alt sind, paradoxerweise bessere Chancen zum Überstehen von Infekten als langlebige Tiere.

über lange Zeiträume mit wenig Nahrung auskommen und haben oft eine für uns unvorstellbar hohe Lebenserwartung.

Um manche dieser wechselwarmen Methusalems rankten sich aufgrund ihres Alters bereits Mythen. Die Schildkröte Harriet (gestorben 2006 im Australia Zoo) erreichte ein Alter von 175 Jahren und galt lange Zeit irrtümlich als Mitbringsel von Charles Darwin. Die Strahlenschildkröte Tu'i Malila (gestorben 1965 im südpazifischen Tonga) wurde 188 Jahre alt. Sie sollte ein Gastgeschenk des Entdeckers James Cook sein. Rekordhalter mit 255 Jahren war die indische Riesenschildkröte Adwaita (gestorben 2006 im Zoo von Kalkutta), gemäß Überlieferung ein Mitbringsel von Robert Clive, dem Begründer der britischen Herrschaft in Indien. Man könnte annehmen, dass Schildkröten zu den Lieblingsmitbringseln historischer Persönlichkeiten zählten.

Den Langlebigkeitsrekord unter den Tieren hält der in antarkischen Gewässern beheimatete Schwamm Scolymastra joubini. Bei einem geschätzten Höchstalter von stattlichen 10.000 Jahren müssten einige noch lebende Veteranen die Meere schon zur Jungsteinzeit besiedelt haben.

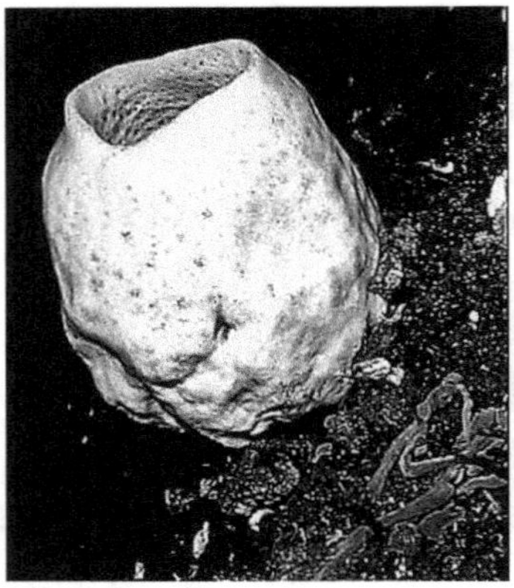

Abb. 7.14: Scolymastra joubini lebt in einer Tiefe von 45 bis 440 m und kann bis zu 2 m groß werden. Der Schwamm benötigt wenig Sauerstoff und wächst extrem langsam. Damit hat er die geringste Stoffwechselrate aller bekannten Tierarten. Photo courtesy Richard B. Aronson, Florida Institute of Technology.

Die Reduktion der Stoffwechselrate verlängert das Leben. Einige Spitzmausarten können zeitweise in Torpor, eine energiesparende Starre fallen, was ihre Lebenserwartung gegenüber nicht torporfähigen Verwandten um zwei bis drei Jahre erhöht. Eine vernünftige Diät für Mäuse kann ihre Lebenserwartung fast verdoppeln.

Selbst eine Kastration kann lebensverlängernd wirken, obwohl sie die Lebensqualität verschlechtert. Bei kastrierten Ratten steigt die Lebensdauer durchschnittlich um fünf bis acht Jahre, bei Menschen sogar um mehr als 14 Jahre, denn durch die Verringerung der sexuellen Aktivität wird die relative Stoffwechselrate herabgesetzt.

8 Im Überblick: Wahrscheinlichkeit

Der folgende Teil kann von mathematisch geübten Lesern übersprungen werden. Er stellt Kernaussagen zur Wahrscheinlichkeitsrechnung für den einfachsten Fall einer abzählbaren Grundgesamtheit zusammen, auf die später Bezug genommen wird.

8.1 Ergebnisse, Ereignisse, Wahrscheinlichkeiten

Die Wahrscheinlichkeitsrechnung untersucht Gesetzmäßigkeiten zufälliger Ereignisse. Mathematisch werden diese formuliert, indem man sie als Mengen darstellt. Dazu folgende Begriffe.

- Zu jedem Zufallsexperiment gehört eine Menge Ω, die als *Grundgesamtheit* oder *Ergebnisraum* bezeichnet wird.
  Wir beschränken uns hier für Ω auf endliche oder abzählbare Mengen. In diesem Fall gehört Ω zu einem *diskreten Wahrscheinlichkeitsraum*.
- Die Grundgesamtheit besteht also aus höchstens abzählbar vielen *Ergebnissen* $\omega \in \Omega$. Bei jeder Durchführung des Zufallsexperiments wird *genau ein Ergebnis beobachtet.*
- Jede Teilmenge von Ω wird nun als *Ereignis* bezeichnet. Dabei bezeichnet man die einelementigen Teilmengen $\{\omega\}$ als *Elementarereignisse.*
  Wir sprechen davon, dass bei der Durchführung des Zufallsexperiments ein *Ereignis A eintritt*, falls ein zugehöriges *Ergebnis $\omega \in A$ beobachtet* wird.

Beispiel 3. Beim einmaligen Drehen des Rouletterades wird als Ergebnis eine der Zahlen $0, 1, \dots, 36$ beobachtet.

Die *Grundgesamtheit* ist $\Omega = \{0, 1, \dots, 36\}$.
Elementarereignisse sind die einelementigen Mengen $\{0\}, \dots, \{36\}$.
Weitere *Ereignisse* wie R (Rot) und S (Schwarz) sind zusammengesetzt:

$$R = \{1, 3, 5, 7, 9, 12, 14, 16, 18, 19, 21, 23, 25, 27, 30, 32, 34, 36\}$$
$$S = \{2, 4, 6, 8, 10, 11, 13, 15, 17, 20, 22, 24, 26, 28, 31, 33, 35\}$$ □

Wir bezeichnen Ereignisse zumeist mit Großbuchstaben. Zur Beschreibung möglicher Wechselwirkungen führen wir folgende Begriffe ein.

https://doi.org/10.1515/9783110542547-008

- Die Schnittmenge $A \cap B$ wird als Ereignis des *gleichzeitigen Eintreffens* von A und B bezeichnet.
  Falls $A \cap B = \emptyset$ ist, spricht man von *unvereinbaren* bzw. von *sich gegenseitig ausschließenden Ereignissen.*
- Die Vereinigungsmenge $A \cup B$ wird als das Ereignis bezeichnet, dass *mindestens eines der Ereignisse A, B eintritt.*
  Es sei $A_1, A_2, \ldots$ eine Folge von Ereignissen. In Verallgemeinerung wird nun $\bigcup_{i=1}^{\infty} A_i$ als das Eintreten mindestens eines dieser Ereignisse bezeichnet.
- Die Darstellung einer Menge $A = \bigcup_i A_i$ mittels paarweise unvereinbarer Teilmengen A_i wird als *Zerlegung* von A bezeichnet.
- Die Differenzmenge $B \setminus A$ wird mit als das Ereignis bezeichnet, dass *zwar B, aber nicht A eintritt.*
- $\Omega \setminus A$ nennt man das *Gegenereignis* zu A. Sein Symbol ist $\overline{A}$.
- Wir sagen, dass aus dem Ereignis A das Ereignis B folgt, wenn $A \subset B$ ist.
- Die Grundgesamtheit Ω wird als das *sichere Ereignis* bezeichnet.
  Die leere Menge $\emptyset$ heißt *unmögliches Ereignis.*
  Beide Namensgebungen erhalten ihre Berechtigung, nachdem wir den Wahrscheinlichkeitsbegriff eingeführt haben.

Die *Wahrscheinlichkeit für ein Ereignis A* soll den Grad der Gewissheit charakterisieren, mit der sein Eintreten zu erwarten ist. Dieser Grad wird in der Mathematik durch eine reelle Zahl angegeben und mit $p(A)$ beschrieben. Zu seiner vollständigen Formulierung genügen drei Forderungen, welche als *Axiome* bezeichnet werden.

Axiom I Jedem zufälligen Ereignis A entspricht eine bestimmte Zahl $p(A)$, seine Wahrscheinlichkeit, welche die Ungleichung

$$0 \leq p(A) \leq 1$$

erfüllt.

Unsere Zuordnung p ist also eine Funktion aus der Menge aller Teilmengen von Ω in das Intervall $[0, 1]$.

Axiom II Die Wahrscheinlichkeit der Grundgesamtheit Ω ist gleich eins.

$$p(\Omega) = 1$$

Die Berechtigung dieses Axioms ergibt sich daraus, dass bei jedem Zufallsexperiment eines der Ergebnisse $\omega \in \Omega$ beobachtet werden muss. Ω wird deshalb als *sicheres Ereignis* bezeichnet.

Axiom III Die Wahrscheinlichkeit einer Vereinigung von endlich oder abzählbar vielen zufälligen Ereignissen $A_1, A_2, \ldots$, die einander paarweise ausschließen, ist gleich der Summe der Wahrscheinlichkeiten dieser Ereignisse.

$$p\left(\bigcup_i A_i\right) = \sum_i p(A_i) \tag{8.1}$$

Auch diese Forderung ist praktisch nachvollziehbar. Bei einen Spielwürfel sollte eine gerade Zahl mit der Wahrscheinlichkeit $\frac{1}{2} = \frac{1}{6} + \frac{1}{6} + \frac{1}{6}$ auftreten. Zu beachten ist jedoch, dass die Gleichheit in (8.1) nicht erfüllt sein muss, falls sich die Ereignisse A_i nicht paarweise ausschließen.

Anmerkungen

- Ist künftig von einer Grundgesamtheit bzw. Ereignissen die Rede, so wird die Existenz zugehöriger Wahrscheinlichkeiten stillschweigend inbegriffen.
- Wahrscheinlichkeiten sind nur für Ereignisse $A \subset \Omega$, nicht aber für Ergebnisse $\omega \in \Omega$ definiert.
- Die korrekte Schreibweise für die Wahrscheinlichkeiten von Elementarereignissen wäre $p(\{\omega\})$. Stattdessen benutzt man dafür allgemein $p(\omega)$.

Nun lassen sich sämtliche Aussagen über Wahrscheinlichkeiten aus den Axiomen herleiten.

Satz 2. *Für die leere Menge ist*

$$p(\emptyset) = 0$$

Nachweis. Die leere Menge enthält kein Elementarereignis und ist somit unvereinbar mit Ω. Damit ist $\emptyset = \Omega \cap \emptyset$. Außerdem gilt $\Omega = \Omega \cup \emptyset$. Nach Axiom III folgt dann

$$p(\Omega) + p(\emptyset) = p(\Omega \cup \emptyset) = p(\Omega) = 1$$

sodass wir

$$1 + p(\emptyset) = 1$$

und hieraus die Behauptung erhalten. □

Das Resultat berechtigt die Bezeichnung *unmögliches Ereignis* für $\emptyset$ und stimmt außerdem mit unserer intuitiven Vorstellung überein. Wenn bei jedem Zufallsexperiment eines der Ergebnisse $\omega \in \Omega$ beobachtet werden muss, so kann die leere Menge $\emptyset \subset \Omega$ nie eintreten.

Problem 15. *Es sei $A \subset B$. Beweisen Sie die Ungleichung $p(A) \leq p(B)$.*

Nachweis. Die Darstellung $B = A \cup (B \setminus A)$ ist eine Zerlegung von B wegen

$$A \cap (B \setminus A) = \emptyset$$

Hieraus folgt

$$\begin{aligned} p(B) &= p(A) + p(B \setminus A) \qquad \text{nach Axiom III} \\ &\geq p(A) \qquad \text{nach Axiom I, d. h. wegen } p(B \setminus A) \geq 0 \end{aligned}$$ □

Satz 3. *(Formel von Laplace) Falls nur endlich viele Elementarereignisse möglich sind und diese mit der gleichen Wahrscheinlichkeit eintreten, so berechnet man die Wahrscheinlichkeit eines Ereignisses E mit*

$$p(E) = \frac{\text{Anzahl der Elementarereignisse in } E}{\text{Anzahl aller Elementarereignisse}} \tag{8.2}$$

Nachweis. Für eine Grundgesamtheit aus n gleich wahrscheinlichen Elementarereignissen ist deren Wahrscheinlichkeit $\frac{1}{n}$, sodass (8.2) aus Axiom III folgt. □

Beispiel 4. Mit welcher Wahrscheinlichkeit fallen die Geburtstage zweier zufällig gewählter Personen auf denselben Wochentag?

Lösung. Als Elementarereignisse nehmen wir alle möglichen Paare von Wochentagen, z. B. (Mo, Mo), (Mo, Di) usw. Das Ereignis E besteht aus den Paaren gleicher Wochentage. Die Formel von Laplace liefert $p(E) = \frac{7}{49} = \frac{1}{7}$. □

8.2 Bedingte Wahrscheinlichkeit und Unabhängigkeit

Wahrscheinlichkeiten lassen sich bedeutend genauer vorhersagen, wenn vorab nützliche Informationen bekannt sind. Dazu wird der folgende Begriff definiert.

Ein Ereignis B trete mit positiver Wahrscheinlichkeit auf. Die *bedingte Wahrscheinlichkeit* von Ereignis A unter der Bedingung B ist dann

$$p(A \mid B) = \frac{p(A \cap B)}{p(B)} \tag{8.3}$$

Man bezeichnet sie auch als *Wahrscheinlichkeit für A, falls B eingetroffen ist.*

Problem 16. *Weisen Sie nach, dass die bedingte Wahrscheinlichkeit den Forderungen von Axiom I genügt.*

Nachweis. Da die rechte Seite von (8.3) positiv ist, gilt auch $p(A \mid B) \geq 0$. Wegen $A \cap B \subset B$ folgt mit Problem 15 die Ungleichung

$$p(A \cap B) \leq p(B)$$

und somit $\frac{p(A \cap B)}{p(B)} \leq 1$. Es ist also $p(A \mid B) \leq 1$. □

Beispiel 5. Beim einmaligen Drehen des Rouletterades berechnen wir die Wahrscheinlichkeit für Grün (null), falls Schwarz nicht auftritt.

Beweis. Mithilfe von Beispiel 3 bezeichnen wir die Ereignisse

$$G = \{0\}$$
$$\overline{S} = \{0, 1, 3, 5, 7, 9, 12, 14, 16, 18, 19, 21, 23, 25, 27, 30, 32, 34, 36\}$$

Rot oder Grün

Wegen $G = G \cap \overline{S}$ erhalten wir

$$p(G \mid \overline{S}) = \frac{p(G)}{p(\overline{S})} = \frac{1}{19}$$

im Vergleich zur geringeren unbedingten Wahrscheinlichkeit $p(G) = \frac{1}{37}$. Die Information, dass Schwarz nicht auftritt, erweist sich als relevant.

Unsere gesuchte Wahrscheinlichkeit lässt sich ebenfalls bestimmen, wenn wir die Grundgesamtheit auf die Menge $\overline{S}$ einschränken, also bei den Elementarereignissen keine schwarzen Zahlen zulassen. Der berechnete Wert für $p(G \mid \overline{S})$ folgt dann aus der Formel (8.2) von Laplace. □

Wir bezeichnen die Ereignisse A und B als *unabhängig* voneinander, falls gilt

$$p(A \cap B) = p(A) \cdot p(B) \tag{8.4}$$

Falls beide Ereignisse mit positiver Wahrscheinlichkeit auftreten, folgt aus (8.3)

$$p(A \mid B) = p(A) \quad \text{und} \quad p(B \mid A) = p(B)$$

Die Ereignisse A und B beeinflussen sich also nicht. Die Definition (8.4) lässt sich auf endlich viele Ereignisse verallgemeinern.

Man bezeichnet die Ereignisse $A_1, \ldots, A_n$ als *(in ihrer Gesamtheit) unabhängig*, wenn

$$p(A_{i_1} \cap \ldots \cap A_{i_m}) = p(A_{i_1}) \cdot \ldots \cdot p(A_{i_m}) \tag{8.5}$$

für die Ereignisse A_{i_k} jeder endlichen Index-Teilfolge $(i_1, \ldots, i_m)$ mit

$$1 \le i_1 < \ldots < i_m \le n \quad \text{für} \quad m = 2, \ldots, n$$

gilt.

Die Wahrscheinlichkeit des gleichzeitigen Eintreffens jeder Auswahl von Ereignissen ist also gleich dem Produkt ihrer Wahrscheinlichkeiten.

Im Falle unendlich vieler Ereignisse fasst man diese zur Familie $(A_j)_{j \in J}$ zusammen.

Die Ereignisse A_j der Familie $(A_j)_{j \in J}$ heißen *(in ihrer Gesamtheit) unabhängig*, wenn jede endliche Teilmenge dieser Familie aus (in ihrer Gesamtheit) unabhängigen Ereignissen besteht.

Demgegenüber steht der folgende, nicht zu verwechselnde Begriff.

Die Ereignisse A_j der Familie $(A_j)_{j \in J}$ heißen *paarweise unabhängig*, wenn

$$p(A_j \cap A_k) = p(A_j) \cdot p(A_k) \quad \text{für alle} \quad j, k \in J \quad \text{mit} \quad j \neq k$$

gilt.

Aus der paarweisen Unabhängigkeit der Ereignisse A_j, $j \in J$ folgt nicht die Unabhängigkeit dieser Ereignisse (in ihrer Gesamtheit).

8.3 Formel von Bayes

Dem englischen presbyterianischen Pfarrer Thomas Bayes (1701–1761), der sich in seiner Freizeit mit Mathematik beschäftigte, ohne dieses Fach studiert zu haben, verdankt die Wahrscheinlichkeitsrechnung eine ihrer bedeutendsten Formeln.

Die *Formel von Bayes* verbindet zwei bedingte Wahrscheinlichkeiten miteinander:

Satz 4. *Für beliebige Ereignisse A und B ist*

$$p(A \mid B) \cdot p(B) = p(B \mid A) \cdot p(A) \tag{8.6}$$

Nachweis. Man erhält sie auf direktem Wege aus (8.3):

$$p(A \mid B) \cdot p(B) = p(A \cap B) = p(B \cap A) = p(B \mid A) \cdot p(A) \qquad \square$$

Beim *gleichzeitigen Eintreten* von Ereignissen ist die folgende Formel nützlich.

Satz 5. *Es seien $A_1, \ldots, A_n$ beliebige Ereignisse. Dann ist*

$$p(A_1 \cap \ldots \cap A_n) = p(A_1) \cdot p(A_2 \mid A_1) \cdot \ldots p(A_{k+1} \mid A_1 \cap \ldots \cap A_k) \ldots \\ \ldots \cdot p(A_n \mid A_1 \cap \ldots \cap A_{n-1}) \tag{8.7}$$

Wenn die Ereignisse $A_1, \ldots, A_n$ unabhängig sind, so folgt für die Faktoren der rechten Seite

$$\begin{aligned} p(A_{k+1} \mid A_1 \cap \ldots \cap A_k) &= \frac{p(A_1 \cap \ldots \cap A_k \cap A_{k+1})}{p(A_1 \cap \ldots \cap A_k)} && \text{wegen (8.3)} \\ &= \frac{p(A_1) \cdot \ldots \cdot p(A_k) \cdot p(A_{k+1})}{p(A_1) \cdot \ldots \cdot p(A_k)} && \text{wegen (8.5)} \\ &= p(A_{k+1}) \end{aligned}$$

Nachweis. Wir wollen (8.7) für drei Ereignisse A_1, A_2, A_3 herleiten. Der allgemeine Fall folgt derselben Beweisidee. Aus der bedingten Wahrscheinlichkeit (8.3) folgt für $A = A_3$ und $B = A_1 \cap A_2$ nach Multiplikation mit dem Nenner

$$p(A_1 \cap A_2 \cap A_3) = p(A_1 \cap A_2) \cdot p(A_3 \mid A_1 \cap A_2) \tag{8.8}$$

Wir berechnen nun $p(A_1 \cap A_2)$ mittels (8.3), indem wir dort $A = A_2$ und $B = A_1$ einsetzen:

$$p(A_1 \cap A_2) = p(A_1) \cdot p(A_2 \mid A_1)$$

Setzen wir diesen Ausdruck in (8.8) ein, so erhalten wir

$$p(A_1 \cap A_2 \cap A_3) = p(A_1) \cdot p(A_2 \mid A_1) \cdot p(A_3 \mid A_1 \cap A_2)$$ □

8.4 Totale Wahrscheinlichkeit

Gewisse Ereignisse treten nur in einzelnen, sich gegenseitig ausschließenden Situationen auf. Wenn ihre Wahrscheinlichkeiten dort bekannt sind, so lässt sich daraus die Gesamtwahrscheinlichkeit berechnen.

Satz 6. *(Formel der totalen bzw. vollständigen Wahrscheinlichkeit)*
Seien $\Omega = \bigcup_{i=1}^{n} A_i$ eine Zerlegung der Grundgesamtheit sowie X ein weiteres Ereignis. Dann ist

$$p(X) = p(A_1) \cdot p(X \mid A_1) + \ldots + p(A_n) \cdot p(X \mid A_n) \tag{8.9}$$

Nachweis. Das Ereignis X lässt sich ebenfalls in unvereinbare Teilereignisse zerlegen:

$$X = (X \cap A_1) \cup \ldots \cup (X \cap A_n) \tag{8.10}$$

Im folgenden Bild ist die Situation für $n = 3$, d. h. $\Omega = A_1 \cup A_2 \cup A_3$, dargestellt.

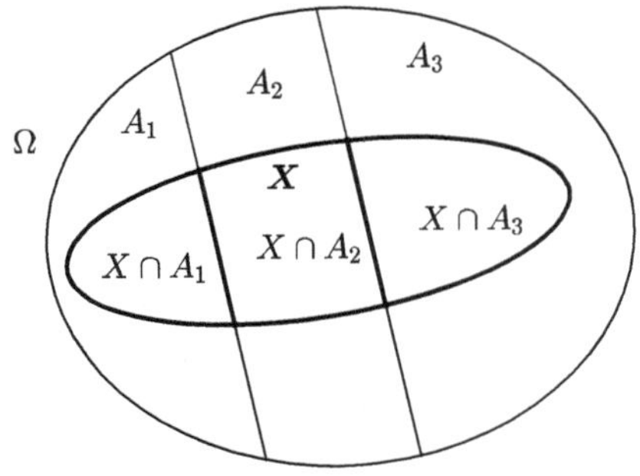

Abb. 8.1: Beispiel einer Zerlegung von Ereignis X in drei Teilereignisse.

Wegen der Unvereinbarkeit der Ereignisse $X \cap A_i$ folgt aus (8.10) mit (8.1)

$$p(X) = p(X \cap A_1) + \ldots + p(X \cap A_n)$$

Wir ersetzen rechts alle $p(X \cap A_i)$ durch die aus (8.3) abgeleiteten Ausdrücke

$$p(X \cap A_i) = p(A_i) \cdot p(X \mid A_i) \qquad \text{für alle } i = 1, \ldots, n$$

und erhalten schließlich

$$p(X) = p(A_1) \cdot p(X \mid A_1) + \ldots + p(A_n) \cdot p(X \mid A_n)$$ □

Beispiel 6. Eine Firma produziert Glühlampen in drei verschiedenen Werken A, B und C, wobei 60 % in A und der Rest zu gleichen Teilen in B und C hergestellt werden. Bei der Produktion aus Werk A sind nach zweijähriger Betriebsdauer 95 % der Lampen defekt. Bei Werk B sind es 80 % und bei Werk C nur 50 %.

Mit welcher Wahrscheinlichkeit ist eine Glühlampe ohne Kenntnis ihrer Herkunft nach zwei Jahren defekt?

Lösung. Das Ereignis D bezeichnet eine nach zweijähriger Betriebsdauer defekte Lampe. Weiterhin bezeichnen wir die Wahrscheinlichkeiten für die Herkunft unserer Lampe aus einem der Werke A, B oder C mit

$$p(A) = 0{,}6; \quad p(B) = p(C) = 0{,}2$$

Die Wahrscheinlichkeiten für eine nach zwei Jahren defekte Lampe sind je nach Herkunft

$$p(D \mid A) = 0{,}95; \quad p(D \mid B) = 0{,}8; \quad p(D \mid C) = 0{,}5$$

Wegen (8.9) gibt eine Lampe unbekannter Herkunft mit der Wahrscheinlichkeit

$$p(D) = p(A) \cdot p(D \mid A) + p(B) \cdot p(D \mid B) + p(C) \cdot p(D \mid C) = 0{,}83$$

nach zweijähriger Betriebsdauer ihren Geist auf. □

8.5 Baumdiagramme und Pfadregeln

Abfolgen zufälliger Ereignisse lassen sich oft mit Bäumen darstellen. Mit deren Hilfe können die Formel der totalen Wahrscheinlichkeit bzw. die Formel von Bayes veranschaulicht werden.

Beispiel 7. Drei Urnen enthalten Kugeln von gleicher Form und verschiedener Farbe. Die erste Urne enthält drei rote und zwei schwarze Kugeln, die zweite Urne drei rote und sieben schwarze Kugeln und die dritte vier rote, fünf schwarze und eine weiße Kugel.

Wir würfeln und entnehmen anschließend der ersten Urne eine Kugel, falls wir eine Sechs erhalten haben. Bei einer Fünf entnehmen wir die Kugel der zweiten und sonst der dritten Urne. Die Entnahme der Kugel erfolgt zufällig, d. h., ohne eine bestimmte Farbe zu bevorzugen. Die Situation soll in einem Baum dargestellt werden.

Lösung. An der Spitze des Baumes steht die Ausgangssituation. Die Knoten der nächsten Ebene werden mit den Ereignissen beschrieben, die erste, zweite oder dritte Urne zu wählen.

An die Kanten schreiben wir die zugehörigen Wahrscheinlichkeiten. In der nächsten Ebene folgen die nun möglichen Ereignisse, eine Kugel der jeweiligen Farbe zu ziehen. Hier beschriftet man die Kanten mit den bedingten Wahrscheinlichkeiten, z. B. ist

$$p(\text{rote Kugel} \mid 1.\ \text{Urne}) = \frac{3}{5}$$

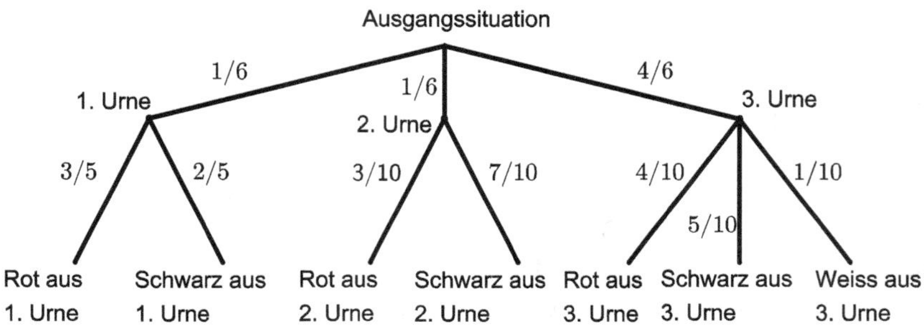

Abb. 8.2: Baumdiagramm zu Beispiel 7. □

Jeder Weg von der Spitze (Ausgangssituation) zu einem der unten stehenden Ergebnisse (z. B. rote Kugel aus erster Urne) wird *Pfad* genannt. Somit gibt es im oben stehenden Bild sieben Pfade.

Als *Wahrscheinlichkeit eines Pfades* bezeichnet man das Produkt der Wahrscheinlichkeiten an seinen Kanten. So besitzt der Pfad zum Ereignis „rote Kugel aus erster Urne" die Wahrscheinlichkeit $\frac{1}{6} \cdot \frac{3}{5}$.

Problem 17. *Im vorigen Beispiel sollen folgende Wahrscheinlichkeiten bestimmt werden:*

a) für die Ziehung einer roten Kugel;

b) für die Ziehung aus der ersten Urne, falls eine rote Kugel gezogen wurde.

Lösung.

Zu a) Mit der Formel der totalen Wahrscheinlichkeit (8.9) ist

$$\begin{aligned} p(\text{rote Kugel}) &= p(1.\ \text{Urne}) \cdot p(\text{rote Kugel} \mid 1.\ \text{Urne}) \\ &\quad + p(2.\ \text{Urne}) \cdot p(\text{rote Kugel} \mid 2.\ \text{Urne}) \\ &\quad + p(3.\ \text{Urne}) \cdot p(\text{rote Kugel} \mid 3.\ \text{Urne}) \\ &= \frac{1}{6} \cdot \frac{3}{5} + \frac{1}{6} \cdot \frac{3}{10} + \frac{4}{6} \cdot \frac{4}{10} = \frac{5}{12} \end{aligned}$$

Man addiert also im Baumdiagramm die Wahrscheinlichkeiten derjenigen Pfade, die zur Ziehung von roten Kugeln führen.

Zu b) Es handelt sich um eine bedingte Wahrscheinlichkeit. Wir erhalten nach Umstellung der Formel von Bayes (8.6)

$$p(1.\text{ Urne} \mid \text{rote Kugel}) = \frac{p(\text{rote Kugel} \mid 1.\text{ Urne}) \cdot p(1.\text{ Urne})}{p(\text{rote Kugel})} = \frac{12}{50}$$

wobei wir $p(\text{rote Kugel}) = \frac{5}{12}$ aus Teil a verwendet haben. Im Baumdiagramm wird die Pfadwahrscheinlichkeit zum Ereignis „rote Kugel aus erster Urne“ durch die Summe der Pfadwahrscheinlichkeiten zu Ereignissen von roten Kugeln in allen Urnen dividiert. □

8.6 Zufallsgrößen

Beim Glücksspiel kann man auf zufällige Weise Geldbeträge gewinnen oder verlieren. Bei der Qualitätskontrolle von Saatkorn kann durch die zufällige Entnahme eines Korns sein Gewicht festgestellt werden. Wann immer Zahlen auf zufällige Weise erzeugt werden, dann steht das mathematische Konzept der Zufallsgröße dahinter.

Als *Zufallsgröße* X bezeichnet man eine reelle Funktion auf der Grundgesamtheit Ω, d. h.

$$X : \Omega \to \mathbb{R}$$

Den *Ergebnissen* des Zufallsexperiments werden reelle Zahlen zugeordnet.

$[X = a]$ bezeichnet die Menge aller $\omega \in \Omega$ mit $X(\omega) = a$. Anschaulich ist es das Ereignis, dass der Wert a auftritt.

Wir hatten uns von Anbeginn des Kapitels auf diskrete Wahrscheinlichkeitsräume beschränkt, in denen Ω als endliche oder abzählbar unendliche Menge darstellbar ist. Deshalb ist die folgende Definition gerechtfertigt.

Unter der *Wahrscheinlichkeitsverteilung* (kurz: Verteilung) von X versteht man die Gesamtheit der Wahrscheinlichkeiten $p(X = a)$ für alle Werte a, die mittels

$$p(X = a) = \sum_{\omega \in [X=a]} p(\omega) \tag{8.11}$$

berechnet werden.

(Die letzte Summe wird über alle ω mit $X(\omega) = a$ geführt und ist nur möglich, weil höchstens abzählbar viele Summanden vorliegen.) Derartige Zufallsgrößen bezeichnet man als *diskret*.

Als *Wahrscheinlichkeitsfunktion* von X bezeichnet man die Zuordnung

$$a \mapsto p(X = a)$$

Nicht aus jeder beliebigen Menge von Wahrscheinlichkeiten lässt sich jedoch eine Zufallsgröße zusammenfügen.

Satz 7. *Eine beliebige Folge* (x_n) *und eine Folge nicht negativer Zahlen* (p_n) *definieren genau dann mittels*

$$p(X = x_n) = p_n \qquad \text{für } n = 1, 2, \ldots$$

eine Zufallsgröße X*, wenn gilt:*

$$\sum_n p_n = 1 \tag{8.12}$$

Nachweis.

1.) Wir zeigen, dass (8.12) notwendig für die Existenz einer Zufallsgröße ist. Da diese bei jedem Versuchsausgang genau einen seiner Werte annimmt, bildet $\Omega = \bigcup_n [X = x_n]$ eine Zerlegung. Folglich ist

$$\begin{aligned} 1 &= p\left(\bigcup_n [X = x_n]\right) && \text{wegen Axiom II} \\ &= \sum_n p_n && \text{wegen Axiom III} \end{aligned}$$

2.) Nun zeigen wir, dass (8.12) auch hinreichend für eine Zufallsgröße ist. Wir konstruieren eine Grundgesamtheit $\Omega = \bigcup_i \{x_i\}$ und untersuchen die auf den Teilmengen $A \subset \Omega$ definierte Funktion

$$\wp(A) = \sum_{\substack{i \\ \text{mit } x_i \in A}} p_i$$

Es ist leicht nachzuprüfen, dass $\wp$ sämtliche Axiome für Wahrscheinlichkeiten erfüllt (Axiom II gilt wegen der Überlegungen aus 1.). Die gesuchte Zufallsgröße $X\colon\ \Omega \to \mathbb{R}$ kann mittels

$$X(x_i) = x_i$$

definiert werden. □

Durch das folgende Konzept wird ein wesentlicher Grundbaustein der Wahrscheinlichkeitsrechnung gegeben. Viele praxisrelevante Zufallsgrößen lassen sich aus ihm zusammensetzen.

Als *Bernoulli-Versuch* oder *Bernoulli-Experiment* wird ein Zufallsexperiment mit zwei möglichen Ausgängen (Erfolg oder Misserfolg) bezeichnet, deren Wahrscheinlichkeit bei Wiederholungen des Experiments konstant bleibt.

Ausgangspunkt ist die zweielementige Grundgesamtheit $\Omega = \{e, m\}$. Wir bezeichnen die Zufallsgröße

$$X(\omega) = \begin{cases} 1 & \text{falls } \omega = e \\ 0 & \text{falls } \omega = m \end{cases} \tag{8.13}$$

mit der Wahrscheinlichkeitsverteilung

$$p(X = 1) = p, \quad p(X = 0) = 1 - p \qquad (0 < p < 1) \tag{8.14}$$

als (Zufallsgröße eines) *Bernoulli-Versuchs*. Der Wert p heißt Erfolgswahrscheinlichkeit. Die Verteilung (8.14) wird auch *Null-Eins-Verteilung* genannt.

Man erhält ein einfaches Beispiel beim Münzwurf mit den Ereignissen Kopf (= e) und Zahl (= m).

Anmerkung
Seien $\Omega = \bigcup_{i=1}^{n} E_i$ eine Zerlegung und $p(E_i)$ die Wahrscheinlichkeiten der zugehörigen Ereignisse E_i. Eine Zufallsgröße X mit der Zuordnungsvorschrift

$$\omega \in E_i \qquad \mapsto \qquad x_i \in \mathbb{R} \qquad \text{für } i = 1, \dots, n$$

wird auch in der *Kurzschreibweise*

$$X = \begin{cases} x_1 & \text{falls } E_1 \\ \dots & \\ x_n & \text{falls } E_n \end{cases}$$

notiert. Beispielsweise erhalten wir in Anwendungen häufig Bernoulli-Versuche, indem wir eine vorgegebene Grundgesamtheit Ω zunächst in gewisse Teilmengen E und M zerlegen, deren Ergebnisse auch Erfolge und Misserfolge genannt werden. Dann schreiben wir

$$X = \begin{cases} 1 & \text{falls Erfolg} \\ 0 & \text{falls Misserfolg} \end{cases}$$

8.7 Der Erwartungswert einer Zufallsgröße

Wir bezeichnen die möglichen Werte der Zufallsgröße X mit $x_1, x_2, \dots$. Unter dem *Erwartungswert* von X versteht man die Zahl

$$\boxed{\mathbb{E}X = \sum_i x_i \cdot p(X = x_i)} \tag{8.15}$$

Beispiel 8. Beim Bernoulli-Versuch (8.13), (8.14) ist

$$\mathbb{E}X = 0 \cdot p(M) + 1 \cdot p(E) = p \tag{8.16}$$

□

Wie das Beispiel zeigt, muss dieser Wert selbst im Zufallsexperiment nicht angenommen werden.

Der Erwartungswert lässt sich auch auf Basis der Ergebnisse ω berechnen.

Satz 8. *Es ist*

$$\mathbb{E}X = \sum_{\omega} X(\omega)p(X = X(\omega))$$

Nachweis. Wir gruppieren die Summanden entsprechend der Zerlegung

$$\Omega = \bigcup_i [X = x_i]$$

Dann ist

$$\begin{aligned}\sum_{\omega} X(\omega)p(X = X(\omega)) &= \sum_i \sum_{\omega \in [X = x_i]} X(\omega)p(X = X(\omega)) \\ &= \sum_i x_i \cdot \left[\sum_{\omega \in [X = x_i]} p(X = X(\omega)) \right] \\ &= \sum_i x_i \cdot P(X = x_i) \qquad \text{wegen (8.11)}\end{aligned}$$

□

Seine Aussagekraft für Anwendungen erhält der Erwartungswert durch die folgende Interpretation.

Der Erwartungswert entspricht dem *über eine große Anzahl unabhängiger Wiederholungen gebildeten Mittelwert* des Zufallsexperiments.

Diese Eigenschaft lässt sich am besten durch das Glücksspiel veranschaulichen. Hier wollen wir unter dem *Gewinn eines Spielers* künftig stets seinen Nettogewinn verstehen.

Beim europäischen oder französischen Roulette dreht sich ein Rad über einem Roulettekessel mit den Zahlen 0 bis 36. Die verschiedenen Wettmöglichkeiten können in einfache und mehrfache Chancen unterteilt werden.

Bei den *einfachen Chancen* entspricht der Gewinn dem Einsatz. Man setzt auf eine Gruppe aus 18 positiven Zahlen. Falls die Null fällt, verliert man in einigen seltenen Fällen nur die Hälfte seines Einsatzes. Diese Berechnungen werden ziemlich unübersichtlich, der prinzipielle Vorteil des Anbieters gegenüber dem Spieler bleibt jedoch bestehen. (Die wesentliche Konsequenz ist also, dass der Spieler seinen Nachteil noch schlechter einsehen kann.)

Mehrfache Chancen sind Wetten auf einzelne Zahlen (Plein) oder Gruppen. Wetten auf Null sollen hier nicht betrachtet werden. Die Gewinne betragen ein Mehrfaches des Spieleinsatzes, den man allerdings vollständig verliert, falls die Null fällt.

Im Folgenden haben wir das Regelwerk geringfügig vereinfacht. Damit vermeiden wir zu aufwendige Berechnungen, ohne dass sich im Gewinnprinzip zugunsten des Anbieters etwas ändert. Sämtliche Gewinne und Verluste beziehen sich auf den Spieleinsatz eines Frankens. Das Ergebnis ω bezeichnet die im Spiel getroffene Zahl.

- Eine mehrfache Chance besteht auf einzelne Zahlen oder auf eine Gruppe von m Zahlen. Möglich sind gewisse Kombinationen mit $m = 1, 2, 3, 4, 6, 12$.
  Bezeichnen wir mit G_m das Ereignis des Eintreffens einer dieser Zahlen. Dann ist der Gewinn eines Spielers durch die Zufallsgröße
  $$X_m(\omega) = \begin{cases} \left(\frac{36}{m} - 1\right) & \text{für } \omega \in G_m \\ -1 & \text{für } \omega \notin G_m \end{cases}$$
  bestimmt.
- Eine einfache Chance besteht auf bestimmte Gruppen von 18 von null verschiedenen Zahlen. Dazu gehören Wetten auf Rot, Schwarz, gerade, ungerade, niedrig (1–18) und hoch (19–36).
  Es sei G_e das Ereignis des Eintreffens einer dieser Zahlen. Der Gewinn eines Spielers ist nun durch die Zufallsgröße
  $$X_e(\omega) = \begin{cases} 1 & \text{für } \omega \in G_e \\ -\frac{1}{2} & \text{für } \omega = 0 \\ -1 & \text{für } \omega \notin G_e \cup \{0\} \end{cases}$$
  festgesetzt. (Wetten auf Null werden hier ausgeschlossen.)

Beispiel 9. Erwartungswerte beim Roulette
Gehen wir von einem idealen Roulettekessel aus, in dem sämtliche Zahlen mit der gleichen Wahrscheinlichkeit auftreten. Wir wollen den erwarteten Gewinn eines Spielers für eine einfache sowie für eine mehrfache Chance berechnen.

Lösung. Bei einer *mehrfachen Chance* benutzen wir die Zufallsgröße X_m. Für einen idealen Roulettekessel besitzt sie die Verteilung

$$p\left(X_m = \frac{36}{m} - 1\right) = \frac{m}{37}, \qquad p(X_m = -1) = 1 - \frac{m}{37} \tag{8.17}$$

und den Erwartungswert

$$\mathbb{E}X_m = \left(\frac{36}{m} - 1\right) \cdot \frac{m}{37} + (-1) \cdot \left(1 - \frac{k}{37}\right) = -\frac{1}{37} \approx -0{,}027$$

Damit bekommt das Casino im Mittel 2,7 % des Spieleinsatzes.

Nun betrachten wir das Ereignis einer *einfachen Chance* mit einer entsprechenden Zufallsgröße X_e. Sie besitzt bei einem idealen Roulettekessel die Verteilung

$$p(X_e = 1) = \frac{18}{37}, \quad p\left(X_e = -\frac{1}{2}\right) = \frac{1}{37}, \quad p(X_e = -1) = \frac{18}{37} \tag{8.18}$$

Dann ist ihr Erwartungswert

$$\mathbb{E}X_e = 1 \cdot \frac{18}{37} + \left(-\frac{1}{2}\right) \cdot \frac{1}{37} + (-1) \cdot \frac{18}{37} = -\frac{1}{2} \cdot \frac{1}{37} \approx -0{,}0135$$

und das Casino kassiert hier im Mittel 1,35 % des Spieleinsatzes. Die Gewinnanteile von 2,7 % bzw. 1,35 % werden auch als *Bankvorteil* bezeichnet. □

Kein Roulettekessel ist jedoch ideal symmetrisch. Falls diese Asymmerie zu stark ist und vom Spieler bemerkt wird, könnte das Casino seinen Bankvorteil verlieren.

Ein Glücksspiel wird für einen Spieler als *fair* bezeichnet, wenn der Erwartungswert seines Gewinns gleich null ist.

Beispiel 10. Mit welcher Wahrscheinlichkeit müsste eine Zahl Z beim Roulette auftreten, damit das Setzen auf Z ein faires Spiel wäre?

Lösung. Es bezeichne p die Wahrscheinlichkeit des Auftretens von Z. Anstelle von (8.17) erhalten wir für die entsprechende mehrfache Chance mit $m = 1$

$$p(X_1 = 35) = p, \qquad p(X_1 = -1) = 1 - p \tag{8.19}$$

Bei einem fairen Spiel ist der Erwartungswert für den Gewinn gleich null, sodass sowohl die Spieler als auch das Casino langfristig keinen Gewinn machen. Aus der Bedingung

$$\mathbb{E}X_1 = 35p - (1 - p) = 0$$

folgt $p = \frac{1}{36}$. Falls die Asymmetrie eines Roulettekessels gewisse Zahlen mit einer Wahrscheinlichkeit über $\frac{1}{36}$ auftreten lässt, könnte es für Spieler rentabel werden, darauf zu setzen. □

Bevor es nun zu Missverständnissen kommen sollte, ist eine kleine Warnung angebracht. Bietet man Ihnen im Glücksspiel einen positiven Erwartungswert, so sollte das noch kein Grund sein, darauf einzusteigen. Entscheidend ist, ob Sie es sich auch leisten können, lange genug mitzuspielen, denn nur dann können Sie vom Erwartungswert profitieren.

Problem 18. *Bei einem Glücksrad mit den gleich wahrscheinlichen Zahlen 1 bis 100 wird ein Gewinn von 1 Million Franken bei der Zahl 100 ausgezahlt. Der geforderte Spieleinsatz von 1000 Franken geht verloren, wenn eine Zahl unter 100 fällt.*

Berechnen Sie den Erwartungswert ihres Gewinns und beurteilen Sie ihre Gewinnchancen bei einem Startkapital von 10.000 Franken.

Lösung. Die Zufallsgröße ihres Gewinns besitzt die Verteilung

$$p(X = 10^6) = \frac{1}{100}, \qquad p(X = -10^3) = \frac{99}{100}$$

Dann beträgt ihr Erwartungswert $\mathbb{E}X = 10^6 \cdot \frac{1}{100} - 10^3 \cdot \frac{99}{100} = 9010$, sodass Sie einen durchschnittlichen Gewinn von 9010 Franken pro Spiel haben.

Wir wollen die Wahrscheinlichkeit berechnen, dass sie trotzdem ihr gesamtes Vermögen verspielen. Das passiert, wenn Sie zehnmal nacheinander verlieren.

$$p(\text{Bankrott}) = 0{,}99^{10} = 0{,}9044$$

Sie verlieren also mit über 90 % Wahrscheinlichkeit ihr gesamtes Geld. □

Da komplizierte Situationen gelegentlich durch Summen einfacher Zufallsgrößen dargestellt werden können, ist die folgende Formel sehr nützlich.

Satz 9. *Gegeben seien die Zufallsgrößen $X_1, \dots, X_n$ mit endlichen Erwartungswerten sowie die Konstanten $c_1, \dots, c_n$. Dann ist*

$$\mathbb{E}\left(\sum_{k=1}^{n} c_k X_k\right) = \sum_{k=1}^{n} c_k\, \mathbb{E}X_k \tag{8.20}$$

Nachweis. Es ist

$$\begin{aligned} \mathbb{E}\left(\sum_{k=1}^{n} c_k X_k\right) &= \sum_{\omega}\left[\sum_{k=1}^{n} c_k X_k(\omega)\right] p(\omega) \qquad \text{mithilfe von Satz 8} \\ &= \sum_{k=1}^{n}\left[\sum_{\omega} c_k X_k(\omega) p(\omega)\right] \\ &= \sum_{k=1}^{n} c_k \left[\sum_{\omega} X_k(\omega) p(\omega)\right] \\ &= \sum_{k=1}^{n} c_k\, \mathbb{E}X_k \qquad \text{nochmals mit Satz 8} \end{aligned}$$

□

Gelegentlich sind Zufallsgrößen X und Y durch die Beziehung $Y = aX + b$ mit reellen Konstanten a und b verknüpft. Wegen

$$\mathbb{E}(aX + b) = \sum_i (ax_i + b)p_i = a \cdot \sum_i x_i p_i + b \cdot \sum_i p_i = a \cdot \mathbb{E}X + b$$

ist dann

$$\mathbb{E}(aX + b) = a \cdot \mathbb{E}X + b \tag{8.21}$$

8.8 Korrelation und Unabhängigkeit von Zufallsgrößen

Bei einer stichprobenartigen Entnahme von Saatkorn bezeichnen die Zufallsgrößen X_g und X_l das Gewicht bzw. die Länge des Korns. Offensichtlich besteht zwischen beiden Zufallsgrößen eine Abhängigkeit.

Das mathematische Konzept der Abhängigkeit bzw. Unabhängigkeit von Zufallsgrößen lässt sich direkt von der gleichen Idee bei Ereignissen übernehmen.

Es seien X und Y auf einer gemeinsamen Grundgesamtheit definierte Zufallsgrößen.[1] Mit $[X = x_k]$ bezeichnen wir wieder das Ereignis, dass X den Wert x_k annimmt.

Zwei Zufallsgrößen X und Y heißen *unabhängig*, falls für beliebige Werte x_k und y_i jedes Ereignis $[X = x_k]$ unabhängig zu jedem Ereignis $[Y = y_i]$ ist.

Dann ist wegen (8.4)

$$p([X = x_k] \cap [Y = y_i]) = p(X = x_k) \cdot p(Y = y_i)$$

Notieren wir diese Wahrscheinlichkeiten in der Kurzschreibweise

$$p_{ki} = p([X = x_k] \cap [Y = y_i]), \qquad p_k = p(X = x_k), \qquad q_i = p(Y = y_i)$$

so ist bei Unabhängigkeit

$$p_{ki} = p_k \cdot q_i \qquad \text{für alle } k, i$$

Satz 10. *Es seien X und Y unabhängige Zufallsgrößen mit endlichen Erwartungswerten $\mathbb{E}X$, $\mathbb{E}Y$ und $\mathbb{E}(XY)$. Dann nimmt die Zufallsgröße*

$$(X - \mathbb{E}X) \cdot (Y - \mathbb{E}Y)$$

den Erwartungswert Null an.

Nachweis. Es ist

$$\begin{aligned}
\mathbb{E}\left[(X - \mathbb{E}X) \cdot (Y - \mathbb{E}Y)\right] &= \sum_k \sum_i (x_k - \mathbb{E}X)(y_i - \mathbb{E}Y) \cdot p_{ki} \\
&= \sum_k \sum_i (x_k - \mathbb{E}X)(y_i - \mathbb{E}Y) \cdot p_k \cdot q_i \\
&= \left(\sum_k (x_k - \mathbb{E}X) p_k \right) \cdot \left(\sum_i (y_i - \mathbb{E}Y) q_i \right) \qquad (8.22)
\end{aligned}$$

Jedoch sind

$$\sum_k ((x_k - \mathbb{E}X) \cdot p_k) = \sum_k (x_k \cdot p_k - \mathbb{E}X \cdot p_k) = \mathbb{E}X - \mathbb{E}X \cdot \left(\sum_k p_k \right) = 0$$

sowie (mit derselben Überlegung) auch $\sum_i (y_i - \mathbb{E}Y) \cdot q_i = 0$. Damit folgt aus (8.22) unsere Behauptung. □

1 Im Weiteren setzen wir bei Verknüpfungen $X + Y$, $X \cdot Y$ usw. aus Zufallsgrößen stets stillschweigend voraus, dass sie auf einer gemeinsamen Grundgesamtheit definiert sind.

Beispiele für unabhängige Zufallsgrößen sind dort zu finden, wo sich verschiedene Prozesse gegenseitig nicht beeinflussen. So sind die Ergebnisse beim mehrmaligen Würfeln oder bei verschiedenen Rouletterunden unabhängig voneinander, da der Würfel bzw. das Roulette kein Gedächtnis haben. Diese Unabhängigkeit ist vom mathematischen Standpunkt meist eine sehr angenehme Sache, weil sich Berechnungen vereinfachen.

Falls Zufallsgrößen nicht unabhängig sind, nennt man sie *korreliert*. Der Erwartungswert von $(X - \mathbb{E}X) \cdot (Y - \mathbb{E}Y)$ ist ein Maß ihrer gegenseitigen Abhängigkeit und wird als *Kovarianz* $\mathrm{Cov}(X, Y)$ bezeichnet.

$$\mathrm{Cov}(X, Y) = \mathbb{E}\left[(X - \mathbb{E}X) \cdot (Y - \mathbb{E}Y)\right] \tag{8.23}$$

Für zwei unabhängige Zufallsgrößen ist $\mathrm{Cov}(X, Y) = 0$.

8.9 Standardabweichung

Wir setzen voraus, eine Zufallsgröße X besitze einen endlichen Erwartungswert. Dann ist auch die *Standardabweichung* $\sigma(X)$ eine wichtige Kenngröße für X. Sie ist definiert als

$$\boxed{\sigma(X) = \sqrt{\mathbb{E}(X - \mathbb{E}X)^2}} \tag{8.24}$$

und beschreibt die *mittlere Schwankung um den Erwartungswert*. Ihr Quadrat σ^2 wird als *Varianz* bezeichnet.

Wir bezeichnen die möglichen Werte von X mit $x_1, x_2, \ldots$ und schreiben den äußeren Erwartungswert in (8.24) mithilfe der Formel (8.15) aus. Dann erhalten wir die praktische Beziehung

$$\sigma(X) = \sqrt{\sum_i (x_i - \mathbb{E}X)^2 \cdot p(X = x_i)} \tag{8.25}$$

Zur Veranschaulichung betrachten wir die folgende Situation.

Beispiel 11. In Abbildung 8.3 sind zwei Glücksräder dargestellt. Ihre Gewinne werden durch die Zufallsgrößen X_1 (linkes Bild) und X_2 (rechtes Bild) beschrieben. Der Erwartungswert beträgt $\mathbb{E}X_1 = \mathbb{E}X_2 = 50$. Trotzdem bevorzugt jeder vernünftige Mensch das erste Glücksrad, weil das Verlustrisiko dort geringer ist.

Dieser Sachverhalt wird in der Standardabweichung sichtbar. Es ist

$$\sigma(X_1) = \sqrt{(120 - 50)^2 \cdot \frac{1}{2} + (-20 - 50)^2 \cdot \frac{1}{2}} = 70$$

$$\sigma(X_2) = \sqrt{(5990 - 50)^2 \cdot \frac{1}{100} + (-10 - 50)^2 \cdot \frac{99}{100}} = 597$$

Der höhere Wert $\sigma(X_2)$ bedeutet eine stärkere mittlere Schwankung um den Erwartungswert, der sich hier in häufigeren Verlusten zeigt. □

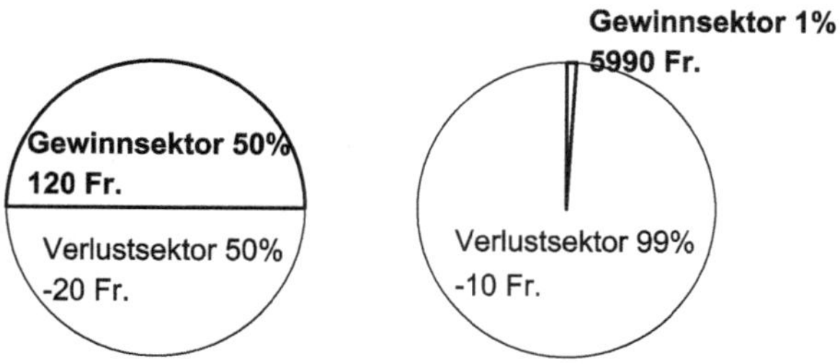

Abb. 8.3: Glücksräder mit gleichem Erwartungswert und verschiedenen Standardabweichungen.

Beispiel 12. Wir berechnen die Standardabweichung des Bernoulli-Versuchs (8.13), (8.14).

Lösung. Ein Bernoulli-Versuch X besitzt nach Beispiel 8 den Erwartungswert $\mathbb{E}X = p$. Dann hat die Zufallsgröße $Y = (X - \mathbb{E}X)^2$ die Wahrscheinlichkeitsverteilung

$$p(Y = (1-p)^2) = p; \qquad p(Y = p^2) = 1 - p$$

und es ist

$$\sigma(X) = \sqrt{\mathbb{E}Y} = \sqrt{(1-p)^2 p + p^2(1-p)} = \sqrt{p(1-p)} \tag{8.26}$$

□

Die Standardabweichung liefert weit mehr als ein allgemeines Risikomaß.

Satz 11. *(Tschebyscheff-Ungleichung) Sei X eine Zufallsgröße mit endlichem Erwartungswert und Standardabweichung. Dann gilt, für jedes $\alpha > 0$ ist*

$$p(| X - \mathbb{E}X |> \alpha) \leq \frac{\sigma^2(X)}{\alpha^2} \tag{8.27}$$

Nachweis. Wir geben uns einen Wert $\alpha > 0$ vor. Die Wahrscheinlichkeit für das Ereignis $| X - \mathbb{E}X |> \alpha$ erhalten wir nach Axiom III (siehe (8.1)) als Summe aller Wahrscheinlichkeiten derjenigen Werte x_i, die vom Erwartungswert stärker als α abweichen:

$$p(| X - \mathbb{E}X |> \alpha) = \sum_{\substack{i \\ \text{mit } |x_i - \mathbb{E}X| > \alpha}} p(X = x_i) \tag{8.28}$$

Nun schätzen wir $\sigma^2(X)$ mit (8.25) ab, indem wir nur die Terme mit $| x_i - \mathbb{E}X |> \alpha$ berücksichtigen.

$$\sigma^2(X) = \sum_i (x_i - \mathbb{E}X)^2 \cdot p(X = x_i) \geq \sum_{\substack{i \\ \text{mit } |x_i - \mathbb{E}X| > \alpha}} (x_i - \mathbb{E}X)^2 \cdot p(X = x_i)$$

Der rechte Term wird nochmals abgeschätzt, wenn wir die verbliebenen Werte $(x_i - \mathbb{E}X)^2$ durch das kleinere α^2 ersetzen und für die letzte Summe schließlich (8.28) benutzen.

$$\sigma^2(X) \geq \alpha^2 \cdot \sum_{\substack{i \\ \text{mit } |x_i - \mathbb{E}X| > \alpha}} p(X = x_i) \geq \alpha^2 \cdot p(| X - \mathbb{E}X |> \alpha)$$

Dividieren wir nun $\sigma^2(X) \geq \alpha^2 \cdot p(|X - \mathbb{E}X| > \alpha)$ durch α^2, so erhalten wir die gesuchte Ungleichung. □

Kennt man also die Standardabweichung, so kann man abschätzen, wie wahrscheinlich die Abweichung eines gemessenen Wertes vom Erwartungswert ist.

Bei der Modellierung mit Summen bzw. Mittelwerten von Zufallsgrößen benötigen wir die folgenden Formeln.

Problem 19. *Sei X eine Zufallsgröße mit endlichem Erwartungswert und Standardabweichung. Beweisen Sie die folgende Gleichung für beliebige Konstanten a und b.*

$$\sigma^2(aX + b) = a^2\sigma^2(X) \tag{8.29}$$

Lösung. Es ist $\sigma^2(aX+b) = \mathbb{E}[(aX + b) - \mathbb{E}(aX + b)]^2$. Wir vereinfachen zunächst den inneren Term, wobei wir im letzten Schritt die Eigenschaft (8.21) benutzen:

$$\begin{aligned}[(aX + b) - \mathbb{E}(aX + b)]^2 &= [(aX + b) - (a \cdot \mathbb{E}X + b)]^2 = [aX - a \cdot \mathbb{E}X]^2 \\ &= a^2 \cdot (X - \mathbb{E}X)^2\end{aligned}$$

Damit ist

$$\begin{aligned}\sigma^2(aX + b) &= \mathbb{E}\left[a^2 \cdot (X - \mathbb{E}X)\right]^2 \\ &= a^2 \cdot \mathbb{E}(X - \mathbb{E}X)^2 \qquad \text{wegen (8.21)} \\ &= a^2 \cdot \sigma^2(X)\end{aligned}$$

□

Problem 20. *Seien X und Y Zufallsgrößen mit endlichem Erwartungswert und Standardabweichung. Beweisen Sie die Gleichung*

$$\sigma^2(X + Y) = \sigma^2(X) + \sigma^2(Y) + 2Cov(X, Y) \tag{8.30}$$

Lösung. Es ist $\sigma^2(X + Y) = \mathbb{E}[(X + Y) - \mathbb{E}(X + Y)]^2$. Mit (8.20) und der binomischen Formel vereinfachen wir den inneren Term zu

$$\begin{aligned}[(X + Y) - \mathbb{E}(X + Y)]^2 &= [X - \mathbb{E}X + Y - \mathbb{E}Y]^2 \\ &= (X - \mathbb{E}X)^2 + (Y - \mathbb{E}Y)^2 + 2(X - \mathbb{E}X) \cdot (Y - \mathbb{E}Y)\end{aligned}$$

Dann folgt mit (8.20)

$$\begin{aligned}\sigma^2(X + Y) &= \mathbb{E}\left[(X - \mathbb{E}X)^2 + (Y - \mathbb{E}Y)^2 + 2(X - \mathbb{E}X) \cdot (Y - \mathbb{E}Y)\right] \\ &= \mathbb{E}(X - \mathbb{E}X)^2 + \mathbb{E}(Y - \mathbb{E}Y)^2 + 2\mathbb{E}((X - \mathbb{E}X) \cdot (Y - \mathbb{E}Y)) \\ &= \sigma^2(X) + \sigma^2(Y) + 2\text{Cov}(X, Y)\end{aligned}$$

wobei wir im letzten Schritt (8.23) benutzt haben. □

Für unabhängige Zufallsgrößen X und Y folgt dann wegen $\text{Cov}(X, Y) = 0$

$$\sigma^2(X + Y) = \sigma^2(X) + \sigma^2(Y)$$

Diese Formel lässt sich auf eine *endliche Summe von unabhängigen Zufallsgrößen* mit endlichen Erwartungswerten und Standardabweichungen übertragen.

$$\sigma^2\left(\sum_{i=1}^{n} X_i\right) = \sum_{i=1}^{n} \sigma^2(X_i) \tag{8.31}$$

8.10 Geometrische Verteilung

Es sei $0 < p < 1$ und $n \in \mathbb{N}$. Eine *geometrisch verteilte Zufallsgröße X* wird durch die Wahrscheinlichkeitsverteilung

$$p(X = n) = (1 - p)^{n-1} \cdot p \qquad \text{für } n = 1, 2, \ldots \tag{8.32}$$

bestimmt.

Damit es sich tatsächlich um eine Zufallsgröße handelt, müssen die Formeln (8.32) dem Kriterium (8.12) standhalten.

Problem 21. *Überprüfen Sie die Bedingung* (8.12) *für* (8.32).

Nachweis. Wir setzen $q = 1 - p$ und berechnen zunächst

$$\sum_{j=1}^{n} p(X = j) = \sum_{j=1}^{n} p \cdot (1 - p)^{j-1} = \sum_{k=0}^{n-1} p \cdot (1 - p)^{k} = p \cdot \frac{q^n - 1}{q - 1} = 1 - q^n$$

wobei wir die Summenformel (A.5, Anhang) benutzt haben. Damit folgt

$$\sum_{j=0}^{\infty} p(X = j) = \lim_{n \to \infty} \sum_{j=1}^{n} p(X = j) = \lim_{n \to \infty} (1 - q^n) = 1$$

□

In Anwendungen tritt die geometrische Verteilung im folgenden Zusammenhang bei der Modellierung von *Wartezeiten bis zum ersten Erfolg* auf.

Satz 12. *Gegeben sei eine Serie von n unabhängigen und identischen Bernoulli-Versuchen* (8.13), (8.14) *mit der Erfolgswahrscheinlichkeit p.*

Dann wird die benötigte Anzahl dieser Versuche bis zum ersten Erfolg durch eine geometrisch verteilte Zufallsgröße X beschrieben.

(Anmerkung: Unter identischen Bernoullli-Versuchen verstehen wir hier und in den folgenden Abschnitten stets *identisch verteilte* Bernoulli-Versuche.)

Nachweis. Als Grundgesamtheit Ω wählen wir die unendliche Menge aller Zahlenfolgen der Länge n vom Typ

$$\omega_n = \begin{cases} (1) & \text{falls } n = 1 \\ (0, \ldots, 0, 1) & \text{falls } n > 1 \end{cases} \tag{8.33}$$

Für $n = 1$ wird der Erfolg sofort erzielt. Es ist $p(X = 1) = p(\omega_1) = p$. Für $n > 1$ gehen $n-1$ Misserfolge voraus, und wir erhalten unter Berücksichtigung der Unabhängigkeit sowie der identischen Verteilung unserer Bernoulli-Versuche

$$p(X = n) = p(\omega_n) = \underbrace{(1 - p) \cdot \ldots (1 - p)}_{n-1} \cdot p = (1 - p)^{n-1} \cdot p$$

□

Eine geometrisch verteilte Zufallsgröße besitzt den Erwartungswert

$$\mathbb{E}(X) = \sum_{n=1}^{\infty} n \cdot p(X = n) = p \cdot \sum_{n=1}^{\infty} n \cdot (1 - p)^{n-1}$$

Unter Benutzung der Summenformel (A.7, Anhang) erhalten wir für den *Erwartungswert einer geometrisch verteilten Zufallsgröße*

$$\boxed{\mathbb{E}(X) = p \cdot \frac{1}{p^2} = \frac{1}{p}} \tag{8.34}$$

8.11 Binomialverteilung

Es seien $0 < p < 1$ und $n \in \mathbb{N}$. Eine *binomialverteilte Zufallsgröße X* wird durch die Wahrscheinlichkeitsverteilung

$$p(X = k) = \binom{n}{k} \cdot p^k \cdot (1 - p)^{n-k} \qquad \text{für } k = 0, \ldots, n \tag{8.35}$$

bestimmt. Hierbei werden p als Erfolgswahrscheinlichkeit, n als Anzahl der Versuche und k als Anzahl der Erfolge bezeichnet.

Die Formeln (8.35) müssen dem Kriterium (8.12) genügen, damit wirklich eine Zufallsgröße vorliegt. Mit dem binomischen Lehrsatz (Satz 32, Anhang) folgt

$$1 = (p + (1 - p))^n = \sum_{k=0}^{n} \binom{n}{k} \cdot p^k \cdot (1 - p)^{n-k} = \sum_{k=0}^{n} p(X = k)$$

Das folgende Bild zeigt den Graphen der Wahrscheinlichkeitsfunktion einer Binomialverteilung mit Erfolgswahrscheinlichkeit $p = 0{,}3$ bei $n = 10$ Versuchen.

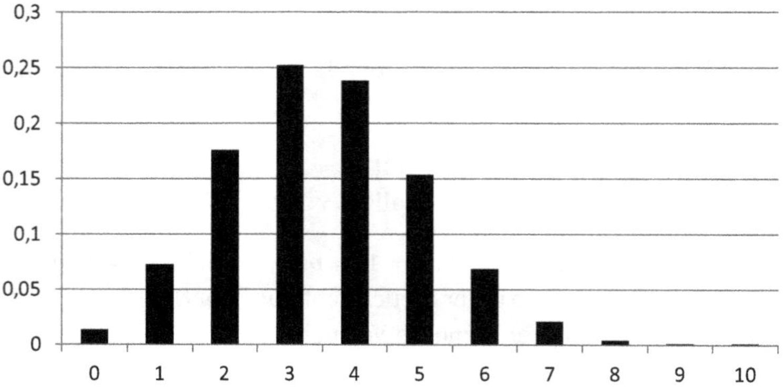

Abb. 8.4: Wahrscheinlichkeitsfunktion einer Binomialverteilung mit $p = 0{,}3$ und $n = 10$.

Für $p < 0{,}5$ ist eine hohe Anzahl Erfolge weniger wahrscheinlich als dieselbe Anzahl Misserfolge, sodass die Funktion für große k besonders stark abnimmt. Unser Graph wird deshalb für kleinere p asymmetrisch nach links verlagert.

Die Bezeichnungen Erfolgswahrscheinlichkeit, Anzahl der Versuche sowie Anzahl der Erfolge werden durch folgende Situation motiviert.

Satz 13. *Gegeben sei eine Serie von n unabhängigen und identischen Bernoulli-Versuchen* (8.13), (8.14) *mit der Erfolgswahrscheinlichkeit p.*

Die Gesamtzahl k der Erfolge (Einsen) in unserer Serie beschreibt dann eine binomialverteilte Zufallsgröße X.

Nachweis. Als Grundgesamtheit Ω benutzen wir die Menge aller endlichen Folgen der Länge n, welche aus Nullen und Einsen zusammengesetzt sind. Die Teilmenge $[X = k]$ besteht aus allen denjenigen Folgen mit genau k Einsen. Beispiele sind

$$(\underbrace{1,\ldots,1}_{k},\underbrace{0,\ldots,0}_{n-k}),\ (\underbrace{1,\ldots,1}_{k-2},\underbrace{0,\ldots,0}_{n-k},1,1) \text{ oder } (1,0,1,\underbrace{0,\ldots,0}_{n-k-1},\underbrace{1,\ldots,1}_{k-2})$$

Sie entsprechen in ihrer Gesamtheit den Kombinationen $C(n, k)$ nach (A.2). Die Menge $[X = k]$ besitzt somit $\binom{n}{k}$ Elemente. Wir bezeichnen sie mit ω_i für $i = 1, \ldots, \binom{n}{k}$. Aus Axiom III (siehe (8.1)) folgt

$$p(X = k) = \sum_i p(\omega_i) \tag{8.36}$$

Für die Wahrscheinlichkeit bei einer konkreten Folge ω_i benutzen wir die Unabhängigkeit und die identische Verteilung der Bernoulli-Versuche. Bei k Erfolgen und $n - k$ Misserfolgen ist dann

$$p(\omega_i) = p^k \cdot (1 - p)^{n-k} \tag{8.37}$$

Unter Berücksichtigung der Anzahl von $\binom{n}{k}$ Elementen in der Menge $[X = k]$ erhalten wir aus der letzten Gleichung und (8.36) unsere Formel (8.35). □

Obwohl binomialverteilte Zufallsgrößen aus denselben Grundbestandteilen wie geometrisch verteilte Zufallsgrößen aufgebaut sind, beschreiben sie grundsätzlich verschiedene Sachverhalte. Bei der Binomialverteilung ist n eine fest vorgegebene Anzahl von Experimenten, während eine geometrische Verteilung die verschiedenen Wartezeiten n bis zum ersten Erfolg beschreibt.

Satz 14. *Der Erwartungswert einer Binomialverteilung ist*

$$\mathbb{E}X = np \tag{8.38}$$

Nachweis. Zur Beschreibung der Einzelversuche führen wir die null-eins-verteilten Zufallsgrößen $X_1, \ldots, X_n$ ein:

$$X_i = \begin{cases} 1 & \text{falls Erfolg im } i\text{-ten Versuch} \\ 0 & \text{falls Misserfolg im } i\text{-ten Versuch} \end{cases}$$

Ihre gemeinsame Verteilung ist

$$p(X_i = 1) = p, \quad p(X_i = 0) = 1 - p$$

Dann sind auch die Erwartungswerte $\mathbb{E}X_i = p$, und die binomialverteilte Zufallsgröße X lässt sich als Summe der X_i darstellen:

$$X = \sum_{i=1}^{n} X_i$$

Mit der Summenformel (8.20) für den Erwartungswert folgt hieraus

$$\mathbb{E}X = \mathbb{E}\left(\sum_{i=1}^{n} X_i\right) = \sum_{i=1}^{n} \mathbb{E}X_i = \sum_{i=1}^{n} p = np$$ □

Eine beliebte Anwendung ist das folgende Urnenmodell.

Beispiel 13. Ziehung mit Zurücklegen
In einer Urne befinden sich M Kugeln, von denen i schwarz und der Rest weiß sind. Ein Experiment besteht in der aufeinanderfolgenden Ziehung von n Kugeln, die sofort wieder zurückgelegt werden. Die Zufallsgröße X bezeichne nun die Anzahl der dabei gezogenen schwarzen Kugeln. Bestimmen Sie ihre Wahrscheinlichkeitsverteilung.

Lösung. Das Zurücklegen sichert die Unabhängigkeit der Einzelversuche. Es handelt sich um eine Binomialverteilung mit

$$p(X = k) = \binom{n}{k} \cdot \left(\frac{i}{M}\right)^k \cdot \left(1 - \frac{i}{M}\right)^{n-k} \quad \text{für} \quad k = 0, \ldots, n$$ □

Die folgende Aufgabe ist dem unterhaltsamen Buch der beiden Physiker Georges Charpak und Henri Broch [39] entnommen, in dem übernatürliche Phänomene unter die Lupe genommen werden.

Problem 22. *Die im französischen Fernsehkanal TF1 ausgestrahlte Sendung Mystères wurde von ca. 10 Millionen Zuschauern gesehen. Stellen Sie sich vor, in der Sendung fordert ein Magier die Zuschauer auf, zehnmal eine Münze zu werfen. Der Magier würde seine gesamte Energie aufbieten, um die Münze immer auf dieselbe Seite fallen zu lassen. Allerdings gäbe es hier und da gewisse Probleme mit der Telepathie über den Fernsehbildschirm, sodass seine Kraft in einem oder zwei Münzwürfen der Serie möglicherweise nicht übermittelt würde. Alle Zuschauer, bei denen das Experiment funktioniert hat, werden gebeten, anschließend in der Redaktion anzurufen.*

Wie viele Anrufe sind zu erwarten?

Lösung. Unser Münzwurf beschreibt eine Binomialverteilung mit $n = 10$ und $p = \frac{1}{2}$. Nehmen wir an, dass ein Zuschauer bei mindestens acht Erfolgen von der Kraft des

Magiers überzeugt ist und zum Telefonhörer greifen wird. Die Wahrscheinlichkeiten dafür sind

$$p(X = k) = \binom{10}{k} \cdot \left(\frac{1}{2}\right)^k \cdot \left(\frac{1}{2}\right)^{10-k} = \binom{10}{k} \cdot \frac{1}{2^{10}} \quad \text{für} \quad k = 0, 1, 2, 8, 9, 10$$

Berechnen und addieren wir diese Wahrscheinlichkeiten, so erhalten wir folgende Werte

$p(X = 0)$	$p(X = 1)$	$p(X = 2)$	$p(X = 8)$	$p(X = 9)$	$p(X = 10)$	**Summe**
0,00098	0,00977	0,04395	0,04395	0,00977	0,00098	0,109375

Multiplizieren wir die Summe der Wahrscheinlichkeiten anschließend mit der Anzahl 10^7 der Zuschauer, so erhalten wir die Gesamtzahl von über einer Million von Anrufern, die das Wunder der Telepathie mit eigener Erfahrung bestätigen können. Von diesen haben sogar 20.000 ($\approx (p(X = 0) + p(X = 10)) \cdot 10^7$) das Wunder ohne jede Störung erlebt. □

8.12 Poisson-Verteilung

Die folgende Verteilung wurde 1837 vom französischen Mathematiker Siméon-Denis Poisson vorgestellt.

Eine *Poisson-verteilte Zufallsgröße Z* mit dem Parameter $\lambda > 0$ wird durch die Wahrscheinlichkeitsverteilung

$$p(Z = k) = e^{-\lambda} \cdot \frac{\lambda^k}{k!} \quad \text{für} \quad k = 0, 1, 2, \ldots \tag{8.39}$$

bestimmt.

Der Nachweis, dass es sich hier um eine Zufallsgröße handelt, ergibt sich mit Kriterium (8.12). Dazu wird die Reihe (A.8) für $e^\lambda = \sum_{k=0}^{\infty} \frac{\lambda^k}{k!}$ in die Gleichung $1 = e^{-\lambda} \cdot e^\lambda$ eingesetzt:

$$1 = e^{-\lambda} \cdot \sum_{k=0}^{\infty} \frac{\lambda^k}{k!} = \sum_{k=0}^{\infty} e^{-\lambda} \cdot \frac{\lambda^k}{k!}$$

Es ist also tatsächlich $1 = \sum_{k=0}^{\infty} p(Z = k)$.

Das folgende Bild stellt die Wahrscheinlichkeitsfunktion einer Poisson-Verteilung mit $\lambda = 5$ im Bereich $k \leq 16$ dar. Für große k nimmt die Wahrscheinlichkeit $p(X = k)$ rasch ab.

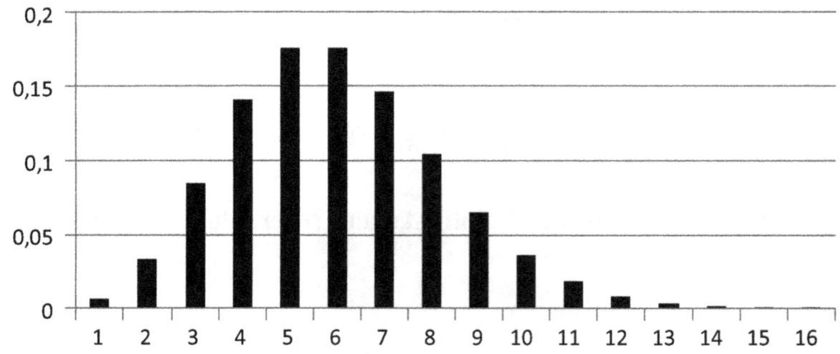

Abb. 8.5: Wahrscheinlichkeitsfunktion einer Poisson-Verteilung mit $\lambda = 5$ im Bereich $k \leq 16$.

Sehr praktisch ist die folgende Eigenschaft.

Satz 15. *Der Parameter λ einer Poisson-verteilten Zufallsgröße ist zugleich sein Erwartungswert.*

Nachweis. Aus dem Ansatz $\mathbb{E}Z = \sum_{k=0}^{\infty} k \cdot p(X = k)$ folgt

$$\mathbb{E}Z = \sum_{k=0}^{\infty} k \cdot e^{-\lambda} \frac{\lambda^k}{k!} = e^{-\lambda} \cdot \left(\lambda + \frac{\lambda^2}{1!} + \frac{\lambda^3}{2!} + \dots \right) = e^{-\lambda} \cdot \lambda \cdot \left(1 + \frac{\lambda}{1!} + \frac{\lambda^2}{2!} + \dots \right)$$

Mit der Reihe (A.8) für $e^\lambda = \sum_{k=0}^{\infty} \frac{\lambda^k}{k!}$ ersetzen wir nun den rechten Klammerausdruck und erhalten

$$\mathbb{E}Z = e^{-\lambda} \cdot \lambda \cdot e^{\lambda} = \lambda$$ □

Bereits Poisson erkannte auch ihre Nützlichkeit bei der näherungsweisen Berechnung der Binomialverteilung.

Satz 16. *Die binomialverteilte Zufallsgröße X mit*

$$p(X = k) = \binom{n}{k} \cdot p^k \cdot (1 - p)^{n-k}$$

lässt sich durch eine Poisson-verteilte Zufallsgröße Z mit $\lambda = p \cdot n$ annähern.

Als Faustregel gilt, dass die Approximation für $n > 50$ und $p < 0{,}05$, also für lange Serien mit kleinen Erfolgswahrscheinlichkeiten brauchbar ist.

Nachweis. Wir betrachten eine Folge binomialverteilter Zufallsgrößen X_n mit immer kleiner werdenden Erfolgswahrscheinlichkeiten $p_n = \frac{\lambda}{n}$. Dann ist

$$\begin{aligned}
p(X_n = k) &= \binom{n}{k} \cdot \left(\frac{\lambda}{n}\right)^k \cdot \left(1 - \frac{\lambda}{n}\right)^{n-k} \\
&= \frac{n!}{k! \cdot (n-k)!} \cdot \frac{\lambda^k}{n^k} \cdot \left(1 - \frac{\lambda}{n}\right)^n \cdot \left(1 - \frac{\lambda}{n}\right)^{-k} \\
&= \frac{\lambda^k}{k!} \cdot \left(1 - \frac{\lambda}{n}\right)^n \cdot \frac{n!}{n^k \cdot (n-k)!} \cdot \left(1 - \frac{\lambda}{n}\right)^{-k} \\
&= \frac{\lambda^k}{k!} \cdot \left(1 - \frac{\lambda}{n}\right)^n \cdot \left(1 - \frac{\lambda}{n}\right)^{-k} \cdot \frac{n(n-1)\cdots(n-k+1)}{n^k} \\
&= \frac{\lambda^k}{k!} \cdot \left(1 - \frac{\lambda}{n}\right)^n \cdot \left(1 - \frac{\lambda}{n}\right)^{-k} \cdot \left(1 - \frac{1}{n}\right) \cdots \left(1 - \frac{k-1}{n}\right)
\end{aligned}$$

Wir untersuchen jeden dieser Faktoren für $n \to \infty$, wobei k ein festgelegter Wert bleibt. Dann ist der erste Faktor $\frac{\lambda^k}{k!}$ konstant, wohingegen für die restlichen

$$\lim_{n\to\infty} \left(1 - \frac{\lambda}{n}\right)^n = e^{-\lambda}$$

$$\lim_{n\to\infty} \left(1 - \frac{\lambda}{n}\right)^{-k} = 1$$

$$\lim_{n\to\infty} \left(1 - \frac{1}{n}\right) = 1$$

$$\cdots$$

$$\lim_{n\to\infty} \left(1 - \frac{k-1}{n}\right) = 1$$

wird. Somit folgt

$$\lim_{n\to\infty} p(X_n = k) = \frac{\lambda^k}{k!} \cdot e^{-\lambda}$$

und die Wahrscheinlichkeitsverteilung nähert sich der Poisson-Verteilung an. □

Zur Erkennung einer Poisson-Verteilung in der Praxis ist es sinnvoll, sich nochmals an das Konzept der Binomialverteilung zu erinnern. Diese gibt die Wahrscheinlichkeit der Anzahl Erfolge in einer Serie unabhängiger, identischer Bernoulli-Versuche an.

Die Poisson-Verteilung mit dem Parameter $\lambda = n \cdot p$ lässt sich zur näherungsweisen Berechnung der Wahrscheinlichkeit für die Anzahl Erfolge bei einer großen Anzahl n unabhängiger, identischer Bernoulli-Versuche mit kleinen Erfolgswahrscheinlichkeiten p anwenden.

8.13 Beobachtungen von Wahrscheinlichkeiten

Bei vielen Problemen steht man vor dem Dilemma, dass die eingehenden Wahrscheinlichkeiten nur geschätzt werden können. Dabei bedient man sich einer einfachen Zählmethode, wobei die Anzahlen der günstigen und möglichen Ergebnisse ähnlich wie bei der Formel von Laplace (8.2) durcheinander geteilt werden. Das Eintreffen eines Ereignisses A wird also in einer Serie unabhängiger Beobachtungen gezählt.

Beispielsweise können Abnutzungserscheinungen bei zu lange betriebenen Roulettekesseln dazu führen, dass gewisse Zahlen häufiger als andere auftreten. Zählen wir mittels einer Strichliste in n Spielrunden k mal die Zahl z, so können wir als Wahrscheinlichkeit $p(z) \approx \frac{k}{n}$ vermuten. Der Schätzwert $\frac{k}{n}$ wird als *relative Häufigkeit* bezeichnet. Doch warum nähert er sich für lange Versuchsserien der Wahrscheinlichkeit $p(z)$ an?

Wir wollen das intuitiv einleuchtende *Verfahren der relativen Häufigkeiten* begründen. Die Argumentation ist ein Paradebeispiel dafür, wie sich Aussagen über den Zufall gewinnen lassen, indem man geeignete Zufallsgrößen einführt.

1. Schritt: Bezeichnen wir unsere gesuchte Erfolgswahrscheinlichkeit mit $\tilde{p}$. Anstelle der n Beobachtungen führen wir die Zufallsgrößen

$$X_1, X_2, \ldots, X_n$$

ein. Sie entsprechen der Zählung unserer Erfolge in Form einer Strichliste, also wählen wir sie null-eins-verteilt nach (8.13), (8.14). Damit ist

$$X_i = \begin{cases} 1 & \text{falls die } i\text{-te Beobachtung erfolgreich war} \\ 0 & \text{sonst} \end{cases}$$

Da sich unsere gesuchte Erfolgswahrscheinlichkeit $\tilde{p}$ während der Beobachtungsreihe nicht verändern soll, müssen die Verteilungen der X_i *identisch* sein. Aus demselben Grund ergibt sich auch ihre *Unabhängigkeit*. Zusammenfassend erhalten wir

$$p(X_i = 1) = \tilde{p} \qquad \text{für } i = 1, \ldots, n$$

Der gemeinsame Erwartungswert aller X_i wurde bereits im Beispiel 8, Formel (8.16) berechnet:

$$\mathbb{E}(X_i) = \tilde{p} \qquad \text{für } i = 1, \ldots, n$$

Dagegen liefert Formel (8.26) aus Beispiel 12 die Standardabweichung:

$$\sigma(X_i) = \sqrt{\tilde{p}(1 - \tilde{p})} \qquad \text{für } i = 1, \ldots, n$$

Wir wollen diesen gemeinsamen Wert mit σ bezeichnen.

2. Schritt: Wir bilden nun die Stichprobenfunktion des Mittelwerts

$$\overline{X}(n) = \frac{\sum_{i=1}^{n} X_i}{n}$$

Sie entspricht von der Bauart einem Erwartungswert, ist jedoch im Gegensatz zum Letzteren kein Zahlenwert, sondern eine Zufallsgröße. Nun wenden wir die Tscheby-scheff-Ungleichung (8.27) auf $\overline{X}(n)$ an. Dann ist für jedes $\alpha > 0$

$$p(|\ \overline{X}(n) - \mathbb{E}\overline{X}(n)\ | > \alpha) \leq \frac{\sigma^2(\overline{X}(n))}{\alpha^2} \tag{8.40}$$

Wir berechnen den Erwartungswert und die Varianz für $\overline{X}(n)$ aus den entsprechenden Werten der X_i. Für den Erwartungswert erhalten wir mit (8.21) und (8.20)

$$\mathbb{E}\overline{X}(n) = \mathbb{E}\left(\frac{\sum_{i=1}^n X_i}{n}\right) = \frac{1}{n}\sum_{i=1}^n \mathbb{E}X_i = \widetilde{p}$$

Für die Varianz benutzen wir (8.29) sowie (8.30) in Verbindung mit der Unabhängigkeit der X_i.

$$\sigma^2(\overline{X}(n)) = \sigma^2\left(\frac{\sum_{i=1}^n X_i}{n}\right) = \frac{1}{n^2}\sigma^2\left(\sum_{i=1}^n X_i\right) = \frac{1}{n^2}\left(\sum_{i=1}^n \sigma^2(X_i)\right) = \frac{\widetilde{p}(1-\widetilde{p})}{n}$$

Setzen wir diese Werte in (8.40) ein, so erhalten wir

$$p(|\ \overline{X}(n) - \widetilde{p}\ | > \alpha) \leq \frac{(\widetilde{p}(1-\widetilde{p}))}{\alpha^2 \cdot n}$$

Hieraus folgt für feste Werte α und $\widetilde{p}$

$$\lim_{n\to\infty} p(|\ \overline{X}(n) - \widetilde{p}\ | > \alpha) = 0$$

Somit lässt sich für jede gewünschte Genauigkeit α bei einer ausreichend langen Beobachtungsserie erreichen, dass der Schätzwert $\overline{X}(n)$ nahe bei unserer Wahrscheinlichkeit $\widetilde{p}$ liegt.

Formeln dieser Art bezeichnet man als *Gesetze der großen Zahlen*. Es gibt eine Reihe ähnlicher Aussagen über Mittelwerte einer großen Anzahl von Zufallsgrößen, aus denen die benötigte Serienlänge n für eine gewünschte Genauigkeit berechnet werden kann. Die Annäherung kommt zustande, weil sich die zufälligen Abweichungen der einzelnen Beobachtungen nach verschiedenen Seiten gegenseitig aufheben.

9 Positive Erwartungen, finanzielle Hoffnungen

Berechnungen mit Erwartungswerten ermöglichen eine gewisse Absicherung gegen den Ruin durch zufällige Schwankungen. Dieses Konzept liegt sowohl den Kalkulationen von Versicherungsunternehmen als auch Casinos zugrunde.

9.1 Ein Casino als Geldquelle

In Beipiel 9 wurde beim europäischen Roulette für das Casino der Erwartungswert von 0,027 bzw. 0,0135 Franken bei 1 Franken Spieleinsatz berechnet. Ein positiver Erwartungswert des Hauses ist die Voraussetzung dieser Geschäftsidee, denn so kann nur das Casino langfristig gewinnen.

Der Spieler hat dagegen den entgegengesetzten negativen Erwartungswert und gewinnt höchstens kurzfristig, sodass es für ihn am besten ist, überhaupt nicht einzusteigen. Tut er es dennoch und hat Glück, so sollte er daran denken, sich wieder rechtzeitig aus dem Staub zu machen. Statistisch gesehen wird seine Rechnung dann von einem der nächsten Besucher beglichen.

Roulette wird in zwei Varianten angeboten, die sich durch die Anzahl der Zahlen im Roulettekessel und die Größe des Bankvorteils unterscheiden. In der amerikanischen Variante ist außer der Null eine Doppelnull vorhanden. Der Bankvorteil beträgt dann 2/38 bzw. 5,26 % und in einigen Wetten sogar 7,89 %.

Obwohl man es eher umgekehrt vermuten würde, ist die amerikanische Variante die ursprüngliche. Das europäische Roulette wurde erst 1841 von François Blanc eingeführt, der damals als Direktor der legendären deutschen Spielbank Bad Homburg amtierte und die Verbindung von Wertpapierspekulationen und Glücksspiel mit seinem ganzen Werdegang darzustellen schien. Seine Karriere begann zunächst mit Insidergeschäften an der Pariser Börse, bevor er sich im großen Stil der Organisation des Glücksspiels zuwandte. Mit der Verringerung des Bankvorteils auf 2,7 % verschaffte der geschäftstüchtige Unternehmer seinem Haus einen Werbevorteil, den die europäischen Konkurrenten bald übernehmen mussten.

Ein geringer Bankvorteil ist für das Casino langfristig günstiger als ein hoher, da die ungleichen Gewinnchancen für den Spieler schlechter erkennbar sind und Illusionen bestehen bleiben. Blanc hatte das mathematische Konzept des Erwartungswerts auf geradezu anschauliche Weise umgesetzt. Als laufender Massenbetrieb ist das Casino eine unerschöpfliche Goldgrube. Doch um seine Kunden zu binden, muss man sie abhängig machen und deshalb ab und zu gewinnen lassen. Gleichzeitig legte er großen Wert darauf, seinen zahlungskräftigen Gästen jede Art von Bequemlichkeit zu bieten.

Zu diesem Zeitpunkt hatte sich die europäische Spielerszene in die deutschen Kleinstaaten verlagert, weil die Casinos ab 1837 in Frankreich verboten wurden. Im

https://doi.org/10.1515/9783110542547-009

wirtschaftlich aufstrebenden Nationalstaat war man nicht an einer Gefährdung der Kapitalbildung durch Spielruin interessiert. Den Herrschern der Kleinstaaten waren dagegen die Einkünfte aus den Spielkonzessionen hochwillkommen. Teilweise, wie in Bad Homburg, verboten sie zwar ihren eigenen Untertanen die Teilnahme. Doch ein Ruin der ausländischen Kundschaft interessierte sie wenig.

Nach der Gründung des Deutschen Reiches mussten auch die deutschen Casinos dicht machen und Blanc suchte sich einen neuen Zwergstaat. Es begann der Aufstieg von Monte Carlo.

Abb. 9.1: Spielbank von Monte Carlo.

Die Spielbank wurde erst zum Erfolg, als François Blanc die zugehörige Infrastruktur durch Luxushotels, eine Uferpromenade und eine Bahnlinie erweiterte. Üppige Einnahmen führten dazu, dass der Staatshaushalt des Fürstentums über mehrere Jahrzehnte allein durch die Konzessionsgebühren gedeckt wurde.

Die Wiederbelebung der offiziellen deutschen Glücksspielszene geschah erst 1933 unter der Herrschaft des Nationalsozialismus. Die kreditfinanzierte deutsche Aufrüstung war dringend auf Devisen angewiesen. Nach dem Motto „Geld stinkt nicht" zeigte man sich bei der Erschließung neuer Geldquellen nicht wählerisch.

9.2 Ein ewiger Mythos

Natürlich sind Casinos an erster Stelle daran interessiert, die Legende vom erfolgreichen Zocker am Leben zu erhalten. Deshalb hört man regelmäßig von Spielern, welche die Bank gesprengt haben. Dabei sind die Jetons lediglich auf dem Spieltisch ausgegangen. Der Gang des Angestellten zum Kassenraum, wo ein Vorrat gelagert ist, hat damit genauso viel Dramatik wie das Auswechseln einer verbrauchten Druckerpatrone. Von einem Ruin des Casinos kann keine Rede sein.

Doch der mit einem Sinn für Bühneneffekte gesegnete François Blanc führte eine Art Beerdigungszeremoniell ein, das den ganzen Saal in Atem hielt. Während der Jetonsuche wurde der Roulettetisch feierlich mit einem schwarzen Tuch abgedeckt. Als der Engländer Charles Wells im Juli 1891 in Monte Carlo mit einer Glückssträhne insgesamt eine halbe Million Francs gewann, wiederholte sich diese Trauerzeremonie sogar zwölfmal hintereinander. Die Nachricht lief durch die internationale Presse und Fred Gilbert komponierte 1892 Wells zu Ehren den populären Song „The Man Who Broke the Bank at Monte Carlo“. Der Reklameeffekt kompensierte den Verlust des Casinos reichlich.

Nach wie vor geistern Mythen über angebliche Strategien durch die Spielergemeinde, wie man das Casino überlisten könnte. Eine davon ist das Martingalsystem, bei dem man immer auf eine Farbe setzt und im Falle des Verlustes den Einsatz verdoppelt. Dieses Verfahren setzt man so lange fort, bis die richtige Farbe erscheint. In diesem Moment hat man seinen ursprünglichen Einsatz verdoppelt. Natürlich setzt das System voraus, dass man finanziell gut genug ausgestattet ist.

Doch selbst für Millionäre ist das nicht durchführbar, weil es in jedem Casino eine Obergrenze für den Spieleinsatz gibt. Beim Setzen auf Rot oder Schwarz liegt diese zumeist beim 35-fachen des Mindesteinsatzes.

Beispiel 14. Wir berechnen den Erwartungswert des Martingalsystems und weisen nach, dass es für den Spieler unrentabel ist.

Lösung. Gehen wir vom anfänglichen Spieleinsatz eines Frankens und einer Obergrenze von 2^{n-1} Franken aus, die nach n erfolglosen Spielen erreicht ist. Wir wollen in unserer Rechnung die komplizierten Regeln für den Spielverlust im Falle der Null vermeiden. Dazu vereinfachen wir die Auszahlungsregeln wie folgt. Mit einer Verlustwahrscheinlichkeit q verliert man in einer Spielrunde den gesamten Einsatz, während man mit der Wahrscheinlichkeit $1-q$ gewinnt und verdoppelt. Dabei muss $q > \frac{1}{2}$ sein, denn sonst wäre die Wette für das Casino unrentabel und würde überhaupt nicht angeboten.

In n aufeinanderfolgenden Spielen verliert man mit der Wahrscheinlichkeit q^n und verspielt dabei die Summe von

$$1 + 2 + \ldots + 2^{n-1} = \frac{2^n - 1}{2 - 1} = 2^n - 1 \text{ Franken}$$

(Die Addition wurde mit Formel (A.5, Anhang) ausgeführt.)

Dagegen gewinnt man das Martingalspiel mit der Wahrscheinlichkeit von $1 - q^n$ und erhält einen Franken dazu. Der Gewinn des Spielers wird also durch die Zufallsgröße

$$X = \begin{cases} 1 & \text{falls Gewinn} \\ -(2^n - 1) & \text{falls Verlust} \end{cases}$$

mit den Wahrscheinlichkeiten

$$p(\text{Gewinn}) = 1 - q^n, \qquad p(\text{Verlust}) = q^n$$

gegeben. Sein Erwartungswert beträgt

$$\mathbb{E}X = 1 \cdot (1 - q^n) - (2^n - 1) \cdot q^n = 1 - (2q)^n \tag{9.1}$$

Wegen $q > \frac{1}{2}$ folgt $(2q)^n > 1$ für alle $n > 1$. Folglich ist der Erwartungswert des Spielers negativ, und er sollte sich besser nicht verlocken lassen. □

Das Tückische an der Martingalstrategie ist, dass die hohe Gewinnwahrscheinlichkeit $1 - q^n$ zur Illusion verführt, es werde schon alles rechtzeitig in Ordnung gehen. Beispielsweise erhält man für $q = \frac{19}{37}$ und $n = 10$ als Wahrscheinlichkeit eines guten Endes die vertrauenserweckend große Zahl $1 - q^n = 0{,}9987$.

Befindet man sich in einer Pechsträhne, so wird die Unabhängigkeit der Ausgänge in aufeinanderfolgenden Spielrunden von den meisten Spielern verkannt. Oft herrscht der Irrglaube, nach soundsovielen Runden Schwarz müsse nun endlich wieder einmal Rot auftreten.

Verblüffende Serien ...

Tatsächlich treten lange Serien mit der „falschen“ Farbe trotz ihrer noch so geringen Wahrscheinlichkeiten regelmäßig auf und haben dann bei einer Verdopplungsstrategie verheerend hohe Verluste zur Folge. Wir schätzen zunächst ihre Häufigkeit ab.[1]

Mit q bezeichnen wir die Wahrscheinlichkeit für das Auftreten von Schwarz in einer Runde. Sein Gegenteil (Rot oder Grün) tritt dann mit $p = 1 - q$ auf. Gehen wir von einer großen Anzahl n von Spielrunden aus. Dort beschreibt nq annähernd die Anzahl des Auftretens von Schwarz. Notieren wir eine Serie, so steht S für Schwarz, während wir Rot oder Grün durch einen Trennstrich kennzeichnen. Beispielsweise ist als Ergebnis von $n = 20$ Runden möglich:

$$| S \,||\, SS \,|\, S \,|||\, S \,||\, S \,|\, SSS \,|$$

Eine darin auftretende Serie wird als *k-Serie* bezeichnet, wenn sie mit einem Trennstrich beginnt und aus genau $k \geq 1$ Buchstaben S besteht. Ergänzen wir diese Definition durch die 0-Serien, welche nur aus einem einzelnen Trennstrich bestehen. Im obigen Beispiel haben wir also fünf 0-Serien, vier 1-Serien, eine 2-Serie und eine 3-Serie:

$$\underbrace{|S}_{1}\;\underbrace{|}_{0}\;\underbrace{|SS}_{2}\;\underbrace{|S}_{1}\;\underbrace{|}_{0}\;\underbrace{|}_{0}\;\underbrace{|S}_{1}\;\underbrace{|}_{0}\;\underbrace{|S}_{1}\;\underbrace{|SSS}_{3}\;\underbrace{|}_{0}$$

Die Gesamtheit aller k-Serien für $k = 0, 1, \ldots$ wird als *Menge* $\mathbb{S}$ bezeichnet. Für große n gibt es annähernd nq Trennstriche. Die Menge $\mathbb{S}$ hat also etwa nq Elemente.

---

1 Siehe Mark Schilling [52].

Die Wahrscheinlichkeit einer k-Serie mit $k \geq m > 0$ innerhalb von $\mathbb{S}$, also einer Serie mit mindestens m Buchstaben S, beträgt p^m. Damit gibt es näherungsweise nqp^m k-Serien mit $k \geq m$.

Gehen wir davon aus, dass die maximale Serienlänge m innerhalb von n Spielrunden genau einmal vorkommt. Dann ist

$$\begin{aligned} nqp^m &= 1 \\ m &= -\frac{\ln(nq)}{\ln p} \end{aligned} \tag{9.2}$$

Die Formel (9.2) gibt eine *Näherung des Erwartungswerts der längsten Schwarzserie* bei einer großen Anzahl n Spielrunden an. Dieser Wert wächst logarithmisch und kann für entsprechende n beliebig groß werden.

Beispiel 15. Mit den Wahrscheinlichkeiten $p = \frac{18}{37}$ für Schwarz und $q = \frac{19}{37}$ für Rot oder Grün beim Roulette erhalten wir

Tab. 9.1: Erwartungswert k der längsten Schwarzserie bei n Spielrunden.

n	50	100	500	1000	1500	2000	5000	10.000	100.000
k	4,5	5,5	7,7	8,7	9,2	9,6	10,9	11,9	15,1

(Die Nachkommastelle bei k wurde belassen, damit die Veränderung deutlich wird.) □

Für eine exakte Aussage benötigt man die Zufallsgröße L_n, welche die Länge der maximalen k-Serie bei n Versuchen beschreibt. Für jedes $\epsilon > 0$ lässt sich

$$\lim_{n\to\infty} \left(\left| \frac{L_n \cdot \ln(1/p)}{\ln n} - 1 \right| > \epsilon \right) = 0$$

beweisen. Die Abweichung des Erwartungswerts von unserem Näherungswert (9.2) beträgt

$$\mathbb{E}L_n - m = -\frac{\gamma}{\ln p} - \frac{1}{2} + r(n) + \delta(n)$$

wobei $\gamma = 0{,}577\ldots$ die Euler-Mascheroni-Konstante ist. $r(n)$ bezeichnet eine sehr kleine (beispielsweise $| r(n) | \leq 0{,}000016$ für $p = \frac{1}{2}$ und $n \in \mathbb{N}$) periodische Funktion, während $\lim_{n\to\infty} \delta(n) = 0$ ist.

... Verheerende Kosten

Ein Verlust von $2^n - 1 = 1023$ Franken für $n = 10$ steht in keinem sinnvollen Verhältnis zum möglichen Gewinn eines Franken, auch wenn dieser mehrmals zuvor erzielt wurde. Bei Berechnung des Grenzwerts von (9.1) erhält man

$$\lim_{n\to\infty} (1 - (2q)^n) = 1 - \lim_{n\to\infty} (2q)^n = -\infty$$

sodass der Erwartungswert des Spielers bei der Martingalstrategie für genügend große n beliebig tief fällt. Für hohe Obergrenzen erweist sich die scheinbare Wunderstrategie als Falle mit bodenlosem Sturz.

Tatsächlich haben viele Spieler diese traurige Erfahrung wiederholt, wenn sie nach einem Gewinn nicht aufhören konnten. Auf die Glückssträhne folgte der Totalverlust. Der venezianische Abenteurer Casanova bekannte in seinen Memoiren während einer Karnevalsaison den vollständigen Spielruin, nachdem er anfangs mit einer Verdopplungsstrategie bedeutende Gewinne erzielen konnte.

Abb. 9.2: Zeitgenössische Postkarte.

Ein weiteres Beispiel ist der bereits erwähnte „Mann, der die Bank von Monte Carlo sprengte". Charles Wells verlor ein Jahr darauf den gesamten Gewinn im Spiel. Weil sein Startkapital im ersten Coup aus veruntreuten Geldern bestand, wurde er schließlich zu einer Gefängnisstrafe verurteilt und starb 1926 in Armut. Doch über einen „Mann, den die Bank von Monte Carlo ruinierte" wurde kein Lied mehr geschrieben.

Problem 23. *Bei einer höheren Obergrenze steigt der Erwartungswert für die Spielbank. Da auch das Vermögen der Reichsten nicht unbeschränkt ist, wäre ein Höchsteinsatz beim Spiel von selbst vorgegeben.*

Wäre es für die Betreiber profitabler, keine Obergrenze zu setzen?

Lösung. Die Antwort liegt im Verständnis des Erwartungswerts. Der Gewinn wird nur in einer *langen Reihe von Wiederholungen* realisiert. Wenn die zulässige Obergrenze des Spieleinsatzes und damit die Zahl n sehr hoch sind, gewinnt das Casino mit sehr geringer Wahrscheinlichkeit extrem hohe Summen. Bis dahin vergeht zumeist viel

Zeit, aber inzwischen muss es regelmäßig kleinere Beträge an die Spieler auszahlen, die sich beträchtlich aufsummieren. Damit befindet es sich selbst in der Situation des Spielers im Problem 18, der sich wenig an seinem positiven Erwartungswert erfreuen kann, weil ihm schon vorher der Ruin droht. □

9.3 Mein wunderbarer Waschsalon

Einige Casinobesucher durchschauen das System vollständig und spielen dennoch regelmäßig. Völlig leidenschaftslos und ohne jegliche Illusion wird der Verlust an die Spielbank von vornherein einkalkuliert. Wie der britische Journalist Randeep Ramesh [51] zeigte, ist Geldwäsche durch Glücksspielautomaten bei kleineren Drogendealern sehr beliebt.

Die meist arbeitslosen jungen Männer pendeln mit ihren Drogenerlösen zwischen mehreren Automaten, Spielhallen hin und her, wo sie beim Roulette hauptsächlich auf Schwarz oder Rot setzen. Der Verlust ist leicht zu verschmerzen, denn bei Gewinn erhalten sie gleichzeitig Quittungen über den Betrag. Diese werden sorgfältig aufbewahrt und später vorgezeigt, wenn sie von der Polizei nach der Herkunft ihrer Gelder gefragt werden. Pro Stunde können so über 2000 Pfund gewaschen werden.

Große Dealer unterscheiden sich in den Methoden der Geldwäsche von den kleinen dadurch, dass sie für ihre Zwecke selbst ein Casino gründen. Nach Untersuchungen des Wirtschaftswissenschaftlers Ingo Fiedler [47] werden dafür Onlinecasinos bevorzugt.

Auch die Gründung der Casinometropole von Las Vegas war während des Zweiten Weltkriegs im wesentlichen ein Projekt der amerikanischen Mafia, wobei die nötigen gesetzlichen Grundlagen durch Bestechungen von Lokalpolitikern geschaffen wurden.

Doch für die Gesellschaft sind die Folgen des Glücksspiels verheerend. Fiedler, der sich für stärkere staatliche Regulierungen ausspricht, beziffert allein den jährlichen materiellen Schaden in Deutschland auf 40 Milliarden Euro. Zu den Auswirkungen der Spielsucht gehören psychische Erkrankungen mit entsprechendem Behandlungsaufwand, die Zerrüttung der Familienverhältnisse, Beschaffungskriminalität, Einbußen der Arbeitskraft bzw. des Arbeitsplatzes, Verschuldung und sogar ein höheres Suchtrisiko für die Kinder der Betroffenen.

Demgegenüber stehen in Deutschland jährliche Staatseinnahmen von 4,5 Milliarden Euro. Das sind 3,3 Milliarden Euro aus Lotterien und Konzessionen an Spielbanken sowie 1,2 Milliarden Euro von Geldspielautomaten des freien Gewerbes.

9.4 Volkssport Lotto

Lotterien scheinen gesellschaftsfähiger als das Casino oder die Spielhalle zu sein, denen bis jetzt etwas Anrüchiges anhaftet. Während regelmäßige Besucher von Spielbanken auf den Durchschnittsbürger meist suspekt wirken und ihre Leidenschaft deshalb eher verheimlichen, ist das Lottospielen seit alters her ein Volkssport, zu dem man sich bekennt. In Deutschland zählt ein Drittel der erwachsenen Bevölkerung zur Lottospielergemeinde, darunter sind zahlreiche respektable Senioren. Noch vor einigen Jahrzehnten wurden die Ziehungen zur besten Sendezeit auf den staatlichen Fernsehkanälen übertragen.

Lotto besitzt wesentliche Unterschiede zu den anderen Glücksspielen. Sein Betrieb ist in vielen Ländern ein staatliches Privileg und der Erwartungswert des Spielers muss nicht berechnet werden, sondern wird vom Veranstalter festgelegt. Auf der Internetseite des deutschen „6 aus 49" erfährt man dazu

> „Die Gewinnsumme beträgt 50 % des Spieleinsatzes und verteilt sich auf 9 Gewinnklassen."

Der Erwartungswert liegt also bei sagenhaften minus 50 %. Ausländische Anbieter zahlen in ähnlichen Größenordnungen aus. Swisslos (Eigenwerbung: Wir machen Millionäre) verkündet mit eidgenössischer Treuherzigkeit, dass es sogar knappe 53 % zurückgibt. Allerdings werden alle Gewinne über 1000 Franken anschließend mit einer Verrechnungssteuer von stolzen 35 % belegt.

Im Gegensatz zum Spielcasino trägt der Veranstalter hier überhaupt kein Risiko, da er immer nur den entsprechenden Teil der vorangegangenen Einnahmen auszahlt.

Auf der Informationsseite www.lotto.de, betrieben von der deutschen Toto-Lotto Niedersachsen GmbH, findet man die in Tabelle 9.2 gerundeten *theoretischen Quoten*. Wie bereits durch das Wort „theoretisch" angedeutet und später erläutert wird, handelt es sich mit Ausnahme der neunten Gewinnklasse nur um Richtwerte für Gewinne in den jeweiligen Klassen. Die tatsächlich ausgezahlten Beträge variieren in Abhängigkeit von der Anzahl Gewinner.

Tab. 9.2: Gewinnchancen und wahrscheinliche Quoten für „6 aus 49".

Gewinnklasse	Anzahl Richtige	Wahrscheinlichkeit	Theoretische Quote in Euro
1	6 Richtige + Superzahl	$7{,}2 \cdot 10^{-9}$	8.949.642
2	6 Richtige	$6{,}4 \cdot 10^{-8}$	574.596
3	5 Richtige + Superzahl	$1{,}8 \cdot 10^{-6}$	10.022
4	5 Richtige	$1{,}7 \cdot 10^{-5}$	3341
5	4 Richtige + Superzahl	$9{,}7 \cdot 10^{-5}$	191
6	4 Richtige	$8{,}7 \cdot 10^{-4}$	42
7	3 Richtige + Superzahl	$1{,}8 \cdot 10^{-3}$	21
8	3 Richtige	$1{,}59 \cdot 10^{-2}$	10
9	2 Richtige + Superzahl	$1{,}32 \cdot 10^{-2}$	(garantiert) 5

Das Prinzip der Gewinnzuteilung

Versuchen wir nun, die Staffelung der theoretischen Quoten nachzuvollziehen. Die Zuteilung der auszuschüttenden Summe auf die Gewinner erfolgt nach einem Schema mit fixen Anteilen, welches unter Berücksichtigung der Gewinnwahrscheinlichkeiten festgelegt wurde.

Bei „6 aus 49", wo man sechs Zahlen aus einem Block von 1 bis 49 sowie eine Superzahl zwischen 0 und 9 erraten soll, werden zuerst Bagatellgewinne von je 5 Euro an die Gewinner der niedrigsten Klasse (zwei Richtige + Superzahl) gezahlt, die für die meisten Spieler gerade kostendeckend sein dürften.

Danach sucht man nach den Hauptgewinnern mit sechs Richtigen + Superzahl. Dieses Grüppchen von Glückspilzen, meist aus nicht mehr als einer Person bestehend, wird insgesamt mit 12,8 % der Gewinnsumme bedient. Falls es keine sechs Richtigen + Superzahl gibt, wandert die Summe in den Jackpot, der auf diese Weise maximal zwölf Spielrunden lang aufgefüllt werden kann, bis er zur Zwangsausschüttung in die nächst tiefere Gewinnklasse (sechs Richtige ohne Superzahl) überwiesen wird.

Der Rest des auszuschüttenden Geldes wird gemäß der folgenden Tabelle an die dazwischenliegenden Gewinnklassen 2 bis 8 verteilt.

Tab. 9.3: Aufteilung restlicher Gewinnanteile nach Zuweisung zu den Klassen 1 und 9.

Gewinnklasse	**8**	**7**	**6**	**5**	**4**	**3**	**2**
Restanteil	45 %	10 %	10 %	5 %	15 %	5 %	10 %

Der hohe Anteil von 45 % an die achte Gewinnklasse ist hier nötig, damit deren Gewinner, die fast so zahlreich wie in der untersten Klasse sind, zumindest einen Trostpreis erhalten. Ihr Gewinn liegt im Mittel etwas über 10 Euro.

In den höheren Klassen gibt es dagegen bedeutend weniger Gewinner. Wir werden sehen, dass die in der Tabelle festgelegten Zuweisungen ausreichen, um den Gewinn pro Spieler von Klasse zu Klasse angemessen zu steigern. Wir definieren die *Anteilskoeffizienten* a_k der Klassen $k = 2, \dots, 8$ mittels

$$a_k = \frac{\text{zugewiesener prozentualer Restanteil an die Klasse } k}{\text{Gewinnwahrscheinlichkeit in Klasse } k}$$

und berechnen aus den Tabellen 9.2 und 9.3 die Werte

$$a_8 = \frac{45\,\%}{1{,}56 \cdot 10^{-2}} = 28{,}8$$
$$a_7 = \frac{10\,\%}{1{,}8 \cdot 10^{-3}} = 55{,}5$$
$$a_6 = \frac{10\,\%}{8{,}7 \cdot 10^{-4}} = 114{,}9$$
$$a_5 = \frac{5\,\%}{9{,}7 \cdot 10^{-5}} = 515{,}4$$

usw. Diese Folge wächst annähernd proportional zu den theoretischen Quoten in Tabelle 9.2. Damit ist abgesichert, dass in höheren Klassen ein größerer Gewinn als in tieferen Klassen ausgezahlt wird.
Die in Tabelle 9.2 gegebenen theoretischen Quoten der Einzelgewinne entsprechen ab Klasse 8 aufwärts Erwartungswerten. Die real ausgezahlten Beträge pro Gewinner der jeweiligen Klasse sind jedoch in jeder Ziehung verschieden, da sie von der zufälligen Anzahl Gewinner abhängen.

Gewisse (nicht zu starke) Schwankungen in der Zahl zuvor verkaufter Lose haben hingegen kaum Einfluss auf die Gewinne pro Person, da sich die erwartete Anzahl von Gewinnern proportional zur Anzahl Lose verändert.

Berechnung der Gewinnwahrscheinlichkeiten

Wir wollen nun die Gewinnwahrscheinlichkeiten aus Tabelle 9.2 berechnen. Ein Tipp (Preis 1 Euro plus Bearbeitsgebühr) enthält den Zahlenblock von 1 bis 49 sowie die aufgedruckte Superzahl aus der Menge von 0 bis 9. Berechnen wir seine Gewinnchancen zunächst ohne Berücksichtigung der Superzahl.

Problem 24. *In einem Block mit n Zahlen sollen t Zahlen getippt werden. Mit welcher Wahrscheinlichkeit sind sie alle richtig?*

Lösung. Es gibt insgesamt $\binom{n}{t}$ Möglichkeiten zur Auswahl von t aus n Zahlen. Davon ist nur eine Variante richtig. Also ist die gesuchte Wahrscheinlichkeit

$$p(t \text{ Richtige aus } n) = 1 \Big/ \binom{n}{t}$$

□

Problem 25. *In einem Block mit n Zahlen sollen t Zahlen getippt werden. Mit welcher Wahrscheinlichkeit sind davon k Zahlen richtig ($k < t$)?*

Lösung. Es sollen k Zahlen aus t richtigen Zahlen sowie $t-k$ Zahlen aus $n-t$ falschen Zahlen gezogen werden. Untersuchen wir zuerst die richtigen Zahlen. Aus t Zahlen lassen sich $\binom{t}{k}$ Gruppen von k richtigen Zahlen bilden. Für die $t-k$ falschen Zahlen gibt es $\binom{n-t}{t-k}$ Möglichkeiten zur Auswahl aus $n-t$ falschen Zahlen. Somit erhalten wir

$$\binom{t}{k} \cdot \binom{n-t}{t-k} \text{ Möglichkeiten}$$

zur Auswahl von k richtigen und $t-k$ falschen Zahlen. Bei insgesamt $\binom{n}{t}$ Varianten von t aus n Zahlen ist die Wahrscheinlichkeit zur Auswahl von k richtigen Zahlen dann

$$p(k \text{ Richtige aus } n) = \binom{t}{k} \cdot \binom{n-t}{t-k} \Big/ \binom{n}{t} \qquad \square$$

Jetzt wollen wir eine Superzahl einbeziehen, die aus der Menge von 0 bis 9 gewählt wird.

Problem 26. *In einem Block mit n Zahlen sollen t Zahlen getippt werden.*
- *Mit welcher Wahrscheinlichkeit sind davon genau k Zahlen sowie die Superzahl richtig?*
- *Mit welcher Wahrscheinlichkeit sind zwar k Zahlen richtig, aber die Superzahl falsch?*

Lösung. Für die richtige oder falsche Superzahl erhalten wir die Wahrscheinlichkeiten

$$p(\text{korrekte Superzahl}) = \frac{1}{10}, \qquad p(\text{falsche Superzahl}) = \frac{9}{10}$$

Da ihre Ziehung unabhängig von den anderen Zahlen erfolgt, haben wir

$$p(k \text{ Richtige aus } n \text{ mit Superzahl}) = \binom{t}{k} \cdot \binom{n-t}{t-k} \Big/ \binom{n}{t} \cdot \frac{1}{10}$$

Entsprechend ist

$$p(k \text{ Richtige aus } n \text{ ohne Superzahl}) = \binom{t}{k} \cdot \binom{n-t}{t-k} \Big/ \binom{n}{t} \cdot \frac{9}{10} \qquad \square$$

Aus diesen Formeln können wir die Wahrscheinlichkeiten der vorigen Tabelle berechnen. Sie sind derart gering, dass ihre grafische Darstellung in einem unverzerrten Maßstab unmöglich wird. Damit erübrigt sich jede Diskussion optimaler Lottostrategien. Bei Chancen unter 0,002 % ist die Hoffnung auf einen größeren Gewinn mit Ausgleich des bisher verspielten Einsatzes für den überwiegenden Teil der Spieler Zeit ihres Lebens absurd.

Das beliebteste Lockmittel der Lotterien sind fortwährende Aufzählungen von Spielern, die bereits zu Multimillionären aufgestiegen sind und nun ausschließlich von ihren Zinserträgen leben könnten. Geschickt bedient man die Hoffnung des kleinen Mannes, der zumindest intuitiv verstanden hat, dass er durch eigene Arbeit nie mehr als seinen unmittelbaren Lebensunterhalt absichern wird. Treffend lässt Bertolt Brecht seine Romanfigur, den arbeitlosen Kutscher Pistus, die damals ebenso populären römischen Hundewetten kommentieren:

„Es heißt, es ist eine Leidenschaft, das ist reiner Unsinn. Es ist einfach Geschäft. Sag mir, wie ein Plebejer auf andere Art zu ein paar Kröten kommen kann!“

Bertolt Brecht, Die Geschäfte des Herrn Julius Cäsar

Wir schätzen die Anzahl der Spitzengewinner für die Lotterie „6 aus 49“ von Baden-Württemberg. Als eines der bevölkerungsreichsten deutschen Bundesländer beliefen sich seine Einnahmen an Spieleinsätzen nach Angaben der Lottozeitung [46] im Jahre 2007 auf die stolze Summe von 660,1 Millionen Euro. Die Gewinnwahrscheinlichkeit $p(6{+}\mathrm{SZ})$ kann aus Tabelle 9.2 entnommen werden. Als jährliche Anzahl von höchstgewinnenden Tipps und demzufolge auch von Hauptgewinnern berechnen wir

$$\text{Anzahl Tipps (zu je 1 Euro)} \cdot p(6{+}\mathrm{SZ}) = 660{,}1 \cdot 10^6 \cdot 7{,}2 \cdot 10^{-9} = 4{,}75$$

Die baden-württembergische Klassenlotterie erzeugte also im Durchschnitt pro Jahr fünf Multimillionäre der ersten Gewinnklasse. Auf einen Betrag in ähnlicher Höhe können die Gewinner der zweiten Klasse hoffen, falls der Jackpot nach zwölf Ziehungen noch nicht geknackt wurde und zur Zwangsausschüttung freigegeben wird.

Berechnen wir nun, wie viele Treffer in der höchsten Gewinnstufe pro Ziehung zu erwarten sind. Diese finden zweimal wöchentlich statt, sodass man 106 Ziehungen pro Jahr durchführt. Damit werden

$$n = 6{,}226 \cdot 10^6 \text{ Tipps (zu je 1 Euro) pro Ziehung}$$

abgegeben. Sei X die Zufallsgröße der Anzahl von Tipps mit sechs Richtigen + Superzahl pro Ziehung. Da wir mit einer großen Anzahl von Versuchen bei sehr kleinen Erfolgswahrscheinlichkeiten zu tun haben, bietet sich die Poisson-Verteilung zur Berechnung an. Wir benutzen Formel (8.39) mit dem Erwartungswert

$$\lambda = n \cdot p(6 + \mathrm{SZ}) = 6{,}226 \cdot 10^6 \cdot 7{,}2 \cdot 10^{-9} = 4{,}48 \cdot 10^{-2}$$

Daraus berechnen wir die Wahrscheinlichkeit für eine Ziehung ohne Hauptgewinn:

$$p(X = 0) = e^{-\lambda} \cdot \frac{\lambda^0}{0!} = 0{,}956$$

Genau ein Hauptgewinner pro Ziehung entsteht mit

$$p(X = 1) = e^{-\lambda} \cdot \frac{\lambda^1}{1!} = 0{,}043$$

Mehr als einen Tipp mit Hauptgewinn erhält man mit der Wahrscheinlichkeit

$$p(X > 1) = 1 - [p(X = 0) + p(X = 1)] = 9{,}7 \cdot 10^{-4}$$

Zur Zwangsausschüttung in die zweite Gewinnklasse kommt der Jackpot mit

$$p(\text{Zwangsausschüttung nach 12 Ziehungen}) = [p(X = 0)]^{12} = 0{,}58$$

Dadurch entstehen auch unter Gewinnern der zweiten Klasse regelmäßig einige Multimillionäre.

Zum Abschluss noch ein Beispiel für die unerschrockensten Glücksritter.

Problem 27. *Nehmen wir an, ein Lottoenthusiast beginnt mit 15 Jahren wöchentlich „6 aus 49" zu spielen und setzt es ohne Unterbrechung bis ins Alter von 90 Jahren fort.*

Mit welcher Wahrscheinlichkeit hat er in seinem Leben mindestens einmal sechs Richtige (mit oder ohne Superzahl) erzielt?

Lösung. Bei 52 Wochen pro Jahr und einer Spieldauer von 75 Jahren nimmt unser Spieler an $n = 52 \cdot 75 = 3900$ Ziehungen teil. Aus Tabelle 9.2 folgt

$$p(\text{6 Richtige mit oder ohne Superzahl}) = 6{,}4 \cdot 10^{-8} + 7{,}2 \cdot 10^{-9} = 7{,}2 \cdot 10^{-8}$$

Unsere Wahrscheinlichkeit können wir über eine Poisson-Verteilung Z für die lebenslang erreichte Anzahl seiner Sechser modellieren. Deren Erwartungswert wäre

$$\lambda = 7{,}2 \cdot 10^{-8} \cdot 3900 = 2{,}808 \cdot 10^{-4}$$

Wegen (8.39) ist die Gewinnwahrscheinlichkeit

$$p(Z \geq 1) = 1 - p(Z = 0) = 1 - e^{-\lambda} = 2{,}8 \cdot 10^{-4} = 0{,}028\,\%$$ □

Die verlockendste Art der Nächstenliebe

Bereits einige römische Kaiser nutzten Lotterien zur Unterhaltung ihrer Gäste und vergaben mitunter erhebliche Preise. Doch als systematisches Mittel zur Geldbeschaffung wurde die Lotterie erst im 15. Jahrhundert in Europa eingeführt. Mehrere europäische Städte betrieben das Geschäft, um ihre Stadtkasse aufzubessern.

Die genuesische Variante erlangte weit über seine Landesgrenzen hinweg Verbreitung. In der damaligen Seerepublik Genua wählte man jährlich fünf Regierungsmitglieder unter den 90 Senatoren aus. Ab 1576 wurde diese Wahl öffentlich durch Verlosung aus einer Urne vollzogen. Man schrieb die Namen der Kandidaten auf Zettel und zog verdeckt fünf davon heraus. Im Vorfeld der Wahl wurden private Wetten abgeschlossen. Später kommerzialisierten Bankiers das System, indem sie die Namen der Kandidaten durch Zahlen ersetzten. „5 aus 90" war erschaffen und wurde zum Vorläufer unserer heutigen Lotterien.

Die Idee erwies sich als derart lukrativ, dass sich die jeweiligen Herrscher das Monopol darauf sicherten und die Lottoeinkünfte bald einen unverzichtbaren Teil der Staatseinnahmen ausmachten. Die Organisation und Durchführung überließ man gegen einen entsprechenden Anteil privaten Geschäftsleuten und Banken. Schon damals begannen Lottounternehmer, gezielt Gerüchte über sagenhafte Gewinne in die Welt zu setzen, um das Volk anzulocken.

Lotterieerlöse des Staates sind eine Form von freiwilligen Abgaben, die zum großen Teil dort eingesetzt werden, wo die Verwendung von Steuergeldern zwar sinnvoll wäre, aber nicht ausreichend geschieht. Mit der Verkündung wohltätiger oder zumindest

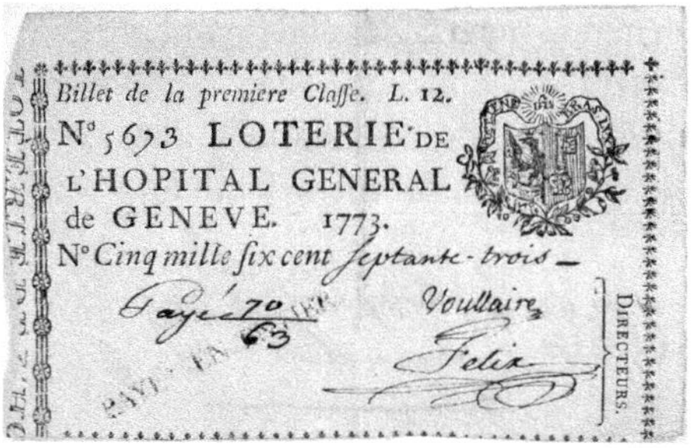

Abb. 9.3: Lotterielos von 1773 zur Finanzierung des Genfer Hospitals.

öffentlicher Verwendungszwecke werden die Spieler zugleich über den erwartungsgemäßen Verlust ihres Einsatzes hinweggetröstet. Auch diese Idee hat Tradition.

Im vorrevolutionären Frankreich des 18. Jahrhunderts wurden mehrere bedeutende Lotterien unter ähnlichem Motto betrieben, darunter eine „Lotterie für Waisen" sowie die „Lotterie des Mitleids". Große Teile der Einnahmen kamen tatsächlich öffentlichen Projekten wie der Rekonstruktion von Kirchen oder der Finanzierung des Pariser Hospitals zugute. Angesichts der staatlichen Finanzmisere wären manche davon sonst auf der Strecke geblieben.

Es ist sicherlich kein Zufall, dass das Lotteriewesen ausgerechnet im absolutistischen Frankreich zur Blüte kam. Jahrzehntelange Expansionskriege hatten das Land erschöpft. Die Staatsfinanzen waren ruiniert und die Bevölkerung verelendet. Zur Sicherung des inneren Friedens hielt man die Weiterführung gewisser sozialer Projekte für unverzichtbar. In den vorangegangenen Jahrhunderten hatte die Kirche über Spendensammlungen und Nachlässe einen Großteil davon finanziert. Doch seit etwa hundert Jahren beobachtete man einen Schwund der Religiosität, was sich besonders in einer abflauenden Spendenfreudigkeit für Zwecke des Seelenheils und der Nächstenliebe bemerkbar machte. Die Lotterie bot einen Ausweg, wenn man die passende Reklame vorausschickte.

Ermutigt durch die Einnahmen nahm man bald größere Projekte in Angriff. Die berühmte Ecole Militaire von Paris wurde weitgehend durch eine eigens dafür geschaffene Lotterie finanziert, deren Manager als die besten Lottospezialisten von Frankreich galten.

Abb. 9.4: Die Ecole Militaire (Offiziersschule) wurde 1751 unter Louis XV errichtet.

Doch von den immensen Geldströmen ließ sich immer noch genügend für andere Zwecke abzweigen. Eine Gruppe von Direktoren setzte sich Spitzengehälter, ähnlich wie es die heutigen Bankvorstände tun. Die Revolutionäre von 1793 standen dem Lottosystem jedenfalls sehr kritisch gegenüber und schafften es vorübergehend ab.

9.5 Renten, Zinsen und christliche Werte

Salopp ausgedrückt ist eine Versicherung nichts anderes als eine Wette. Beim Abschluss einer Rentenversicherung setzt der Versicherte auf ein langes Leben, wohingegen er bei einer Todesfallversicherung bildlich gesprochen auf seinen eigenen Tod wetten würde. Unter Einbeziehung der Wahrscheinlichkeitstheorie wettet man darauf, dass die eigene Lebensdauer über oder unter dem Erwartungswert seiner Altersgruppe liegt.

Als *Leibrente gegen Einmalbeitrag* bezeichnet man eine Versicherung, bei welcher der Versicherte einmalig einen festen Betrag E einzahlt, um anschließend bis zu seinem Tode jährlich eine feste Rente R ausgezahlt zu bekommen. Es ist die einfachste versicherungstechnische Kalkulation, deren Grundprinzip jedoch bei der Berechnung aller anderen Versicherungsprodukte zum Einsatz kommt. Wir wollen die Höhe der Rente aus dem Grundkapital berechnen.

Nehmen wir vereinfacht an, dass die Versicherung am 1. Juli eines Jahres abgeschlossen wurde und die Auszahlung der Renten genau ein Jahr später beginnt. Ausgezahlt wird dann, wenn der Versicherte zum Zahltag noch am Leben ist. Zur Berechnung dieser Rentenzahlungen geht die Versicherung von einem unveränderlichen Zinssatz i und statistisch ermittelten Sterbewahrscheinlichkeiten aus. Diese sind abhängig vom Geschlecht und Alter des Versicherten.

Bezeichnen wir mit k das Alter des Versicherten bei Vertragsabschluss und mit p_j die Wahrscheinlichkeit, j Jahre nach Vertragsabschluss noch am Leben zu sein. Diese Wahrscheinlichkeit wird geschätzt, indem man für einen Anfangsbestand k-Jähriger nachzählt, wie viele nach j Jahren noch am Leben sind. Dann ist

$$p_j \approx \frac{\text{Anzahl Überlebende nach } j \text{ Jahren}}{\text{Anfangsbestand } k\text{-Jährige}}$$

Die Berechnungen erfolgen für Männer und Frauen getrennt. Das hat nichts mit Diskriminierung zu tun, sondern liegt daran, dass sich die Überlebenswahrscheinlichkeiten in den Geschlechtern stark unterscheiden. (In Europa leben Frauen im Durchschnitt länger als Männer. Würde man für beide Geschlechter gemeinsame Mittelwerte zugrunde legen, so müssten Frauen bei Todesfallversicherungen überhöhte Beiträge zahlen und damit die männlichen Kunden subventionieren. Umgekehrt würde den Männern dasselbe beim Abschluss einer Rentenversicherung drohen.)

Satz 17. *Ein Kunde schließt im Alter k eine Versicherung zur Leibrente gegen Einmalbeitrag E ab. Dann berechnet man die bis zu seinem Tode jährlich gezahlte Rente mit*

$$R = \frac{E}{\sum_{j=1}^{\infty} \frac{p_j}{(1+i)^j}} \tag{9.3}$$

wobei p_j seine Wahrscheinlichkeit bezeichnet, j Jahre nach Vertragsabschluss noch am Leben zu sein. Der Wert i ist der zugrunde liegende Zinssatz.

Nachweis. Das Problem ähnelt unserem Ratenkredit aus Abschnitt 1.2, jedoch mit zwei Unterschieden. Erstens ist der Bankkunde in der Rolle der Versicherung und der Versicherungskunde in der Rolle der Bank. Zweitens zahlt die Versicherung nur aus, wenn der Versicherungskunde noch am Leben ist. Die Versicherung veranschlagt für die Zahlung im Jahre j nach Vertragsabschluss folgende Zufallsgröße

$$Y_j = \begin{cases} R & \text{falls der Kunde den Zahlungstermin nach } j \text{ Jahren erlebt} \\ 0 & \text{sonst} \end{cases}$$

mit der Verteilung

$$p(Y_j = R) = p_j, \qquad p(Y_j = 0) = 1 - p_j$$

Anschließend berechnet sie unter Berücksichtigung der Verzinsung die Beträge X_j, die sie bereits bei Vertragsabschluss für die künftigen Auszahlungen reservieren muss. Wenn sich der Betrag x innerhalb von j Jahren zu $x\cdot(1+i)^j$ verzinst, so ist $Y_j = X_j\cdot(1+i)^j$ bzw.

$$X_j = \begin{cases} \frac{R}{(1+i)^j} & \text{falls der Kunde den Zahlungstermin nach } j \text{ Jahren erlebt} \\ 0 & \text{sonst} \end{cases}$$

mit der Verteilung

$$p\left(X_j = \frac{R}{(1+i)^j}\right) = p_j, \qquad p(X_j = 0) = 1 - p_j$$

Der Einmalbeitrag ist nun der Erwartungswert der Summe der Reservierungen X_j für $j = 1, 2, \ldots$, und wir erhalten mit (8.20)

$$E = \mathbb{E}\left(\sum_{j=1}^{\infty} X_j\right) = \sum_{j=1}^{\infty} \mathbb{E}X_j = \sum_{j=1}^{\infty} \frac{R\cdot p_j}{(1+i)^j} = R\cdot\sum_{j=1}^{\infty} \frac{p_j}{(1+i)^j}$$

Hieraus folgt die Formel zur Berechnung der Jahresrente

$$R = \frac{E}{\sum_{j=1}^{\infty} \frac{p_j}{(1+i)^j}}$$

Da niemand ewig lebt, werden die Wahrscheinlichkeiten p_j ab einem gewissen Zeitpunkt j nach Vetragsabschluss gleich null. Damit ist die Summe im Nenner endlich.

Der Term $\sum_{j=1}^{\infty} \frac{p_j}{(1+i)^j}$ hängt auf entgegengesetzte Weise vom Zins i und den Überlebenswahrscheinlichkeiten p_j ab. Für kleinere i ebenso wie für größere p_j wird er größer. Damit würde sich der Rentenbetrag R sowohl für tiefere i als auch höhere p_j vermindern. □

Tatsächlich ist die Berechnung etwas komplizierter, weil die Versicherungsunternehmen sowohl ihre internen Betriebskosten als auch Provisionen für Versicherungsmakler einbeziehen. Sämtliche Kosten werden dem Kunden in Rechnung gestellt, wodurch sich die gezahlte Rente etwas reduziert.
Bei der Kalkulation setzen Versicherungen ihren Rechnungszins i unterhalb des ständig schwankenden Zinssatzes am Kapitalmarkt an. Außerdem werden die Überlebenswahrscheinlichkeiten p_j gegenüber der Realität etwas erhöht, weil man davon ausgeht, dass sich die Lebenserwartung in der Zukunft verlängert. Auf diese Weise sichern sich die Unternehmen gegen Ruin durch zu hohe Auszahlungen ab und erzielen hohe Überschüsse, deren Hauptteil jedoch per Gesetz wieder an die Versicherungskunden zurückgezahlt werden muss.

Die mathematischen Ansätze zur Berechnung von Leibrenten mit Sterbewahrscheinlichkeiten bei Vorgabe des Zinssatzes wurden 1671 vom niederländischen Politiker Johan de Witt erarbeitet, der fast zwei Jahrzehnte lang die Regierungsgeschäfte seines Landes führte. Den Berechnungen de Witts liegt bereits das Konzept des Erwartungswerts zugrunde. In der Folgezeit entstanden in Europa vielerorts Witwen- und Waisenkassen, deren Mitgliedschaft als Privileg mittelständischer Berufsgruppen galt. Führende Mathematiker vertieften die theoretischen Grundlagen. Die 1762 gegründete und bis jetzt bestehende britische Versicherungsgesellschaft mit dem klangvollen Namen *The Equitable Life Assurance Society* benutzte als erste die auch heute noch verwendeten Modelle zur Berechnung von Beiträgen und Versicherungsleistungen.

Der Versicherungsmarkt wuchs, als in Deutschland auch Firmen wie Siemens derartige Leistungen für ihre Facharbeiter anboten. Diese Entwicklung führte in direkter Linie zu den ersten sozialstaatlichen Systemen, wie sie gegen Ende des 19. Jahrhunderts in Deutschland vom Kanzler Otto von Bismarck geschaffen wurden. Die gesetzliche Rentenversicherung wurde 1891 in Deutschland eingeführt, nachdem zuvor bereits Kranken- und Unfallversicherung beschlossen wurden.

In den USA wird die Tradition der Lebensversicherung auf eine Initiative der presbyterianischen Kirchen zurückgeführt, die 1769 in Philadelphia die Einrichtung einer Witwen- und Waisenkasse für die Angehörigen ihrer Pfarrer beschlossen.

Eine weniger bekannte Seite in der Geschichte ist die Tatsache, dass vor Abschaffung der Sklaverei in den USA ein erheblicher Teil des Lebensversicherungsgeschäfts auf Sklaven abgeschlossen wurde. Eigentlich handelt es sich dabei um eine Sachversicherung, denn die Besitzer versicherten ihr Eigentum gegen Beschädigung, Tod und Verschwinden. Ab jetzt konnten sie ihre Sklaven bei Bedarf risikoarm mieten und vermieten, sodass diese nicht untätig herumsitzen mussten, wenn ihr Besitzer gerade keine Arbeit für sie fand. Für die Sklaven selbst gab es keinerlei Nutzen, geschweige denn finanzielle Entschädigungen.

Diese Form des Lebensversicherungsgeschäfts stellte eines der wirtschaftlichen Bindeglieder zwischen dem freien Norden (als Finanzzentrum und Sitz der Versicherungsgesellschaften) und dem Sklaven haltenden Süden dar. Wenn selbst Versicherungspolicen zur Vermietung von Kindern in Kohlegruben abgeschlossen werden konnten, war die moralische Hemmschwelle beider Vertragspartner wohl gleich tief.

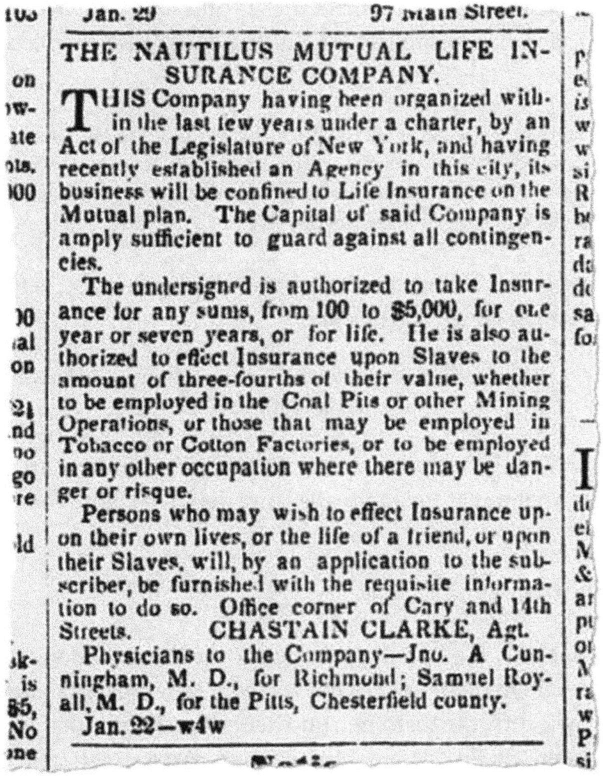

Jan. 29 97 Main Street.

THE NAUTILUS MUTUAL LIFE INSURANCE COMPANY.

THIS Company having been organized within the last few years under a charter, by an Act of the Legislature of New York, and having recently established an Agency in this city, its business will be confined to Life Insurance on the Mutual plan. The Capital of said Company is amply sufficient to guard against all contingencies.

The undersigned is authorized to take Insurance for any sums, from 100 to $5,000, for one year or seven years, or for life. He is also authorized to effect Insurance upon Slaves to the amount of three-fourths of their value, whether to be employed in the Coal Pits or other Mining Operations, or those that may be employed in Tobacco or Cotton Factories, or to be employed in any other occupation where there may be danger or risque.

Persons who may wish to effect Insurance upon their own lives, or the life of a friend, or upon their Slaves, will, by an application to the subscriber, be furnished with the requisite information to do so. Office corner of Cary and 14th Streets. CHASTAIN CLARKE, Agt.

Physicians to the Company—Jno. A Cunningham, M. D., for Richmond; Samuel Royall, M. D., for the Pitts, Chesterfield county.

Jan. 22—w4w

Abb. 9.5: Werbeinserat für Sklavenversicherungen der Nautilus Mutual Life, jetzt New York Life, im Richmond Enquirer von 1846, Quelle: [53].

In den Jahren 2001 und 2003 beschlossene US-Gesetze zwangen die Finanzbranche zur Offenlegung ihrer Archive betreffs damaliger Aktivitäten. Zu den einstigen Profiteuren gehört der Versicherungsriese AIG sowie die Großbanken JP Morgan und Barclays. Sie waren für den sklavenbetriebenen Wirtschaftskreislauf bereits genauso systemrelevant wie heute. Auch die Investmentbank Lehman Brothers, durch ihren Zusammenbruch einer der Hauptverursacher der Finanzkrise von 2008, war bei der Sklavenversicherung fest im Geschäft.

Leibrenten gegen Einmalbeitrag wurden in Europa bereits im Mittelalter, allerdings genau in umgekehrter Form angeboten. Der Einmalbeitrag war eine Kreditsumme, welche in lebenslangen Raten zurückgezahlt werden musste. Diese wurden in

Unkenntnis der Wahrscheinlichkeitsrechnung einfach nach Erfahrungswerten geschätzt.

Die Geschäftsidee bestand darin, das von der römisch-katholischen Kirche von 1140 bis etwa 1500 auferlegte Zinsverbot unter Christen zu umgehen. Es untersagte ihnen, Geld mit Profit an ihre Glaubensbrüder zu verleihen. Diese Forderung wird in den heiligen Schriften mehrfach sehr deutlich formuliert. Im fünften Buch Moses heißt es beispielsweise:

> „Du sollst nicht Zins auferlegen deinem Bruder, Zins auf Geld, Zins für Nahrungsmittel, Zins für irgend eine Sache, die man auf Zins leiht. Dem Fremden magst du Zins auferlegen, aber deinem Bruder sollst du nicht Zins auferlegen, damit dich segne der Herr, dein Gott, bei jeglicher Unternehmung deiner Hand in dem Lande, dahin du kommst, um es in Besitz zu nehmen."

Während das Alte Testament eine Bereicherung zumindest an Fremden erlaubt, geht Jesus in seiner Bergpredigt sogar noch einen Schritt weiter:

> „Vielmehr liebet eure Feinde und tut Gutes und leihet, ohne etwas zurückzuerwarten. Dann wird euer Lohn groß sein und ihr werdet Söhne des Höchsten sein." (Lukas 6, 35).

In derselben Tradition, zumindest im alttestamentarischen Sinne, äußerten sich auch Kirchenväter und namhafte Herrscher des Mittelalters. Klar und deutlich stellte Papst Alexander III. im Jahre 1179 fest:

> „Jede Gesetzgebung, die den Zins erlaubt, ist null und nichtig."

Dasselbe wird 1311 von Papst Clemens V. wiederholt. Natürlich wurde diese Forderung bereits damals nicht auf die gesamte christliche Geschäftswelt ausgeweitet. Die großen italienischen Bankhäuser sowie ihre französischen und deutschen Konkurrenten, allesamt gute Katholiken, behielten als Finanziers der Fürsten einen Sonderstatus, ähnlich wie es heute mit den „systemrelevanten Banken" geschieht.

Das Zinsverbot von Christ zu Christ betraf nur die Mittelschicht. Unterdessen drängte man Juden regelrecht in das kleinere und mittlere Kreditgeschäft, indem man ihnen den Zugang zu vielen anderen Berufen verwehrte.

Profiteure waren in erster Linie die Fürsten selbst, welche ihre Kleinbankiers dadurch in Abhängigkeit behielten. Die Juden waren auf Schutzbriefe angewiesen und wurden von ihren fürstlichen Herrschern nun separat abgeschöpft. Während sich der Volkszorn auf die jüdischen Wucherer konzentrierte, unterhielten einige Könige sogar eigene Steuerämter für Juden,[2] die kräftig zur Kasse gebeten wurden.

2 Siehe David Graeber [2].

10 Vom Irrtum des Spielcasinos

Der Spanier Gonzalo García Pelayo gewann zu Anfang der 90er-Jahre in verschiedenen Spielcasinos Millionenbeträge mit einer Roulettestrategie, bei der er auf einzelne Zahlen setzte. Der ehemalige Musikproduzent hatte den traditionellen Vorteil des Casinos zu seinen Gunsten umgekehrt. Die Geschichte verursachte damals ein derartiges Aufsehen, dass sie als „Winning Streak“ verfilmt wurde.

Mehr als hundert Jahre zuvor hatte es bereits einen ähnlichen Versuch gegeben, doch offensichtlich war die Erfahrung bei den Casinos inzwischen in Vergessenheit geraten.

10.1 Ein abgenutzter Roulettekessel und seine Folgen

Oftmals bestimmt man Wahrscheinlichkeiten aus der Formel von Laplace (8.2) unter Berücksichtigung besonderer Symmetrien in der Ausgangssituation.

Beim Roulette geht man von einer Wahrscheinlichkeit $\frac{1}{37}$ pro Zahl aus, weil 37 Zahlen symmetrisch in einem Kreis angeordnet sind. Mehr oder weniger symmetrisch, denn es gibt keinen idealen Kessel. Will man die Wahrscheinlichkeiten genauer ermitteln, so muss man wie in Abschnitt 8.13 die Beobachtungen einer langen Versuchsserie auswerten.

Bei 5000 Spielrunden erwartet man für einen Roulettekessel normalerweise jede Zahl etwa 135-mal, denn es ist $\frac{5000}{37} \approx 135{,}13$. Tritt nun eine bestimmte Zahl Z in einer Serie von 5000 Versuchen mindestens 170-mal auf, dann kann man sich fragen, ob der Kessel vielleicht eine stärkere Asymmetrie aufweist. Diese ist keineswegs ungewöhnlich, sondern entsteht nach langer Benutzung ganz von selbst, zumeist durch die ungleichmäßige Abnutzung der kleinen metallischen Trennwände zwischen den Zahlen.

Wäre die Wahrscheinlichkeit für Z tatsächlich größer als $\frac{1}{36}$, so würde das Casino seinen Bankvorteil verlieren, wie wir in Beispiel 9 gesehen haben. Im obigen Zahlenbeispiel ist

$$\frac{170}{5000} = 0{,}034 > \frac{1}{36}$$

García Pelayo stellte sich die Frage, ob sich das Spiel hier bei entsprechenden Einsätzen lohnen würde? Oder war die ungewöhnliche Serie doch nur Zufall, wie es ebenfalls von Zeit zu Zeit passiert?

Problem 28. *Wir bezeichnen eine Zahl beim Roulette als „heiß“, wenn sie in 5000 Spielrunden mindestens 170-mal beobachtet wurde.*

Schätzen Sie das Risiko ab, dass eine heiße Zahl mit einer Wahrscheinlichkeit unter $\frac{1}{36}$ *auftritt und dem Spieler somit langfristig Verluste einbringt.*

https://doi.org/10.1515/9783110542547-010

Lösung. Wir bezeichnen die unbekannte Wahrscheinlichkeit unserer heißen Zahl mit p. Ausgangspunkt ist eine Binomialverteilung mit $n = 5000$ Versuchen und k Erfolgen, wobei $k \geq 170$ ist. Da sich die Erfolgswahrscheinlichkeit im Bereich $p < 0{,}05$ bewegt, können wir näherungsweise eine Poisson-Verteilung benutzen.

Untersuchen wir jetzt die kritischen Fälle für p, wo dem Spieler entweder ein Verlust droht oder sich die Beteiligung zumindest nicht lohnen würde.

1. Fall: Das Spiel sei *fair*, sodass weder das Casino noch der Spieler einen Vorteil hätten. Unsere Roulettezahl tritt dann mit der Wahrscheinlichkeit $p = \frac{1}{36}$ auf. Die entsprechende Poisson-Verteilung Z besitzt den Erwartungswert

$$\lambda = p \cdot n = \frac{5000}{36}$$

Die Wahrscheinlichkeit für mindestens 170 Erfolge wäre

$$p(Z \geq 170) = 1 - p(Z \leq 169) = 1 - e^{-\lambda} \cdot \left(\sum_{k=0}^{169} \frac{\lambda^k}{k!} \right) = 0{,}58\,\%$$

2. Fall: Untersuchen wir nun $p < \frac{1}{36}$. Hier würde der Spieler langfristig verlieren. Wir wollen nachweisen, dass dieser Fall noch weniger wahrscheinlich als der vorige ist. Betrachten wir die zugehörige Poisson-Verteilung Z, diesmal mit $\lambda = p \cdot n < \frac{5000}{36}$. Vergleichen wir die Wahrscheinlichkeiten $p(Z = k)$ mit denselben Werten aus Fall 1, indem wir sie als Funktionen

$$f_k(\lambda) = e^{-\lambda} \cdot \frac{\lambda^k}{k!}$$

untersuchen. Dann ist

$$f_k'(\lambda) = -e^{-\lambda} \cdot \frac{\lambda^k}{k!} + e^{-\lambda} \cdot \frac{k \cdot \lambda^{k-1}}{k!} = \frac{e^{-\lambda} \cdot \lambda^{k-1}}{k!} \cdot (k - \lambda)$$

Wegen $\lambda < \frac{5000}{36} < 139$ erhalten wir

$$k - \lambda > 0 \qquad \text{für } k \geq 170$$

Dann ist auch $f_k'(\lambda) > 0$, sodass sämtliche Funktionen $f_k(\lambda)$ für $k \geq 170$ im Bereich $\lambda < \frac{5000}{36}$ wachsen. Folglich erhalten wir die Abschätzung

$$p(Z \geq 170) = \sum_{k=170}^{\infty} f_k(\lambda) < 0{,}58\,\% \qquad \text{für } \lambda < \frac{5000}{36}$$

da $p(Z \geq 170) = 0{,}58\,\%$ in Fall 1 für $\lambda = \frac{5000}{36}$ angenommen wurde. Anschaulich bedeutet die Rechnung, dass sich der Graph der Poisson-Verteilung für kleinere Erwartungswerte λ nach links verlagert.

Ein Risiko von maximal 0,58 % ist für einen Spieler akzeptabel. □

García Pelayo entschloss sich, das Wagnis[1] einzugehen. Er begann, auf seine heißen Zahlen zu setzen, die er in tagelang vorangegangenen, versteckten Beobachtungen ermittelt hatte. Nach einer gewissen Zeit stellte sich der Erfolg ein. Seine Einsätze wurden vervielfacht und er schöpfte kräftig ab, bis das Casino schließlich dahinterkam. Es warf ihn hinaus und reparierte seine Roulettetische. Doch der Spezialist für abgenutzte Roulettekessel hatte sich bereits ein anderes Casino gesucht, in dem er sein Spiel von Neuem begann.

Bei der Suche nach heißen Zahlen unterstützte ihn die gesamte Familie. Auch seine beiden bereits erwachsenen Kinder notierten als „U-Boote" in der Vorbereitungsphase des Datensammelns eifrig die Roulettezahlen.

Nachdem er im Laufe von drei Jahren die Casinos von Europa, den USA und Australien abgegrast hatte, allein in Las Vegas mit einer Ausbeute über 2 Millionen Dollar, sprach sich der Trick schließlich in der Spielbranche herum, die seitdem regelmäßig ihre Roulettekessel überprüft. García Pelayo schrieb noch ein Buch [56] über seine Abenteuer und wendete sich dann anderen Dingen zu.

Mit der Idee zur Ausnutzung der Asymmetrie war er nicht der Erste. Bereits 1873 hatte der Engländer Joseph Jagger mit derselben Methode im Casino von Monte Carlo kassiert. Jagger arbeitete als Maschineningenieur in der Baumwollindustrie und hatte daher wohl ein Gespür für geringfügige Asymmetrien technischer Geräte. Zum Datensammeln heuerte er eine Gruppe kleiner Angestellter an, die er einzeln an verschiedenen Roulettetischen platzierte. Unter den sechs beobachteten Roulettekesseln im Casino von Monte Carlo befand sich einer mit neun heißen Zahlen.

García Pelayos und Jaggers größtes Risiko bestand darin, dass das Casino jederzeit das Problem bemerken und in aller Stille den Tisch reparieren könnte. Dann hätte es sich den Verlust im Spiel zurückgeholt, wie es in Jaggers Fall auch versucht wurde. Nachdem das Casino einige Tage später Gegenmaßnahmen ergriff, verblieben ihm von seinen ursprünglich gewonnenen 450.000 Dollar nur noch 325.000 Dollar, und er beschloss, sich zurückzuziehen.

García Pelayo war sich dieses Risikos ebenfalls bewusst, denn er beobachtete seine Tische stets aufmerksam, um mögliche Veränderungen zu erkennen. Die Männer mussten in kurzer Zeit intensiv spielen und rechtzeitig verschwinden, nachdem sie ihre heißen Zahlen entdeckt hatten.

Inzwischen achten Casinos sorgfältiger auf die Symmetrie ihrer Kessel, sodass dem Leser von entsprechenden Abenteuern abgeraten wird.

---

1 Tatsächlich testete er nicht mit unserem Verfahren, sondern benutzte die Normalverteilung. Das ist die allgemein übliche statistische Methode für Tests von Binomialverteilungen bei großen n. Obwohl die Berechnung sehr einfach ist, haben wir hier darauf verzichtet. Eine angemessene theoretische Begründung würde unseren Rahmen überschreiten.

10.2 Der Geldstrom fließt rückwärts

Welche Einsätze wettet man nun pro Spielrunde auf seine heißen Zahlen? In der Realität müssen wir von wenigen derartigen Zahlen ausgehen, sodass die Trefferwahrscheinlichkeit gering ist. Die Wettbeträge sollten wohldosiert sein. Schließlich darf man sein Startkapital nicht in einer anfänglichen Pechsträhne riskieren, hat aber auch keine Zeit zu verlieren, bis die Sache auffliegt.

Wir stellen hier das System von Kelly vor, bei welchem in jeder Spielrunde ein fester Anteil α des verfügbaren Kapitals eingesetzt wird. Der Rest bleibt als Reserve. Bei einem Gewinn erhöht sich unser Kapital, sodass der Wetteinsatz in der folgenden Spielrunde vergrößert werden kann.

Unser System soll den maximalen Ertrag unter der Voraussetzung sichern, dass wir endlos lange weiterspielen können. In Casinos ist das nicht der Fall, da der Trick mit den heißen Zahlen dem Betreiber spätestens nach einigen Tagen auffällt, worauf wir im günstigsten Fall nur aus dem Casino fliegen.

Der Einsatz pro Spielrunde betrage 1 Franken. Mit $f > 1$ wollen wir den *Auszahlungsfaktor* bezeichnen. Falls wir gewinnen sollten, so erhalten wir das $(f - 1)$-fache zum Einsatz hinzu, sodass wir diesen um f vervielfacht hätten. Falls wir dagegen verlieren, so ist der Einsatz verspielt.

Mit p bezeichnen wir die *Gewinnwahrscheinlichkeit* pro Spielrunde. Dann ist die *Zufallsgröße des Gewinns pro Spielrunde*

$$X = \begin{cases} f - 1 & \text{falls Gewinn} \\ -1 & \text{falls Verlust} \end{cases}$$

Der Erwartungswert des Gewinns beim Einsatz von 1 Franken ist damit

$$\mathbb{E}X = (f - 1) \cdot p + (-1) \cdot (1 - p) = f \cdot p - 1$$

Somit ist die Wette für uns vorteilhaft, falls $f \cdot p > 1$ ist.

Die Zufallsgröße R gibt den *Faktor* an, um welchen der Wetteinsatz vervielfacht wird:

$$R = \begin{cases} f & \text{falls Gewinn} \\ 0 & \text{falls Verlust} \end{cases} \tag{10.1}$$

Unser *Startkapital* sei V_0. Das *im Laufe mehrerer Spielrunden verfügbare Kapital* wird durch eine Folge von Zufallsgrößen

$$V_0, V_1, V_2, \ldots$$

beschrieben. Hier ist V_n unser Guthaben nach der n-ten Spielrunde. Wenn wir davon in der nächsten Runde den Anteil α riskieren, so beträgt der Spieleinsatz $\alpha \cdot V_n$ und unsere Reserve $(1 - \alpha) \cdot V_n$.

Unser Wetteinsatz $\alpha \cdot V_n$ verwandelt sich in den Betrag $R \cdot \alpha \cdot V_n$. Dann steht uns nach der $(n + 1)$-ten Runde das Kapital

$$V_{n+1} = (1 - \alpha) \cdot V_n + R \cdot \alpha \cdot V_n = (1 - \alpha + \alpha R) \cdot V_n$$

zur Verfügung. Somit bilden die Glieder V_n eine geometrische Folge von Zufallsgrößen mit

$$V_n = (1 - \alpha + \alpha R)^n \cdot V_0$$

Wir können dieses exponentielle Wachstum auch mit dem Ansatz

$$V_n = e^{n \cdot G_n} \cdot V_0 \tag{10.2}$$

und einem passenden Wachstumsfaktor G_n darstellen. Dann ist

$$e^{nG_n} = (1 - \alpha + \alpha R)^n$$

und nach Logarithmieren

$$G_n = \ln(1 - \alpha + \alpha R)$$

Doch diese Zufallsgröße hängt überhaupt nicht von n ab. Aus (10.1) folgt

$$G_n = \begin{cases} \ln(1 - \alpha + \alpha f) & \text{falls Gewinn} \\ \ln(1 - \alpha) & \text{falls Verlust} \end{cases}$$

Wegen

$$p(\text{Gewinn}) = p, \qquad p(\text{Verlust}) = 1 - p$$

ist ihr Erwartungswert

$$\mathbb{E}G_n = p \cdot \ln(1 - \alpha + \alpha f) + (1 - p) \cdot \ln(1 - \alpha) \quad \text{für alle } n \in \mathbb{N}$$

Zur Gewinnoptimierung suchen wir die Maxima der Funktion

$$g(\alpha) = p \cdot \ln(1 - \alpha + \alpha f) + (1 - p) \cdot \ln(1 - \alpha) \qquad \text{für } 0 < \alpha < 1$$

Aus der Bedingung $g'(\alpha) = 0$ folgt

$$\frac{p(f-1)}{1 - \alpha + \alpha f} + \frac{p - 1}{1 - \alpha} = 0$$

und nach einigen Umformungen

$$\alpha = \frac{pf - 1}{f - 1} \tag{10.3}$$

Diese Formel gibt den optimalen Anteil des Gesamtvermögens an, der pro Spielrunde eingesetzt werden darf.

Über Jaggers Spielstrategie ist nichts bekannt. Doch von García Pelayo wissen wir, dass er tatsächlich mathematisch vorging und ähnliche Ansätze benutzte.

Beispiel 16. Bei einem Startvermögen $V_0 = 50.000$ Franken berechnen wir den optimalen Spieleinsatz an einem Roulettekessel mit einer heißen Zahl, deren Wahrscheinlichkeit auf $p = \frac{170}{5000}$ geschätzt wurde.

Lösung. Es ist $f = 35$ und damit $\alpha = 0{,}0056$. Man setzt den Anteil $\alpha \cdot V_0 = 280$ Franken. □

Ausgehend von Formel (10.2) beschreibt der Faktor $e^{n\mathbb{E}G_n}$ den Erwartungswert der Vervielfachung unseres Startkapitals. Abschließend berechnen wir die voraussichtlich benötigte Anzahl von Spielrunden, um das Ausgangskapital zu verdoppeln. Es ist

$$e^{n\mathbb{E}G_n} = 2$$
$$n = \frac{\ln 2}{\mathbb{E}G_n}$$

Für unser Zahlenbeispiel erhalten wir $n = 1384$ Spielrunden. Setzen wir die Dauer einer Spielrunde durchschnittlich mit 3 min und die verfügbare Spielzeit pro Tag mit 8 h an, so würde man zur Verdopplung

$$\frac{1384 \cdot 3}{60 \cdot 8} \approx 8{,}5 \text{ Tage}$$

benötigen. Jagger und García Pelayo hatten jedoch in der Regel mehrere heiße Zahlen erkannt, sodass sich ihre Aktion auf drei bis fünf Tage verkürzte.

11 Von Gerichtsurteilen und anderen Irrtümern

Nicht immer ist die Schuld oder Unschuld vor Gericht nachweisbar, dennoch muss ein Urteil gefällt werden. Dann wird das Wörtchen „wahrscheinlich" zum gewichtigen Argument. Berechnungen und Zahlen vermitteln den Eindruck von Wissenschaftlichkeit und Objektivität.

Doch unter Rechtsexperten und Gutachtern dauert die Diskussion darüber an, unter welchen Voraussetzungen die Wahrscheinlichkeitsrechnung zur Urteilsfindung beitragen kann. Eine Reihe von offensichtlich gewordenen Fehlurteilen lässt nämlich daran zweifeln, in hohen bzw. geringen Wahrscheinlichkeiten ein starkes Beweismittel für Schuld und Unschuld zu sehen.

Berechnungen von Wahrscheinlichkeiten sollten nicht missbraucht werden, um Vermutungen in den Rang von Fakten zu erheben. Mathematische Modelle sind Idealisierungen; die Ergebnisse müssen also mit gewisser Skepsis behandelt werden. *Hohe bzw. geringe Wahrscheinlichkeiten können lediglich als Ausgangspunkt für Hypothesen angenommen werden, die man weiter untersucht. Das Prinzip „im Zweifel für den Angeklagten" muss auch dann angewandt werden, wenn eine hohe Wahrscheinlichkeit gegen ihn spricht, aber sonst keine Beweise vorliegen.* Wahrscheinlich bedeutet nicht sicher, sonst wäre jeder Gewinner eines Lotto-Jackpots automatisch ein Betrüger.

Andererseits enthält eine lange Reihe von Justizirrtümern aufgrund von Wahrscheinlichkeitsfehlern in den Prozessakten außer Datums- und Zeitangaben nicht eine einzige Zahl, geschweige denn eine Rechnung. Der mathematische Fehler kann sich auch in der Argumentation oder unbewussten einfachen Überschlagsrechnungen verstecken, die „anschaulich klar" erscheinen. Wahrscheinlichkeiten werden oft intuitiv falsch geschätzt, weil gewisse Aspekte vernachlässigt oder falsch gegeneinander abgewogen werden. Wir sollten uns im Klaren sein, dass wir derartige Abschätzungen täglich unbewusst vornehmen.

Ein bekanntes Beispiel für das Versagen der Intuition ist das sogenannte Ziegenproblem, welches einer amerikanischen Fernsehshow aus den 90er-Jahren des vorigen Jahrhunderts entstammt.

Problem 29. *Ein Auto als Preis und zwei Ziegen, Letztere zur Erheiterung der Zuschauer, werden zufällig hinter drei Türen versteckt. Der Kandidat wählt eine Tür aus, welche aber vorerst verschlossen bleibt. Dann öffnet der Moderator, der den Ort des Autos kennt, eine nicht gewählte Tür mit einer Ziege. Das ist stets möglich, da sich hinter zwei Türen Ziegen befinden.*

Jetzt hat der Kandidat die Möglichkeit, seine Entscheidung zu korrigieren und zur anderen nicht geöffneten Tür zu wechseln. Sollte er das tun?

Lösung. Wenn er nicht wechselt, bleibt seine Gewinnchance $\frac{1}{3}$. Wenn er hingegen wechselt, gibt es zwei Fälle. Falls er ursprünglich das Auto gewählt hatte, wechselt er zu einer Ziege und verschlechtert sich. Falls er jedoch ursprünglich eine Ziege ge-

https://doi.org/10.1515/9783110542547-011

wählt hatte, wechselt er zum Auto und gewinnt. Er würde mit Wechseln dann gewinnen, wenn er ohne Wechseln verloren hätte, d. h., seine Gewinnwahrscheinlichkeit beträgt jetzt $\frac{2}{3}$. Wechseln verdoppelt die Chancen. Intuitiv ist das den meisten Leuten überhaupt nicht klar. □

Ich erinnere mich daran, welche lebhaften und kontroversen Diskussionen das Ziegenproblem unter meinen damaligen Kollegen auslöste. Spezialisten, die sich jahrelang mit Mathematik beschäftigt hatten, fielen genauso darauf herein wie Laien. Obwohl diese Leute geübt im Umgang mit mathematischen Theorien und Beweistechniken waren, fehlte ihnen die Erfahrung, aus Alltagssituationen den Kern von Problemen zu erkennen.

Ähnlich muss es auch dem bekannten Mathematiker Edward O. Thorp[1] ergangen sein, der 1964 in New Mexico, USA als Experte im Mordprozess gegen Joe Sneed fungierte. Dieser hatte seine Eltern zuhause erschossen vorgefunden. Als Mordwaffe wurde ein Revolver vom Kaliber 22 festgestellt, doch weitere Spuren oder die Waffe selbst konnten nicht gefunden werden. Am Tage zuvor hatte ein Mann in einem Waffengeschäft einen derartigen Revolver unter dem falschen Namen Robert Crosset gekauft. Unter demselben Pseudonym hatte sich Joe Sneed eine Woche zuvor in mehreren Hotels eingemietet.

Der Verdacht lag nahe, dass es sich um dieselbe Person handelte. Professor Thorp schätzte nun die Wahrscheinlichkeit für den Namen Robert Crosset. Da dieser in New Mexico außerordentlich selten ist, schlussfolgerte er die Übereinstimmung des Hotelgasts Joe Sneed alias Robert Crosset mit dem Waffenkäufer alias Robert Crosset.

Obwohl der Waffenhändler in einer direkten Gegenüberstellung nicht imstande war, den Angeklagten Sneed zu identifizieren(!), erinnerte er sich an einige äußerliche Merkmale seines Kunden. Dieser sei weiß gewesen, etwa 1,75 m groß und hatte braunes Haar sowie braune Augen. Obwohl es in New Mexico schon bedeutend mehr Personen dieses Typs als Träger des Namens Robert Crosset gab, untermauerte die Ähnlichkeit nach Meinung des Professors den Verdacht derart, dass er ihn dem Gericht als Beweis für Sneeds Täterschaft vorlegte. Jede der Übereinstimmungen wurde vom Experten beziffert und zum Schluss stand es mit der Wahrscheinlichkeit von 1 zu $2{,}4 \cdot 10^{11}$ fest, dass Joe Sneed die Waffe unter falschem Namen gekauft hatte. Beeindruckt von der Kraft der Zahlen verurteilte das Gericht den Angeklagten zu lebenslanger Haft.

1 Es handelt sich um den Autor des Bestsellers *Beat the Dealer* und Protagonisten des verfilmten Casinodramas „21“, in welchem eine Gruppe Studenten unter Anleitung eines Mathematikprofessors mit einer Blackjack-Strategie die Casinos ausräumt. Im Gegensatz zum Filmbösewicht hatte Thorp seine Beutezüge durch die Casinos jedoch stets auf eigene Rechnung durchgeführt und keine Studenten dafür ausgenutzt. Zum Zeitpunkt der Gutachtertätigkeit im Fall Sneed war er durch sein Buch bereits zur Berühmtheit aufgestiegen, was auf das Gericht nicht ohne Wirkung geblieben sein dürfte.

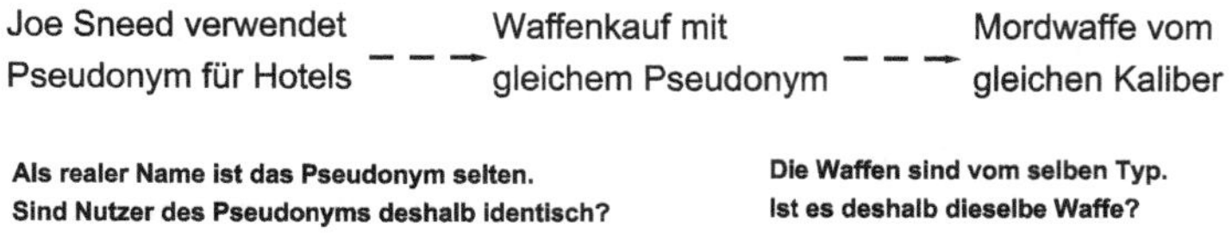

Abb. 11.1: Beweiskette bei der Verurteilung von Joe Sneed zu lebenslanger Haft.

Niemandem unter den Geschworenen oder gar dem Richter fiel auf, dass es bei einem doppelt benutzten Pseudonym völlig belanglos ist, wie häufig es in Wirklichkeit auftritt. Dabei wussten sie, dass weder Sneed noch der Waffenkäufer in Wirklichkeit Robert Crosset hießen. Weiterhin hat die Beschreibung durch Allerweltsmerkmale wenig Aussagewert, wenn man den Verdächtigen damit nicht identifizieren kann. Schließlich gab es nicht einmal Beweise, dass die Eltern tatsächlich mit dem Revolver von „Robert Crosset" erschossen wurden. Die gesamte Beweiskette beruhte einzig auf Fehlinterpretationen und Irrtümern. Ihre Überzeugungskraft lag allein in der Zahlenakrobatik und Autorität eines Spezialisten.

Wahrscheinlichkeiten kommen zwangsläufig in den Gerichtssaal, beispielsweise bei Gutachten von DNA-Labors. Bei diesen DNA-Tests ist großzügig von einer „Wahrscheinlichkeit zufälliger Übereinstimmung" in der Größenordnung von 10^{-6} bis zu $5 \cdot 10^{-9}$ oder weniger die Rede, die von den Gerichten oft unkritisch übernommen wird.

Bei der Verarbeitung der Wahrscheinlichkeiten gibt es zwei Problemstellen. Die erste sind mögliche Fehler im Modell, besonders bei eingangs erwähnten „intuitiv klaren" Ansätzen. Selbst wenn es außer dem Angeklagten nur mit einer Wahrscheinlichkeit von 1 / 1.000.000 einen anderen Täter gab, so ist seine Schuld noch nicht „praktisch erwiesen". Die zweite Problematik liegt selbst bei besseren Modellen in der Abhängigkeit von den Fehlertoleranzen der oft nur grob geschätzten Eingangswerte. Wie wir sehen werden, lassen kleine Abweichungen der Eingangsgrößen das Ergebnis, also die Täterwahrscheinlichkeit oft erheblich schwanken. Die Schuld oder Unschuld sollte nicht daraus abgelesen werden.

Fehler in Modellen und Berechnungen können nicht nur Richter und Jury, sondern auch ausgewiesene Experten hinters Licht führen. In diesem Kapitel werden Gerichtsfälle zusammengestellt, bei denen sie den Prozessverlauf und das Schicksal von Menschen stark beeinflusst haben.

Ein großer Teil unserer Beispiele stammt aus den USA, wo sie sich in reichlicher Menge bestens aufgearbeitet finden lassen. Das Land ist in zweifacher Hinsicht zum Rekordhalter in Sachen Gerichtsbarkeit geworden. Zum einen sind die USA unter 223 Ländern (Zählung einschließlich abhängiger Territorien) mit 698 Gefangenen pro 100.000 Einwohner weltweit auf dem zweiten Platz der Staaten, die einen höchstmöglichen Teil ihrer eigenen Bevölkerung hinter Gittern hält. Überboten werden sie nur noch vom Urlaubsparadies Seychellen mit 799 Gefangenen pro 100.000 Einwohner. (Für Nordkorea liegen keine Zahlen vor, aber alle anderen Staaten liegen deutlich darunter.)[2] Wie der ehemalige stellvertretende Minister des Schatzamtes Paul Craig Roberts nachwies, stellen die USA mit nur 5 % der Weltbevölkerung ganze 25 % der Welthäftlinge. Die amerikanische Einsperrpraxis liegt siebenmal höher als die der europäischen Länder. Entsprechend hoch ist der Anteil von Verurteilten, die entweder unschuldig oder wegen Bagatellvergehen hinter Gitter kamen.

Diesem Spitzenplatz an Misswirtschaft steht ein zweiter Rekord in der Aufarbeitung und Dokumentation durch Bürgerrechtsaktivisten entgegen, die einen festen Platz in der amerikanischen Öffentlichkeit einnehmen. Mit Unterstützung engagierter Juristen und Kriminologen stellt sich eine Vielzahl ehrenamtlicher Organisationen den Mühlen der Justiz entgegen und liefert eine Fundgrube scharfsinniger Analysen der Fehlurteile, teils mit originellen mathematischen Widerlegungen der Anklage.

Für die lukrative amerikanische Anwaltsbranche kommt im digitalen Zeitalter eine zusätzliche Triebkraft hinzu, die sich in der Zukunft ähnlich auswirken könnte wie die Maschinen im 19. Jahrhundert auf die damaligen Handwerksbetriebe. Mit *Legal Tech*, übersetzbar als Gesetzestechnologie, wird der beruflichen Existenz vieler kleiner oder mittlerer Kanzleiangestellter bald ein Ende gesetzt, da ihre zeitaufwändigen Recherchen von Computern übernommen werden können. Gefällte Urteile werden mehr und mehr in schnell wachsenden Datenbanken katalogisiert und nach verschiedensten Kriterien abrufbar gemacht. Da die Chancen für ein laufendes Verfahren stark davon abhängen, ob bereits ähnliche Fälle gewonnen oder verloren wurden, lassen sich durch derartige Datenbanken schnell die Erfolgsstrategien in der Prozessführung festlegen und Verfahren wesentlich abkürzen. In Datenbanken wie *Bayes and the Law* [59] hat man sich sogar auf mathematische Fehler spezialisiert. Die meisten unserer Beispiele lassen sich dort wiederfinden.

Doch warum werden gerade in den USA so viele Menschen hinter Gittern gehalten? Roberts sieht verschiedene Ursachen des US-amerikanischen Justizversagens, die hier nur auszugsweise wiedergegeben werden sollen. Ein hoher Anteil der Verurteilungen geschieht wegen vergleichsweise geringer Delikte beim Drogenkonsum. Außerdem sorgt die hohe Altersgrenze, bis zu der eine Aufnahme sexueller Beziehungen strafbar ist – in den verschiedenen Bundesstaaten liegt sie zwischen 16 und 18 Jahren –, für eine hohe Zahl von Verurteilungen junger Männer wegen geschlechtlicher Aktivitäten mit weiblichen Teenagern.

Mehr als 95 % aller Verbrechen werden in der US-Justiz durch Vereinbarung zwischen Staatsanwalt und Angeklagten bzw. Verteidigung erledigt. Wenn man viel Arbeit hat und der Fall nicht lukrativ ist, muss es eben schneller gehen. Das ist oft ein Kuhhandel, bei welchem dem Angeklagten für ein Geständnis zunächst geringe Strafen in Aussicht gestellt werden. Gleichzeitig droht man bei „nicht kooperativem Verhalten" die sichere Verurteilung zu hohen Strafen an. Bei diesen Deals ist den An-

2 Quelle: Wikipedia, List of countries by incarceration rate. Die Daten stammen vom International Centre for Prison Studies mit dem Stand vom 29. September 2015.

geklagten nicht immer klar, dass Versprechungen der Staatsanwaltschaft für das Gericht überhaupt nicht bindend sind. Unschuldige gestehen in der Hoffnung auf Schadensbegrenzung nicht begangene Taten und werden anschließend trotzdem zu hohen Haftstrafen verurteilt.

Die Ungerechtigkeit der Welt sorgt für volle Gefängnisse, konstatierte der Soziologe Emmanuel Todd. Nach einer Untersuchung des Institute for Policy Studies von 2015 werden 80 bis 90 % aller Angeklagten vor US-Gerichten als bedürftig eingestuft. Die Mehrheit von ihnen besitzt nur einen geringen Schulabschluss. Unter den Häftlingen sind Afroamerikaner und Hispanics, die zugleich zu den ärmsten Volksgruppen zählen, deutlich häufiger als Angehörige europäischer Rassen.[3]

Bei einer Häftlingszahl von 2,2 Millionen (Stand Ende 2011) ist das staatliche Gefängnissystem hoffnungslos überlastet. Profitorientierte Unternehmen dürfen Privatgefängnisse mit staatlicher Förderung betreiben, in denen Häftlinge Zwangsarbeit leisten. Man spricht bereits von einer Gefängnisindustrie.

Abschließend noch eine Bemerkung zum Rassebegriff, der in verschiedenen Kapiteln unterschiedlich benutzt wird. In Abschnitt 16.4 wird gezeigt, warum eine Rassenunterscheidung biologisch nicht begründbar ist und auch niemals war. Im folgenden Kapitel bezieht sich Rasse eher auf Rassendiskriminierung bzw. Rassismus, also gesellschaftliche Erscheinungen. In Bezug auf DNA-Datenbanken (Kapitel 14) ist die Rassenunterscheidung eine Notlösung. Sie liefert eine Grobklassifizierung, die wegen eben jener wissenschaftlichen Unhaltbarkeit zu Fehleinschätzungen führen kann, jedoch immer noch günstiger ist als die Arbeit mit einem vereinheitlichten Gesamtbestand.

11.1 Der Irrtum des Staatsanwalts

Im Folgenden handelt sich um den Gerichtsfall People vs. Collins. Am 18. Juni 1964 wurde Juanita Brooks in Los Angeles Opfer eines Raubes, ihr Portemonnaie wurde gestohlen. Ein Zeuge gab eine Beschreibung der Täter.

Es handelte sich um ein gemischtrassiges Pärchen. Wegen des damals vorherrschenden Rassismus waren diese so selten, dass bereits ihr bloßes Erscheinen öffentliches Aufsehen erregte. Die Diebin war eine junge, blonde Frau mit Pferdeschwanz in dunkler Kleidung. Sie floh zu einem gelben Auto, welches von einem bärtigen Afroamerikaner gefahren wurde.

3 Eine Veröffentlichung des U. S. Department of Justice [60] von 1997 zeigt, dass 28,5 % aller erstmals zu einer Haftstrafe verurteilten Afroamerikaner voraussichtlich ihr gesamtes Leben im Gefängnis verbringen werden. Im Vergleich sind es bei weißen Erstinsassen nur 4,4 %.
Unter den männlichen Afroamerikanern im Alter zwischen 20 und 30 Jahren sind mehr als 12 % inhaftiert. Insgesamt befinden sich heute mehr von ihnen in Gefängnissen als Mitte des 19. Jahrhunderts in der Sklaverei.

Die Polizei nahm Janet und Mark Collins aus dem alleinigen Grund fest, weil die Beschreibung auf sie zutraf. Weder das Opfer noch der Zeuge waren in der Lage, auch nur einen der beiden Beschuldigten zu identifizieren. (Der Zeuge erkannte Herrn Collins zwar im Gerichtssaal, war aber zuvor bei einer polizeilichen Gegenüberstellung nicht dazu in der Lage gewesen.)

Die einzigen Indizien gegen die Collins war die folgende Liste übereinstimmender Merkmale, welche von der Staatsanwaltschaft verfasst wurde:

Festgestelltes Merkmal	**Wahrscheinlichkeit für Paare**
M1: blonde jüngere Frau	1/3
M2: jüngere Frau mit Pferdeschwanz	1/10
M3: gelbes Auto	1/10
M4: Mann mit Schnurrbart	1/4
M5: bärtiger Afroamerikaner	1/10
M6: gemischtrassiges Paar im Auto	1/1000

Problem 30. *Die Staatsanwaltschaft multiplizierte diese Wahrscheinlichkeiten, um zu behaupten, dass die Wahrscheinlichkeit für ein zufällig ausgewähltes Paar mit diesen Merkmalen 1 zu 12 Millionen sei. Damit beträgt die Wahrscheinlichkeit für die Unschuld der Collins nur 1 zu 12 Millionen. Eine Jury verurteilte sie deshalb wegen Raubes.*

Ist das Urteil korrekt?

Lösung. Die Verteidigung forderte eine Revision, und das Oberste Gericht von Kalifornien entschied den Freispruch wegen folgender vier Gründe:

1. Die Wahrscheinlichkeiten sind Schätzwerte und können nicht belegt werden.
2. Die Multiplikation der Wahrscheinlichkeiten benutzt die Regel (8.5). Damit setzt man die Unabhängigkeit der Merkmale voraus, was ebenfalls nicht begründet werden kann.
   Beispielsweise besteht eine Abhängigkeit zwischen den Eigenschaften M1, M3, M5 und M6, da bei einem gemischtrassigen Paar nicht beide blond oder schwarz sein können. Auch die Eigenschaften M1 und M2 sind abhängig voneinander, da sie sich auf jüngere Frauen beziehen.
3. Die Staatsanwaltschaft nahm unbegründet an, dass die sechs Eigenschaften gesichert wären.
4. Der verhängnisvollste Fehler lag jedoch in der Argumentationskette.

Trugschluss des Staatsanwalts:
Falls

$$p(\text{Tätermerkmale zutreffend}) \approx 0,$$

so ist auch

$$p(\text{unschuldig} \mid \text{Tätermerkmale zutreffend}) \approx 0$$

Kürzen wir das Ereignis „Tätermerkmale zutreffend“ mit T ab, so erhalten wir die Schuldwahrscheinlichkeit

$$p(\text{schuldig} \mid T) = 1 - p(\text{unschuldig} \mid T) \approx 1$$

Zur Begründung des Fehlers in Punkt 4 können wir sogar die Wahrscheinlichkeiten des Staatsanwalts benutzen, da es hier keine Rolle spielt, ob sie korrekt sind oder nicht. Die damalige Bevölkerung Kaliforniens zählte ca. 24 Millionen Paare im tatverdächtigen Alter.

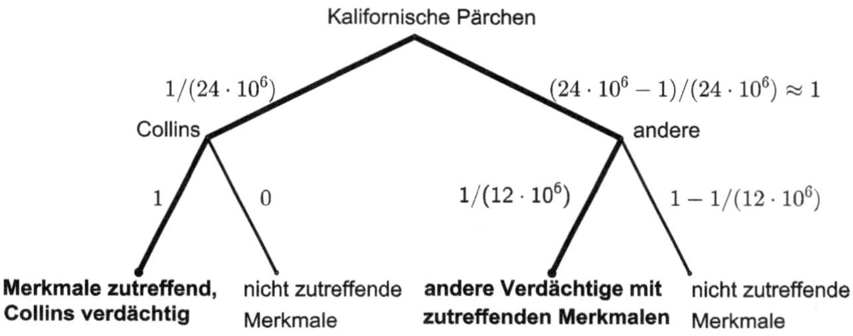

Abb. 11.2: Baumdiagramm zur Schuldwahrscheinlichkeit der Collins.

$$\begin{aligned} p(\text{Collins schuldig} \mid T) &= \frac{p(T \cap \text{Collins schuldig})}{p(T)} = \frac{p(\text{Collins schuldig})}{p(T)} \\ &= \frac{\frac{1}{24 \cdot 10^6}}{\frac{1}{24 \cdot 10^6} + \frac{1}{12 \cdot 10^6}} = \frac{1}{3} \end{aligned}$$

Ein Verdacht mit der Schuldwahrscheinlichkeit $\frac{1}{3}$ reicht zur Verurteilung nicht aus!

□

Die letzte Formel zeigt eine starke Abhängigkeit von den Eingangsgrößen. Seien $x = \frac{1}{12 \cdot 10^6}$ und $y = \frac{1}{24 \cdot 10^6}$. Erweitert man mit $1/x$, so erhält sie die Form $\frac{(y/x)}{1+(y/x)}$. Formeln dieses Typs begegnet man bei der Modellierung mit Bäumen häufig.

In der unten stehenden Grafik ist der Wert des Bruches in Abhängigkeit vom Verhältnis y/x dargestellt, welches auf der Abszisse abgetragen ist. Man sieht, dass $\frac{(y/x)}{1+(y/x)}$ für $y \ll x$ nahe bei eins und für $y \gg x$ nahe bei null liegt.

Damit hängt die Schuldwahrscheinlichkeit stark von den nur grob geschätzten Eingangsgrößen $\frac{1}{12 \cdot 10^6}$ und $\frac{1}{24 \cdot 10^6}$ ab. Gutachter können so bei Verwendung des gleichen Modells zu unterschiedlichen Schlussfolgerungen gelangen, wenn sie den potenziellen Täterkreis verschieden eingrenzen.

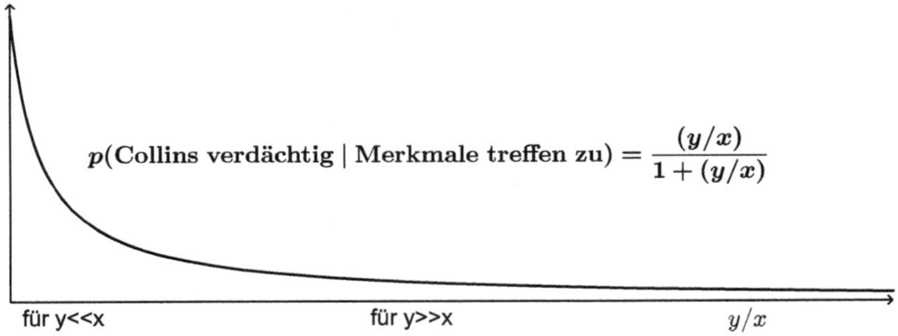

Abb. 11.3: Schuldwahrscheinlichkeit der Collins in Abhängigkeit vom Wert y/x. Hier sind x die Merkmalshäufigkeit und y die Wahrscheinlichkeit zur zufälligen Auswahl der Collins unter allen potenziellen Tätern.

Der „Trugschluss des Staatsanwalts“ steht in Vergangenheit und Gegenwart unangefochten auf Platz 1 der mathematischen Fehler vor Gericht. In den meisten Fällen wurde er allein durch die Benutzung des Wortes „hochwahrscheinlich“ begangen, wobei von Wahrscheinlichkeiten in konkreten Zahlen nicht einmal die Rede war. In der Datenbank „Bayes and the Law“ werden 27 ähnliche Fälle aufgeführt, darunter die bekannte Dreyfus-Affaire (1894–1906) um den fälschlicherweise der Spionage bezichtigten französischen Hauptmann Alfred Dreyfus. Auch die britischen Prozesse gegen die zu Unrecht als IRA-Terroristen verurteilten Birmingham Six (1991) und Guildford Four (1975) folgen diesem Schema.

11.2 Spurensuche in Jerusalem

Mathematik ist universell: Derselbe Ansatz lässt sich überraschend oft in scheinbar entfernten Anwendungsgebieten wiederfinden. So beruht das folgende Beispiel aus der Archäologie auf dem gleichen Prinzip wie der vorhergehende Gerichtsfall.

Unbestrittene Fernsehsensation zu Ostern 2007 war die BBC-Dokumentation „The Lost Tomb of Jesus“ von James Cameron und Simcha Jacobovici über das wiederentdeckte Jesus-Grab . Den Stoff für die Story holten sich die Filmemacher aus dem frisch erschienenen Bestseller *Die Jesus-Dynastie* des Religionswissenschaftlers James D. Tabor [71], der einen sensationellen Fund aus dem Jahre 1980 auswertete.

Damals wurde im Jerusalemer Stadtviertel Talpiot ein Grab mit zehn Behältern menschlicher Überreste, sogenannten Ossuaren aus der Zeit von Jesus Christus entdeckt, davon eines mit der aramäischen Aufschrift „Jesus Sohn von Joseph“. Ein weiteres Ossuar mit der Aufschrift „Jakob, Sohn des Josef, Bruder des Jesus“ tauchte 2001 auf. Allerdings ist die Echtheit der Aufschrift umstritten und auch seine Herkunft zweifelhaft, da es vom illegalen Antiquitätenmarkt stammte.

Abb. 11.4: Ossuare im Hecht-Museum (Israel), Foto: Golf Bravo.

Damit standen die Historiker vor einem ähnlichen Problem wie der Richter im vorangegangenen Fall Collins. Mit welcher Wahrscheinlichkeit handelte es sich hier um den historischen Jesus Christus, wenn wir voraussetzen, dass er tatsächlich lebte, sein Leichnam jedoch nicht wieder auferstanden ist?

Ossuare sind Kalksteinkästen von der Länge der Unterschenkelknochen. In Israel dienten sie vor 2000 Jahren der Aufbewahrung von Knochen Verstorbener, nachdem sich der Leichnam in einer 2–3-jährigen Verwesungszeit zersetzt hatte. Obwohl dieser Brauch nur etwa vom Jahre 20 v. Chr. bis 70 n. Chr. bestand, haben Archäologen inzwischen Hunderte dieser Kästen gefunden. In einem Ossuar wurden oft die Überreste mehrerer Personen aufbewahrt. Es waren Sammelgräber für Familienangehörige.

In den zehn Ossuaren des Talpiot-Grabs wurden schätzungsweise 35 Menschen bestattet, aber nur auf sechs Ossuaren fand man Inschriften. Übersetzt lauteten sie: Jesus Sohn von Joseph, Maria (auf Aramäisch), Maria (auf Griechisch), Joseph, Matthäus sowie Juda Sohn von Jesus. Die meisten Namen passten zur biblischen Geschichte, wenn es auch Unklarheiten wie einen Judas, Sohn von Jesus gab. Jesus von Nazareth hatte einen Bruder Joseph, und sein Großvater hieß Matthäus. Außerdem hießen zwei seiner Jünger Juda und einer Matthäus.

Doch die statistische Untersuchung führte zur Ernüchterung. Leider haben die Namen weniger Aussagekraft zur Identifizierung, als man von heutigen Namen erwarten kann. Familiennamen gab es damals nicht und die Liste der gebräuchlichen Vornamen war klein. So hießen 24 % aller jüdischen Frauen Maria und 21 % der Männer Simon. Auch Jesus war mit 9 % ein häufiger Name.

Tab. 11.1: Verbreitung jüdischer Namen während der Antike, Quelle: [63, 64].

Männl. Name	Prozentsatz	Weibl. Name	Prozentsatz
Simon	21 %	Maria	24 %
Joseph	14 %	Salome	16 %
Juda	10 %	Shelamzon	5 %
Yohanan (=Johannes)	10 %	Martha	3 %
Eliezer	10 %	Joanna	4 %
Jesus	9 %	Shiphra	2 %
Jonathan	6 %	Berenice	6 %
Matthäus	5 %	Sara	2 %
Hanina	3 %	Imma	2 %
Yo-ezer	3 %	Mara	2 %
Ishmael	2,20 %	Andere	34 %
Menachem	2 %		
Jacob	2 %		
Hanan	2 %		
Levi	0,20 %		
Isaac	0,20 %		
Gamaliel	0,20 %		
Hillel	0,20 %		

Zwar liegt die Wahrscheinlichkeit eines Jesus, Sohn von Joseph unter allen Vätern mit Sohn nur bei

$$14\,\% \cdot 9\,\% = 1{,}26\,\%$$

Doch der Rest der Namen hat wenig Aussagekraft, da die Familienbeziehungen der anderen Verstorbenen unbekannt sind. Umfangreiche Teile der Liste waren wohl in den Namen vieler Großfamilien vertreten, denn nicht alle Verwandten können denselben Namen tragen.

Bei geschätzten 50.000 männlichen Einwohnern im damaligen Jerusalem gab es noch genügend andere Familien mit einem Jesus, Sohn von Joseph und einem ähnlich beeindruckenden biblischen Namensspektrum. Für die meisten Historiker und Archäologen steht das Talpiot-Grab deshalb in keinerlei Zusammenhang zur Person von Jesus Christus.

11.3 Der Mordfall Nicole Brown

Nicole Brown und ihr Freund Ronald Goldman wurden am 12. Juni 1994 in ihrem Haus in Los Angeles ermordet. Nicoles geschiedener Ehemann O. J. Simpson, ein ehemaliger Football-Profi, bekannter Schauspieler und Multimillionär galt als Hauptverdächtiger.

Das Gericht begann mit dem Nachweis, dass O. J. Simpson seine Frau misshandelt hatte. Die Anklage argumentierte, dass diese Gewalt schließlich zum Mord eskalierte.

Als Gegenargument führte der Verteidiger an, dass nur ein kleiner Teil der Männer, weniger als 1/2500, welche ihre Partnerin ohrfeigen oder schlagen, später bis zum Mord gehen:

$$p(\text{Partner tötet Frau} \mid \text{Partner misshandelte Frau}) = \frac{1}{2500} = 0{,}04\,\%$$

(Die jährliche Mordrate für Frauen lag damals in den USA bei 0,005 %.)

Problem 31. *War die Misshandlung von Nicole Brown durch O. J. Simpson für den Mordfall irrelevant?*

Lösung. Die Argumentation des Anwalts enthält einen logischen Fehler, der erst nach dem Prozessende, einem Freispruch für O. J. Simpson, bemerkt wurde.

Der Mord wurde begangen. Wir suchen also die bedingte Wahrscheinlichkeit

$$p(\text{Partner tötet Frau} \mid \text{„Partner misshandelte Frau" und „Frau ermordet"})$$

wobei das Ereignis „Frau ermordet" den Mörder nicht spezifiziert. Es kann ein Fremder oder der Partner gewesen sein. Unter „Partner tötet Frau" verstehen wir auch Ex-Partner.

Die landesweite Mordrate für Frauen lag bei 0,005 %. Mit dieser Wahrscheinlichkeit fiel auch eine misshandelte Frau einem *fremden Mörder* zum Opfer, denn dieser wählt seine Opfer eher nach einer günstigen Gelegenheit, ohne ihre Vorgeschichte zu kennen. Damit erhalten wir den Baum

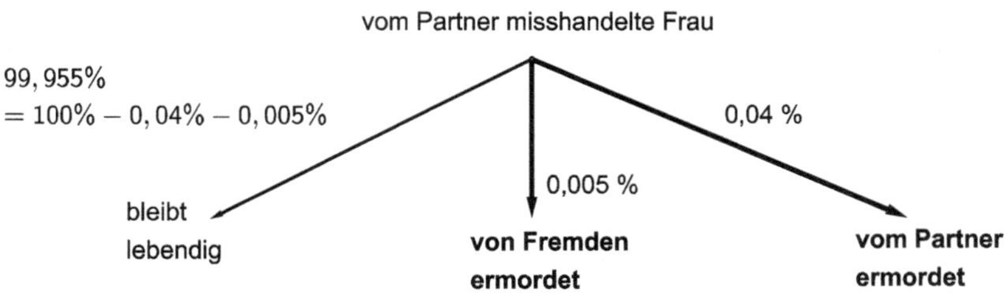

Abb. 11.5: Baumdiagramm zur Relevanz der Misshandlung im Mordfall Nicole Brown.

$$p(\text{Partner tötet Frau} \mid \text{„Partner misshandelte" und „Frau ermordet"}) = \frac{p(\text{Partner misshandelte und tötet Frau})}{p(\text{Frau ermordet})} = \frac{0{,}04\,\%}{0{,}04\,\% + 0{,}005\,\%} = 89\,\%$$

Unter Kenntnis der vorangegangenen Misshandlung hat O. J. Simpson den Mord mit einer Wahrscheinlichkeit von 89 % begangen. Das allein ist kein Beweis für seine Schuld. Doch es zeigt, dass die Misshandlung ein relevantes belastendes Moment gegen ihn darstellt. □

Ohne die Information der Misshandlung würde man als Mordwahrscheinlichkeit für O. J. Simpson einen geringeren Wert erhalten: Im Jahre 1992 wurden in den USA 4936 Frauen ermordet, davon 1430 von Partnern bzw. Ex-Partnern.

$$p(\text{Partner tötet Frau} \mid \text{Frau ermordet}) = \frac{1430}{4936} = 29\,\%$$

Selbst diese Wahrscheinlichkeit liegt wesentlich höher als der vom Verteidiger angegebene Wert von 0,04 %. Der Fehler bzw. die Unaufrichtigkeit der Verteidigung besteht darin, nicht zu berücksichtigen, dass Nicole Brown ermordet wurde.

Ob O. J. Simpson den Mord begangen hat oder nicht, sei hier dahingestellt. Den Freispruch verdankte er jedoch weniger der Gerechtigkeit als seinem Geld. Für die fantastische Summe von 6 Millionen Dollar engagierte er ein „Dream Team" der hochrangigsten Verteidiger und Experten, die man für Geld bekommen konnte. Darunter waren DNA-Spezialisten, die dem Gericht nachweisen konnten, wie mangelhaft die Voruntersuchungen durchgeführt wurden. Sie warfen den Ermittlern der Polizei vor, durch unprofessionelle Arbeit Blutproben verunreinigt und unbrauchbar gemacht zu haben, sodass sie schließlich keinen Aussagewert mehr hätten. O. J. Simpson wurde am 3. Oktober 1995 freigesprochen. Die Urteilsverkündung wurde live im Fernsehen übertragen.

11.4 Ein Prozess wegen zweifachem Kindsmord

Familie Clark aus Cheshire, England verlor im Laufe eines Jahres ihre beiden Kinder. Zuerst starb Sohn Christopher im Dezember 1996 mit elf Wochen. Etwa ein Jahr später wurde sein Bruder Harry geboren, der im Alter von acht Wochen verstarb. Während die Behörden im Falle Christophers noch von einem natürlichen Tod ausgingen, wurden sie ein Jahr später misstrauisch. Der Fall kam vor Gericht.

Der natürliche Tod von neugeborenen Kindern wird als plötzlicher Kindstod (*sudden infant death syndrom*, kurz SIDS) bezeichnet und ist noch nicht ausreichend gut erforscht. Neben gesundheitlichen Faktoren spielen auch soziale Einflüsse (z. B. Zigaretten- oder Alkoholkonsum der Eltern) und selbst Lebensgewohnheiten wie die Lage des Kindes beim Schlafen eine Rolle.

Die Wahrscheinlichkeit eines solchen Todesfalls wird durch die Einstufung der Familie in Risikogruppen bestimmt und rangiert in England zwischen 1/1303 und 1/8500. Da bei Familie Clark die typischen Risikofaktoren fehlten, wurde sie vom Gutachter, dem renommierten britischen Kinderarzt Sir Roy Meadow, mit 1/8500 eingeschätzt. Beim Tod von zwei Kindern wird sie quadriert und beträgt 1/73 Millionen. Da ein derartiger Fall in England nur etwa alle 104 Jahre auftritt, sah ihn das Gericht im Falle der Clarks als unwahrscheinlich an. Stattdessen ging es von Doppelmord aus. 1999 wurde Sally Clark, die selbst Anwältin war, zu lebenslänglicher Haft verurteilt.

Der Fall erregte Aufsehen und kam im Jahre 2002 in die Revision. Die Verteidiger konnten nachweisen, dass die Risiken des Todes beider Kinder nicht unabhängig waren, sodass man die Wahrscheinlichkeiten nicht multiplizieren darf.

Nach Untersuchungen des Statistikers Ray Hill beträgt das Risiko eines wiederholten SIDS-Todesfalls 1/100. Bei Wiederholung muss außerdem davon ausgegangen werden, dass auch das Risiko des ersten Falles höher lag. Professor Hill schätzte es auf 1/1303. (In England und Wales wurden damals jährlich etwa 650.000 Kinder geboren. Circa 60 % der jungen Familien mit Kindern hatten mindestens zwei Kinder.)

Problem 32. *Wir legen den Berechnungen die Zahlen von Ray Hill zugrunde.*
Mit welcher Wahrscheinlichkeit wäre dann Ende der 90er-Jahre jährlich mindestens ein Wiederholungsfall von SIDS in einer britischen Familie zu erwarten gewesen?

Lösung. Die jährliche Anzahl der Geburten mit einem irgendwann vorangegangenem Geschwisterkind betrug ca. 60 % der jährlichen Geburten, d. h.

$$n = 60\,\% \cdot 650.000 = 390.000$$

Die Wahrscheinlichkeit eines doppelten natürlichen Todesfalls ist

$$p = p(1.\text{ SIDS}) \cdot p(2.\text{ SIDS} \mid 1.\text{ SIDS}) = \frac{1}{1303} \cdot \frac{1}{100}$$

Damit ist

$$n \cdot p = 2{,}993$$

die jährlich zu erwartende Anzahl doppelter SIDS-Fälle in England und Wales. Da die Sterblichkeiten in Mehrfachgeburten *verschiedener Familien* unabhängig voneinander sind, können wir zur Abschätzung der Wahrscheinlichkeit doppelter SIDS-Fälle eine Poisson-Verteilung (siehe Abschnitt 8.12) mit dem oben berechneten Erwartungswert $\lambda = 2{,}993$ benutzen. Die Wahrscheinlichkeit für mindestens eine Familie mit doppeltem SIDS-Fall pro Jahr beträgt nach Formel (8.39)

$$p(X \geq 1) = 1 - p(X = 0) = 1 - e^{-\lambda} = 0{,}95$$ □

Ohne weitere Beweise gab es also keinen Grund, einen Doppelmord zu unterstellen. Hinzu kam, dass die Autopsie im Falle Christophers eine Atemwegsinfektion und beim Tod von Harry eine bakterielle Blutinfektion nachweisen konnte. Sally Clark wurde im Jahre 2003 freigesprochen.

Als Folge war die Staatsanwaltschaft gezwungen, Hunderte von ähnlichen Fällen einer Revision zu unterziehen. Zwei zuvor wegen Doppelmord verurteilte Frauen, Donna Anthony und Angela Cannings wurden freigesprochen. Ein weiterer Freispruch erfolgte für Trupti Patel, die wegen dreifachem Kindsmord inhaftiert war. In allen Fällen lag der Verurteilung einzig das Gutachten des Pädiaters Roy Meadows über die Unwahrscheinlichkeit eines doppelten plötzlichen Kindstodes zugrunde. Sally Clark konnte sich jedoch auch nach dem Freispruch nicht von der Familientragödie erholen. Sie starb im Jahre 2007 an einer Alkoholvergiftung.

11.5 Verdacht, Gewissheit und Glaubwürdigkeit

Wir beginnen mit einem Beispiel, das unter Psychologen viel diskutiert wird und vom Nobelpreisträger für Wirtschaft Daniel Kahneman stammt.

Problem 33. *In einer Stadt gibt es zwei Taxiunternehmen, die weißen und die gelben. Die weißen stellen 15 % und die gelben 85 % aller Taxis. Bei einem nächtlichen Unfall wird wegen Fahrerflucht ermittelt. Das entscheidende Moment in der Verhandlung gegen den Fahrer sind Zeugenaussagen über die Farbe des Tatfahrzeugs. Die Zeugen identifizieren die Farbe zu 80 % korrekt. Nur in 20 % der Fälle irren sie sich.*

- *Mit welcher Wahrscheinlichkeit ist das Tatfahrzeug wirklich weiß, wenn der Zeuge es als weiß wahrgenommen hat?*
- *Mit welcher Wahrscheinlichkeit ist es gelb, wenn der Zeuge es als gelb wahrgenommen hat?*

Lösung. Betrachten wir den folgenden Baum.

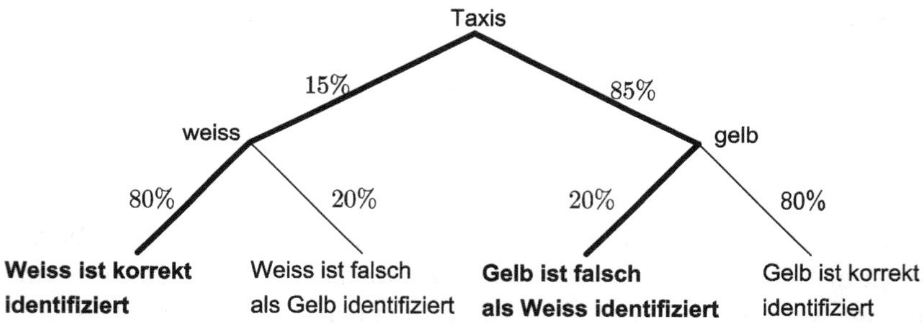

Abb. 11.6: Baumdiagramm zum Taxiproblem.

Dann ist

$$p(\text{weiß} \mid \text{weiß gesehen}) = \frac{0{,}15 \cdot 0{,}8}{0{,}15 \cdot 0{,}8 + 0{,}85 \cdot 0{,}2} = 0{,}48$$

$$p(\text{gelb} \mid \text{gelb gesehen}) = \frac{0{,}85 \cdot 0{,}8}{0{,}85 \cdot 0{,}8 + 0{,}15 \cdot 0{,}2} = 0{,}96$$

Die meisten Zeugenaussagen für ein gelbes Auto waren zuverlässig. Doch die Hälfte der Zeugen für ein weißes Taxi hat sich geirrt. □

Etwas Seltenes erscheint uns irrtümlich als häufiger, wenn man es mit etwas Häufigem verwechseln kann.

Was lässt sich über die Täterwahrscheinlichkeit sagen, falls der Verdächtige von einem Zeugen identifiziert wurde? Dazu müssen wir uns zunächst im Klaren sein, nach welchem Verfahren die Identifikation durchgeführt wird. Danach muss der Wert dieses Verfahrens experimentell getestet werden.

Man benutzt zwei Verfahren. Beim TP (*target present*) wird der Verdächtige in einer Gruppe mit fünf oder sechs anderen Personen präsentiert. Beim TA (*target absent*) wird überprüft, ob der Zeuge eine Gruppe aus Unbeteiligten als solche erkennen kann oder den Verdächtigen auch dort findet, wo er überhaupt nicht ist.

In Versuchsreihen von TP- und TA-Experimenten (siehe [62]) wurden folgende Werte ermittelt:

$$p(\text{korrekte Identifikation} \mid \text{Täter anwesend}) = 0{,}461 \qquad \text{aus TP-Serie}$$
$$p(\text{falsche Identifikation} \mid \text{Täter abwesend}) = 0{,}134 \qquad \text{aus TA-Serie}$$

Bezeichnen wir die folgenden Ereignisse. I sei eine (korrekte oder falsche) Identifikation. S sei das Ereignis, dass der Verdächtige schuldig ist. U bezeichne das Ereignis, dass er unschuldig ist. Dann sind

$$p(\mathrm{I} \mid \mathrm{S}) = 0{,}461, \qquad p(\mathrm{I} \mid \mathrm{U}) = 0{,}134 \tag{11.1}$$

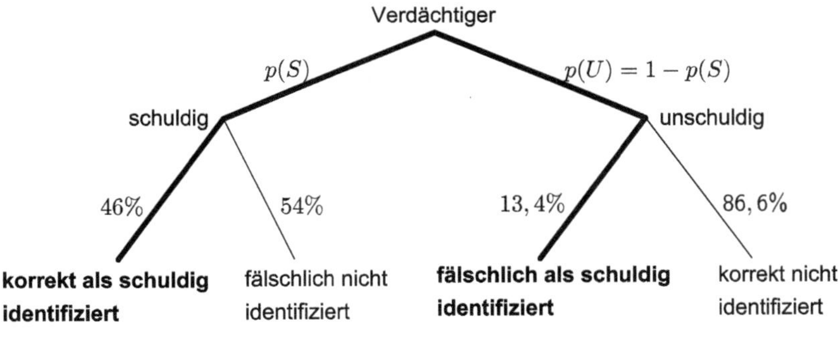

Abb. 11.7: Baumdiagramm zur Identifikation.

Nach der Formel von Bayes folgt

$$p(\mathrm{S} \mid \mathrm{I}) = \frac{p(\mathrm{I} \mid \mathrm{S}) \cdot p(\mathrm{S})}{p(\mathrm{I} \mid \mathrm{S}) \cdot p(\mathrm{S}) + p(\mathrm{I} \mid \mathrm{U}) \cdot p(\mathrm{U})} \tag{11.2}$$

Im Gegensatz zu den vorangegangenen Beispielen ist hier die Wahrscheinlichkeit $p(S)$ unbekannt. Man bezeichnet sie als *A-priori-Wahrscheinlichkeit der Täterschaft*. Sie misst den Verdacht zum Zeitpunkt vor der Identifikation durch den Zeugen, beispielsweise aufgrund seiner kriminellen Vorgeschichte, eines Tatmotivs oder auffälliger Verhaltensweisen.

Berechnen wir für einen Identifizierten nun die Wahrscheinlichkeit, schuldig zu sein, indem wir $p(S)$ sämtliche Werte zwischen null und eins durchlaufen lassen.

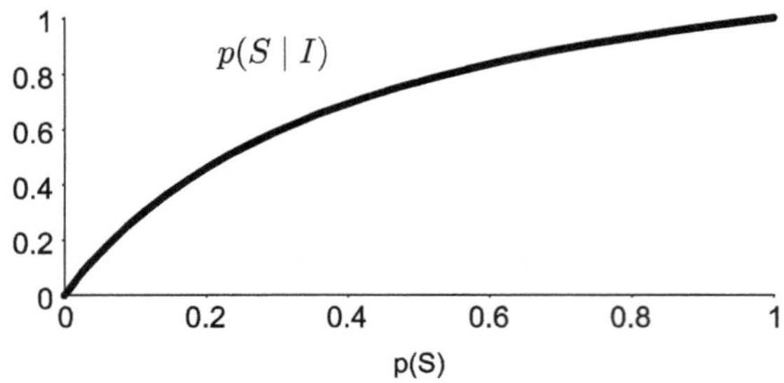

Abb. 11.8: Einfluss der Identifikation zulasten des Angeklagten.

Die texanische Rechtsexpertin Christy L. Fields [62] empfiehlt, für die A-priori-Wahrscheinlichkeit bei entsprechendem Anfangsverdacht $p(S) = 0{,}5$ anzusetzen. Nach einer ersten Identifikation erhalten wir aus (11.1) und (11.2) die Wahrscheinlichkeit $p(\mathrm{S} \mid \mathrm{I}) = 0{,}77$. Man kann nun weitere Zeugen berücksichtigen, indem man diesen Wert als neuen Ausgangswert für $p(S)$ in die obige Formel einsetzt.

$$p(S_{neu}) = \frac{p(\mathrm{I} \mid \mathrm{S}) \cdot p(S_{alt})}{p(\mathrm{I} \mid \mathrm{S}) \cdot p(S_{alt}) + p(\mathrm{I} \mid \mathrm{U}) \cdot (1 - p(S_{alt}))} \tag{11.3}$$

Hier ist $p(S_{alt})$ die Schuldwahrscheinlichkeit auf Grundlage der bisherigen belastenden Zeugenaussagen. $p(S_{neu})$ bezeichnet die Schuldwahrscheinlichkeit unter Berücksichtigung einer zusätzlichen belastenden Zeugenaussage.

Wie das folgende Beispiel zeigt, ist der Ansatz kritisch zu bewerten und höchstens dann brauchbar, wenn ein Zeuge eine ihm bisher *unbekannte Person* wiederfinden muss. Der Einfluss des Anfangsverdachts $p(S) = 0{,}5$ wirkt sich nämlich außerordentlich stark aus.

Beispiel 17. Im Laufe einer nächtlichen Schlägerei von 15 betrunkenen Personen gegen einen Außenstehenden wird dieser getötet. Es handelt sich um gezielten Mord, der von nur einer Person ausgeführt wurde. Durch den Alkoholkonsum hat das Erinnerungsvermögen aller Tatbeteiligten stark gelitten.

A ist durch seine Vorgeschichte mit $p(S_A) = 0{,}5$ vorbelastet. B belastet ihn zusätzlich, sodass er nun mit Wahrscheinlichkeit 0,77 unter Tatverdacht steht.

Dagegen beziffert man den Anfangsverdacht gegen den bisher eher unauffälligen B höchstenfalls mit $p(S_B) = \frac{1}{15}$, denn es gibt nur 15 mögliche Täter. Falls B nun von drei Gruppenmitgliedern A, C und D belastet wird, so steht er (nach zweimaliger Iteration mit (11.3)) nur mit der Wahrscheinlichkeit 0,74 unter Tatverdacht. Drei Aussagen gegen B haben weniger Gewicht als eine gegen A. □

Aufsehen erregte das Gerichtsverfahren gegen Troy Davis, der in Savannah, USA wegen Mordes am Wachmann Mark MacPhail hingerichtet wurde. Dieser wurde erschossen, als er in der Nacht vom 18. zum 19. August 1989 einem Obdachlosen zu Hilfe eilte, der in eine Schlägerei mit mehreren Personen vor einem Burger-King-Restaurant verwickelt war. Einer der Schläger war der damals 21-jährige Davis, der mit einem Freund zur Auseinandersetzung hinzukam. Ein anderer war ihr Bekannter Sylvester Coles, welcher den Streit begonnen hatte. Nach den tödlichen Schüssen flohen alle Beteiligten, und am nächsten Morgen erstattete Coles Anzeige gegen Davis.

Abb. 11.9: Protest gegen die geplante Hinrichtung von Troy Davis (Paris, 2. Juli 2008), Foto: World Coalition Against the Death Penalty.

Die Polizei nahm die Ermittlungen gegen Davis auf. Dabei konnten weder die Tatwaffe gefunden noch sonstige Spuren sichergestellt werden. Die gesamte Beweisführung begründete sich einzig auf Berichte von Zeugen. Da die außenstehenden Beobachter keinen der Tatbeteiligten persönlich kannten, beschränkten sich ihre Aussagen mehr oder weniger auf äußerliche Beschreibungen. Die Polizei interessierte sich besonders für einen schlanken Afroamerikaner mit einem weißen T-Shirt. Doch über eine Waffe oder ihre Benutzung konnte man von den Zeugen nur wenig in Erfahrung bringen.

Die unmittelbar in die Schlägerei verwickelten Personen wie der Aggressor Coles und Davis Freund standen unter einem hohen Druck, da sie selbst unter Mordverdacht geraten konnten. Im Falle des angegriffenen Obdachlosen ist leicht vorstellbar, dass er sich in seiner bedrängten Situation gegen mehrere Angreifer kaum exakt an jede Einzelheit erinnern könnte.

Die Polizei brachte neun Belastungszeugen zustande, und Troy Davis wurde zum Tode verurteilt. Daraufhin widerriefen sieben der Zeugen ihre Aussage, da sie unter starkem Druck der Polizei zustande gekommen war. Man hatte teilweise damit gedroht, sie anderenfalls selbst mit dem Mord zu belasten. Zwei der Zeugen gaben nach ihrem Widerruf nun Sylvester Coles als Mörder an. Dieser und ein weiterer Zeuge blieben bei ihrer Version von Davis Täterschaft, sodass es jetzt zwei belastende Aussagen gegen Davis sowie zwei gegen Coles gab. Doch das Gericht ignorierte die Widerrufe der Zeugen und Davis wurde 2011 trotz internationaler Proteste durch eine Giftspritze hingerichtet.

Derartig zustande gekommene Identifikationen haben wenig Wert und sind überhaupt nicht durch Wahrscheinlichkeiten beschreibbar. Außerdem sollten Aussagen, bei denen sich die Beteiligten gegenseitig belasten würden, stets mit höchster Skepsis bewertet werden.

12 Die magische Kraft der Statistik

In diesem Kapitel zeigen wir, wie man Wahrscheinlichkeiten im Alltag derart falsch interpretieren kann, dass man sogar das Gegenteil herausliest. Einige Beispiele gehören mittlerweile zu den Klassikern der Meinungsmanipulation und sind in Medien und vor Wahlen so präsent, dass sie von vielen kaum noch hinterfragt werden.

Zuerst treffen wir unsere weißen und gelben Taxis aus dem vorigen Abschnitt bei der Auswertung von medizinischen Testergebnissen wieder.

12.1 Über die richtige Dosis Vertrauen zur Medizin

Das folgende Beispiel ist fiktiv, wenngleich man in Internetforen auch Diskussionen über ähnliche Probleme finden kann.

Melanie ist eine schüchterne junge Frau. Als sie ihren Freund kennenlernt, beeindruckt er sie sofort, nicht zuletzt durch sein selbstsicheres Auftreten. Es dauert eine ganze Weile, bis sie mitbekommt, dass er sie systematisch betrügt und dabei nicht einmal wählerisch ist. Sie trennt sich von ihm, doch plötzlich bekommt sie Angst. Was wäre, wenn er sie mit AIDS angesteckt haben sollte? Hinzu kommt ihre Irritation, weil sie seit der Trennung an einem hartnäckigen Infekt leidet, der nicht verschwinden will. Außerdem bemerkt sie eine nie dagewesene Müdigkeit und Niedergeschlagenheit. Wegen eines HIV-Tests einen Arzt aufzusuchen, fällt ihr schwer. Sie schämt sich. Da fällt ihr Blick auf einen Zeitungsartikel.

> *Studie: HIV-Selbsttests bewähren sich in der Praxis*
>
> *Viele Menschen möchten sich lieber zu Hause auf HIV testen, statt zum Arzt oder Gesundheitsamt zu gehen. Eine Studie bestätigt jetzt, dass Selbsttests vor Diskriminierung schützen und die Verbreitung des Virus eindämmen können. Deutsche Experten bleiben dennoch skeptisch...*

Und der im Internet gekaufte Test bringt zuhause den zweiten Schock. Sie ist tatsächlich positiv, verurteilt zu einem unabwendbaren Tode!

Es ist nicht schwer, sich das Ende einer solchen Geschichte bei einem verschlossenen Menschen vorzustellen. Selbstmord erscheint als einzige Alternative. Doch schauen wir zunächst die Fakten an.

Problem 34. *Von einer seltenen Krankheit sei nur 0,1 % der Bevölkerung betroffen.*[1] *Ein Test dieser Krankheit liefert mit der Wahrscheinlichkeit von 5 % ein falsches Ergebnis, d. h., mit der Wahrscheinlichkeit von 95 % wird ein Gesunder als gesund bzw. ein Kranker als krank erkannt.*

1 Das entspricht der AIDS-Rate in Deutschland von 2009.

https://doi.org/10.1515/9783110542547-012

Schätzen und berechnen Sie die Wahrscheinlichkeit, dass eine Person mit einem positiven Testergebnis tatsächlich die Krankheit hat.

Lösung. Das häufigste Schätzurteil ist 95 %. Tatsächlich liegt die Wahrscheinlichkeit unter 2 %, wie der folgende Baum zeigt.

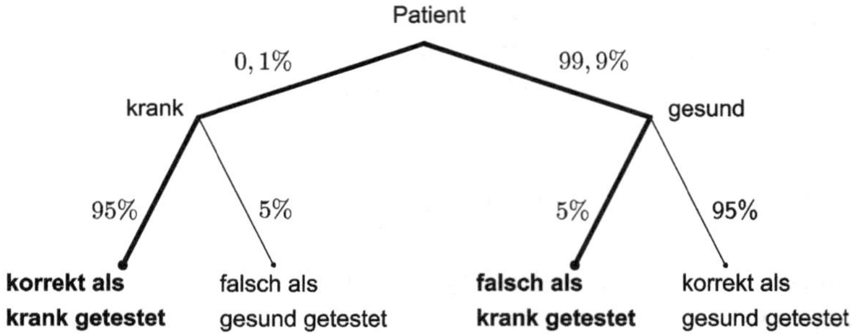

Abb. 12.1: Baumdiagramm für einen Test auf seltene Krankheiten.

Dann ist

$$p(\text{krank} \mid \text{als krank getestet}) = \frac{0{,}1\,\% \cdot 95\,\%}{0{,}1\,\% \cdot 95\,\% + 99{,}9\,\% \cdot 5\,\%} = 1{,}87\,\% \qquad \square$$

In der folgenden Grafik ist die Aussagekraft eines ungünstigen (im medizinischen Sprachgebrauch: positiven) Ergebnisses für einen Test unserer Güteklasse in Abhängigkeit von der Verbreitung der Krankheit dargestellt. Wenn die meisten getesteten Personen gesund sind, dann sind unter den als krank Getesteten ebenfalls viele Gesunde. Melanie, die abgesehen von ihrem kleinen Infekt ebenfalls gesund ist, hat also wenig Grund, sich Sorgen zu machen.

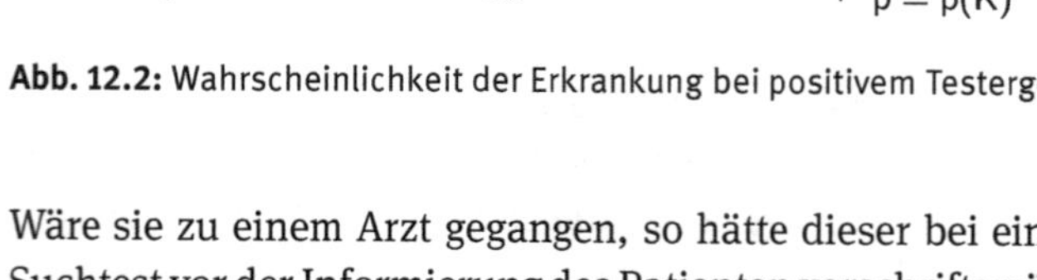

Abb. 12.2: Wahrscheinlichkeit der Erkrankung bei positivem Testergebnis.

Wäre sie zu einem Arzt gegangen, so hätte dieser bei einem ersten positiven ELISA-Suchtest vor der Informierung des Patienten vorschriftsmäßig einen Western-Blot-Test zur Bestätigung durchführen müssen. Möglicherweise hat ihr Infekt sogar den Test verfälscht. Derartige Kreuzreaktionen treten gelegentlich auf, besonders bei Hepatitis-B-Infektionen oder nach Hepatitis-B-Impfungen.

Bei den meisten anderen Krankheiten gibt es keine Vorschrift zur Bestätigung eines positiven Tests. Die Art des Patientengesprächs liegt dann im Ermessen des Arztes. Er sollte beim Test auf seltene Krankheiten niederschmetternde Testergebnisse niemals sofort mitteilen, sondern zuerst noch weitere Überprüfungen durchführen.

Wie der Psychologe Gerd Gigenzer mittels Umfragen nachwies, ist dieses Grundwissen unter Medizinern erstaunlich gering verbreitet. Gigenzer stellte Fachärzte vor die Frage, wie sie eine 50-jährige Patientin ohne Brustkrebssymptome beim positiven Ergebnis einer routinemäßig durchgeführten Mammografie informiert hätten. In diesem Falle beträgt das Brustkrebsrisiko 1 %, und nur 10 % der positiv getesteten Frauen hätten tatsächlich Brustkrebs. Doch unter den befragten Fachärzten waren sich darüber nur 21 % im Klaren.

12.2 Rassismus, Ausländer und ein Paradoxon

Das New York Magazine veröffentlichte im März 1979 die folgende Statistik über Todesurteile bei Mordprozessen in Florida im Zeitraum von 1972 bis Anfang 1979.

Hautfarbe des Angeklagten	Todesurteil ja/nein	Quote (%)
Schwarz	59 / 2448	2,4
Weiß	72 / 2158	3,2

Aus den Quoten erhält man den Eindruck, dass Weiße häufiger als Afroamerikaner ein Todesurteil zu befürchten hatten. Lag bei den Gerichten Rassendiskriminierung gegenüber Weißen vor? Eine detaillierte Aufteilung ergab Folgendes.

Tab. 12.1: Erweiterte Statistik der Prozesse mit Todesurteilen.

Hautfarbe des Angeklagten/Opfers	Todesurteil ja/nein	Quote (%)
Schwarz/schwarz	11 / 2209	0,5
Weiß/schwarz	0 / 111	0
Schwarz/weiß	48 / 239	16,7
Weiß/weiß	72 / 2047	3,4

Beim überwiegenden Teil der Morde gehörten Opfer und Angeklagter zur selben Rasse, wobei der größte Teil der Todesurteile unter Weißen ausgesprochen wurde. Die Fälle mit Opfer und Angeklagtem aus verschiedenen Rassen sind seltener. Dafür ist der Anteil wegen Mordes an Weißen zu Tode verurteilter Afroamerikaner herausragend hoch, während kein einziger Weißer wegen Mordes an einem Afroamerikaner die Todesstrafe bekam. Rassismus lag in der Justiz also vor, jedoch gegenüber Afroamerikanern![2]

Wir haben es mit einem Beispiel zu tun, das in der Mathematik unter dem Namen *Simpson-Paradoxon* bekannt ist.

Eine stärker zusammengefasste Statistik kann die entgegengesetzten Schlussfolgerungen der ursprünglichen detaillierten Statistik vermitteln.

Beim Zusammenfassen zur ersten Tabelle geht Information verloren, nämlich dass die Todesurteile in beiden Fällen hauptsächlich wegen Mordes an Weißen verhängt wurden und Afroamerikaner dafür härter bestraft wurden.

Untersuchen wir das Paradoxon in allgemeiner Form. Das sichere Ereignis Ω lässt sich sowohl in die Ereignisse M_W, M_S als auch in V_W, V_S zerlegen:

$$\Omega = M_W \cup M_S, \qquad M_W \cap M_S = \emptyset$$
$$\Omega = V_W \cup V_S, \qquad V_W \cap V_S = \emptyset$$

T sei ein weiteres Ereignis. (In unserem Beispiel ist T das Ereignis, dass ein Angeklagter zu Tode verurteilt wird. M_W bezeichnet einen weißen Angeklagten, M_S einen Afroamerikaner. V_W bezeichnet ein weißes Opfer und V_S ein afroamerikanisches. Das sichere Ereignis Ω bedeutet, dass eine Person wegen Mord vor Gericht steht.) Das klassische Simpson-Paradoxon liegt vor, wenn neben

$$p(T|M_S \cap V_S) > p(T|M_W \cap V_S) \tag{12.1}$$
$$p(T|M_S \cap V_W) > p(T|M_W \cap V_W) \tag{12.2}$$

auch die Ungleichung

$$p(T|M_S) < p(T|M_W) \tag{12.3}$$

erfüllt ist. (Ungleichung (12.1) bedeutet, dass bei afroamerikanischen Opfern die afroamerikanischen Angeklagten härter als weiße bestraft werden. (12.2) sagt dasselbe auch bei weißen Opfern aus. Dagegen bedeutet (12.3), dass weiße Angeklagte zu härteren Strafen als afroamerikanische verurteilt werden.)

Mit einem grafischen Verfahren wollen wir uns einen Überblick verschaffen, bei welchen bedingten Wahrscheinlichkeiten (12.1), (12.2) das Simpson-Paradoxon auftreten könnte.

---

2 Rassismus bleibt bis jetzt ein Dauerproblem der US-amerikanischen Justiz. Bei einem afroamerikanischen Bevölkerungsanteil von nur 13 % stellt diese Volksgruppe mittlerweile 37 % der Gefängnisinsassen (Stand 2013).

Problem 35. *Leiten Sie die folgenden Beziehungen her.*

$$p(T|M_S) = p(V_S|M_S) \cdot p(T|M_S \cap V_S) + p(V_W|M_S) \cdot p(T|M_S \cap V_W)$$
$$p(T|M_W) = p(V_S|M_W) \cdot p(T|M_W \cap V_S) + p(V_W|M_W) \cdot p(T|M_W \cap V_W)$$

Lösung. Aus der Formel der totalen Wahrscheinlichkeit erhält man

$$\begin{aligned}
p(T \cap M_S) &= p(V_S \cap M_S) \cdot p(T \cap M_S|M_S \cap V_S) \\
&\quad + p(V_W \cap M_S) \cdot p(T \cap M_S|M_S \cap V_W) \\
p(T \cap M_S) &= p(V_S \cap M_S) \cdot p(T|M_S \cap V_S) + p(V_W \cap M_S) \cdot p(T|M_S \cap V_W) \\
\frac{p(T \cap M_S)}{p(M_S)} &= p(V_S \cap M_S) \cdot \frac{p(T|M_S \cap V_S)}{p(M_S)} + p(V_W \cap M_S) \cdot \frac{p(T|M_S \cap V_W)}{p(M_S)} \\
p(T|M_S) &= p(V_S|M_S) \cdot p(T|M_S \cap V_S) + p(V_W|M_S) \cdot p(T|M_S \cap V_W)
\end{aligned}$$

Analog leitet man auch die zweite Gleichung her. □

Satz 18. *Das Simpson-Paradoxon kann unter den Voraussetzungen*

$$p(T|M_W \cap V_W) < p(T|M_S \cap V_W) \quad \textit{und} \quad p(T|M_W \cap V_S) < p(T|M_S \cap V_S) \tag{12.4}$$

auftreten, wenn die zusätzliche Bedingung $p(T|M_S \cap V_S) \neq p(T|M_S \cap V_W)$ erfüllt ist. Dazu gibt es die beiden Möglichkeiten

$$p(T|M_W \cap V_W) < p(T|M_S \cap V_W) < p(T|M_W \cap V_S) < p(T|M_S \cap V_S) \tag{12.5}$$

oder

$$p(T|M_W \cap V_S) < p(T|M_S \cap V_S) < p(T|M_W \cap V_W) < p(T|M_S \cap V_W) \tag{12.6}$$

Nachweis. Wir bezeichnen

$$\begin{aligned}
{}_1 &= p(T|M_S \cap V_S), & \alpha_2 &= p(T|M_W \cap V_S) \\
\beta_1 &= p(T|M_S \cap V_W), & \beta_2 &= p(T|M_W \cap V_W) \\
x &= p(V_S|M_S), & u &= p(V_S|M_W)
\end{aligned}$$

Dann erhalten wir aus (12.3) eine Ungleichung in den Unbekannten x und u,

$$x \cdot \alpha_1 + (1-x) \cdot \beta_1 < u \cdot \alpha_2 + (1-u) \cdot \beta_2 \tag{12.7}$$

deren Koeffizienten wegen (12.1) und (12.2) den Bedingungen $\alpha_2 < \alpha_1$ bzw. $\beta_2 < \beta_1$ genügen. Nun führen wir eine Fallunterscheidung durch.

1. Fall: Sei $\beta_1 < \alpha_1$. Die Terme auf der linken bzw. rechten Seite der Ungleichung (12.7) beschreiben dann Intervalle $[\beta_2, \alpha_2]$ bzw. $[\beta_1, \alpha_1]$. (Jeder Intervallpunkt $z \in [\beta_1, \alpha_1]$ entspricht wegen $z = x \cdot \alpha_1 + (1-x) \cdot \beta_1$ einer Zahl $x \in [0, 1]$. Dasselbe gilt für $[\beta_2, \alpha_2]$.)

Eine Lösung von (12.7) existiert, wenn man einen Punkt $z_1 \in [\beta_1, \alpha_1]$ links von einem anderen Punkt $z_2 \in [\beta_2, \alpha_2]$ finden kann. Das ist für $\beta_1 < \alpha_2$ möglich (siehe Abb. 12.3).

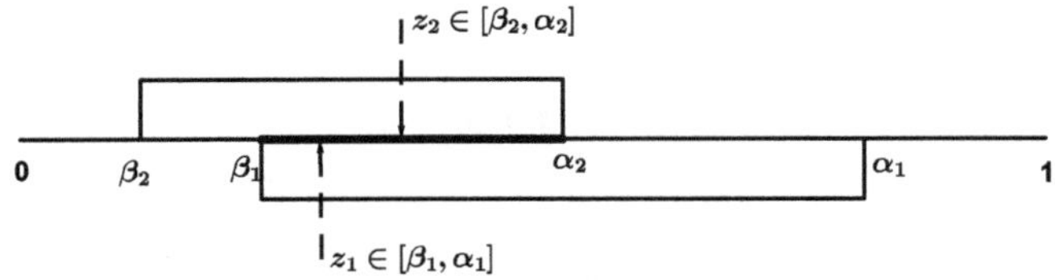

Abb. 12.3: Mögliche Wahrscheinlichkeitsintervalle für das Simpson-Paradoxon.

Wir erhalten aus den abgelesenen Werten z_1, z_2 mittels

$$z_1 = p(V_S|M_S) \cdot \alpha_1 + (1 - p(V_S|M_S)) \cdot \beta_1$$
$$z_2 = p(V_S|M_W) \cdot \alpha_2 + (1 - p(V_S|M_W)) \cdot \beta_2$$

passende Werte $p(V_S|M_S)$ und $p(V_S|M_W)$. Damit können wir mit den Formeln von Problem 35 die Wahrscheinlichkeiten $p(T|M_S)$ und $p(T|M_W)$ berechnen, welche das System (12.1), (12.2), (12.3) erfüllen. Es gilt (12.5).

2. Fall: Sei $\alpha_1 < \beta_1$. Das Vorgehen ist analog zum vorigen Fall, und wir erhalten (12.6).

3. Fall: Sei $\alpha_1 = \beta_1$. Dann folgt aus (12.7)

$$\alpha_1 < u \cdot \alpha_2 + (1 - u) \cdot \beta_2$$

Wegen $\alpha_1 > \alpha_2$ und $\alpha_1 = \beta_1 > \beta_2$ besitzt die Ungleichung keine Lösung $u \in [0,1]$. Das Simpson-Paradoxon kann nicht auftreten. □

Überprüfen wir die Quoten in Tabelle 12.1, so erhalten wir Fall (12.6). Wie jedoch aus dem Beweis hervorgeht, sind die Bedingungen (12.5) und (12.6) lediglich notwendig und keineswegs zwingend für das Auftreten des Simpson-Paradoxons.

Das Paradoxon lebt in vielen Formen. Manche werden von gewissen politischen Parteien regelmäßig und unverändert ausgeschlachtet, obwohl sie längst bekannt sind. Dazu gehört die Statistik über kriminelle Ausländer. Man könnte meinen, dass Ausländer eine eigene, besonders gefährliche Spezies bilden, da sie in jedem Land auf dieselbe Weise negative Schlagzeilen machen. Die Daten werden selten so detailliert veröffentlicht, dass man die Hintergründe erkennen kann. Ein konstruiertes Zahlenbeispiel soll beim Verständnis helfen.

Problem 36. *In der Stadt X teilt der Polizeipräsident folgende Statistik mit:*

	Einwohner		*Davon Tatverdächtige*	
	Einheimische	*Ausländer*	*Einheimische*	*Ausländer*
Männer	*100.000*	*9000*	*4000*	*270*
Frauen	*100.000*	*1000*	*400*	*3*

Ausländer haben also mit 2,73 % einen höheren Anteil an Straftätern als Einheimische mit 2,2 %. Wie ist diese Aussage zu interpretieren?

Lösung. Wir untersuchen die entsprechenden Raten für Männer und Frauen getrennt.

Tab. 12.2: Rate der Tatverdächtigen in Prozent.

	Einheimische (%)	Ausländer (%)
Für Männer	4	3
Für Frauen	0,4	0,3

Hier ist die Kriminalitätsrate für jedes Geschlecht einzeln bei den Einheimischen höher als bei den Ausländern. Die höhere Ausländerkriminalität kommt durch das Simpson-Paradoxon zustande. □

Bezeichnen wir die Ereignisse

K = kriminell, E = einheimisch, A = Ausländer, M = Mann, F = Frau,

so liegt das Simpson-Paradoxon in den Ungleichungen

$$p(K|A \cap M) < p(K|E \cap M), \qquad p(K|A \cap F) < p(K|E \cap F)$$

und $p(K|A) > p(K|E)$ vor.

Im obigen Problem 36 betrug das Geschlechterverhältnis bei Einheimischen 1:1, während es für Ausländer bei 9:1 zugunsten der Männer lag. Obwohl unsere Zahlen konstruiert sind, beschreiben sie einen der beiden wesentlichen Aspekte des Problems: *Kriminalität ist am stärksten unter Männern vom Jugendlichenalter bis etwa 50 Jahre verbreitet.* Danach nimmt sie zusammen mit der allgemeinen Aktivität aus biologischen Gründen ab. Der Anteil dieser aktiven Altersgruppe ist unter Ausländern, von denen überwiegend die Männer als Flüchtlinge oder zu Erwerbszwecken ins Land kommen, höher als bei Einheimischen.

Solange Kriminalität bei Männern stärker als bei Frauen auftritt und der Männeranteil unter Ausländern wesentlich überwiegt, wird auch die Kriminalitätsrate bei Ausländern höher liegen.

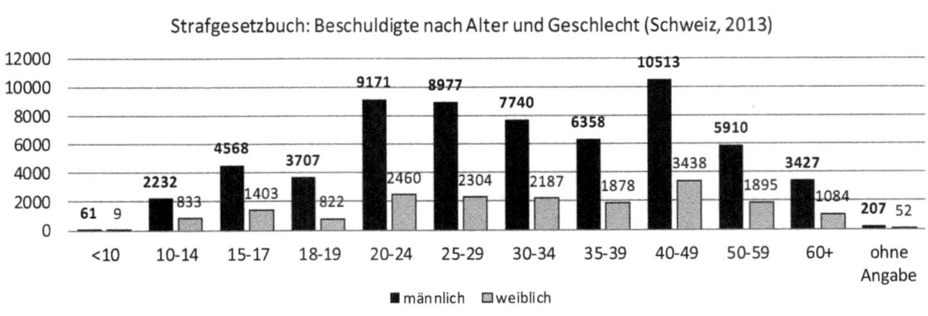

Abb. 12.4: Polizeiliche Kriminalstatistik der Schweiz (PKS) für 2013, Quelle: Bundesamt für Statistik, Neuchatel 2014. Stand der Datenbank: 10.2.2014.

Die zweite Ursache für eine erhöhte Ausländerkriminalität ist die meist *schlechtere soziale Situation*, die schon beim Wohnort sichtbar wird. Da Ausländer es sich im Allgemeinen weniger leisten können, bei der Arbeitssuche wählerisch zu sein, geraten sie häufiger in Ballungszentren, die insgesamt eine höhere Kriminalitätsbelastung aufweisen. (Beispielsweise lebten 2002 in Deutschland 48 % der Ausländer, aber nur 29 % der Deutschen in großstädtischen Ballungsgebieten.) Und da es besonders in der Startphase für viele Ausländer mehr Gesetze zu beachten gibt, beispielsweise an den Aufenthaltsstatus gekoppelte Arbeitsbeschränkungen, hat man auch mehr Möglichkeiten, diese zu übertreten.

Immigranten kommen häufig mit leeren Händen. Oft wird im fremden Land nicht einmal ihre Qualifikation zur Arbeit anerkannt. Sie müssen ganz von vorn beginnen. Der Publizist und ehemalige Richter Jürgen Todenhöfer charakterisiert die Situation im Hinblick auf Deutschland wie folgt:

> „Überdurchschnittlich hoch ist überall auf der Welt die Kriminalität der Armen, der arbeitslosen Habenichtse. Der Reiche muss nicht stehlen. Er hat ja alles. Kriminalität hat viel mit der sozialen Lage der Menschen zu tun. Nichts mit ethnischer Herkunft oder Religion. Die Kriminalität armer, arbeitsloser Deutscher ist mindestens so hoch wie die armer, arbeitsloser Ausländer. Teilweise sogar noch höher.
> Wer die Kriminalität senken will, muss soziale Missstände beseitigen. Da das mühsam ist, arbeiten manche lieber mit Klischees, mit Feindbildern. Ausländer sind praktische Sündenböcke."

Die Pauschalaussage über kriminellere Ausländer ist zwar formal korrekt, aber trotzdem nichtssagend, da man zwei verschieden zusammengesetzte Populationen nicht sinnvoll vergleichen kann. Genauso könnte man behaupten, dass Rauchen gesund ist, wenn man den Gesundheitszustand junger Raucher mit alten Nichtrauchern vergleichen würde.

Um auf die Versuche zur Kriminalisierung von Ausländern mittels eines statistischen Tricks aufmerksam zu machen, wurde 2014 in der Schweiz von einer Gruppe Aktivisten die eidgenössische Volksinitiative „zur Ausschaffung krimineller Männer" lanciert.[3] Sie schlägt die Ausweisung krimineller Männer ungeachtet ihrer Staatsbürgerschaft vor, da Kriminalität eher an das Geschlecht als an die Nationalität gekoppelt ist. Natürlich denkt niemand der Initiatoren ernsthaft daran, Kriminelle mit Schweizer Staatsbürgerschaft aus dem Land zu verweisen. Das Ziel ist eine öffentliche Diskussion, um der Bevölkerung die Aussagekraft von Statistiken aufzuzeigen und der diffamierenden Gleichsetzung von Ausländern mit Kriminellen den Boden zu entziehen.

---

3 Eine Initiative ist eine schweizerische Vorbereitungskampagne für eine Volksabstimmung. Damit diese zustande kommt, müssen innerhalb von 18 Monaten 100.000 Unterschriften von Stimmberechtigten gesammelt werden. Wenn dies erreicht ist, wird sie der gesamten stimmberechtigten Bevölkerung zur Abstimmung vorgelegt und muss dann bei Annahme von der Regierung als Gesetz ausgearbeitet werden.

12.3 Pauschalurteile und Begriffsverwirrungen

Versuche zur Stigmatisierung von Gruppen aufgrund äußerlicher Merkmale wie Herkunft, Rassenzugehörigkeit oder Religion bergen einen beachtlichen sozialen Sprengstoff. Wie vom Psychologen Key Sun [81] bemerkt wurde, basieren sie auf einer Argumentationskette, die außer dem Simpson-Paradoxon noch einen weiteren logischen Fehler enthält. Er beruht auf der Verwechslung von verschiedenen bedingten Wahrscheinlichkeiten.

Betrachten wir die Schweiz, wo die Zahlen besonders aussagekräftig sind. Im Jahre 2014 lag dort der Ausländeranteil an der Gesamtbevölkerung bei 24,3 %. Dennoch wurden 56 % der Straftaten von Ausländern begangen. Was läge nun näher, als die Ausländer von vornherein zur Verhütung oder Aufklärung von Straftaten stärker ins Visier zu nehmen?

Dem Konzept des ethnischen Profilings liegt der Ansatz zugrunde, dass auch ein zunächst unauffällig erscheinender Ausländer mit wesentlich höherer Wahrscheinlichkeit kriminell ist. Die Staatsgewalt überprüft dann gezielt gewisse Personen ohne konkrete Verdachtsmomente. Praktiziert wird es meist durch willkürliche Polizeikontrollen auf Straßen, in öffentlichen Verkehrsmitteln oder an Grenzen. Willkürliche Kontrolle wegen der Zugehörigkeit zu gewissen Religionen fällt in dasselbe Schema.

Bezeichnen wir mit A das Ereignis, dass eine Person ausländischer Herkunft ist. K ist das Ereignis, dass sie straffällig geworden ist, sich aber noch unentdeckt auf freiem Fuß befindet. Ethnisches Profiling setzt voraus, dass die Wahrscheinlichkeit $p(K \mid A)$ hoch ist. Doch ist sie das tatsächlich?

Die kriminalistische Aufklärungsrate hängt eher von der Art des Verbrechens, nicht aber von der Nationalität des Täters ab. Wir gehen deshalb davon aus, dass der Ausländeranteil bei überführten Tätern genauso hoch ist wie bei den nicht aufgeklärten Fällen. Bei einem Ausländeranteil von 56 % unter den Verurteilten durch Schweizer Gerichte ist demnach

$$p(A \mid K) \approx 0{,}56$$

Widerstehen wir der Versuchung, die bedingten Wahrscheinlichkeiten $p(K \mid A)$ und $p(A \mid K)$ einander gleichzusetzen und wenden stattdessen die Formel von Bayes (8.6) an:

$$p(K \mid A) = \frac{p(A \mid K) \cdot p(K)}{p(A)}$$

Die Schweiz gehört zu den Ländern mit niedriger Kriminalität. Im Jahre 2014 betrug ihre Gefangenenrate 84 Personen pro 100.000 Einwohner. Die Aufklärungsquote liegt in der Schweiz weit über 20 %, wobei es überwiegend leichtere Delikte wie Diebstahl oder Einbruch sind, die schlechter aufgeklärt werden. Nehmen wir an, dass es insgesamt fünfmal so viele unentdeckte Straftäter gäbe, was sicherlich übertrieben viel ist. Dann wäre

$$p(K) = 5 \cdot 8{,}4 \cdot 10^{-4}$$

und wir erhalten

$$p(K \mid A) = \frac{0{,}56 \cdot 5 \cdot 8{,}4 \cdot 10^{-4}}{0{,}243} = 9{,}68 \cdot 10^{-3}$$

Die Wahrscheinlichkeit, ohne Anhaltspunkte einen Kriminellen unter Ausländern zu finden, liegt in der Schweiz also unter 1 %.

Bei Gleichsetzung der bedingten Wahrscheinlichkeiten $p(K \mid A)$ und $p(A \mid K)$ begeht man exakt denselben Irrtum wie im Beispiel 34 beim Test auf eine seltene Krankheit. Der Fehler lag ebenfalls einigen der früher besprochenen Justizirrtümer zugrunde.

Racial Profiling ist ein effektives Mittel, um einer Minderheit zu demonstrieren, dass sie nicht erwünscht ist. Es verstärkt soziale Spannungen, zerstört das Vertrauen in den Staat und begünstigt die Entstehung von Parallelgesellschaften. Zudem verstößt es klar gegen den Grundsatz der Gleichbehandlung nach dem Gesetz und gilt nach internationalem Recht als rassische Diskriminierung. Leider wird es dennoch in vielen Ländern praktiziert, wenn auch nur selten darüber gesprochen wird.

In den USA richtet es sich, wenngleich offiziell verboten, hauptsächlich gegen Afroamerikaner und Hispanics. Doch zumindest wird die öffentliche Debatte ehrlich und kritisch geführt. In Deutschland gibt es zwar die Praxis, aber kein eigenes Wort dafür. Äußerlich will man es vermeiden, mit derart anrüchigen Methoden in Verbindung gebracht zu werden.[4] Auch in Schweizer Medien wurde die Problematik lange Zeit kaum thematisiert, bis es erstmals 2016 vor einem Zürcher Gericht zu einer Verhandlung kam.

Sinnvolle Ansätze zur Verbrechensanalyse gehen tiefer. Nimmt man die Vorgeschichte von verurteilten Straftätern genauer unter die Lupe, so findet man je nach Straftat ein ganzes Bündel von Eigenschaften, die einen wesentlich stärkeren Einfluss als die ethnische Herkunft haben. Darunter sind Faktoren wie soziale Bindungen bzw. Ausgrenzung, Erlernen kriminellen Verhaltens, Bildungsweg, Impulsivität, intellektuelle Fähigkeiten oder Defizite, Entwicklungsstörungen, traumatische Erlebnisse in der Kindheit, das Geschlecht und die Zugehörigkeit zu einer bestimmten Gesellschaftsschicht.

Je nach Art der Straftat sind diese Faktoren meist verschieden ausgeprägt, sodass jeder für sich betrachtet wenig Erkenntnis über das kriminelle Potenzial liefert. Wenn beispielsweise eine überdurchschnittliche Intelligenz, stabile Familienverhältnisse und ein sicherer Beruf bei einer Vielzahl von Delikten eher untypisch sind, wurde diese Kombination bei berüchtigten amerikanischen Serienmördern wie Ted Bun-

4 Der berühmteste deutsche Fall ist die Serie der sogenannten Dönermorde von 2000 bis 2006, bei denen die meisten Mordopfer einen türkischen Migrationshintergrund hatten. Die Polizei ermittelte bis 2011 fast ausschließlich gegen Türken. Erst bei der Aufklärung eines anderen Verbrechens stellte sich heraus, dass die Täter aus der deutschen Neonaziszene stammten.

dy, Jeffrey Dahmer, Aileen Wuornos, Robert Lee Yates und anderen doch recht häufig angetroffen. Die Mehrzahl dieser Mörder war zudem weiß. Doch auch hier ist Vorsicht geboten. Derartige Serienmörder sind glücklicherweise außerordentlich selten, sodass man die Daten nicht vorschnell verallgemeinern sollte.

12.4 Wunderheilung durch Statistik

In manchen Fällen wechselt das Simpson-Paradoxon leicht seine Form, und dann verblüfft es neben Journalisten zuweilen auch Experten. Aus der Medizin sind außer der erwähnten Studie zum Rauchen noch zahlreiche andere Beispiele bekannt, von denen wir zwei Kostproben (siehe [80]) geben wollen.

Das erste Beispiel stammt aus der Chirurgie. Zur operativen Nierensteinentfernung benutzt man außer der herkömmlichen offenen Operation auch moderne minimalinvasive Operationsmethoden wie die seit den 1980er-Jahren angewendete perkutane Nierensteinentfernung. Dort wird unterhalb der Rippen eine etwa 1 cm große Öffnung durch die Haut zur Niere geschnitten. Durch diesen Kanal kann der Chirurg Instrumente an den Nierenstein heranführen, ihn zertrümmern und dann die Bruchstücke absaugen. Die gesamte Operation wird über einem Monitor überwacht.

Folgende statistische Daten zeigen die Überlegenheit der perkutanen Nierensteinentfernung. Während die Erfolgsrate für offene Operationen bei 78 % lag (im Zeitraum von 1972 bis 1980 waren 273 Operationen von 350 erfolgreich), betrug sie für die perkutane Nierensteinentfernung sogar 83 % (von 1980 bis 1985 waren 289 Operationen von 350 erfolgreich).

Die Erfolgsraten sehen jedoch völlig anders aus, wenn man den Durchmesser der Nierensteine einbezieht. Für Durchmesser unter 2 cm waren 93 % (81 von 87 Operationen) erfolgreich, während es bei der perkutanen Nierensteinentfernung nur 83 % (234 von 270 Operationen) waren. Für Durchmesser ab 2 cm waren 73 % (192 von 263 Operationen) erfolgreich, während die Rate bei der perkutanen Nierensteinentfernung lediglich bei 69 % lag (55 von 80 Operationen).

Problem 37. *Wie lassen sich die höheren Erfolgsraten der perkutanen Operation in den zusammengefassten Daten erklären?*

Lösung. Das Paradoxon trat auf, weil die perkutane Nierensteinentfernung damals gegenüber der offenen Operation öfter bei kleineren Steinen angewendet wurde. Dort ist die Erfolgsrate höher als bei größeren Steinen. □

Die Zahlen basieren auf den Operationen in der Anfangsphase perkutaner Nierensteinentfernungen. Man kann davon ausgehen, dass die Chirurgen damals mit der neuen Methode noch wenig vetraut waren, wohingegen bei offenen Operationen aufgrund längerer Erfahrungen routinierter und sicherer gearbeitet wurde. Das ist noch kein Beleg dafür, dass die neue Methode schlechter wäre.

Das zweite Beispiel betrifft eine Studie über die Sterblichkeit bei verschiedenen Formen von Diabetes. Der insulinabhängige Typ 1 des Diabetes mellitus, auch als jugendlicher Diabetes bezeichnet, beginnt meist schon im Kindesalter und macht etwa 10 % aller Zuckerkrankheiten aus. Dagegen sind etwa 90 % des Diabetes mellitus vom Typ 2, des sogenannten insulinunabhängigen Diabetes. Dieser kann durch ungesunde und überreichliche Ernährung entstehen und wird auch als Altersdiabetes bezeichnet, da er früher hauptsächlich im Alter auftrat.

In einer Studie wurde festgestellt, dass die Sterblichkeit beim insulinabhängigen Typ 1 nur bei 29 % der Patienten lag, wohingegen beim insulinunabhängigen Typ 2 ca. 40 % der Patienten starben. Entscheidend ist jedoch, dass sich der insulinunabhängige Typ 2 meist erst ab einem Alter von 40 Jahren entwickelt. Unterteilt man die Patienten in die Altersgruppen bis 40 und über 40 Jahre, so kehren sich die Verhältnisse um. In beiden Gruppen ist nun die Sterblichkeit bei Typ 1 größer.

Will man also zwei Medikamente oder Behandlungsmethoden vergleichen, so dürfen die Patientengruppen nicht zufällig gewählt werden. Genauso wenig darf man zur Beurteilung einer Methode die Werte aller damit behandelten Personen zugrunde legen. So würde man eher die Unterschiede der Gruppen anstatt der Methoden messen.

Stattdessen müssen die Patientengruppen beider Methoden nochmals unterteilt werden: nach dem Gesundheitszustand und Geschlecht sowie nach Altersgruppen. Ein Methodenvergleich ist nur möglich, wenn die Testpersonen der zugrunde liegenden Untergruppen vom gleichen Typ sind.

Das Simpson-Paradoxon wurde auch bei einer Langzeitstudie zum Gesundheitszustand rauchender und nicht rauchender englischer Frauen gefunden, jedoch sogleich von den Autoren erkannt. Zunächst wurden 1314 Frauen erfasst und in Raucherinnen bzw. Nichtraucherinnen eingeteilt. Einige Jahre später wurde überprüft, wer von ihnen noch am Leben war. Das Rauchen war zu Anfang der 70er-Jahre in der untersuchten Gegend vorwiegend eine Beschäftigung jüngerer Frauen. Für die ältere Generation galt es als unpassend. Deshalb erwies sich die Gruppe der Raucherinnen im Durchschnitt langlebiger und gesünder als die der Nichtraucherinnen.

13 Unerklärliche Zufälle

Bei der Schätzung von Wahrscheinlichkeiten kann man selbst in alltäglichen Situationen die größten Überraschungen erleben, und fast niemand, bis hin zum Mathematikprofessor, scheint davor gefeit zu sein. In harmlosen Fällen ist es nur ein Partyspaß. Doch anderswo kann die dieselbe Fehleinschätzung schon unangenehme, bisweilen sogar tödliche Folgen haben.

Eine Besonderheit der Mathematik besteht darin, dass gleiche Modelle oft in völlig verschiedenen Situationen zur Anwendung kommen. Während man einen Fall schnell durchschaut, bleiben sie in einem anderen lange versteckt. Die folgenden Beispiele geben davon eine Kostprobe.

13.1 Vom Freizeitspaß zur Sammelwut

Der folgende Werbetrick ist zwar schon alt, wird aber so lange funktionieren, wie es Werbung geben wird. Die meisten Konsumenten fallen immer wieder darauf herein.

Die Großbäckerei K verkaufte während eines Monats Muffins, in denen eine kleine Spielzeugfigur versteckt war. Insgesamt gab es 30 verschiedene Figuren.

Problem 38. *Angenommen, sie haben bereits $n - 1$ Figuren gesammelt. Berechnen Sie die durchschnittlich benötigte Anzahl von Muffins, um*

- *wieder ein neue Figur zu erhalten;*
- *die Sammlung zu vervollständigen.*

Stellen Sie die benötigte Anzahl Muffins pro Neuerwerb für verschiedene n grafisch dar.

Lösung. Die Zufallsgröße X_k bezeichne die Anzahl benötigter Muffins, um ihre Sammlung von $k - 1$ verschiedenen Figuren um eine weitere zu vervollständigen. Dann ist $p(X_1 = 1) = 1$. Entsprechend ist auch der Erwartungswert $\mathbb{E}X_1 = 1$. Ihr nächstes Muffin enthält mit einer Wahrscheinlichkeit $p_2 = \frac{29}{30}$ eine neue und mit $1 - p_2 = \frac{1}{30}$ genau dieselbe Figur.

Damit ist X_2 entsprechend Abschnitt 8.10 geometrisch verteilt. Man erwirbt die neue Figur mit n Muffins, wenn man in den ersten $n - 1$ Muffins bereits bekannte Figuren findet und erst im n-ten Muffin mit der neuen Figur fündig wird. Es gilt also wegen (8.32)

$$p(X_2 = n) = (1 - p_2)^{n-1} p_2$$

und nach Formel (8.34)

$$\mathbb{E}X_2 = \frac{1}{p_2} = \frac{30}{29}$$

Für die k-te Figur sind die Wahrscheinlichkeiten zum Erwerb $p_k = \frac{31-k}{30}$ und für einen Fehlkauf $1 - p_k = \frac{k-1}{30}$. Dann ist wiederum

$$p(X_k = n) = (1 - p_k)^{n-1} p_k$$

https://doi.org/10.1515/9783110542547-013

und

$$\mathbb{E}X_k = \frac{1}{p_k} = \frac{30}{31-k}$$

Das ist unsere eingangs gesuchte Funktion. Sie gibt die durchschnittliche Anzahl zu kaufender Muffins zum Erwerb der k-ten Figur an.

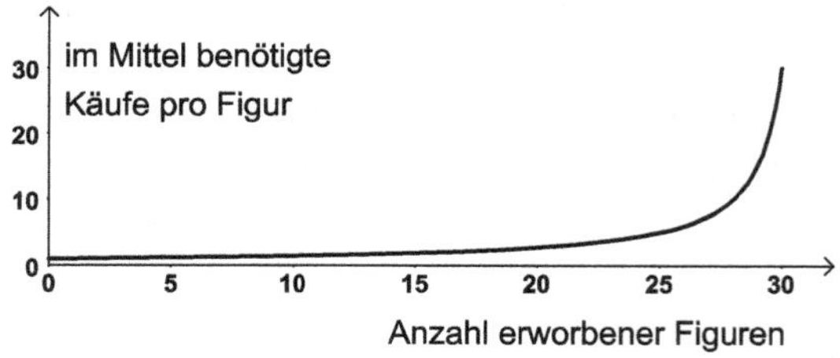

Abb. 13.1: Gegen Ende steil ansteigender Aufwand zum Neuerwerb von Figuren.

Die Zufallsgröße $Z = \sum_{k=1}^{30} X_k$ zählt die benötigte Anzahl Kalorienbomben zum Erwerb der gesamten Figurensammlung an. Durchschnittlich sind es

$$\mathbb{E}Z = \sum_{k=1}^{30} \mathbb{E}X_k = 30 \cdot \sum_{k=1}^{30} \frac{1}{31-k} \approx 120 \qquad \square$$

Die obige Grafik könnte auch als Sammelfrustrationskurve bezeichnet werden. Anfangs läuft alles prächtig. Bis zur siebten Figur findet man sie meist täglich in einem Muffin. Bis zur 24. Figur muss man bereits ca. vier Muffins essen, um der Sammlung eine neue Figur hinzuzufügen. Man wird fett, tröstet sich aber. Schließlich fehlen nur noch sechs Figuren und am Anfang ging es doch schnell mit dem Sammeln. Aber diese letzten Figuren werden zur Qual. Mehr als 73 Muffins für sechs Figuren, davon allein 55 für die letzten drei! Vielleicht auch viel mehr, denn schließlich sind Erwartungswerte keine Garantie. Wer das alles einen Monat lang durchhält, isst bestimmt für den Rest des Lebens keine Muffins mehr und beginnt zu glauben, dass die Firma in betrügerischer Absicht die letzten Figuren zurückhält, damit alle nur noch Muffins kaufen.

Das Problem kann verallgemeinert werden, indem die verschiedenen Sammelfiguren oder -karten mit verschiedenen Wahrscheinlichkeiten auftreten. Ein praxisbezogenes Beispiel dazu wäre die Fragestellung, wie viele zufällig ausgewählte Personen zu testen wären, um eine vollständige Blutbank mit den folgenden Blutgruppen anzulegen.

$$A+, \quad A-, \quad B+, \quad B-, \quad AB+, \quad AB-, \quad O+, \quad O-$$

Die Häufigkeit der Blutgruppen hängt von der geografischen Region ab. In den USA ist nach Daten des Roten Kreuzes

$$p(A+) = 0{,}33, \quad p(A-) = 0{,}07, \quad p(B+) = 0{,}09, \quad p(B-) = 0{,}02\,,$$
$$p(AB+) = 0{,}03, \quad p(AB-) = 0{,}01, \quad p(O+) = 0{,}37, \quad p(O-) = 0{,}08$$

Damit kann der Erwartungswert der Anzahl zu testender Personen berechnet werden. Er beträgt in unserem Fall 122,45.

13.2 Das Geburtstagsparadoxon in der heiteren Variante

Mit welcher Wahrscheinlichkeit feiern in einer zufällig zusammengestellten Gruppe von 23 Personen mindestens zwei am selben Tag Geburtstag? Intuitiv schätzen die meisten zwischen 1 und 5 %. Wir werden sehen, dass es weit mehr ist.

Problem 39. *(Geburtstagsparadoxon) Unter dem Geburtstag verstehen wir Tag und Monat ohne Beachtung des Jahres.*

Wie hoch ist die Wahrscheinlichkeit, dass in einer Gruppe von n Personen mindestens zwei am selben Tag Geburtstag haben?

Lösung. Zunächst berechnen wir die Wahrscheinlichkeit, dass alle Gruppenmitglieder an verschiedenen Tagen Geburtstag haben. Es seien

t=365	die Anzahl der Tage im Jahr;
G	die Menge der möglichen Geburtstage einer Person; es ist $G = \{1, 2, \ldots, t\}$;
p	die Wahrscheinlichkeit, dass alle n Personen an verschiedenen Tagen Geburtstag haben;
q=1-p	die Wahrscheinlichkeit, dass mindestens zwei von n Personen am selben Tag Geburtstag haben.

Die Gruppenmitglieder notieren ihre Geburtstage in der alphabetischen Reihenfolge ihrer Namen hintereinander. Hat beispielsweise Alfons am 2. Februar (= 33. Tag), Bert am 30. Dezember (= 364. Tag) und Carl am 5. Januar (= 5. Tag) Geburtstag, so schreiben sie $(33, 364, 5)$.

Wenn wir zusammenfallende Geburtstage für verschiedene Personen zulassen und für jede der n Personen eine Menge von t Geburtsdaten möglich ist, so gibt es insgesamt t^n mögliche Folgen von Geburtsdaten. Diese Aussage ergibt sich mit Satz 28 des Anhangs direkt aus der Anzahl der Elemente des kartesischen Produkts

$$G \times \ldots \times G$$

aus n gleichen Mengen G möglicher Geburtsdaten.

Interessieren wir uns nur für die Folgen von verschiedenen Geburtsdaten, so wird ihre Anzahl durch $\mathrm{Var}(n, t)$ nach Formel (A.1) berechnet. Nach der Formel von Laplace ist

$$p = \frac{\mathrm{Var}\,(n, t)}{t^n} = \frac{t!}{(t-n)! \cdot t^n}$$

Somit ist die Wahrscheinlichkeit für mindestens zwei zusammentreffende Geburtstage

$$q = 1 - \frac{t!}{(t-n)! \cdot t^n} \tag{13.1}$$

Die Berechnung ist für große t sehr aufwendig. Deshalb suchen wir eine Näherungsformel. Wir kürzen die Fakultäten und zerlegen in Faktoren.

$$\begin{aligned}\frac{t!}{(t-n)!\cdot t^n} &= \frac{t\cdot(t-1)\dots(t-(n-1))}{t^n}\\ &= \frac{t}{t}\cdot\frac{t-1}{t}\dots\frac{t-(n-1)}{t}\\ &= 1\cdot\left(1-\frac{1}{t}\right)\dots\left(1-\frac{n-1}{t}\right)\end{aligned} \tag{13.2}$$

Wenn unsere Gruppen wesentlich weniger Mitglieder als das Jahr Tage hat, dann liegen sämtliche Terme

$$\frac{1}{t},\quad \frac{2}{t},\quad \dots \quad \frac{n-1}{t}$$

nahe bei null, und wir können die Näherungsformel (A.9, Anhang) anwenden. Es ist

$$1-\frac{1}{t}\approx e^{-\frac{1}{t}},\quad 1-\frac{2}{t}\approx e^{-\frac{2}{t}},\quad \dots,\quad 1-\frac{n-1}{t}\approx e^{-\frac{n-1}{t}}$$

Wir ersetzen sie in (13.2) und erhalten

$$\begin{aligned}\frac{t!}{(t-n)!\cdot t^n} &\approx e^{-\frac{1}{t}}\cdot e^{-\frac{2}{t}}\dots e^{-\frac{n-1}{t}}\\ &\approx e^{-\frac{1}{t}-\frac{2}{t}-\dots\frac{n-1}{t}}\\ &\approx e^{-\frac{1}{t}(1+2+\dots+(n-1))}\\ &\approx e^{-\frac{1}{t}\cdot\frac{n(n-1)}{2}} \qquad \text{mit der Summenformel (A.4, Anhang)}\\ &\approx e^{\frac{n(1-n)}{2t}}\end{aligned}$$

Setzen wir diese Näherung in (13.1) ein, so erhalten wir schließlich als Wahrscheinlichkeit von mindestens zwei Geburtstagen

$$q\approx 1-e^{\frac{n(1-n)}{2t}}$$

Damit liegt die Wahrscheinlichkeit gleicher Geburtstage bei 23 Personen über 50 %, bei 50 Personen sogar über 96 % und ab 366 Personen bei 100 %. □

Die Aussage gilt selbstverständlich auch für andere Daten. Unter 39 bisher verstorbenen US-Präsidenten kann man mit Wahrscheinlichkeit von 87 % mindestens zwei mit demselben Todestag finden. Tatsächlich sind es weit mehr. Millard Fillmore (1800–1874) und William Howard Taft (1857–1930) starben beide am 8. März. Harry S. Truman (1884–1972) und Gerald Ford (1913–2006) starben beide am 26. Dezember. John Adams (1735–1826) und Thomas Jefferson (1743–1826) starben gleichzeitig am 4. Juli 1826, dem 50. Jahrestag der Unabhängigkeitserklärung.

Im Modell wurde angenommen, dass alle Geburtstermine gleich wahrscheinlich sind. In Wirklichkeit sind sie ungleich wahrscheinlich und hängen stark von den

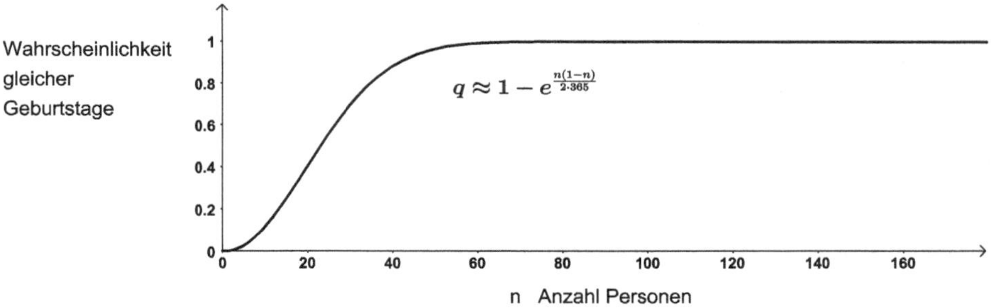

Abb. 13.2: Wahrscheinlichkeit für mindestens einen doppelten Geburtstag.

verschiedenen Ländern bzw. Kulturen ab. In den USA beispielsweise nutzen künftige Eltern die freien Tage zwischen Weihnachten und Neujahr für Familiennachwuchs, sodass im Sommer mehr Kinder geboren werden als im Winter. Es lässt sich jedoch beweisen, dass damit die Wahrscheinlichkeit für gleiche Geburtstage zunimmt.

13.3 Schnellkurs in Verschwörungstheorie

Abb. 13.3: Abraham Lincoln (1809–1865) und John F. Kennedy (1917–1963).

Manchmal ist ein Zusammentreffen verschiedener Ereignisse so selten, dass man schon an Wunder zu glauben beginnt. Wir wollen uns mit solchen spektakulären Zufällen befassen. Bevor man ein Ereignis als übernatürlich bezeichnet, sollte man sich jedoch überlegen, welche ähnlichen Ereignisse genauso verblüffen würden und wie hoch die Wahrscheinlichkeit für das Eintreten eines Ereignisses aus dieser Gruppe wäre.

Beispiel 18. Beim dreimaligen Würfeln erscheint jedes Mal eine Sechs. Der Wurf mag uns außergewöhnlich erscheinen, denn seine Wahrscheinlichkeit beträgt nur $\frac{1}{6^3}$, also weniger als 5 %. Doch genauso würde uns die dreimalige Wiederholung jeder anderen Zahl erstaunen. Die Wahrscheinlichkeit, dreimal dieselbe Zahl zu erhalten, ist aber nur $\frac{6}{6^3} = \frac{1}{36}$. Das ist dieselbe Wahrscheinlichkeit wie für eine Doppelsechs und würde keinen Würfelspieler verwundern. □

Im Folgenden spielen ähnliche Effekte eine Rolle.

Eine beeindruckende Liste

Kurze Zeit nach der Ermordung des US-Präsidenten John F. Kennedy (1917–1963) tauchte eine Liste auf und geisterte bald durch die amerikanische Boulevardpresse. Ihr Autor ist unbekannt, ebenso seine Absichten. Doch in Internetforen wird sie nach wie vor, selbst ein halbes Jahrhundert nach dem Mord an John F. Kennedy, diskutiert. Denn das Verbrechen wurde bis jetzt noch nicht aufgeklärt.

Die Liste bestand in einer Reihe merkwürdiger Übereinstimmungen mit der Biografie des fast hundert Jahre zuvor ermordeten US-Präsidenten Abraham Lincoln (1809–1865), dessen Ermordung ebenfalls genügend Fragen übrig gelassen hat.

LK1 Sowohl Lincoln als auch Kennedy waren die zweitgeborenen Kinder ihrer Eltern.
LK2 Lincoln wurde 1846 in den Kongress gewählt, Kennedy 1946.
LK3 Abraham Lincoln wurde 1860 zum Präsidenten gewählt, Kennedy 1960.
LK4 Beide Präsidenten setzten sich für Bürgerrechte von Afroamerikanern ein.
LK5 Beiden Präsidenten verstarben Kinder während ihrer Amtszeit im Weißen Haus.
LK6 Beide wurden an einem Freitag ermordet. Dabei wurde ihnen in der Gegenwart ihrer Frauen von hinten in den Kopf geschossen.
LK7 Beide wurden von Südstaatlern erschossen.
LK8 Lincoln wurde im Ford-Theater erschossen. Kennedy saß in einem Wagen der Marke Ford Lincoln.
LK9 Booth floh aus dem Theater und wurde in einem Lagerhaus gefasst. Oswald floh aus dem Lagerhaus und wurde in einem Filmtheater gefasst.
LK10 Beide Attentäter wurden vor ihrem Prozess ermordet.
LK11 Die Nachnamen beider Präsidenten, Lincoln und Kennedy, enthalten je sieben Buchstaben – davon je dieselbe Anzahl an Vokalen, Konsonanten und „n“.
LK12 Die Namen von John Wilkes Booth und Lee Harvey Oswald enthalten je 15 Buchstaben. Es sind außerdem in beiden Fällen drei Namen.
LK13 Die Nachfolger von beiden waren Südstaatler mit Namen Johnson.
LK14 Andrew Johnson, Lincolns Nachfolger, wurde 1808 geboren. Lyndon B. Johnson, Kennedys Nachfolger, wurde 1908 geboren.

Die oben aufgeführten Übereinstimmungen erweisen sich beim näheren Hinschauen als eine Mischung aus Wahrheiten, Halbwahrheiten und gängigen Mythen.

Zuweilen werden sie effektvoll durch zusätzliche falsche Angaben ergänzt, die wir hier weggelassen haben. Nehmen wir zuerst einige „Fakten" unter die Lupe.

Die Täterschaft von Oswald bleibt umstritten. Er wurde zwei Tage nach seiner Verhaftung ermordet, sodass es nicht zum Prozess kam, der seine Schuld oder Unschuld nachgewiesen hätte. Es gibt kein Geständnis von seiner Seite und ein großer Teil der Akten zum Attentat wird bis jetzt noch unter Verschluss gehalten. Nach dem JFK Act von 1992 sollen sie erst Ende 2017 freigegeben werden. Doch die offizielle Version vom verwirrten Einzelgänger Oswald, der nach einem ersten Fehlschuss mit der zweiten Kugel sowohl dem Präsidenten als auch dem davorsitzenden Gouverneur Conally insgesamt sieben(!) Wunden beigebracht haben soll, bevor er mit der dritten Kugel Kennedy durch Kopfschuss tötete, darf wohl mit einer gewissen Skepsis betrachtet werden.

Im Gegensatz zu Oswald wurde Booth nicht ermordet, sondern starb in einer Schießerei bei seiner Verhaftung. Er stammte aus Maryland, das sich im gesamten Bürgerkrieg nie von der Union abgespalten hat. Als Sklaven haltender Bundesstaat wird es landläufig einfach zu den Südstaaten gezählt.

Ein Kampf um Ideale?

Äußerst beeindruckend ist für den Leser, dass sich beide Präsidenten für Afroamerikaner einsetzten. Ohne diese Gemeinsamkeit würde die Aufzählung im Wesentlichen aus der Übereinstimmung in trockenen Zahlenreihen bestehen, die nicht mehr als ein flüchtiges Schulterzucken hervorrufen. Es wäre so langweilig wie die Entdeckung paralleler Lebensdaten von Julius Cäsar und Beethoven oder von Dschingis Khan und der Poplegende Michael Jackson. Erst das Merkmal der Bürgerrechte gibt beiden Präsidenten eine einheitliche Gestalt. Deswegen lohnt sich ein genaueres Hinschauen.

Kennedys Engagement für die Aufhebung der Rassentrennung in den USA ist unbestritten. Mit der Ausarbeitung des Bürgerrechtsgesetzes Civil Rights Act hatte er die entscheidende Vorarbeit zur rechtlichen Gleichstellung der Afroamerikaner eingeleitet. Wie weit trifft dasselbe auch für Lincoln zu? Berücksichtigt man, dass eine erste und unvollständige Sklavenbefreiung fast zwei Jahre nach Kriegsbeginn erfolgte, so kam Lincolns Einsatz für Bürgerrechte etwas verspätet.

Der Mythos des idealistischen Sklavenbefreiers Abraham Lincoln, frischgehalten durch Hollywood-Produzenten wie Steven Spielberg, lohnt auch deshalb einer genaueren Betrachtung, weil er ihn für uns quasi zur Ikone westlicher Werte wie Freiheit und Demokratie macht.

Abb. 13.4: Emancipation Memorial von 1876 im Lincoln Park (Washington D. C.). Der ehemalige Sklave verbleibt in demütiger Dankbarkeit und gelangt auch nach der Befreiung nicht auf Augenhöhe zu seinem Wohltäter.

Der amerikanische Bürgerkrieg (1861–1865) war jedoch in erster Linie ein Wirtschaftskrieg, der die Grundlagen zum Aufstieg als Weltmacht legte. Die Abschaffung der Sklaverei ergab sich nach Kriegsende eher als Nebenprodukt.
Der oft beschworene Gegensatz zwischen Norden und Süden bestand weniger zwischen freier Lohnarbeit und Sklaverei oder gar in unterschiedlichen Kulturen, sondern zwischen den immer stärker auseinanderdriftenden wirtschaftlichen Interessen der wachsenden, binnenmarktorientierten Industrie des Nordens und der exportierenden Landwirtschaft des Südens.

Während die Südstaaten um Mitte des 19. Jahrhunderts mit der florierenden Baumwollproduktion fest in das damals weltumspannende britische Wirtschaftsimperium eingebunden wurden, begann die junge Industrie des Nordens um ihre Absatzmärkte zu fürchten. Deren Interessenvertretung, die neu gegründete republikanische Partei setzte zur Überwindung der Wirtschaftskrise von 1857 höhere Importzölle durch und zwang den Süden damit zum Kauf ihrer überteuerten Waren. Dieser war davon wenig begeistert, da die Zolleinnahmen größtenteils in Entwicklungsprojekte im Norden flossen. Außerdem befürchteten die Eliten des Südens im Gegenzug nun Strafzölle des Auslands auf die Baumwollexporte.

Das Sklaven haltende Wirtschaftssystem des Südens blieb nur durch dauerhafte Ausweitung lebensfähig. Der Süden hatte nach dem bereits 1807 beschlossenen offiziellen Verbot des afrikanischen Sklavenhandels[1] den neuen, lukrativen Wirtschaftszweig der „Sklavenzucht“ entwickelt, der die Anzahl der Sklaven im selben

1 Der „Act Prohibiting Importation of Slaves“ wurde am 2. März 1807 vom Kongress mit 113 gegen 5 Stimmen, d. h. mit maßgeblicher Unterstützung der Sklavenhalterlobby, beschlossen. Er trat ab dem 1. Januar 1808 in Kraft.

Maße vermehrte, wie er seine Anschaffungskosten verringerte. Man produzierte also Sklavenüberschüsse, die eine entsprechende Ausweitung der Sklavenwirtschaft erforderten.[2] Maßgebliche politische Kräfte des Nordens bestanden jedoch im Zuge der fortschreitenden Industrialisierung ab Mitte des 19. Jahrhunderts immer stärker auf ihrer Eingrenzung in den bisherigen Sklavenhalterstaaten.

Dahinter stand ein Kampf verschiedener Wirtschaftsgruppen um die Macht im politischen System, bei dem jeglicher Idealismus oder Freiheitsgedanke fehlte. Eine Ausweitung der Sklaverei über den Süden hinaus auf die ständig neu erschlossenen westlichen Territorien hätte der Sklavenhalterlobby mehr Einfluss auf die Besetzung von Senat und Repräsentantenhaus gegeben. Das wiederum hätte die Dominanz der Industrielobby geschwächt und ihre gesamte Wirtschaftspolitik einschließlich der Zollgesetze und der Verteilung der Zolleinnahmen infrage stellen können.

Während der sich verschärfenden Auseinandersetzung zwischen den Eliten beider Wirtschaftssysteme wurde die Sklavenfrage im Süden zum Hauptargument. Da Sklaverei dort unter den weißen Bürgern aller Bevölkerungsschichten so populär war, dass sie schon als Menschenrecht (nämlich Besitzrecht für Weiße) galt, bot ihre Behinderung im Rest des Landes den Vorwand zur Abspaltung.

Zunächst waren es die sechs Südstaaten South Carolina, Mississippi, Florida, Alabama, Georgia und Louisiana, die im Zeitraum vom 20. Dezember 1860 bis zum 26. Januar 1861 aus der Union austraten. Weitere sollten später nachfolgen. Dieser Entschluss zum Verlassen der USA wurde im Norden noch ziemlich gleichmütig aufgenommen, doch die Stimmung kippte schnell, als sich die sechs abtrünnigen Staaten zu einer Konföderation zusammenschlossen und am 11. März 1861 die Absicht zur Schaffung einer Freihandelszone erklärten.

Dieses Konzept war im 19. Jahrhundert bereits genauso umstritten wie heute. Während eine Interessengruppe stark davon profitiert, bedeutet es für andere den Ruin.

Protektionismus oder Freihandel?

Wie ein Blick auf die Karte zeigt, wäre bei der riesigen Ausdehnung der Grenze zwischen Norden und Süden die Aufrechterhaltung einer Zollgrenze für den verbleibenden Teil der USA unmöglich geworden. Die beginnende Industrie und der Handel in den Unionsstaaten wären durch britische Billigimporte rasch niederkonkurriert worden, ein vorzeitiges Ende des neuen Wirtschaftstraums.

2 Der Fachbegriff in der Wirtschaftssprache lautet Importsubstitution, also das Ersetzen von Importen durch inländische Produktion. In der Phase der schwachen Industrialisierung profitierte zunächst das gesamte Wirtschaftssytem von Sklavenzucht und der damit verbundenen Ausweitung der Sklavenhaltung. Die Finanzierung erfolgte über im Norden ansässige Banken, während die Versorgung der wachsenden Sklavenbevölkerung eine stetige Nachfrage nach Getreide und Fleisch aus der Produktion der freien Farmer des Nordens und Westens schuf. In den USA geborene Sklaven galten zudem als leichter beherrschbar, da sie weniger zu Aufständen neigten als in Freiheit geborene Afrikaner. Siehe Rainer Roth: *Sklaverei als Menschenrecht* [89].

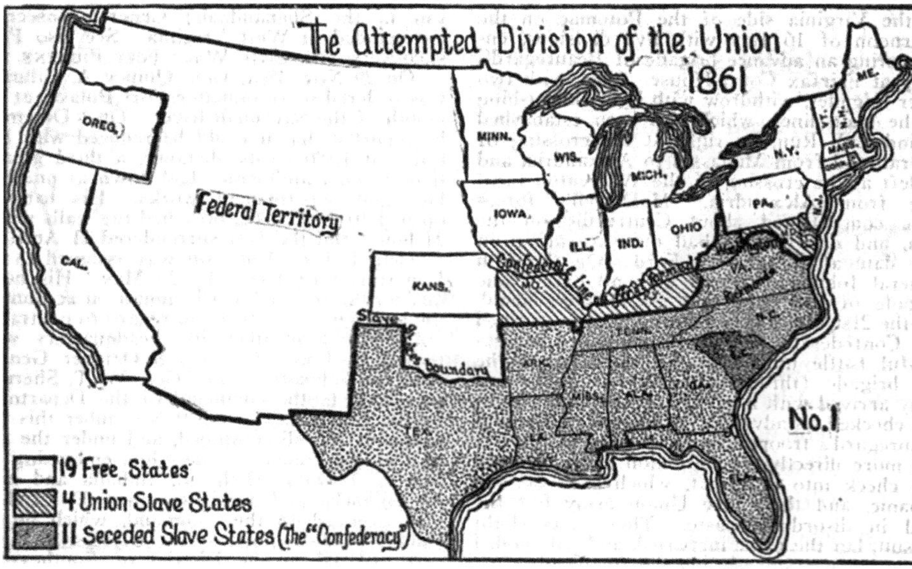

Abb. 13.5: Union und konföderierte Staaten zu Beginn des Bürgerkriegs.

Einflussreiche Zeitungen des Nordens schwenkten deshalb bereits wenige Tage später um. Sie forderten – in bemerkenswert moderner Rhetorik – eine *mit allen militärischen Mitteln* aufrechtzuerhaltende Seeblockade gegen den Süden.[3]
Dort war man ebenfalls fest zum Krieg entschlossen. Auf diese Weise hoffte man, die noch in der Union verbliebenen Sklavenhalterstaaten gewinnen zu können, wo es erhebliche Sympathie für die Abspaltung gab. Außerdem spekulierte man auf die militärische Unterstützung Englands, dessen Industrie von der amerikanischen Baumwolle abhängig war.

Kriegsgründe gab es also auf beiden Seiten genügend, wenn sie leider auch mit Menschenrechten wenig zu tun hatten. Die bewaffneten Auseinandersetzungen begannen am 12. April 1861 und eskalierten rasch, während Präsident Lincoln selbst mehr als ein Jahr später noch sein Desinteresse an der Sklavenfrage öffentlich bekundete. Am 22. August 1862 schrieb er in einem offenen Brief an die New York Tribune:

> „Mein oberstes Ziel in diesem Krieg ist es, die Union zu retten; es ist nicht, die Sklaverei zu retten oder zu zerstören. Könnte ich die Union retten, ohne auch nur einen Sklaven zu befreien, so würde ich es tun; könnte ich sie retten, indem ich alle Sklaven befreite, so würde ich es tun; und könnte ich die Union retten, indem ich einige Sklaven befreite und andere nicht, so würde ich auch das tun. Alles, was ich in Bezug auf die Sklaverei und die Schwarzen tue, geschieht, weil ich glaube, dass es hilft, die Union zu retten."

3 Siehe H. C. Perkins [88], Band 2, S.589–601.

Die schließlich am 1. Januar 1863 verkündete Proklamation zur Sklavenbefreiung galt ausschließlich für Sklaven der rebellierenden konföderierten Staaten, wohingegen die Sklaverei in den Unionsstaaten Missouri, Kentucky, Maryland, Delaware in Kraft blieb. Nicht einmal in den bereits eroberten Territorien des Feindes machte man sich die Mühe zur Durchsetzung von Menschenrechten und beließ die Sklaverei.

Die Sklavenbefreiung im noch unbesetzten Feindesland diente als Mittel, um die ökonomische Basis des anfangs militärisch starken Gegners zu zerstören. Außerdem sollte der zur Schau gestellte moralische Kriegsgrund verhindern, dass England oder Frankreich, die bereits selbst die Sklaverei abgeschafft hatten und offiziell für ihre Ächtung eintraten, militärisch offen auf Seiten des Südens eingreifen konnten.

Die endgültige Abschaffung der Sklaverei in den USA erfolgte erst am 18. Dezember 1865, mehr als ein halbes Jahr nach Lincolns Ermordung. So hat Abraham Lincolns Statue im Capitol seinen Platz als Dank für den Wegbereiter der späteren Industrie- und Weltmacht sicherlich verdient. Doch seine Durchsetzung von Menschenrechtsprinzipien war im Bürgerkriegskonflikt eher ein Nebeneffekt.

Zahlenzauber

Wenden wir uns nun den Übereinstimmungen in den Daten zu. Sie entsprechen der Wahrheit, doch sind sie deshalb mysteriös? Da sind die Jahreszahlen 1846/1946, 1860/1960 und 1808/1908 mit einer Verschiebung von je 100 Jahren. Sie wird dadurch begünstigt, dass Kongresswahlen in den USA stets in geraden Jahren stattfinden, die Präsidentenwahlen jedoch in einem Vierjahreszyklus.

Das zentrale Datum ist die Amtseinführung 1860 bzw. 1960. Es ist nicht so unwahrscheinlich, dass ein gewisser Abschnitt der vorhergehenden politischen Karriere beider Präsidenten gleich lang war. Die Zeiträume sind meist ähnlich. Man wird nicht zu schnell Präsident. Und was man nach einer gewissen Zeit nicht erreicht hat, schafft man später kaum mehr.

Problem 40. *Nehmen wir als Beispiel an, dass der durchschnittliche Aufstieg vom Kongressabgeordneten zum Präsidenten zwischen 12 und 18 Jahren benötigt.*

Mit welcher Wahrscheinlichkeit haben dann zwei Aufstiege die gleiche Dauer?

Lösung. Als Karrieredauern sind $12, 13, \ldots, 18$ möglich, also sechs Zahlen. In Analogie zu Beispiel 4 erhalten wir als Wahrscheinlichkeit gleich langer Karriereabschnitte den Wert $p = 6/36 = 1/6$. □

Bei (nahezu) konstanten Dauern sind die Karrierezeitpunkte LK2 und LK3 also voneinander abhängige Ereignisse. Unter der Voraussetzung von LK3 ist damit das Eintreffen von LK2 oder ähnlicher Übereinstimmungen (Geburts-, Heiratsdaten bzw. andere Ecksteine ihrer Karriere) deutlich wahrscheinlicher.

Ereignis LK14 besagt in weniger spektakulären Worten, dass beide Nachfolger bei der Amtseinführung ihres Vorgängers gleichaltrig waren. Bevor wir uns darüber wundern, sehen wir uns nach ähnlichen Zufälligkeiten um, die uns genauso verblüfft hätten, falls sie eingetreten wären.

LK15 Lincoln und Kennedy könnten im selben Alter Präsident geworden sein.
LK16 Beide Nachfolger könnten im selben Alter Präsident geworden sein.

Vergleicht man die Lebensdaten aller US-Präsidenten, so findet man für ein beliebig herausgepicktes Paar häufig eine der Übereinstimmungen von Typ LK14, LK15 oder LK16. Von 44 US-Präsidenten wurden 32 in einem Alter zwischen 47 und 58 Jahren gewählt, davon fünf mit 55 Jahren, vier mit 56 und jeweils drei mit 47, 50, 51, 52, 57 bzw. 58 Jahren. Etwas Gleichwertiges zu LK14 findet man also nicht selten.

Auch LK6 ist nicht gerade ungewöhnlich. Die Ereignisse „Präsidentenattentat" und „Anwesenheit der Ehefrau" sind abhängig, da ein Präsident bei offiziellen Anlässen meist seine Gattin zur Seite hat. Die Wahrscheinlichkeit, dass die Anschläge auf denselben Wochentag fielen, beträgt nach Beispiel 4 immerhin $\frac{1}{7}$.

Andere Zufälle unserer Liste treten in bestimmten Kulturkreisen oder historischen Zeitabschnitten häufiger auf und sind also auch nichts Besonderes. Während der Tod eines Kindes von Kennedy noch erwähnenswert war, ist er bei Lincoln fast selbstverständlich, da die Kindersterblichkeit damals sehr hoch lag.

Genauso unspektakulär ist die Anzahl der Namen und Buchstaben. Drei Namen sind in den USA häufig, siehe beispielsweise Barack Hussein Obama, Richard Milhous Nixon, William Jefferson Clinton, George Walker Bush. Die durchschnittliche Namenslänge liegt zwischen 13 und 18 Buchstaben. Gleiche Anzahlen von Buchstaben, Vokalen oder Konsonanten finden sich beim Vergleich zweier Personen häufig.

Die Attentäter wie auch die Nachfolger der ermordeten Präsidenten stammten aus den gleichen Landesteilen. Will man selbst ein ähnliches Mysterium konstruieren, so ist die Suche nach Ereignissen wie LK7 oder LK13 lohnenswert, da diese besonders häufig zu finden sind. Dabei spielt es keine Rolle, wie unterschiedlich bevölkert diese beiden Landesteile sind.

Problem 41. *Ein Land besteht aus den beiden Teilen S und N.*

Weisen Sie nach, dass zwei zufällig ausgewählte Personen mit einer Wahrscheinlichkeit von mindestens 1/2 aus demselben Landesteil stammen.

Lösung. Mit p bezeichnen wir die Wahrscheinlichkeit für eine Herkunft von N. Dann ist $1-p$ die Wahrscheinlichkeit für eine Herkunft von S. Da beide Personen unabhängig von ihrer Herkunft ausgewählt wurden, ist die Wahrscheinlichkeit für eine Herkunft aus demselben Landesteil

$$p(\text{NN oder SS}) = p(\text{NN}) + p(\text{SS}) = p^2 + (1-p)^2 = 2p^2 - 2p + 1$$

Das Minimum der Funktion $f(p) = 2p^2 - 2p + 1$ wird bei $p = \frac{1}{2}$ angenommen, wie aus $f'(p) = 4p - 2 = 0$ folgt. □

Zusammenfassung

Das Lincoln-Kennedy-Mysterium besteht aus
1. einem Kern, hier den zusammenfallenden Jahresdaten der Amtseinführung;
2. einer Reihe davon abhängiger Ereignisse, die man bei gründlichem Vergleich aller Lebens- und Karrieredaten herausfiltert;
3. einem verbindenen Mythos, der durch Halbwahrheiten angereichert wird, welche man als Fakten präsentiert;
4. einer Masse trivialen Füllmaterials, d. h. unspektakulären Allerweltsdaten.

Derartige Mysterien sind nicht so unwahrscheinlich, wie es auf den ersten Blick erscheinen mag. Der entscheidende Schritt ist Punkt 1. Wie wahrscheinlich ist es, zwei Personen aus einer Gruppe von 20 bis 50 Teilnehmern (z. B. Präsidenten) auszuwählen, die ein gemeinsames Schlüsseldatum (z. B. Todesdatum) haben? Wie wir beim Geburtstagsparadoxon gesehen haben, ist das häufig zu finden.

Durch unsere Lincoln-Kennedy-Liste werden die wirklich interessanten Fragestellungen durch eine lange Aufzählung von Plattheiten in den Hintergrund gedrängt. Wer sich davon beeindrucken lässt, muss nämlich Oswalds Täterschaft voraussetzen. Will uns die Liste seine Ähnlichkeit mit dem Mörder Booth mittels „Fakten" suggerieren, dass beide Südstaatler waren oder ihre Namen die gleiche Anzahl von Buchstaben hatten?

Auch über Gründe der Attentäter erfährt man in der Liste nichts. Durch welche politische Strömung wurden sie motiviert? Waren es Einzeltäter oder hatten sie Auftraggeber? Die offizielle Einzeltäterversion zu Oswald ist in großem Maße das Verdienst von Allen Dulles, des zuvor von Kennedy entlassenen, langjährigen CIA-Direktors. Er wurde unmittelbar nach dem Mord zurückberufen und sorgte als einflussreiches Mitglied der Warren-Kommission[4] dafür, dass der Fall schließlich zu den (weitgehend gesperrten) Akten gelegt wurde. Denn was gibt es noch zu ermitteln, wenn der Mörder ohnehin tot ist?

Es gab beim Mord an Präsident Kennedy mehrere hochrangige Personen, die sowohl ein Motiv als auch weitgehende nachträgliche Möglichkeiten zur Vertuschung des Verbrechens gehabt hätten. Hinzu kommt eine ungewöhnliche Reihe von Ermittlungspannen (z. B. die rasche Säuberung des beschossenen Fahrzeugs ohne vorhergehende Spurensicherung) und Gesetzesübertretungen (Verhinderung der vorgeschriebenen Obduktion durch die Bundesbehörden von Texas), sodass ein Verdacht auf Sabotage durch übergeordnete Instanzen nicht unbegründet erscheint.[5] Dennoch werden sämtliche von der Einzeltätertheorie abweichenden Ansätze bis jetzt offiziell als Verschwörungstheorien bezeichnet. Darunter versteht man

4 Inoffizielle Bezeichnung der „Kommission des Präsidenten über die Ermordung von Präsident Kennedy", benannt nach ihrem Vorsitzenden Earl Warren, der als Oberster Richter am Supreme Court tätig war.

5 Siehe Mathias Bröckers [83] oder David Talbot [90].

> „...im weitesten Sinne jeden Versuch, ein Ereignis, einen Zustand oder eine Entwicklung durch eine Verschwörung zu erklären, also durch das zielgerichtete, konspirative Wirken von Personen zu einem meist illegalen oder illegitimen Zweck.“ (Wikipedia, [91])

Hiermit werden Anschuldigungen politischer Verbrechen gegen Träger der Macht in derselben Kategorie wie paranoide Vorstellungen von der Weltherrschaft reptiloider Außerirdischer oder faschistische Rechtfertigungsideologien von der „jüdischen Weltherrschaft“ eingeordnet. Was haben diese Hirngespinste mit der Möglichkeit zur Verwicklung von Geheimdiensten in Morde oder der Anzettelung von Kriegen durch Politiker zu tun? Offenbar geht man davon aus, dass Konspirationen nur in autoritären Regimen erfolgreich sein können. In demokratischen Strukturen wären sie entweder von vornherein zum Scheitern verurteilt oder würden schnell aufgedeckt.

Lance deHaven-Smith [85] weist nach, dass die politische Kultur der USA seit der Unabhängigkeitserklärung traditionell eher durch eine Skepsis gegenüber Eliten bei gleichzeitiger Respektierung der Meinungsfreiheit geprägt war, sodass diese spezielle Form zur Diskreditierung von Andersdenkenden dort bis zum Zweiten Weltkrieg bzw. Kalten Krieg vollkommen untypisch war. Starken Auftrieb erhielt die Methode im Zuge der Ermittlungen zum Mord an John F. Kennedy, wie deHaven-Smith in einer Häufigkeitsanalyse der New York Times (1875–2011) und des Time Magazine (1913–2011) aufzeigt. Dort ist eine deutlich stärkere Nutzung des Wortes „Verschwörungstheorie“ nachweisbar, seitdem es in einem internen CIA-Rundschreiben[6] (CIA Dispatch # 1035-960) zur argumentativen Auseinandersetzung mit Kritikern des Warren-Reports empfohlen wurde.

Das Label „Verschwörungstheorie“ dient mittlerweile als Totschlagargument, welches jede rationale Diskussion beendet. Die Einsatzmöglichkeiten scheinen unerschöpflich (siehe Fußnote im Abschnitt 17.7) und sein wahlloser Gebrauch fördert den Verfall der Gesprächskultur.

13.4 Schnelles Trennen durch Vermischen?

Wenn man einen Labortest für eine Gruppe von Personen durchführen will, dann ist es wohl schwer vorstellbar, alle Proben zunächst zusammenzuschütten.

6 Das Dokument stammt vom Januar 1967. Es wurde im Jahre 1976 durch eine Anfrage der New York Times auf Grundlage des Freedom of Information Act freigegeben und kann bei deHaven-Smith [85] oder über das Internet [86] eingesehen werden. Lance De Haven-Smith ist emeritierter Professor der Politikwissenschaften der Reubin O'D. Askew School of Public Administration and Policy at Florida State University und sollte durch seine langjährige Tätigkeit in verschiedenen Kommissionen des Staates Florida über den Verdacht eines Verschwörungstheoretikers oder Spinners erhaben sein. Das Dokument selbst wird auf verschiedenen regierungskritischen Webseiten wiedergegeben, teils sogar als Fotokopie. Außerdem ist ein Artikel der New York Times [84] mit Wiedergabe der wesentlichen Passagen im Internetarchiv der Zeitung verfügbar.

Robert Dorfman war Mitarbeiter der Forschungsabteilung eines Wirtschaftsinstituts und hatte während des Zweiten Weltkriegs in der Zeitung von einem Problem der amerikanischen Armee gelesen. Bereits die Gesundheitsuntersuchungen der über eine Million eingezogenen Soldaten stellten das Militär vor eine Herausforderung. Zu dieser Zeit stellte die Syphilis eine ernste Gefährdung dar, denn Antibiotika waren noch nicht industriell herstellbar. Der Syphilistest war unumgänglich, aber kosten- und zeitaufwendig. Dabei trat die Krankheit nur bei 1 % der Untersuchten auf. Einziger Vorteil war, dass sich der Erreger selbst in kleinen Mengen, also auch in stark verdünnten Lösungen nachweisen ließ.

Vielleicht kannte Dorfman eine der populären Knobelaufgaben wie die folgende und ließ sich davon inspirieren.

Problem 42. *In einem Sack befinden sich neun gleich aussehende Münzen, von denen eine leichter ist.*

Finden Sie diese mithilfe einer Balkenwaage und möglichst wenigen Wägungen heraus.

Lösung. Man teilt die Münzen in drei Gruppen auf, von denen zwei gewogen werden. Sind sie gleich schwer, so befindet sich die leichte Münze in der dritten Gruppe. Aus der nun bestimmten Gruppe werden jetzt zwei Münzen durch Wägung verglichen. □

Dorfman wollte das Testproblem auf ähnliche Weise lösen, indem er die Blutproben der Soldaten zunächst in Gruppen zusammenschüttete und gemeinsam testete. Wenn man Glück hatte, waren alle gesund. Fand man dagegen den Krankheitserreger in einer Gruppe, dann sollte jedes Gruppenmitglied einzeln getestet werden.

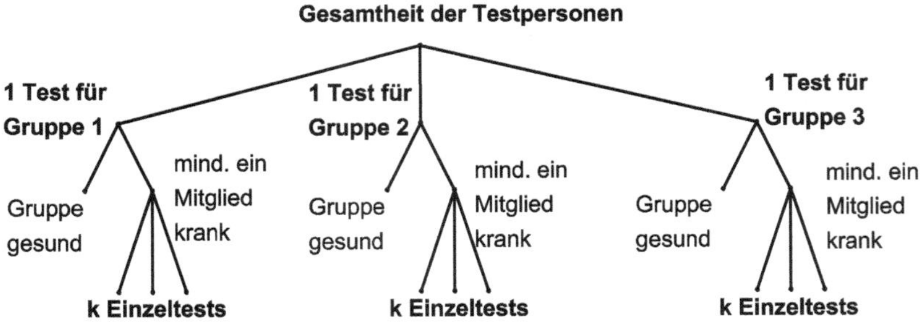

Abb. 13.6: Gruppentest für eine Aufteilung in drei Gruppen.

Bringt dieses Verfahren gegenüber Einzeltests eine Ersparnis und wie kann man die optimale Gruppengröße berechnen?

Mit n wollen wir die Gesamtzahl der Testpersonen und mit k die Gruppengröße bezeichnen. Damit wären $\frac{n}{k}$ Gruppen zu testen. Weiter sei $p = 0{,}01$ die Wahrscheinlichkeit für eine kranke Testperson. Entsprechend beträgt die Wahrscheinlichkeit einer gesunden Testperson

$$q = 1 - p = 0{,}99$$

Sei X die Zufallsgröße der benötigten Tests pro Gruppe. Da wir entweder nur einen (falls alle Gruppenmitglieder gesund sind) oder $k+1$ Tests (falls mindestens ein Gruppenmitglied krank ist) durchführen müssen, erhalten wir

$$p(X = 1) = q^k, \qquad p(X = k+1) = 1 - q^k$$

Dann ist der Erwartungswert der Tests pro Gruppe

$$\mathbb{E}X = 1 \cdot q^k + (k+1) \cdot (1 - q^k) = k + 1 - k \cdot q^k$$

Die insgesamt zu erwartende Anzahl Tests bei $\frac{n}{k}$ Gruppen ist also

$$\frac{n}{k} \cdot \mathbb{E}X = \frac{n}{k} \cdot (k + 1 - k \cdot q^k) = n \cdot \left(1 + \frac{1}{k} - q^k\right)$$

Somit ist das Minimum der Funktion

$$f(k) = n \cdot \left(\frac{1}{k} - q^k + 1\right) \qquad \text{für } k \in \mathbb{N} \tag{13.3}$$

zu finden. (Die Anzahl n der Testpersonen und die Wahrscheinlichkeit q sind Konstanten.)

Durch die Einschränkung von k auf die natürlichen Zahlen wird die weitere mathematische Bearbeitung von (13.3) behindert. Bedeutend praktischer zur Berechnung von Extremwerten ist die reelle Funktion

$$f(x) = n \cdot \left(\frac{1}{x} - q^x + 1\right) \qquad \text{für } x \in \mathbb{R},\ x \geq 1 \tag{13.4}$$

denn hier lässt sich die Differenzialrechnung einsetzen. Stellen wir (13.4) grafisch dar, so erkennen wir ein Minimum in der Nähe von $x = 10$.

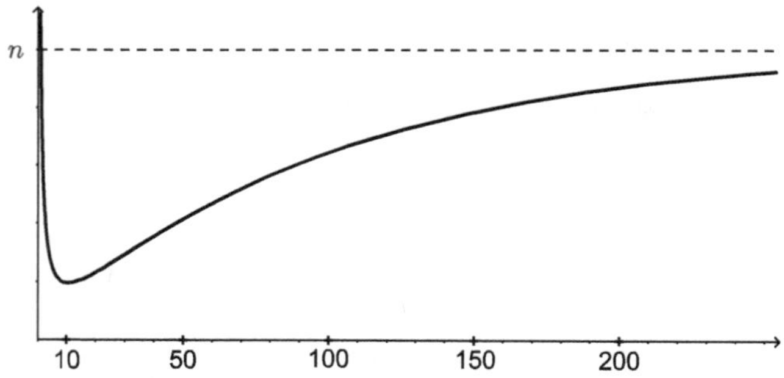

Abb. 13.7: Funktionsverlauf für (13.4).

Aus der Grafik ist weiterhin erkennbar, dass der Aufwand durch den Gruppentest gegenüber Einzeltests um mehr als 80 % gesenkt werden kann. Wir wollen nun die optimale Gruppengröße berechnen. Es ist

$$f'(x) = -n \cdot \left(\frac{1}{x^2} + \ln q \cdot q^x\right)$$
$$f''(x) = n \cdot \left(\frac{2}{x^3} - (\ln q)^2 \cdot q^x\right)$$

Aus $f'(x) = 0$ erhalten wir für die möglichen Extremwerte von (13.4)

$$0 = \frac{1}{x^2} + \ln q \cdot q^x \qquad (13.5)$$

bzw.

$$x^{-2} = q^x \cdot (-\ln q)$$

Hieraus lässt sich die Anzahl der möglichen Extrema ablesen. Wir logarithmieren und formen um:

$$-2\ln x = x \cdot \ln q + \ln(-\ln q)$$
$$\ln x = -\frac{\ln q}{2} \cdot x - \frac{\ln(-\ln q)}{2}$$

Diese Gleichung ist ein Schnittpunktproblem der Logarithmusfunktion $y = \ln x$ mit der Geraden

$$y = -\frac{\ln q}{2} \cdot x - \frac{\ln(-\ln q)}{2} \qquad (13.6)$$

(Für $q = 0{,}99$ ist $-\frac{\ln q}{2} \approx 0{,}005$ und $-\frac{\ln(-\ln q)}{2} \approx 2{,}3$.) Wie die folgende Grafik zeigt, gibt es höchstens zwei Schnittpunkte.

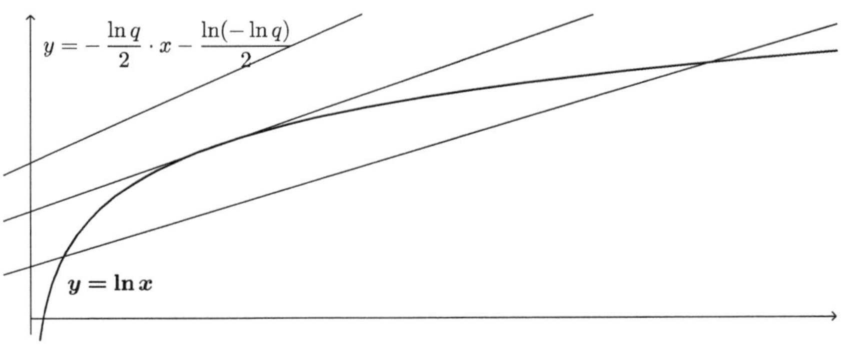

Abb. 13.8: Mögliche Schnittpunkte der Geraden mit der Logarithmusfunktion.

Damit besitzt unsere Funktion (13.4) auch höchstens zwei Extrema.

Leider ist die Gleichung (13.5) nicht exakt lösbar. Wir lösen sie näherungsweise, indem wir mit dem Newton-Verfahren eine Nullstelle der Funktion

$$g(x) = \frac{1}{x^2} + \ln q \cdot q^x \tag{13.7}$$

berechnen. Hierbei wird aus einem vorzugebenden Startwert x_1 und der rekursiven Formel

$$x_{n+1} = x_n - \frac{g(x_n)}{g'(x_n)} \tag{13.8}$$

eine Zahlenfolge (x_n) von Näherungslösungen für (13.5) berechnet. Als Ableitung von g bestimmen wir

$$g'(x) = -\frac{2}{x^3} + (\ln q)^2 \cdot q^x$$

Für den Startwert $x_1 = 2$ erhalten wir aus (13.8) nach wenigen Iterationen

$$x \approx 10{,}515$$

Zur Überprüfung des Extremums berechnen wir

$$f''(10{,}515) = n \cdot \left(\frac{2}{10{,}515^3} - (\ln q)^2 \cdot q^{10{,}515} \right) \approx n \cdot \left(\frac{2}{1000} - 0{,}9 \right) < 0$$

sodass es sich tatsächlich um ein Minimum handelt. Damit nimmt (13.3) sein Minimum bei einem der Werte $k = 10$ und $k = 11$ an. Wegen $f(11) < f(10)$ erhalten wir als optimale Gruppengröße $k = 11$ mit einer zu erwartenden Anzahl von

$$f(11) = n \cdot \left(\frac{1}{11} - 0{,}99^{11} + 1 \right) \approx 0{,}2\, n \text{ Tests}$$

gegenüber n Tests im Einzelverfahren.

14 Überraschungen mit der DNA

Welche Aussagekraft hat die Übereinstimmung zweier DNA-Profile, beispielsweise einer am Tatort gefundenen DNA-Spur und der Blutprobe eines Verdächtigen, für die Ermittlung eines Täters? Wir benötigen zunächst eine Vorstellung, wie unsere Erbinformation aufgebaut ist und worum es beim DNA-Test geht.

14.1 Chromosomen und Gene

Die Erbinformation jedes Menschen ist in 46 Paketen gespeichert, die als *Chromosomen* bezeichnet werden. Davon stammen 23 von der Mutter und 23 vom Vater.

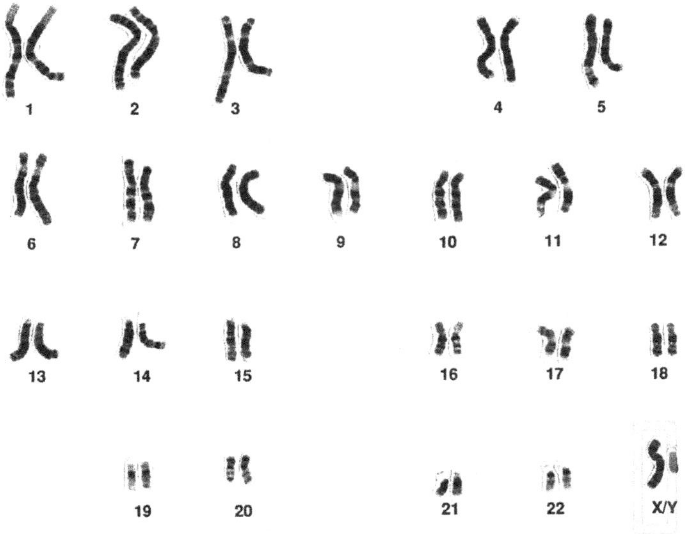

Abb. 14.1: Chromosomen eines Mannes. Man erkennt sie am deutlich verkürzten Y-Chromosom im letzten Paar.

Die beiden Chromosomen in den ersten 22 Paaren werden jeweils als *homolog* bezeichnet. Sie entsprechen einander weitgehend in der Gestalt und potenziellen Funktion, sind jedoch genetisch nicht identisch, da die Eltern verschiedenes Erbgut besitzen.

Eine Ausnahme bildet lediglich das 23. Paar bei Männern, da das väterlicherseits geerbte Y-Chromosom wesentlich kürzer als das mütterlicherseits geerbte X-Chromosom ist.

https://doi.org/10.1515/9783110542547-014

Bei der Fortpflanzung bildet jedes Elternteil durch zufällige Auswahl aus seinem Erbgut 23 neue Chromosomen und gibt sie an seinen Nachkommen weiter.

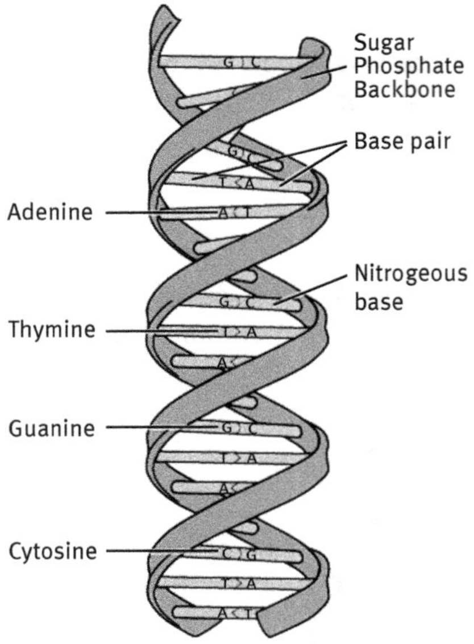

Abb. 14.2: Innerhalb der Chromosomen liegt die Information als DNA-Molekül in der Form einer Doppelhelix vor. Das sind zwei umeinandergewickelte Stränge. Sie sind jeweils durch Paare von Basen verbunden, von denen es vier verschiedene Typen gibt: Adenin (A), Guanin (G), Cytosin (C) und Thymin (T). Jedes Basenpaar ist in einer der Formen AT oder GC. Man kann sich also jeden Strang als Folge vorstellen, die aus den Buchstaben A, C, G und T gebildet wird.

Von ihrer chemischen Zusammensetzung besteht die DNA aus 3 Milliarden Basenpaaren, von denen 99,9 % bei allen Menschen gleich sind. Die restlichen 0,1 % oder 3 Millionen Basenpaare sind für die genetischen Unterschiede zwischen uns verantwortlich.

Als *Genort* bezeichnet man einen bestimmten Abschnitt auf einem Chromosom, dessen chemische Zusammensetzung für die Ausprägung gewisser äußerer Merkmale mitverantwortlich ist. Viele dieser Merkmale werden nicht nur durch einen, sondern durch das Zusammenwirken mehrerer Genorte bestimmt. So sind an der Vererbung der Augenfarbe mindestens drei verschiedene Genorte beteiligt.

Die Länge der Genorte ist verschieden. Im Durchschnitt bestehen sie aus 3000 Basenpaaren. Während die DNA an 88 % aller Genorte nur in einer einzigen chemischen Formel vorliegt, gibt es an den restlichen 12 % (ca. 3600) der Genorte verschiedene Varianten der chemischen Zusammensetzung. Diese werden *Allele* genannt. Für einige Genorte sind nur zwei Allele bekannt, andere haben mehrere Hundert, aber regelmäßig werden neue entdeckt. Unter den verschiedenen Allelen eines Genorts sind nicht alle gleich häufig anzutreffen. Meist dominiert eine kleine Zahl von ihnen.

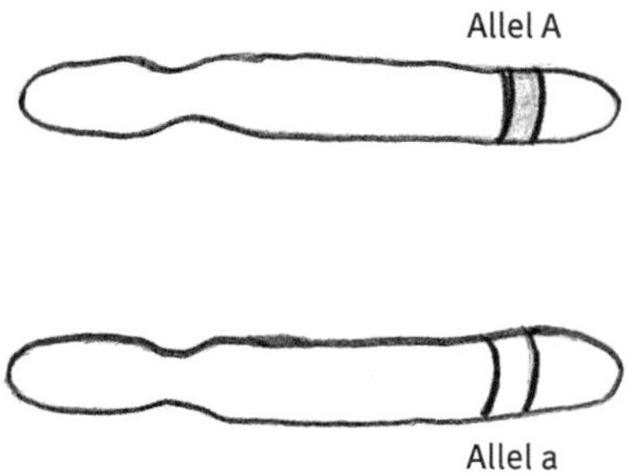

Abb. 14.3: In homologen Chromosomen kann ein Genort durch verschiedene Allele besetzt werden. Dort sind im Erbgut Abweichungen zwischen der mütterlichen und väterlichen Variante möglich.

Als *Genotyp* bezeichnet man ein Paar von Allelen, welches auf einem Chromosomenpaar am selben Genort gespeichert ist. Falls zu einem Genort n verschiedene Allele existieren, so beträgt die Anzahl möglicher Genotypen (=Auswahlmöglichkeiten für Paare)

$$\binom{n}{2} = \frac{n(n+1)}{2}$$

Die zur Fortpflanzung gebildeten *Keimzellen* (Spermien bzw. Eizellen) enthalten nur 23 Chromosomen. Jeder Genort besitzt somit nur ein Allel, welches mit der Wahrscheinlichkeit $\frac{1}{2}$ aus dem mütterlichen oder väterlichen Erbgut stammt. Auf diese Weise können Kinder äußere Merkmale ausprägen, die beiden Eltern und möglicherweise auch den unmittelbar vorangegangenen Vorfahren fehlten.

Ein spektakuläres Beispiel wurde 2013 in Irland bekannt, wo mehreren Roma-Familien leibliche Kinder weggenommen wurden, weil sie mit ihrer blonden Haarfarbe nicht zu ihren Eltern zu passen schienen. Später konnte die Verwandtschaft durch DNA-Tests bewiesen werden, und die Kinder wurden zurückgegeben.

14.2 Das Hardy-Weinberg-Gesetz

Eine Population bestehe aus vielen Individuen, sodass jedes Allel oft auftritt und Paarungen zufällig stattfinden. Im Idealfall stellt man sich eine unendlich große Population vor, in der jedes Allel unendlich oft vorkommt und nicht aussterben kann. Weiter nehmen wir die folgenden Voraussetzungen hinzu:

- HW1 Vernachlässigung von Mutationen, d. h. keine Entstehung neuer Allele;
- HW2 Vernachlässigung der Selektion, d. h. keine Beeinflussung von Fortpflanzungschancen durch die Allele, die man trägt.

Das ist zwar ein stark vereinfachtes Modell, doch in vielen Fällen liefert es brauchbare Ergebnisse.

Nehmen wir an, dass an einem bestimmten Genort nur zwei Allele A und a auftreten können. Ihre Wahrscheinlichkeiten seien

$$p(A) = p, \qquad p(a) = q = 1 - p$$

Ein Kind erbt nun von jedem Elternteil jeweils ein Allel, sodass in der Generation der Nachkommen die folgenden Genotypen auftreten können:

$$(A, A), \ (A, a), \ (a, A), \ (a, a)$$

Ihre Wahrscheinlichkeiten lassen sich mittels folgender Tabelle berechnen:

	A vom Vater	a vom Vater
A von Mutter	$p(A, A) = p^2$	$p(A, a) = pq$
a von Mutter	$p(A, a) = pq$	$p(a, a) = q^2$

Sämtliche bei der Vererbung auftretenden Ereignisse (A, A), (A, a), (a, A), (a, a) sind unvereinbar miteinander. Wenn wir (A, a) und (a, A) nicht unterscheiden und zum gemischten Typ Aa zusammenfassen, so addieren sich ihre Wahrscheinlichkeiten. Insgesamt erhalten wir als Wahrscheinlichkeiten der Genotypen

$$p(AA) = p^2, \qquad p(Aa) = pq + pq = 2pq, \qquad p(aa) = q^2 \tag{14.1}$$

Problem 43. *Wie ändern sich die Wahrscheinlichkeiten der Allele von Generation zu Generation durch die ständige Durchmischung und Rekombination der Erbinformation?*

Lösung. Sei p die Wahrscheinlichkeit der Vererbung von Allel A von den Eltern (erste Generation) zu den Kindern (zweite Generation). Wir wollen die Wahrscheinlichkeit seiner Weitergabe in der folgenden Generation berechnen. Alle anderen Allele unterscheiden wir hier nicht und fassen sie als $\overline{A}$ zusammen. Damit werden sie von der Elterngeneration mit der Wahrscheinlichkeit $1 - p$ weitergegeben. Die folgende Übersicht zeigt, mit welchen Wahrscheinlichkeiten gewisse Allelpaare für die zweite Generation zur Verfügung stehen.

	A vom Vater	$\overline{A}$ vom Vater
A von Mutter	$p(A, A) = p^2$	$p(A, \overline{A}) = p(1 - p)$
$\overline{A}$ von Mutter	$p(A, \overline{A}) = p(1 - p)$	$p(\overline{A}, \overline{A}) = (1 - p)^2$

Ein Nachkomme der zweiten Generation mit Genotyp (A, A) gibt das Allel A mit Sicherheit weiter. Falls er jedoch einem gemischten Genotyp $(A, \overline{A})$ angehört, so vererbt er A nur mit einer Wahrscheinlichkeit von $\frac{1}{2}$. Somit vererbt die zweite Generation ihrerseits A mit einer Wahrscheinlichkeit

$$p(\text{Nachkomme vererbt } A) = p^2 + \frac{1}{2}p(1 - p) + \frac{1}{2}p(1 - p) = p$$

Die Wahrscheinlichkeit, ein bestimmtes Allel zu erben, ist somit gleich der Wahrscheinlichkeit, es an ein Kind weiterzugeben. □

Seien $A_1, A_2, \ldots$ die Allele zu einem bestimmen Genort A. Wir bezeichnen die Wahrscheinlichkeit des Allels A_i mit p_i. Mit einer Erweiterung der obigen Tabelle lässt sich zeigen, dass der *reine Genotyp* (A_i, A_i) dann mit der Wahrscheinlichkeit

$$p(A_i, A_i) = p_i^2 \tag{14.2}$$

und der *gemischte Genotyp* (A_i, A_j) mit der Wahrscheinlichkeit

$$p(A_i, A_j) = p_i \cdot p_j, \qquad i \neq j \tag{14.3}$$

auftreten. Auch diese Wahrscheinlichkeiten bleiben über die Generationen hinweg konstant. Eine Zusammenfassung liefert das folgende

Gesetz von Hardy-Weinberg
Unter den Voraussetzungen HW1 und HW2 bleiben die Wahrscheinlichkeiten des Auftretens möglicher Genotypen in einer sehr großen Population konstant und können mit (14.2) bzw. (14.3) berechnet werden.

Wenn sich die Wahrscheinlichkeiten der Allele also nicht ändern, bilden sie Kenngrößen zur Charakterisierung solcher Populationen und lassen eine Reihe interessanter Schlussfolgerungen zu.

14.3 Tätersuche mit DNA-Profilen

DNA-Analysen haben in zahllosen Gerichtsfällen zur Wahrheitsfindung beigetragen. Bereits in den 80er-Jahren konnten damit einige spektakuläre Fälle von Vergewaltigung mit anschließendem Mord aufgeklärt werden. Einer der ersten Erfolge war die Aufklärung des Verbrechens an zwei 15-jährigen Mädchen aus den Jahren 1983 bzw. 1986 in der Grafschaft Leicestershire, England. Der 17-jährige Richard Buckland wurde zum Hauptverdächtigten. Er kannte Details im Körperbau eines der Opfer und gestand schließlich sogar einen der Morde. Trotzdem wurde er freigesprochen, denn mittels eines DNA-Tests konnte seine Unschuld bewiesen werden. Anschließend konnte der wahre Täter Colin Pitchfork durch einen DNA-Test überführt werden.

Ein weiterer Fall war die Ermordung der 19-jährigen Rebecca Lyn Williams in Culpeper County, US-Bundesstaat Virginia aus dem Jahre 1982. Ein Jahr später verhaftete die Polizei den geistig stark zurückgebliebenen Earl Washington Jr. und gewann nach einem zweitägigen Verhör fünf Geständnisse zu verschiedenen Verbrechen, unter anderem dem Mord an Rebecca Lyn Williams. In vier Fällen erwiesen sich die erpressten Aussagen schnell als falsch, da keiner der Zeugen den Angeklagten identifizieren konnte. Doch bei Rebecca war das nicht mehr möglich. Unmittelbar nach ihrer kurzen Täterbeschreibung (Aggressor als bärtiger Afroamerikaner) war sie den Verletzungen erlegen. Earl Washington Jr. wurde zum Tode verurteilt. Nur neun Tage vor der geplanten Vollstreckung wurde ein Aufschub gewährt, weil inzwischen Zweifel aufkamen, ob

er in seinem geistigen Zustand überhaupt zu diesem Verbrechen in der Lage gewesen wäre.[1] Danach erbrachten DNA-Analysen den Beweis seiner Unschuld, siehe [98]. Im Jahre 2000 wurde schließlich der mehrfache Vergewaltiger Kenneth Maurice Tinsley mit einem DNA-Test des Mordes an Rebecca Lyn Williams überführt und nach seinem Geständnis zu lebenslänglicher Haft verurteilt.
In den obigen Fällen wurde die Unschuld der Verdächtigen aus der Nichtübereinstimmung von DNA-Profilen gefolgert. Später rückten die wahren Täter durch andere Indizien in Verdacht und konnten schließlich mithilfe der DNA-Tests zu einem Geständnis gebracht werden. Wie sieht es jedoch im umgekehrten Falle aus? Lässt sich allein aus der Übereinstimmung von DNA-Spuren ein Schuldbeweis konstruieren? Wir werden sehen, dass eine kritiklose Anwendung der DNA-Analysen hier genauso viel Schaden anrichten kann.

14.4 Aufbau und Vergleich von DNA-Profilen

Bei einer DNA-Analyse in der Gerichtsmedizin werden zwei Proben miteinander verglichen, von denen die eine vom Tatort und die andere vom Verdächtigen stammen. Dazu werden die Allele gewisser Genorte bestimmt, die von Experten und der Justiz des jeweiligen Landes dafür festgelegt wurden. In den USA sind das 13 fixierte Genorte, die sich auf zwölf verschiedenen Chromosomen befinden.[2] In verschiedenen europäischen Ländern benutzt man eine ähnliche Anzahl teilweise anderer Genorte.

Es wird also nur ein Bruchteil der gesamten DNA verglichen. Die erstellten DNA-Profile sind nicht einmalig, sondern treten mit gewissen, oftmals verschiedenen Wahrscheinlichkeiten auf.

Um zu häufige DNA-Profile zu vermeiden, wurden für das Testverfahren solche Genorte ausgewählt, deren verschiedene Allele mit möglichst kleinen Wahrscheinlichkeiten auftreten.

Der Verdächtige soll nicht dafür verurteilt werden, dass er dasselbe Profil wie der Täter hat, sondern dass er die Tat begangen hat. Die Aussagekraft bei einer Übereinstimmung zweier Profile hängt damit von der Wahrscheinlichkeit des konkreten DNA-

1 Dieser Aufschub kam im Wesentlichen durch Initiative des Mithäftlings Joseph M. Giarratano zustande, der im selben Gefängnis auf die Vollstreckung seines eigenen Todesurteils warten musste. Giarratano nutzte seine verbleibende Zeit, um Petitionen für verschiedene Mithäftlinge zu verfassen. Seine Todesstrafe wurde später in eine lebenslängliche Haftstrafe umgewandelt, da sich verschiedene Beweismittel seiner Schuld als falsch erwiesen.

2 Das im Jahre 1997 von dem FBI geschaffene System CODIS (Combined DNA Index System) legt die folgenden Genorte fest: CSF1PO, FGA, TH01, TPOX, VWA, D3S1358, D5S818, D7S820, D8S1179, D13S317, D16S539, D18S51, D21S11. Zusätzlich wird das Amelogenin-Gen zur Bestimmung des Geschlechts geprüft.

Profils ab. Bei häufigen Profilen ist sie entsprechend geringer als bei seltenen. Diese Wahrscheinlichkeit wird unter Zugrundelegung des Hardy-Weinberg-Gesetzes aus einer DNA-Datenbank berechnet.

Wir wollen das an einem Beispiel in der nachstehenden Tabelle demonstrieren, welches von Charles H. Brenner [94], einem kalifornischen Experten für forensische Mathematik[3] stammt. Es handelt sich um ein (unvollständiges) Profil, das aus nur 4 von 13 Genorten bestimmt wurde.

DNA-Profil		Allelhäufigkeit in Datenbank			Genotyphäufigkeit	
Genort	**Allel**	**Beobachtete Anzahl**	**Datenbank-umfang**	**Häufigkeit**	**Formel**	**Wert**
CSF1PO	10 11	109 134	432	$p = 0{,}25$ $q = 0{,}31$	$2pq$	0,16
TPOX	8 8	229	432	$p = 0{,}53$	p^2	0,28
THO1	6 7	102 64	428	$p = 0{,}24$ $q = 0{,}15$	$2pq$	0,07
vWA	16 16	91	428	$p = 0{,}21$	p^2	0,05
					Häufigkeit des Profils =	0,00014

Erklärung der Bezeichnungen und Berechnung

DNA-Profil *(Spalten 1 und 2)* Hierbei handelt es sich um ein Profil vom Tatort oder von einem Verdächtigen.

Für jeden Genort sind die zugehörigen Allele durch gewisse Zahlen benannt. In unserem Profil gehören die beiden Allele Nr. 10 und 11 zum Genort CSF1PO, also ist unsere Versuchsperson in Bezug auf diesen Genort vom gemischten Typ.

Die Zahlen sagen etwas über die Struktur der Allele aus. Beim Allel Nr. 10 wiederholt sich die charakteristische Kette von Basen AGAT[4] zehnmal, also enthält dieses Allel die Folge

AGAT AGAT AGAT AGAT AGAT AGAT AGAT AGAT AGAT AGAT

Beim Allel Nr. 11 sind es elf Wiederholungen der Kette AGAT.

Andere Profile können im Genort CSF1PO weitere Allele enthalten. Die Wiederholung der Basenkette AGAT schwankt bei den verschiedenen Allelen zwischen 6 und 15.

3 Darunter werden mathematische Methoden der Kriminalistik zusammengefasst.

4 d. h. die Abfolge Adenin (A), Guanin (G), Adenin (A), Thymin (T).

Zum Genort TH01 wurden in unserem Profil die Allele Nr. 6 und Nr. 7 bestimmt. Hier ist es die charakteristische Basenkette AATG, welche sich entsprechend oft wiederholt. Allel Nr. 6 enthält also die Folge

$$AATG\,AATG\,AATG\,AATG\,AATG\,AATG$$

Im Genort TH01 können prinzipiell die Allele Nr. 5 bis 11 auftreten.

Es ist zu beachten, dass jeder Genort seine charakteristische Basenkette besitzt. Somit hat Allel Nr. 6 vom Genort CSF1PO außer der Anzahl von Wiederholungen nichts mit dem gleichnamigen Allel vom Genort TH01 gemeinsam.

Für spätere Berechnungen ist wichtig, dass unsere Versuchsperson bezüglich der Genorte CSF1PO sowie TH01 vom gemischten Typ, dagegen bezüglich der Genorte TPOX und vWA vom reinen Typ ist.

Allelhäufigkeit *(Spalten 3–5)* Diese Wahrscheinlichkeiten können nur über eine Datenbank geschätzt werden, deshalb bezeichnet man sie als Häufigkeiten. Unsere Datenbank enthält 432 Allele zum Genort CSF1PO, die von 216 (=432/2) Personen stammen.

Davon sind 109 Allele vom Typ Nr. 10. Somit beträgt seine Häufigkeit $\frac{109}{432} = 0{,}25$.

Genotyphäufigkeit *(Spalten 6 und 7)* Die Genotyphäufigkeit wird mit den Formeln (14.2), (14.3), also nach dem Hardy-Weinberg-Gesetz berechnet.

Da Genotyphäufigkeiten bei Rassenvermischung bekanntlich nicht konstant bleiben, hätten unsere Formeln dann keinen Sinn mehr. Somit ist die Schätzung der Profilwahrscheinlichkeiten nur innerhalb derselben Rasse zulässig. Wenn beispielsweise ein Tatverdächtiger zur afroamerikanischen Population gehört, darf für die Allelhäufigkeit nur der Datenbestand dieser Population verwendet werden.

Unsere Testperson besitzt am Genort CSF1PO den Genotyp (10,11) sowie am Genort TH01 den Genotyp (6,7). Das sind in beiden Fällen gemischte Genotypen, sodass wir ihre Wahrscheinlichkeiten mit Formel (14.3) berechnen. Dagegen hat sie am Genort TPOX den reinen Genotyp (8,8). Dasselbe gilt für (16,16) beim Genort vWA. Hier benutzen wir Formel (14.2).

Häufigkeit des Profils Wie eingangs erwähnt, wurden die meisten Genorte auf verschiedenen Chromosomen gewählt. Damit sollen die Unabhängigkeit der Genotypen und damit die Anwendbarkeit der Regel (8.5) abgesichert werden. Zur Berechnung der Häufigkeit des Profils multipliziert man nun die Wahrscheinlichkeiten aus der Spalte „Genotyphäufigkeit" miteinander.

14.5 Aussagekraft von Profilhäufigkeiten

Weist das Profil eines Tatverdächtigen in mindestens einem Allel einen Unterschied zum Tatortprofil auf, so ist der Angeklagte unschuldig. Stimmt es dagegen vollständig überein, so verstärkt sich der Verdacht gegen ihn.

Bei Verbrechen ist die Spurensicherung oft nicht in der Lage, sämtliche festgelegten Genorte zu untersuchen, da die Proben beschädigt oder verunreinigt sind. Man begnügt sich mit dem zur Verfügung stehenden Restmaterial, was die Profilhäufigkeit erhöht. Korrekterweise müsste man von der Übereinstimmung mit einem unvollständigen Tatortprofil sprechen.

Seine Beweiskraft hängt nun von seiner Häufigkeit ab. Ist sie klein, so geht das Gericht davon aus, dass die Tatortspuren wirklich vom Verdächtigen stammen. Allerdings sollte man sich auch durch geringe Wahrscheinlichkeiten nicht zu Pauschalaussagen verführen lassen.

Einzig von einer kleinen Profilwahrscheinlichkeit auf eine konkrete Person zu schließen, bedeutet nur eine Neuauflage unseres Trugschlusses des Staatsanwalts wie im Falle People vs Collins.

Mit dem oben erläuterten Berechnungsverfahren der Profilwahrscheinlichkeit wird die folgende Problematik sichtbar. Zuweilen ist der Datenbestand gering, beispielsweise für Mischlinge, Angehörige seltener Rassen oder Populationen mit höherer Inzucht, wie sie beispielsweise innerhalb gewisser religiösen Gruppen oder isoliert lebender Gemeinschaften auftreten kann. Kleine Datenbestände liefern aber höhere Schätzfehler. Wenn es zu einem für die Datenbank ungewöhnlichen Profil überhaupt keine vergleichbaren Profile gibt, müssen zwangsläufig die Daten anderer Rassen verwendet werden. Dann erscheint das DNA-Profil des Angeklagten als einzigartig und belastet ihn stärker, obwohl es nur innerhalb der Datenbank ungewöhnlich ist.

Außerdem mag es zwar plausibel klingen, ist aber keineswegs gesichert, dass alle Genotypen wirklich unabhängig voneinander auftreten, nur weil sie auf verschiedenen Chromosomen liegen. Genauso wären gewisse Abhängigkeiten vorstellbar. Wie wir bereits in anderen Beispielen (People vs. Collins oder Sally Clark) gesehen haben, ist bei einer Abhängigkeit die Anwendung der Multiplikationsregel (8.5) nicht mehr zulässig. Damit könnte die Wahrscheinlichkeit des Profils steigen, was sich zugunsten der Unschuldsvermutung für den Beschuldigten auswirkt. Um die Hypothese der Unabhängigkeit zu überprüfen, fordern deshalb Statistiker den Zugang zu entsprechend großen Datenbanken. Doch dieses Anliegen wurde von den Behörden bisher abgelehnt.[5]

14.6 Das Geburtstagsparadoxon in der Datenbank

Jetzt wollen wir die Wahrscheinlichkeit berechnen, dass in einer DNA-Datenbank identische Profile zu finden sind, die von verschiedenen Personen stammen. Derartige

5 Siehe William C. Thompson [102].

DNA-Profile werden auch als Mehrfachprofile bezeichnet.[6] Zur Vereinfachung wollen wir davon ausgehen, dass weltweit alle DNA-Profile gleich wahrscheinlich sind. In diesem Falle hätte eine Übereinstimmung von DNA-Profilen die höchste Beweiskraft, da es keine besonders häufigen Profile gäbe.

Die *Wahrscheinlichkeit des Auftretens eines Profils* werden wir mit p bezeichnen. Stellen wir uns nun vor, dass unsere aus n Profilen bestehende Datenbank schrittweise angelegt wurde. Zuerst wurde das erste Profil aufgenommen, dann das zweite usw. Mit A_k bezeichnen wir das *Ereignis, dass sich das k-te Profil von allen vorigen Profilen unterscheidet*. Dann ist

$$p(A_1) = 1 \quad \text{und} \quad p(A_2 \mid A_1) = 1 - p$$

da das erste Profil neu ist, aber für das zweite Profil eine Möglichkeit entfällt. Ebenso ist

$$p(A_3 \mid A_1 \cap A_2) = 1 - 2p$$

da es für das dritte Profil bereits zwei Möglichkeiten weniger gibt. Allgemein ist

$$p(A_k \mid A_1 \cap \ldots \cap A_{k-1}) = 1 - (k-1)p$$

weil für das k-te Profil $k - 1$ Möglichkeiten weniger vorhanden sind.

Für die Wahrscheinlichkeit, dass alle n Profile voneinander verschieden sind, erhalten wir mit der verallgemeinerten Multiplikationsregel (8.7) zunächst

$$p(A_1 \cap \ldots \cap A_n) = p(A_1) \cdot p(A_2 \mid A_1) \cdot p(A_3 \mid A_1 \cap A_2) \cdot \ldots \cdot p(A_n \mid A_1 \cap \ldots \cap A_n)$$

Es ist also

$$p(A_1 \cap \ldots \cap A_n) = 1 \cdot (1-p) \cdot (1-2p) \cdot \ldots \cdot (1-(n-1)p)$$

Bezeichnen wir die *Wahrscheinlichkeit des Auftretens mindestens zweier gleicher Datenbankprofile* mit p_{gl}. Wir berechnen

$$\begin{aligned} p_{gl} &= 1 - p(A_1 \cap \ldots \cap A_n) \\ &= 1 - 1 \cdot (1-p) \cdot (1-2p) \cdot \ldots \cdot (1-(n-1)p) \\ &= 1 - \prod_{k=0}^{n-1} (1-kp) \\ &\approx 1 - \prod_{k=0}^{n-1} e^{-kp} \qquad \text{wegen der Näherung (A.9, Anhang) für } p \approx 0 \end{aligned}$$

Es folgt

$$p_{gl} \approx 1 - \prod_{k=0}^{n-1} e^{-kp} = 1 - e^{\sum_{k=0}^{n-1}(-kp)} = e^{-\frac{n(n-1)p}{2}}$$

6 Die Berechnungen und Beispiele dieses Abschnitts sind der Arbeit von B. S. Weir [104] entnommen.

(Zuletzt wurde (A.4, Anhang) benutzt.) Für große n ist $e^{-n(n-1)} \approx e^{-n^2}$, und wir erhalten schließlich als Wahrscheinlichkeit mindestens zweier gleicher Datenbankprofile

$$p_{gl} \approx 1 - e^{-\frac{n^2 p}{2}} \tag{14.4}$$

Für das in den USA verwendete CODIS-System mit 13 Genorten erhält man als Wahrscheinlichkeit eines DNA-Profils den Idealwert $p = 10^{-10}$. Falls die USA sämtliche Profile ihrer Bevölkerung erfassen würden, enthielte diese Datenbank $n = 3 \cdot 10^8$ Datensätze. Damit wäre

$$p_{gl} = 1 - e^{-4{,}5 \cdot 10^6} \approx 1$$

d. h., man könnte fast mit Sicherheit davon ausgehen, dass mindestens zwei Personen dasselbe Profil besitzen würden. Doch man muss sich keineswegs eine fiktive Megadatenbank vorstellen, um Zweifel an der Einmaligkeit von DNA-Profilen zu bekommen.

Bei Verbrechen ist es selten möglich, am Tatort komplette DNA-Profile zu ermitteln. Außerdem können Spuren verschiedener DNA, beispielsweise von Täter und Opfer vermischt sein. Ein Messer oder Werkzeug als Tatwaffe kann vorher in den Händen verschiedenster Personen gewesen sein. In diesem Fall sind die Trennung der einzelnen DNA-Stränge und ihre Zuordnung schwierig. Wenn dazu nur geringe Mengen bzw. verunreinigte oder zersetzte Spuren gefunden werden, steigt die Fehlerquote der Analyse noch mehr.[7] So muss man sich in praktischen Fällen bei der Analyse mit weniger Genorten begnügen. Dadurch steigt die Wahrscheinlichkeit des ermittelten Profils, und bei Verunreinigung kann sogar ein falsches Profil bestimmt werden.

Die benötigte Anzahl der übereinstimmenden Genorte für einen Schuldbeweis liegt oft im Ermessen des Gerichts. Dem Richter bzw. der Geschworenenjury wird die Wahrscheinlichkeit des Profils mitgeteilt, und die entsprechend kleinen Werte in der Größenordnung zwischen 10^{-6} und 10^{-9} wirken meist sehr überzeugend gegen den Angeklagten. Dann spielt es für das Gericht in vielen Fällen kaum eine Rolle, ob die Übereinstimmung nur in sechs Genorten zustande kam.

Doch eine interne Überprüfung an der Datenbank des Bundesstaats Arizona durch die Angestellte Kathryn Troyer ergab eine Sensation. Dort lagen 122 Paare von Profilen vor, bei denen jeweils neun Genorte übereinstimmten. Das bedeutet, dass es allein innerhalb der Datenbank 122 Möglichkeiten zur falschen Personenidentifizierung gegeben hätte, wenn eine Übereinstimmung in neun Genorten als Beweis der Identität akzeptiert worden wäre und nur die jeweiligen neun kritischen Genorte beim Vergleich zur Verfügung gestanden hätten. Unter den 122 Paaren waren 20 Paare von Profilen, wo sogar jeweils zehn Genorte übereinstimmten. Je bei einem Paar von

7 Unter Umständen ist dieses Material für die Analyse schnell verbraucht, sodass man die Tests nicht wiederholen kann. Selbst Doppelanalysen sind nur sinnvoll, wenn eine Verunreinigung der Probe nicht vor der Teilung erfolgt ist und die zweite Analyse unabhängig von der ersten durchgeführt wird, damit man nicht denselben Fehler wiederholt.

Profilen stimmten elf bzw. zwölf Genorte überein.[8] Die Wahrscheinlichkeit der Profile mit neun übereinstimmenden Genorten wurde zu $p = 1{,}326 \cdot 10^{-9}$ bestimmt. Der Datenbankbestand umfasste zu diesem Zeitpunkt $n = 65.493$ DNA-Profile. Benutzen wir unsere Formel (14.4), so erhalten wir als Wahrscheinlichkeit mindestens zweier gleicher Datenbankprofile

$$p_{gl} \approx 1 - e^{-\frac{6{,}5493^2 \cdot 1{,}326}{20}} \approx 0{,}94$$

Das Vorhandensein von Mehrfachprofilen ist also nicht verwunderlich, bestenfalls ihre hohe Anzahl. Diese wird dadurch begünstigt, dass DNA-Profile in der Realität weder die gleiche noch unabhängige Wahrscheinlichkeiten besitzen.[9]

Selbst bei Analyseverfahren mit einer größeren Zahl von Genorten und entsprechend kleineren Profilwahrscheinlichkeiten p kann es in jedem hinreichend großen Datenbestand zu Mehrfachprofilen kommen. Falls der Datenbestand n in die Größenordnung

$$n \sim \frac{1}{\sqrt{p}}$$

wächst, ist bereits $p_{gl} \approx 1 - e^{-\frac{1}{2}} \approx 0{,}4$.

Die kriminalistischen Datenbanken in den verschiedenen Industriestaaten wachsen rasch an. Im Februar 2006 enthielt die britische National DNA Database (NDNAD) bereits über 3 Millionen Profile. In den USA umfasste das Combined DNA Index System (CODIS) im Februar 2007 mehr als 4 Millionen Profile.

Die mögliche Belastung Unschuldiger durch DNA-Tests ist mehr als nur eine Hypothese. Im Jahre 2004 untersuchte die Polizei von Chicago eine Serie von Raubüberfällen, bei denen Hautzellen mit sechs Genorten gefunden wurden. Bei einer Überprüfung der kriminalistischen DNA-Datenbank in Illinois wurde Übereinstimmung mit der vorbestraften Diane Myers festgestellt. Doch diese befand sich während der Überfälle bereits wegen Drogendelikten in Haft. Ihr Glück bestand darin, nicht vorzeitig entlassen worden zu sein. In diesem Falle hätte ihr als Wiederholungstäterin eine sehr lange Haftstrafe gedroht.

In einem Mordfall aus dem Jahre 2002 an einer 24-jährigen Frau in Italien wurde ein passendes DNA-Profil in einer britischen Datenbank gefunden.[10] Es gehörte einem 23-jährigen Barmann aus Liverpool, dessen DNA im Jahre 2001 getestet wurde, als er

8 Siehe K. Troyer, T. Gilroy, B. Koeneman [99]. Untersuchungen der Datenbank von Illinois lieferten ähnliche Ergebnisse. Nachdem die Datenbanken auf diese Weise in den Fokus der Wissenschaftler gerückt waren, wurden die entsprechenden Anfragen der Universitäten durch das FBI blockiert. Im Dezember 2009 beschwerte sich eine Gruppe von Biologen, Genetikern und forensischen Experten in einem öffentlichen Brief an das FBI über die Behinderung zum Datenzugang für Forschungszwecke, siehe Michael Bobelian [93].

9 Bei B. S. Weir [104] wird nachgewiesen, wie stark verschiedene verwandtschaftliche Beziehungen zur Erhöhung der Profilwahrscheinlichkeiten beitragen.

10 Eine Dokumentation dieses und ähnlicher Fälle findet man bei Nicholas Farrell [96].

wegen Trunkenheit am Steuer verhaftet wurde. Allerdings besaß er ein überzeugendes Alibi. Am Tag des Mordes befand er sich auf seiner Arbeit, was von 20 Zeugen bestätigt werden konnte. In Italien war er nie zuvor gewesen. Möglicherweise wurden die DNA-Proben von der britischen Polizei falsch bearbeitet. Der Mörder wurde erst Jahre später ermittelt.

Ein ähnlicher Fall wurde 1999 bekannt, als ein Mann aus Swindon, England eines Einbruchs in Bolton, USA beschuldigt wurde. Hier wurde eine Übereinstimmung der Profile in sechs Genorten gefunden, das Profil tritt mit der Wahrscheinlichkeit $p = 2{,}7 \cdot 10^{-8}$ auf. Der Beschuldigte litt jedoch an der parkinsonschen Krankheit, was ihn körperlich nicht zur Tat befähigte. Er wurde schließlich freigesprochen.

Aufsehen erregte ein Fall aus Deutschland. Bei einem männlichen Selbstmörder wurde sogar weibliche DNA im Blut identifiziert, weil er Jahre zuvor eine Knochenmarksspende von einer Frau erhalten hatte. Bei Knochenmarksspenden oder einer Stammzelltransplantation bekommt der Patient praktisch neue blutbildende Organe. Nur die DNA der Körperzellen bleibt dem Patienten erhalten, dagegen wird die DNA seiner blutbildenden Organe und des Blutes wie beim Spender.

Die Verurteilung einzig aufgrund einer DNA-Analyse ist deshalb unvertretbar. Es müssen noch zusätzliche Beweiselemente vorhanden sein. Beispielsweise sollte man dem Verdächtigen ein Motiv nachweisen. Zeugen könnten ihn zur fraglichen Zeit in der Nähe des Tatorts gesehen haben. Oder er könnte Fingerabdrücke bzw. Spuren von Textilien hinterlassen haben.

Beim Fall Regina vs. Adams (Großbritannien, 1996) wurde der 37-jährige Denis John Adams der Vergewaltigung beschuldigt und in erster Instanz von einer Jury verurteilt. Ein DNA-Vergleich mit der Datenbank war das einzige Belastungsmoment gegen ihn. Die Staatsanwaltschaft schätzte den potenziellen Täterkreis, Männer im Alter zwischen 18 und 60 Jahren aus der Umgebung, auf 150.000 Personen, wohingegen sie als Wahrscheinlichkeit zufällliger DNA-Übereinstimmung die Zahl $5 \cdot 10^{-9}$ zugrunde legte. (Die Verteidigung hielt den Wert $5 \cdot 10^{-7}$ für realistischer.) Doch das Opfer konnte den Angeklagten in der Gegenüberstellung nicht identifizieren und gab eine abweichende äußere Beschreibung. Auch die Altersangaben stimmten nicht überein. Sie beschrieb den Täter in den 20er-Jahren, während sie den Angeklagten im Alter von 40 Jahren schätzte. Außerdem gab Adams Freundin ihm im fraglichen Zeitraum ein Alibi. In einem Berufungsverfahren wurde Adams schließlich wegen Mangels an Beweisen freigesprochen.

14.7 Der Mordfall Diana Sylvester

Im Jahre 2008 berichtete die Los Angeles Times über den Prozess zu einem mehr als 35 Jahre zurückliegenden Verbrechen. Die 22-jährige Krankenschwester Diana Sylvester wurde zu Weihnachten 1972 in ihrer Wohnung in San Francisco vergewaltigt und brutal ermordet. Der Fall konnte damals nicht aufgeklärt werden, obwohl es Verdächtige gab.

Im Jahre 2003 erhielt die örtliche Polizei die Möglichkeit zur Aufarbeitung zurückliegender Fälle mittels DNA-Analyse. Allerdings war die DNA-Spur vom Tatort sehr unvollständig. Sie basierte nur auf $5\frac{1}{2}$ Genorten,[11] mehr konnte aufgrund des Alters und Zustands aus der Tatortprobe nicht ermittelt werden. Es war nur wenig Material vorhanden und das Risiko einer Vermischung mit der DNA des Opfers war hoch. Die Wahrscheinlichkeit dieses Profils liegt bei 1 zu 1,1 Millionen.

Da die kalifornische DNA-Datenbank für Straftäter zur Suche nur benutzt werden darf, wenn vorher für ein Tatortprofil mindestens sieben Genorte bestimmt wurden, griffen die Verantwortlichen zu einem Trick. Sie ergänzten ihr Profil einfach um $2\frac{1}{2}$ Genorte. In der Datenbank von Kalifornien wurde nun eine Übereinstimmung in $5\frac{1}{2}$ Genorten mit dem Profil des 70-jährigen Sexualtäters John Puckett gefunden, der beim ersten Mordprozess völlig unbeachtet geblieben war.

Fälle dieser Art werden als Cold Hits (kalte Treffer) bezeichnet. Zu einem lange zurückliegenden Verbrechen gibt es keine heiße Spur mehr. In diesem Fall gab es außer der Übereinstimmung im (unvollständigen) DNA-Profil auch keine weiteren Beweise gegen Puckett. Keiner der 28 am Tatort gefundenen Fingerabdrücke passte zu ihm. Auch die einzige Zeugin war in der Zwischenzeit bereits verstorben. Puckett wurde aufgrund des DNA-Tests von einer Jury schuldig gesprochen und zu lebenslänglicher Haft verurteilt.

Im Mordfall Diana Sylvester gab es seinerzeit einen anderen Verdächtigen, der jedoch bereits 1978 verstarb. Robert Baker, ehemaliger Insasse einer psychiatrischen Klinik, hatte damals in derselben Gegend mehrere Vergewaltigungen begangen, für die er auch verurteilt wurde. Seine Erscheinung passte zur Zeugenbeschreibung, ebenso seine Vorgehensweise beim Verbrechen. In seinem Auto wurde ein Parkticket mit Blutspuren der Gruppe 0 gefunden, welche auch Diana Sylvester besaß. Allerdings fand man am Tatort keinerlei Fingerabdrücke von ihm. DNA-Analysen gab es damals noch nicht. Doch nun, nach 30 Jahren wäre eine DNA-Analyse seiner Überreste nicht mehr möglich gewesen.

Berechnen wir die Wahrscheinlichkeit dafür, dass John Puckett das Verbrechen begangen hat. Damals lebten in der Bay Area etwa 2 Millionen Männer im entsprechenden Alter, die als Täter infrage gekommen wären. Wir wollen annehmen, dass das Tatortprofil korrekt war, was keinesfalls als gesichert gelten kann. Weiterhin schließen wir jeden Verdachtsmoment gegen den verstorbenen Baker aus. Damit ermitteln wir eine Obergrenze der Täterwahrscheinlichkeit für Puckett. Der tatsächliche Wert sollte noch tiefer liegen.

---

11 An fünf Genorten konnten beide Allele identifiziert werden, wohingegen am sechsten Genort nur ein Allel nachgewiesen wurde.

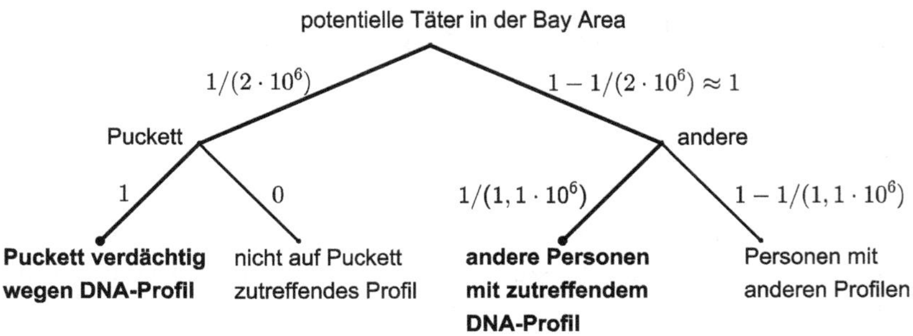

Abb. 14.4: Schuldwahrscheinlichkeit für John Puckett.

Mit T wollen wir das Ereignis bezeichnen, wenn das Profil einer Person auf dieselbe Weise wie bei Puckett mit dem Tatortprofil übereinstimmt.

$$p(\text{Puckett schuldig} \mid T) = \frac{p(T \cap \text{Puckett schuldig})}{p(T)} = \frac{p(\text{Puckett schuldig})}{p(T)}$$

$$= \frac{\frac{1}{2\cdot 10^6}}{\frac{1}{2\cdot 10^6} + \frac{1}{1{,}1\cdot 10^6}} = 0{,}35$$

Ein Verdacht auf Grundlage dieser Schuldwahrscheinlichkeit reicht für eine Verurteilung nicht aus. Es ist wiederum der „Trugschluss des Staatsanwalts“ begangen worden, der uns bereits im Fall People vs. Collins begegnet ist.

15 Schicksale und Wege von Mutationen

In diesem Kapitel geht es um genetische Mutationen, die bekanntlich eine Quelle der Evolution sind. Unter der Vielzahl neu entstehender Lebensformen werden die am besten angepassten begünstigt, während ungünstige Formen stattdessen schrittweise aussortiert werden. Doch nicht in jedem Fall wirken sich ungünstige Gene verheerend auf das Individuum oder gar die Fortpflanzungsfähigkeit aus. Sie können wie eine Zeitbombe über Generationen still weitergegeben werden und erst im Zusammentreffen mit anderen Faktoren ihre negative Wirkung entfalten.

Wir werden durch die Berechnung von Wahrscheinlichkeiten[1] nachweisen, dass die Selektion dennoch wirkt. Kritsche Gene werden langfristig entfernt und die Verbreitung günstiger Allele gefördert. Dadurch beweist das Leben eine erstaunliche Fähigkeit zur Selbststabilisierung.

Einige Gene sind für die Produktion von Enzymen verantwortlich, die ihrerseits ein Kettenglied im Stoffwechselprozess bilden. Sie sorgen dafür, dass gewisse Zwischenprodukte im Stoffwechsel richtig weiterverarbeitet werden können.

Erbkrankheiten entstehen durch die Weitergabe von mutierten Genen, die in ihrer Funktionsfähigkeit eingeschränkt sind. Wenn das Gen beispielsweise für Enzyme zum Abbau bestimmter Stoffwechselprodukte verantwortlich ist, wird diese Verarbeitungskette unterbrochen. Dann reichern sich Giftstoffe im Körper an, die schließlich zum Ausbruch der Krankheit führen.

15.1 Triumphzug auf der Milchstraße

Ob sich eine Mutation günstig, ungünstig oder überhaupt nicht auswirkt, hängt oft von den konkreten Umweltbedingungen ab. Ein anschauliches Beispiel ist die Milchzuckerunverträglichkeit bzw. Laktoseintoleranz.

Neugeborene Säugetiere bilden während ihrer Stillzeit das Enzym Laktase zur Aufspaltung von Milchzucker. Verantwortlich dafür ist das MCM6-Gen, das sich auf dem zweiten Chromosom befindet. Später wird dieses Gen immer weniger abgelesen und die Laktaseproduktion fast eingestellt. Die Muttermilch führt nun zu Verdauungsbeschwerden mit Blähungen und Durchfall, die ein Ekelgefühl hervorrufen. Das ist sinnvoll, denn sonst würden die Jungtiere unnötig lange an Mamas Brust herumnuckeln wollen und ihre Selbstständigkeit verzögern. Obendrein behinderten sie damit ihre jüngeren Geschwister.

1 Einige der in den Abschnitten 15.2, 15.4 und 15.6 vorgestellten Modelle und Beispiele wurden dem Skript von P. N. Robinson [130] entnommen.

https://doi.org/10.1515/9783110542547-015

Unterschiedliche Mutationen des MCM6-Gens können nun dazu führen, dass Laktase auch weiterhin ausreichend produziert wird und damit Milch auch im Erwachsenenalter verdaut werden kann.

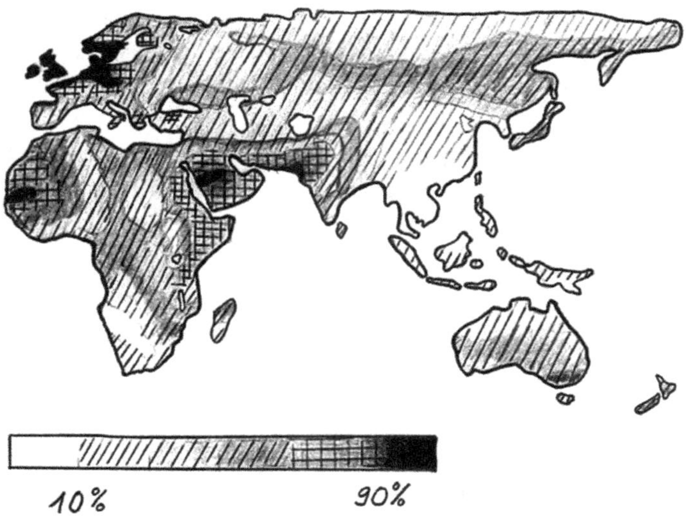

Abb. 15.1: Anteil der erwachsenen Bevölkerung, die Milch verträgt. Vereinfachte Darstellung nach einer Vorlage von Andrew Curry [109].

Einige der Gebiete mit hoher Milchzuckerverträglichkeit entsprechen den Entstehungszentren der Mutationen, die unabhängig voneinander und zu verschiedenen Zeiten in Europa, Saudi-Arabien und verschiedenen Teilen Afrikas auftraten. Andere Verbreitungszentren entstanden durch Einwanderung. So sind die indische wie auch die westafrikanische Variante hauptsächlich europäischen Ursprungs.

Tab. 15.1: Entstehung der Milchzuckerverträglichkeit in verschiedenen Regionen. Zeitangaben sind ungefähr. (Daten nach Fritz Höffeler [114] und Andrew Curry [109]).

Gebiet	Europa	Saudi-Arabien	Ostafrika
Alter der Mutation	7000–8000 Jahre	4000 Jahre	3000–6000 Jahre
Art der Viehzucht	Rinderzucht	Kamelzucht	Viehzucht
seit	11.000 Jahren	6000 Jahren	4500 Jahren
Mutierter Abschnitt im MCM6-Gen	-13.910	-13.915	-14.010

Zum Entstehungszeitpunkt der Mutationen wurde in diesen Kulturen Viehzucht betrieben, sodass Milch bereits verfügbar war. Durch die neue Milchzuckerverträglichkeit konnte die damals hohe Kindersterblichkeit erheblich gesenkt werden, und Träger der Mutation erhielten einen klaren Selektionsvorteil. Milch macht gesund. Sie enthält nicht nur Nährstoffe, sondern auch Antikörper zur Unterstützung des Immunsystems.

Die frühe Verbreitung der Milchzuckerverträglichkeit in Europa hängt sicherlich damit zusammen, dass im sonnenarmen mittleren und nördlichen Europa besonderer Mangel an natürlichem Vitamin D herrscht. Dadurch wird die Aufnahme von Kalzium behindert. Die Folge war eine weite Verbreitung von Rachitis, der durch die kalziumreiche Milch abgeholfen werden konnte.

Außerdem trat die positive Wirkung bereits beim Erbe von nur einem Elternteil ein. Bezeichnen wir mit A das vorteilhafte neue Allel und mit a das herkömmliche nachteilige Allel. Dann profitierten unter den Nachkommen die meisten Genotypen von der Milchzuckerverträglichkeit.

	A vom Vater	a vom Vater
A von Mutter	$(A, A) \Rightarrow$ Verträglichkeit	$(a, A) \Rightarrow$ Verträglichkeit
a von Mutter	$(A, a) \Rightarrow$ Verträglichkeit	$(a, a) \Rightarrow$ Unverträglichkeit

Eine wesentliche Anfangsbedingung zur Durchsetzung der Milchzuckerverträglichkeit bestand darin, dass bereits eine gewisse Milchwirtschaft betrieben wurde. Das setzt wiederum Technologien zur Herstellung laktosearmer Milchprodukte wie Joghurt und Käse voraus. Man nimmt an, dass einige von ihnen bekannt wurden, nachdem vor etwa 11.000 Jahren einzelne Gemeinschaften im Mittleren Osten den Übergang zur Viehzucht vollzogen.[2] Auswanderungswellen führten Gruppen asiatischer Viehzüchter und Bauern aus der Gegend der heutigen Türkei, von Syrien und dem Irak in Richtung Europa, wo sie vor etwa 8000 Jahren zusammen mit ihren Rinderherden und Saatgut auf dem Balkan eintrafen und sich dann in ganz Europa ausbreiteten. Erst vor 7500 Jahren trat unter ihnen – vermutlich in der ungarischen Tiefebene – eine Mutation auf, die den Stellenwert der Milch als Ernährungsbestandteil nochmals erheblich hochstufte. Auf Grundlage dieser nunmehr doppelt gesicherten Ernährungsgrundlage (durch laktosearme Produkte und Frischmilchverträglichkeit) gewannen die Zugewanderten gegenüber der europäischen Urbevölkerung einen entscheidenden Vorteil, welcher rasch und mitunter brutal ausgenutzt wurde.

Die Milchzuckerunverträglichkeit ist ein Beispiel für die Neubewertung des Nutzens von Mutationen unter veränderten Bedingungen. Während sie zunächst die Evolution der Säugetiere begünstigte, wurde sie später für Menschen zum Hemmnis. Ein anderes derartiges Beispiel ist eine unter Indios anzutreffende, genetisch bedingte Fähigkeit zur Fettspeicherung, auf die wir später im Abschnitt 16.5 noch einmal zurück-

2 Eine einfache Technik besteht darin, junge Kälber zu schlachten und ihren Mägen die benötigten Enzyme zu entnehmen. Oder die Milch wird mit speziellen, Laktose zersetzenden Bakterienkulturen angesetzt. Joghurt ist ein türkisches Wort. Das Produkt, welches heute aus keinem Supermarkt wegzudenken ist, wurde bereits im 7. Jahrhundert von turksprachigen Balkanvölkern hergestellt. In Mitteleuropa war es bis zum Beginn des 20. Jahrhunderts fast unbekannt.

kommen werden. Dadurch können Reserven angelegt werden, die über Hungerzeiten hinweghelfen. Sind dagegen Zucker oder Alkohol reichlich vorhanden, so neigt dieser genetische Typ zu Diabetes oder Fettsucht. Diese Krankheiten sind heute bei einigen Indianergruppen zum Problem geworden, wogegen sie früher unbekannt waren. Hier wurde ein ehemals vorteilhaftes Gen sogar zum Risikofaktor. Verschärft wird das Problem durch industriell produzierte Lebensmittel, die ungesunde Bestandteile enthalten. Schwer abbaubarer Fruktosezucker, der in der traditionellen Ernährung kaum eine Rolle gespielt hat, wird jetzt vielen Lebensmitteln im Übermaß hinzugefügt.

15.2 Günstige oder ungünstige Allele?

Wir wollen rechnerisch zeigen, wie rasch sich günstige Allele wie zur Milchzuckerverträglichkeit ausbreiten können. Es bezeichnen A das vorteilhafte neue Allel und a das herkömmliche, nachteilig gewordene Allel. Zur Vereinfachung wollen wir in unserem Modell davon ausgehen, dass es über die folgenden Generationen keine weiteren Mutationen gibt und die Allele nur vererbt werden.

Nicht alle Genotypen mit A profitieren gleichermaßen. Oft kommt es darauf an, ob man es nur von einem oder von beiden Eltern erhält. Die gemischten Genotypen (A, a) bzw. (a, A) haben deshalb zumeist andere Überlebens- und Fortpflanzungschancen als der reine Genotp (A, A).

Wenn die Träger des günstigen Allels A durch die Auslese bevorzugt werden, so wird sich seine Häufigkeit im Laufe der Generationen verändern. Wir bezeichnen die Allelhäufigkeiten der n-ten Generation mit

$$p_n(A) = p_n, \qquad p_n(a) = q_n = 1 - p_n$$

Für die erste Generation ist die Allelhäufigkeit p_1 noch sehr gering, wohingegen q_1 nahe bei eins liegt. Die Wahrscheinlichkeiten der Genotypen AA, Aa und aa in der ersten Generation *vor Selektion* sind nach (14.1)

$$p_1(AA) = p_1^2, \qquad p_1(Aa) = 2p_1q_1, \qquad p_1(aa) = q_1^2 \tag{15.1}$$

Die Allelhäufigkeiten in der zweiten Generation werden nun aus den nach der Selektion übrig gebliebenen Allelen der ersten Generation berechnet.

Mit $p_s(Aa)$ bezeichnen die Wahrscheinlichkeit, den gemischten Typ (Aa oder aA) *nach der Selektion* anzutreffen. Damit ist $p_s(Aa)$ der Anteil der Vertreter des gemischten Typs innerhalb der fortpflanzungsfähigen Individuen der ersten Generation. Es handelt sich um die bedingte Wahrscheinlichkeit

$$p_s(Aa) = p(Aa \mid \text{Selektion fand statt})$$

Ebenso seien

$$p_s(AA) = p(AA \mid \text{Selektion fand statt})$$
$$p_s(aa) = p(aa \mid \text{Selektion fand statt})$$

die Wahrscheinlichkeiten für die entsprechenden reinen Genotypen nach der Selektion. Zur Modellierung dieser Selektion führen wir für die einzelnen Genotypen positive Gewichtungsfaktoren

$$g(AA), \qquad g(Aa), \qquad g(aa)$$

ein. Als Wahrscheinlichkeiten der Genotypen nach Selektion setzen wir

$$\begin{aligned}
p_s(AA) &= \frac{g(AA) \cdot p_1(AA)}{g(AA) \cdot p_1(AA) + g(Aa) \cdot p_1(Aa) + g(aa) \cdot p_1(aa)} \\
p_s(Aa) &= \frac{g(Aa) \cdot p_1(Aa)}{g(AA) \cdot p_1(AA) + g(Aa) \cdot p_1(Aa) + g(aa) \cdot p_1(aa)} \\
p_s(aa) &= \frac{g(aa) \cdot p_1(aa)}{g(AA) \cdot p_1(AA) + g(Aa) \cdot p_1(Aa) + g(aa) \cdot p_1(aa)}
\end{aligned}$$

Es ist unmittelbar zu sehen, dass diese Größen alle Forderungen an Wahrscheinlichkeiten erfüllen. Sie liegen im Intervall $[0, 1]$ und summieren sich zu eins.

Jetzt geht es um eine sinnvolle Wahl der Gewichtungsfaktoren. Das neue Allel A ist im Vorteil gegenüber dem herkömmlichen a. Dabei wird die optimale Wirkung im reinen Genotyp AA erzielt, wohingegen Aa immer noch besser als aa sei. Mit den folgenden Gewichtungsfaktoren

$$g(AA) = 1 + s, \qquad g(Aa) = 1 + hs, \qquad g(aa) = 1 \tag{15.2}$$

kann diese abstufende Wirkung erreicht werden, wenn wir dabei

$$s > 0 \quad \text{und} \quad 0 \leq h \leq 1$$

wählen. Falls hier $h = 0$ ist, so ist der gemischte Typ Aa gleichwertig zu aa, sodass bei der Selektion nur der reine Typ AA einen Vorteil erhält. Das Allel A wird dann als *rezessiv* bezeichnet.

Wenn hingegen $h = 1$ ist, so werden sämtliche Genotypen mit dem neuen Allel A gleich stark bevorzugt. Das Allel A wird in diesem Fall als *dominant* bezeichnet. Für $0 < h < 1$ bietet der gemischte Typ Aa gewisse Vorzüge, die allerdings geringer als beim reinen Typ AA sind. Dann heißt A *intermediär*.

Unsere Rechnung basiert darauf, die jeweils verfügbaren Allele pro Generation zu zählen. Das neue Allel A ist bei einem Nachkommen vom Typ AA zweifach, hingegen bei Typ Aa nur einmal vorhanden. Folglich ist der Anteil der A in der zweiten Generation nach der Selektion gleich

$$\begin{aligned}
p_2 &= p(A \text{ unter allen Allelen} \mid \text{Selektion fand statt}) \\
&= \frac{2 \cdot p_s(AA) + 1 \cdot p_s(Aa)}{2 \cdot p_s(AA) + 2 \cdot p_s(Aa) + 2 \cdot p_s(aa)} \\
&= \frac{2 \cdot g(AA) \cdot p_1(AA) + g(Aa) \cdot p_1(Aa)}{2 \cdot [g(AA) \cdot p_1(AA) + g(Aa) \cdot p_1(Aa) + g(aa) \cdot p_1(aa)]}
\end{aligned}$$

Wir vereinfachen Zähler und Nenner getrennt.

$$\begin{aligned}
\text{Zähler} &= 2 \cdot g(AA) \cdot p_1(AA) + g(Aa) \cdot p_1(Aa) \\
&= 2 \cdot (1+s) \cdot p_1^2 + (1+hs) \cdot 2p_1q_1 \\
&= 2 \cdot \left[(1+s) \cdot p_1^2 + (1+hs) \cdot p_1q_1\right]
\end{aligned}$$

$$\begin{aligned}
\text{Nenner} &= 2 \cdot [g(AA) \cdot p_1(AA) + g(Aa) \cdot p_1(Aa) + g(aa) \cdot p_1(aa)] \\
&= 2 \cdot \left[(1+s) \cdot p_1^2 + (1+hs) \cdot 2p_1q_1 + q_1^2\right] \\
&= 2 \cdot \left[1 + s(p_1^2 + 2hp_1q_1)\right]
\end{aligned}$$

Damit ist

$$\begin{aligned}
p_2 &= \frac{(1+s) \cdot p_1^2 + (1+hs) \cdot p_1q_1}{1 + s(p_1^2 + 2hp_1q_1)} \\
q_2 &= 1 - p_2
\end{aligned}$$

Dasselbe Prinzip gilt bei jeder Vererbung auf die kommende Generation. Damit berechnen wir die Allelhäufigkeit von A in der n-ten Generation mit den Rekursionsformeln

$$p_{n+1} = \frac{(1+s) \cdot p_n^2 + (1+hs) \cdot p_nq_n}{1 + s(p_n^2 + 2hp_nq_n)} \tag{15.3}$$

$$q_{n+1} = 1 - p_{n+1} \tag{15.4}$$

Mittels Computerberechnungen können wir hieraus die Ausbreitung des neuen Allels A verfolgen, wenn wir uns einen Startwert p_1 und geeignete Faktoren s bzw. h vorgeben. Die folgende Grafik zeigt entsprechende Modellrechnungen.

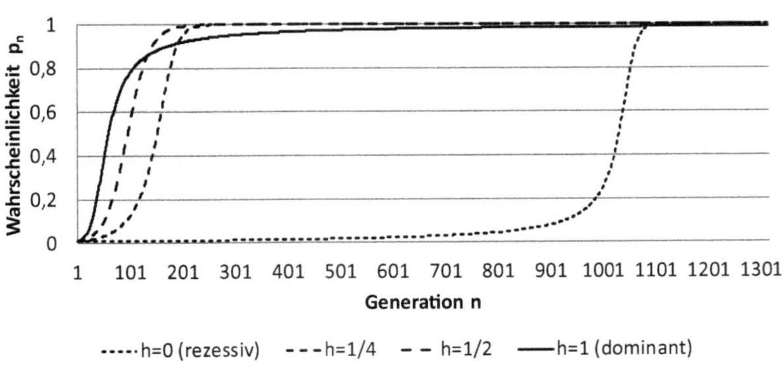

Abb. 15.2: Modellrechnungen für ein dominantes ($h = 1$), rezessives ($h = 0$) sowie zwei intermediäre Allele ($h = 1/4$ und $h = 1/2$). Als Startwert wurde $p_1 = 0{,}01$ und als Faktor des Selektionsvorteils $s = 0{,}1$ gewählt.

Man sieht, wie schnell sich ein Allel ausbreitet, wenn auch der gemischte Typ gewisse Vorteile erhält, wie es beispielsweise bei der Milchzuckerverträglichkeit der Fall ist. Nur im Fall eines rezessiven Allels, welches lediglich den reinen Typ AA begünstigt, wird die Ausbreitung stark verzögert.

Das anfängliche Wachstum der verschiedenen Kurven lässt sich nachvollziehen, wenn man die Rekursionsgleichung (15.3) etwas vereinfacht. Zunächst wollen wir annehmen, dass der Selektionsvorteil s gering ist. Dann ist der Nenner

$$1 + s(p_n^2 + 2hp_nq_n) \approx 1$$

Weiter ist die Mutation zu Beginn gering verbreitet. Deshalb ist p_1 sehr klein und $q_1 \approx 1$. Wir erhalten aus (15.3) für das Anfangswachstum

$$p_{n+1} \approx (1 + s) \cdot p_n^2 + (1 + hs) \cdot p_n \tag{15.5}$$

Für ein intermediäres Allel, d. h. $h > 0$, erhalten wir

$$p_{n+1} > (1 + hs) \cdot p_n \tag{15.6}$$

sodass die anfängliche Ausbreitung schneller als bei der geometrischen Folge

$$p_{n+1} = p_1 \cdot (1 + hs)^n$$

verläuft. Damit können wir abschätzen, nach wie vielen Generationen sich die Häufigkeit von A verzehnfacht hat. Es ist

$$(1 + hs)^n \geq 10$$
$$n \geq \frac{\ln(10)}{\ln(1 + hs)}$$

Für $h = \frac{1}{2}$ und $s = 0{,}1$ erhalten wir $n = 48$, was gut zum entsprechenden Wert der vorigen Abbildung passt. Für die anfängliche Ausbreitung eines rezessiven Allels folgt dagegen aus $h = 0$ in (15.5)

$$p_{n+1} > p_n + (1 + s) \cdot p_n^2 \tag{15.7}$$

Da das Quadrat einer ohnehin geringen Anfangswahrscheinlichkeit p_n sehr klein ist, kommt das Wachstum der Folge lange Zeit nicht in Schwung. Das soll im Folgenden veranschaulicht werden. Vereinfachen wir (15.7) noch weiter, indem wir die mittels

$$p_{n+1} = p_n + p_n^2$$

vorgegebene Zahlenfolge für einen kleinen Startwert p_1 untersuchen. Es sind

$$p_2 = p_1 + p_1^2$$

und

$$p_3 = p_2 + p_2^2 = p_1 + p_1^2 + (p_1 + p_1^2)^2 = p_1 + 2p_1^2 + 2p_1^3 + p_1^4$$

Für kleine Werte p_1 ist damit

$$p_3 \approx p_1 + 2p_1^2$$

während der Anteil $2p_1^3 + p_1^4$ vernachlässigt werden soll.[3] Wir erhalten

$$p_4 = p_3 + p_3^2 \approx p_1 + 2p_1^2 + (p_1 + 2p_1^2)^2 \approx p_1 + 3p_1^2$$

Setzen wir dieses Verfahren fort, so bekommen wir für die Anfangsglieder als Näherungsformel die arithmetische Folge

$$p_n \approx p_1 + (n-1)p_1^2$$

Verzehnfachung der Anfangswahrscheinlichkeit bedeutet

$$\begin{aligned} p_n &\geq 10p_1 \\ p_1 + (n-1)p_1^2 &\geq 10p_1 \\ n &\geq \frac{9}{p_1} + 1 \end{aligned}$$

Für $p_1 = 0{,}01$ ist dann $n \geq 901$, was ebenfalls in guter Übereinstimmung mit dem Wert aus der vorigen Abbildung steht.

Sind nun die aktuellen Wahrscheinlichkeiten der Verbreitung günstiger Allele bekannt und lassen sich die Faktoren s und h des Selektionsvorteils abschätzen, so erlauben Modelle vom hier vorgestellten Typ die Rekonstruktion der Entstehungsgeschichte von Mutationen. Da die neuen Allele in der Anfangsphase besonders günstige Bedingungen benötigen, lassen sich hieraus Schlussfolgerungen über damalige Lebens- und Umweltbedingungen ziehen. Die Erforschung der Frühgeschichte geht so Hand in Hand mit der Genetik.

Zuweilen bieten sich über Knochenfunde auch Möglichkeiten, das Vorhandensein der Allele im Laufe der Zeit zu untersuchen. Durch genetische Untersuchungen an Skeletten verschiedener Epochen zur Milchzuckerunverträglichkeit konnte so gezeigt werden, dass sich der Prozess zur Ausbreitung des neuen Allels in Europa tatsächlich über einen Zeitraum von mehreren Tausend Jahren erstreckte.[4]

Der Verbreitungsbereich neuer Mutationen wird dadurch bestimmt, dass sie sich tatsächlich unter den herrschenden Bedingungen als vorteilhaft erweisen. Im hohen Norden Europas konnte nur eingeschränkt Milchwirtschaft betrieben werden. Gleichzeitig deckten die Bewohner ihren Bedarf an Vitamin D durch Fisch. Dort erwies sich das Allel der Milchzuckerverträglichkeit als weniger vorteilhaft und ist entsprechend

---

3 Wegen

$$\lim_{p_1 \to 0} \frac{2p_1^3 + p_1^4}{p_1^2} = \lim_{p_1 \to 0} (2p_1 + p_1^2) = 0$$

ist der Anteil der letzten beiden Terme in der Summe von p_3 geringfügig im Vergleich zu p_1^2.

4 Siehe D. Zeibig [139], A. Keller [116] und A. Krüttli [118].

seltener. In Mitteleuropa, wo sich frische Milch fast ganzjährig auch mehrere Tage hält, ist sie dagegen von unschätzbarem Wert.

Unter den Nomadenvölkern der asiatischen Steppen hat sich die Milchzuckerverträglichkeit nicht zu stark ausgebreitet. Es ist anzunehmen, dass die Viehzüchter bereits laktosearme Produkte besaßen, als das Milchzuckerallel auf den Plan trat und seine Vorzüge darum weniger entfalten konnte. Milchverträglichkeit nützt nämlich wenig, solange die Milch nicht haltbar bleibt. Und dazu gab es beim Wanderleben in den heißen Sommermonaten die denkbar ungünstigsten Voraussetzungen. Mit Hefe und Kefirbakterien angesetzter, getrockneter Käse, wie er als Beigabe in einem 4000 Jahre alten Grab der Wüste Taklamakan im westlichen China gefunden wurde, ist dagegen unverderblich und obendrein laktosearm.

Auch an den Hautfarben lässt sich die Auswahl günstiger Mutationen gut illustrieren. Eine hellere Haut wird durch erblichen Melaninmangel verursacht. Dunklere Haut bietet Schutz vor UV-Strahlung, welche bei entsprechender Stärke nicht nur Hautkrebs verursacht, sondern auch den Anteil von Folsäure im Blut verringert.[5] Dieses wichtige B-Vitamin spielt eine große Rolle für die Fruchtbarkeit und Schwangerschaft, sodass Ärzte bei Schwangeren den Folsäurespiegel sorgfältig überwachen und bei Unfruchtbarkeit sogar Folsäurepräparate verschreiben können. Eine zu helle Haut würde also die Fortpflanzungschancen verringern.

Doch unter gewissen Umständen kann die dunklere Haut Nachteile aufweisen. Eine gewisse Dosis der UV-Strahlung wird nämlich zur Produktion von Vitamin D benötigt. Da Getreide kein Vitamin D enthält, haben viele vom Getreideanbau lebende Völker in nördlichen Gebieten eine hellere Hautfarbe entwickelt, um die Mangelerscheinungen einigermaßen ausgleichen zu können.

15.3 Seltene Erbkrankheiten und ihre Allele

Bevor wir uns der Selektion ungünstiger Gene zuwenden, wollen wir ihre Häufigkeit und die Verbreitung ihrer Schäden untersuchen. Ebenso wie bei günstigen Allelen hängt das Ausmaß des Schadens davon ab, ob man das ungünstige Allel von beiden oder nur von einem Elternteil erbt. Man unterscheidet also auch hier in dominante, rezessive und intermediäre Vererbung.

Bei der *rezessiven* Vererbung tritt die Krankheit nur auf, wenn das defekte Allel von *beiden* Eltern vererbt wurde. Erhält ein Nachkomme dagegen nur *ein* defektes Gen, so kann er die Veranlagung zur Krankheit wie eine Zeitbombe vererben, bleibt aber selbst gesund. Wir bezeichnen diese Personen als Träger eines Allels.

Dagegen wird eine Krankheit *dominant* vererbt, wenn sie bereits von einem einzigen defekten Allel ausgelöst wird. Bekannte derartige Krankheiten brechen meist

5 Siehe G. Chaplin, N. G. Jablonski [108].

erst nach dem Eintritt ins fortpflanzungsfähige Alter aus, weil ihre Vererbung sonst zu stark behindert würde. Fordert sie zu viele Opfer und vernichtet ihre Träger vorschnell, so riskiert sie auszusterben.

Im Zusammenhang mit Erbkrankheiten ist oft von defekten Genen die Rede. Aus biologischer Sicht ist es jedoch sinnvoller, die Mutationen in passende und unpassende Allele zu unterscheiden. Ein defektes Allel ist immer schädlich, während ein unpassendes Allel diese Eigenschaft nur unter gewissen Bedingungen aufweist. Zum Vergleich kann man den Unterschied zwischen defekten und unpassenden Schuhen, beispielsweise für eine Bergwanderung, heranziehen. Sind die unpassenden Schuhe hier Badesandalen, so wurden sie lediglich für die falsche Umgebung gewählt.

Wir werden später sehen, dass schädliche Allele in einem natürlichen Verfahren über mehrere Generationen aussortiert werden. Das ist selbst dann der Fall, wenn der Schaden bei einem kleinen Teil der Nachkommen auftritt, beispielsweise nur bei gleichzeitiger Vererbung von beiden Eltern. Damit ist es eigentlich erstaunlich, dass kritische Allele bis jetzt noch in genügender Zahl vorhanden sind. In den letzten Jahren hat man die verblüffende Entdeckung gemacht, dass diese Allele keineswegs immer nur schädlich sind. Einige von ihnen bieten in der richtigen Mischung, d. h. bei Vererbung von nur einem Elternteil, einen natürlichen Schutz gegenüber schweren Infektionskrankheiten wie der Pest, den Pocken oder Cholera.

Zur Vereinfachung der Berechnungen beschränken wir uns zumeist auf Erbkrankheiten, deren Gendefekte nicht auf den Geschlechtschromosomen X bzw. Y liegen. Diese werden als *autosomal* bezeichnet. Bei der Vererbung muss man nicht zwischen Vater und Mutter unterscheiden, sodass Berechnungen einfacher werden.

Unser Ziel wird sein, aus der Anzahl erkrankter Personen je nach Typ der Vererbung auf die Wahrscheinlichkeit defekter Allele zu schließen. Diese Fragen können mithilfe des Gesetzes von Hardy-Weinberg und ähnlicher Techniken untersucht werden, weil wir im Wirken über nur eine oder zwei Generationen die Selektion außer Betracht lassen können.

Berechnung der Anzahl gesunder Merkmalsträger bei Phenylketonurie

Phenylketonurie ist eine autosomal-rezessiv erbliche Stoffwechselkrankheit. Die Betroffenen können die Aminosäure Phenylalanin nicht rechtzeitig abbauen, was nach einer gewissen Zeit schwere geistige Entwicklungsstörungen zur Folge hat. Die Erkrankung kann jedoch bereits bei Neugeborenen erkannt – beim Test wird etwas Blut aus der Ferse des Neugeborenen entnommen – und ihr Ausbruch durch eine entsprechende Diät verhindert werden.

Bezeichnen wir das defekte Allel mit a und das intakte Allel mit A, so sind bei der Vererbung folgende Fälle möglich:

	A vom Vater	a vom Vater
A von Mutter	$(A, A) \Rightarrow$ gesund	$(a, A) \Rightarrow$ gesund, aber Träger
a von Mutter	$(A, a) \Rightarrow$ gesund, aber Träger	$(a, a) \Rightarrow$ krank

Problem 44. *Durch Untersuchungen ist bekannt, dass etwa 1 von 8000 Neugeborenen an Phenylketonurie erkrankt ist.*

Berechnen Sie den Bevölkerungsanteil, welcher das entsprechende Allel ohne gesundheitliche Schäden in sich trägt.

Lösung. Bezeichnen wir nach (14.1) die Wahrscheinlichkeiten

$$p(A, A) = p^2, \quad p(A, a) = p(1-p), \quad p(a, A) = (1-p)p, \quad p(a, a) = (1-p)^2$$

Dann ist

$$(1-p)^2 = \frac{1}{8000} \qquad p = 0{,}989$$

Damit ist unsere gesuchte Wahrscheinlichkeit

$$p((A, a) \cup (a, A)) = p(A, a) + p(a, A) = 2(1-p)p = 0{,}022$$

Etwa 2 % der Bevölkerung trägt das krankmachende Gen unbemerkt in sich. □

Berechnung der Häufigkeit von Gendefekten bei Chorea Huntington

Chorea Huntington, auch als Veitstanz bekannt, ist eine autosomal-dominant vererbte, neurologische Erkrankung. Durch den Gendefekt wird ein fehlerhaftes Eiweiß gebildet, welches Teile des Gehirns zerstört, die für die Muskelsteuerung zuständig sind. Die Krankheitssymptome treten erst ab dem 30. Lebensjahr auf und führen über Demenz schließlich zum Tod. Mittlerweile lässt sich die Krankheit bereits bei Ungeborenen nachweisen.

Bezeichnen wir wiederum das veränderte Allel mit a und das intakte Allel mit A.

	A vom Vater	a vom Vater
A von Mutter	$(A, A) \Rightarrow$ gesund	$(a, A) \Rightarrow$ krank
a von Mutter	$(A, a) \Rightarrow$ krank	$(a, a) \Rightarrow$ krank

Problem 45. *Die Häufigkeit der Chorea-Huntington-Erkrankung beträgt in Europa etwa 5 von 100.000.*

Wie häufig tritt das verursachende Allel in der europäischen Bevölkerung auf?

Lösung. Wir benutzen wieder die Bezeichnungen nach (14.1)

$$p(A, A) = p^2, \quad p(A, a) = p(1-p), \quad p(a, A) = (1-p)p, \quad p(a, a) = (1-p)^2$$

und wollen den Wert $1-p$ berechnen. Die Wahrscheinlichkeit der Erkrankung ist

$$\begin{aligned} p((A, a) \cup (a, A) \cup (a, a)) &= p(A, a) + p(a, A) + p(a, a) \\ &= 2p(1-p) + (1-p)^2 = 1 - p^2 \end{aligned}$$

Es ist also

$$\begin{aligned} p((A,a)\cup(a,A)\cup(a,a)) &= 5\cdot 10^{-5} \\ 1-p^2 &= 5\cdot 10^{-5} \\ p &= 0{,}999975 \end{aligned}$$

Das verursachende Gen tritt mit der Wahrscheinlichkeit $1 - p = 2{,}5 \cdot 10^{-5}$ in der europäischen Bevölkerung auf. □

15.4 Warum treten Erbkrankheiten nicht öfter auf?

Wir untersuchen nun die Ausbreitung von unheilbaren, autosomal rezessiven Krankheiten über eine lange Reihe von Generationen. Bis jetzt unheilbar ist beispielsweise die Tay-Sachs-Krankheit. Es handelt sich um eine erbliche Fettspeicherkrankheit, die bei Kindern in der Regel zwischen dem dritten und siebten Lebensmonat auftritt. Die meisten Betroffenen sterben bereits zwischen dem ersten und vierten Lebensjahr. Die Vererbung folgt demselben Schema wie der Phenylketonurie.

Die erkrankten Personen können sich nicht fortpflanzen, damit stehen ihre Gene für die künftige Generation nicht zur Verfügung. Dieser Vorgang wird als (natürliche) *Selektion* bezeichnet. Damit verlassen wir die Theorie des Hardy-Weinberg-Gleichgewichts, bei der die Häufigkeit der Allele über Generationen konstant bleibt.

Zur Vereinfachung der Berechnungen wollen wir Neumutationen ausschließen. Wir nehmen also an, dass unser defektes Allel a nur vererbt, jedoch nicht neu entstehen kann. Weiter setzen wir voraus, dass sich unsere Population stark genug vermehrt, um nicht auszusterben. Könnte das defekte Allel für immer in der Population bleiben, oder muss es irgendwann verschwinden?

In unserer Population gibt es die drei Genotypen AA, Aa und aa. Mit Aa bezeichnen wir den gemischten Typ, der sowohl (A, a) als auch (a, A) umfasst. Diese Personen können die Krankheit zwar vererben, bleiben jedoch selbst gesund. Der gesunde reine Typ wird mit AA und der erkrankte reine Typ mit aa bezeichnet. Wir bezeichnen die Allelhäufigkeiten der n-ten Generation mit

$$p_n(A) = p_n, \qquad p_n(a) = q_n = 1 - p_n$$

(Damit sind p_1, q_1 die Allelhäufigkeiten für die erste Generation sowie p_2, q_2 für die zweite Generation.)

Die Wahrscheinlichkeiten der Genotypen AA, Aa und aa in der ersten Generation *vor Selektion* sind nach (14.1)

$$p_1(AA) = p_1^2, \qquad p_1(Aa) = 2p_1q_1, \qquad p_1(aa) = q_1^2 \tag{15.8}$$

Die Allelhäufigkeiten in der zweiten Generation werden nun aus den nach der Selektion übrig gebliebenen Allelen der ersten Generation berechnet. Unsere Rechnung basiert wiederum darauf, die jeweils verfügbaren Allele pro Generation zu zählen.

$p_s(Aa)$ bezeichnet die Wahrscheinlichkeit, den Typ Aa nach der Selektion anzutreffen, also den Anteil der Vertreter des Typs Aa innerhalb der fortpflanzungsfähigen Individuen der ersten Generation. Dabei handelt es sich um die bedingte Wahrscheinlichkeit

$$\begin{aligned} p_s(Aa) &= p(Aa \mid \text{Selektion fand statt}) \\ &= p(Aa \mid Aa \cup AA) \end{aligned} \tag{15.9}$$

Zur Berechnung benutzen wir Formel (8.3) und erhalten

$$p_s(Aa) = \frac{p_1(Aa)}{p_1(Aa \cup AA)}$$

Im Nenner kann wegen der Unvereinbarkeit von Aa und AA das Axiom III (8.1) benutzt werden, und es folgt

$$p_s(Aa) = \frac{p_1(Aa)}{p_1(Aa) + p_1(AA)} = \frac{2p_1q_1}{2p_1q_1 + p_1^2} = \frac{2q_1}{2q_1 + p_1}$$

Unter Beachtung von $p_1 = 1 - q_1$ folgt

$$p_s(Aa) = \frac{2q_1}{2q_1 + (1 - q_1)} = \frac{2q_1}{1 + q_1}$$

Hieraus berechnen wir die Häufigkeit des Allels a für die zweite Generation. Das ist möglich, da a im Genotyp Aa mit der Wahrscheinlichkeit $\frac{1}{2}$ und sonst nirgends auftritt. (Genotyp aa ist nicht fortpflanzungsfähig!) Es ist

$$q_2 = \frac{1}{2} \cdot p_s(Aa) = \frac{q_1}{1 + q_1}$$

Dasselbe Prinzip gilt bei jeder Vererbung auf die kommende Generation. Damit erhalten wir zur Berechnung der Allelhäufigkeit von a in der n-ten Generation die Rekursionsformel

$$q_{n+1} = \frac{q_n}{1 + q_n} \tag{15.10}$$

mit dem Startwert $q_1 = p_1(a)$ aus dem Intervall $(0, 1)$.

Satz 19. *Für eine beliebige anfängliche Wahrscheinlichkeit $p_1(a) \in (0, 1)$ ist*

$$\lim_{n\to\infty} p_n(a) = 0$$

Folglich verschwindet das defekte Gen von selbst aus der Population, wenn es nicht durch Neumutation immer wieder entsteht oder die Population ausstirbt.

Nachweis. Wegen $0 < \frac{1}{1+q_n} < 1$ ist $0 < q_{n+1} < q_n$. Damit ist die Zahlenfolge (q_n) monoton fallend und durch null nach unten beschränkt. Sie konvergiert nach Satz 33, Anhang gegen einen nicht negativen Grenzwert $q = \lim_{n\to\infty} q_n$. Wir erhalten aus (15.10)

$$\begin{aligned} \lim_{n\to\infty} q_{n+1} &= \lim_{n\to\infty} \frac{q_n}{1 + q_n} \\ q &= \frac{q}{1 + q} \end{aligned}$$

Diese Gleichung besitzt als einzige Lösung $q = 0$. Folglich konvergiert $(p_n(a))$ gegen null, d. h., das defekte Allel a stirbt aus. □

Ist das Aussterben der Krankheit darauf zurückzuführen, dass der erkrankte Typ aa komplett aussortiert wurde? Wir wollen weniger schwere Erbkrankheiten untersuchen, die eine *eingeschränkte Fortpflanzungsfähigkeit von Typ aa* zulassen.

Bezeichnen wir mit α die Wahrscheinlichkeit, dass ein Vertreter von Typ aa noch fortpflanzungsfähig bleibt. Deren Anteil innerhalb der ersten Generation vor Selektion ist dann

$$p(\text{fortpfl. } aa) = \alpha \cdot q_1^2$$

Mit den neuen Selektionskriterien verändern sich die Wahrscheinlichkeiten, verschiedene Genotypen nach der Selektion anzutreffen. Aus (15.9) erhalten wir jetzt den Anteil der Vertreter des Typs Aa innerhalb der fortpflanzungsfähigen Individuen der ersten Generation:

$$\begin{aligned} p_s(Aa) &= p(Aa \mid \text{Selektion fand statt}) \\ &= p(Aa \mid Aa \cup AA \cup (\text{fortpfl. } aa)) \\ &= \frac{p(Aa)}{p(Aa \cup AA \cup (\text{fortpfl. } aa))} \\ &= \frac{p(Aa)}{p(Aa) + p(AA) + p(\text{fortpfl. } aa)} \\ &= \frac{2p_1q_1}{2p_1q_1 + p_1^2 + \alpha \cdot q_1^2} \end{aligned} \tag{15.11}$$

Auf dieselbe Weise berechnen wir den Anteil der Vertreter des Typs aa innerhalb der fortpflanzungsfähigen Individuen der ersten Generation:

$$\begin{aligned} p_s(aa) &= p(\text{fortpfl. } aa \mid \text{Selektion fand statt}) \\ &= p(\text{fortpfl. } aa \mid Aa \cup AA \cup (\text{fortpfl. } aa)) \\ &= \frac{p(\text{fortpfl. } aa)}{p(Aa \cup AA \cup (\text{fortpfl. } aa))} \\ &= \frac{p(\text{fortpfl. } aa)}{p(Aa) + p(AA) + p(\text{fortpfl. } aa)} \\ &= \frac{\alpha \cdot q_1^2}{2p_1q_1 + p_1^2 + \alpha \cdot q_1^2} \end{aligned} \tag{15.12}$$

Während die Vertreter des Genotyps Aa das defekte Allel a nur mit der Wahrscheinlichkeit $\frac{1}{2}$ vererben, wird es von den fortpflanzungsfähigen Vertretern des Typs aa mit Sicherheit weitergegeben. Aus der Formel der totalen Wahrscheinlichkeit (8.9) erhalten wir als Wahrscheinlichkeit eines auf die zweite Generation vererbten Allels a

$$q_2 = \frac{1}{2} \cdot p_s(Aa) + 1 \cdot p_s(aa)$$

Nach dem Einsetzen von (15.11) und (15.12) folgt dann

$$\begin{aligned} q_2 &= \frac{1}{2} \cdot \frac{2p_1q_1}{2p_1q_1 + p_1^2 + \alpha \cdot q_1^2} + \frac{\alpha \cdot q_1^2}{2p_1q_1 + p_1^2 + \alpha \cdot q_1^2} \\ &= q_1 \cdot \frac{p_1 + \alpha \cdot q_1}{2p_1q_1 + p_1^2 + \alpha \cdot q_1^2} \end{aligned}$$

bzw. allgemein

$$q_{n+1} = q_n \cdot \frac{p_n + \alpha \cdot q_n}{2p_nq_n + p_n^2 + \alpha \cdot q_n^2} \tag{15.13}$$

$$p_{n+1} = 1 - q_{n+1} \tag{15.14}$$

Mit den Startwerten

$$p_1 = p_1(A), \qquad q_1 = 1 - p_1(A) \tag{15.15}$$

lassen sich aus dem System (15.13), (15.14) nun die Zahlenfolgen (p_n) und (q_n) berechnen.

Satz 20. *Für eine beliebige anfängliche Wahrscheinlichkeit $q_1 \in (0,1)$ konvergiert die Folge (q_n) des Systems (15.13), (15.14), (15.15) gegen null.*

$$\lim_{n\to\infty} q_n = 0$$

Nachweis. Wir wollen auch hier nachweisen, dass die Zahlenfolge (q_n) monoton fällt und nach unten beschränkt ist. Der Bruch auf der rechten Seite von (15.13) ist positiv. Wir zeigen, dass er stets kleiner als eins ist. Dazu formen wir zunächst seinen Nenner um.

$$2p_nq_n + p_n^2 + \alpha \cdot q_n^2 = p_n^2 + p_nq_n + p_nq_n + \alpha \cdot q_n^2 = p_n \cdot (p_n + q_n) + q_n \cdot (p_n + \alpha \cdot q_n)$$

Wegen (15.14) ist also

$$2p_nq_n + p_n^2 + \alpha \cdot q_n^2 = p_n + q_n \cdot (p_n + \alpha \cdot q_n)$$

Nun formen wir unseren Bruch in (15.13) um.

$$\frac{p_n + \alpha \cdot q_n}{2p_nq_n + p_n^2 + \alpha \cdot q_n^2} = \frac{(p_n + \alpha \cdot q_n)}{p_n + q_n \cdot (p_n + \alpha \cdot q_n)} = \frac{1}{\frac{p_n}{p_n + \alpha \cdot q_n} + q_n}$$

Aus der Ungleichung $p_n + \alpha q_n < p_n + q_n = 1$ folgt $\frac{p_n}{p_n + \alpha q_n} > p_n$ und damit

$$\frac{p_n}{p_n + \alpha \cdot q_n} + q_n > p_n + q_n = 1$$

Deshalb ist

$$\frac{p_n + \alpha \cdot q_n}{2p_nq_n + p_n^2 + \alpha \cdot q_n^2} = \frac{1}{\frac{p_n}{p_n + \alpha \cdot q_n} + q_n} < 1$$

Aus (15.13) folgt $0 < q_{n+1} < q_n$, d. h., die Folge (q_n) ist monoton fallend. Somit besitzt sie nach Satz 33 (Anhang) einen Grenzwert

$$q = \lim_{n\to\infty} q_n$$

Dann besitzt auch (p_n) einen Grenzwert $\lim_{n\to\infty} p_n = \lim_{n\to\infty}(1 - q_n) = 1 - q$. Zur Berechnung von q erhalten wir aus (15.13):

$$\begin{aligned}\lim_{n\to\infty} q_{n+1} &= \lim_{n\to\infty} q_n \cdot \frac{p_n + \alpha \cdot q_n}{2p_n q_n + p_n^2 + \alpha \cdot q_n^2}\\ q &= q \cdot \frac{p + \alpha \cdot q}{2pq + p^2 + \alpha \cdot q^2}\end{aligned}$$

Durch Einsetzen sieht man, dass $q = 0$ eine Lösung dieser Gleichung ist. Falls es noch weitere Lösungen geben sollte, erfüllen diese die Gleichung

$$1 = \frac{p + \alpha \cdot q}{2pq + p^2 + \alpha \cdot q^2}$$

Wir ersetzen $p = 1 - q$ und formen den Ausdruck um. Dann folgt

$$\begin{aligned}1 &= \frac{1 - q + \alpha \cdot q}{2(1-q)q + (1-q)^2 + \alpha \cdot q^2}\\ 1 &= \frac{1 + (\alpha - 1) \cdot q}{1 + (\alpha - 1) \cdot q^2}\\ 1 + (\alpha - 1) \cdot q^2 &= 1 + (\alpha - 1) \cdot q\end{aligned}$$

Weitere Vereinfachung ergibt wegen $\alpha < 1$

$$q^2 = q$$

Hieraus folgt $q = 0$ oder $q = 1$. Da die monoton fallende Folge wegen $q_1 < 1$ keinen Grenzwert $q = 1$ annehmen kann, bleibt $q = 0$ die einzige Lösung.

Damit ist $\lim_{n\to\infty} q_n = 0$. Für eine beliebige anfängliche Wahrscheinlichkeit $q_1 = p_1(a) \in (0,1)$ des defekten Allels a wird seine Häufigkeit q_n also beständig abnehmen. □

> Das zur Vermehrung ungünstige Allel a verschwindet im Laufe der Generationen aus der Population, wenn es nicht neu erzeugt wird. Dazu reicht bereits ein geringer Selektionsnachteil aus.

Mit Kenntnis der Allelhäufigkeiten kann man nachrechnen, wie lange das Aussterben von defekten Genen dauern müsste. Zwar können sie durch Mutationen neu entstehen oder durch den sogenannten Gründer- bzw. Flaschenhalseffekt verstärkt werden, wenn eine kleine Gruppe von Trägern plötzlich günstige Bedingungen zur Vermehrung vorfindet. Doch sollten einige der bekannten Erbkrankheiten schon längst ausgestorben sein, sofern sie sich nicht auch auf irgendeine Weise positiv bemerkbar machen. Aber welchen Nutzen sollten sie bringen? In den letzten Jahrzehnten wurden einige bemerkenswerte Entdeckungen gemacht, auf die wir im Abschnitt 15.6 zurückkommen werden.

15.5 Royaler Klatsch im Buckingham-Palast

Abb. 15.3: Königin Victoria mit ihren Nachkommen. Autor: M. W. Ridley.

Zu den Erbkrankheiten gehört die Hämophilie, die auch als Bluterkrankheit bekannt ist. Das kritische Gen liegt auf dem geschlechtsbestimmenden X-Chromosom. Derartige Krankheiten werden als *gonosomal* bezeichnet.

Ein Sohn kann das kranke Allel nur von seiner Mutter erben, da er vom Vater das Y-Chromosom erhält. In diesem Fall tritt die Krankheit sofort bei ihm auf. Ebenso sicher erkrankt eine Tochter, falls sie von beiden Elternteilen das defekte Allel erbt. Das ist sehr unwahrscheinlich, sodass als Bluter hauptsächlich Männer bekannt sind.

Falls eine Frau lediglich Trägerin des Allels ist, bekommt sie meist weniger Probleme. (Aktuelle Untersuchungen [126] zeigen indessen, dass auch Trägerinnen des Allels dem Risiko stärkerer Blutungen ausgesetzt sind, die besonders während der Regelblutung oder Geburt auftreten.)

Das prominenteste Beispiel für Hämophilie war Königin Victoria (1819–1901), die langjährige Herrscherin des britischen Weltreichs. Sie galt als die erste bekannte Trägerin der Bluterkrankheit in ihrer Familie und vererbte die Krankheit durch ihre zahlreiche Nachkommenschaft (9 Kinder, 35 Enkel und 88 Urenkel) an viele europäische

Fürstenhöfe. Ihr Stammbaum am Ende des Abschnitts bietet zugleich ein anschauliches Beispiel für das Verschwinden eines defekten Allels.

Die beiden Brüder Malcolm und William Potts, Professoren für Embryologie in Berkeley bzw. Zoologie in Lancaster waren die ersten, welche Victorias Stammbaum gründlich (bis ins achte Glied) nach Blutern durchforsteten und keine fanden. Seitdem gilt Spontanmutation (mit einer Häufigkeit von 1 zu 50.000) als offizielle Erklärung des Königshauses zum Bluterallel ihrer Vorfahrin.

Eine andere Vermutung wurde vom forschenden Brüderpaar Potts selbst ins Spiel gebracht. Sie nahmen auch die Umstände zur Zeit von Victorias Geburt unter die Lupe. Als im November 1817 Englands Thronfolgerin, die einzige Tochter von König George IV starb, wurde die Nachfolge zum offenen Problem. Für einen engen und exklusiven Zirkel eröffnete sich eine Lotterie mit einzigartigem Hauptgewinn. Wer unter den zahlreichen Geschwistern von König George IV als Erster einen ehelich gezeugten Nachkommen vorwies, könnte für diesen das Thronrecht und für sich eine Menge Privilegien reservieren.

Abb. 15.4: König George III und seine Frau Charlotte im Kreise ihrer 13 Kinder, darunter der spätere König George IV und der Herzog von Kent. Unter den Geschwistern entbrannte 1817 der Konkurrenzkampf um die Thronfolge. Autor: John Murphy.

Dabei hätte wahrscheinlich niemand an den 50-jährigen, noch unverheirateten Herzog von Kent gedacht, denn dieser hatte trotz ausgiebigem Intimleben mit verschiedensten Frauen bisher nur ein einziges Kind von einer Geliebten. Seine eigenen Chancen zur Reproduktion schätzte er zwar nicht sehr hoch ein, doch einen Versuch war es wert. Im Jahre 1818 heiratete er eine junge, frisch verwitwete Prinzessin von

Sachsen-Coburg, die ihre Fruchtbarkeit bereits unter Beweis gestellt hatte, und bereits am 24. Mai 1819 wurde ihr einziges Kind, die spätere Königin Victoria geboren.

Die Brüder Potts vermuteten, dass dem Herzog mehr an einem rasch und legitim geborenen Kind als an der Weitergabe seiner Gene gelegen war. Vermutlich hat er selbst die Einwilligung für einen „Ersatzmann" gegeben, der unglücklicherweise den Defekt in sich trug.

Als echte Wissenschaftler fragten sie im Buckingham-Palast nach, ob sie einen DNA-Vergleich von Königin Elizabeth mit Überresten des Herzogs von Kent durchführen könnten. Doch die königliche Familie lehnte ab. So müssen wir uns mit der Version einer Spontanmutation zufriedengeben, ohne sie beweisen oder widerlegen zu können.

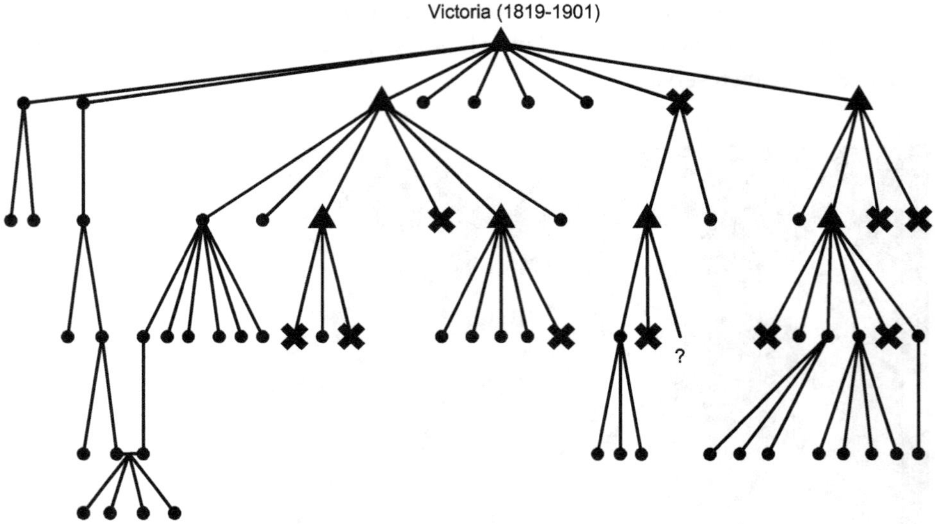

Abb. 15.5: Stammbaum der legitimen Nachfahren von Königin Victoria bis zur vierten und teilweise fünften Nachfahrengeneration, wo die Krankheit bereits nicht mehr auftritt. Quelle: [106].
Bezeichnungen im Bild:
- Dreiecke: Trägerinnen des Hämophilieallels;
- Kreuze: (männliche) Hämophiliekranke;
- Punkte: gesunde männliche oder weibliche Individuen;
- Fragezeichen: in früher Kindheit verstorbener Junge, möglicherweise ebenfalls hämophil.

15.6 Schutz durch defekte Gene?

Man fragt sich also, warum viele Erbkrankheiten nicht schon längst erloschen sind. Außer der Möglichkeit der Neuentstehung und des in Abschnitt 15.9 vorgestellten Gründer- bzw. Flaschenhalseffekts gibt es eine zunächst verblüffend klingende Erklärung. Einige dieser Allele könnten auch einen gewissen nützlichen Aspekt besessen haben.

Zu den autosomal vererbten Krankheiten gehört die Sichelzellenanämie. Bei den Betroffenen verformen sich die roten Blutzellen zu sichelförmigen Gebilden. Sie verklumpen und verstopfen schließlich die Blutgefäße, was zu schmerzhaften und lebensgefährlichen Durchblutungsstörungen führen kann. Die Krankheit ist in weiten Teilen Afrikas, Asiens und im Mittelmeerraum anzutreffen.

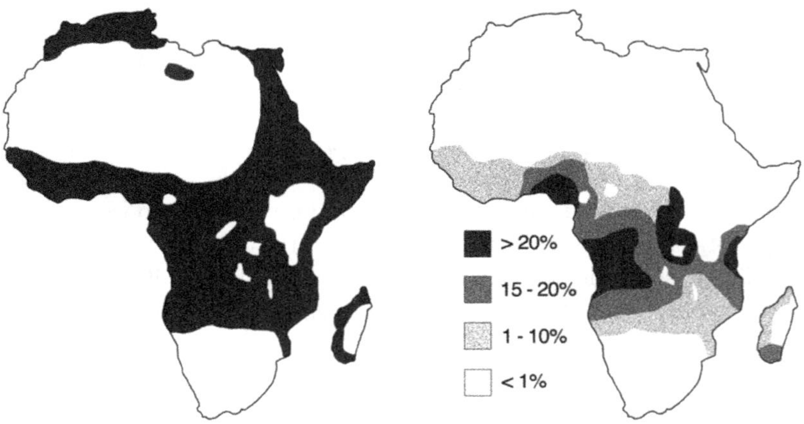

Abb. 15.6: Malariagebiete (links) und Sichelzellenanämie (rechts) in Afrika. Autor: Anthony Allison.

Die hauptsächlichen Verbreitungsgebiete sind zugleich stark von Malaria, einer durch Anopheles-Stechmücken übertragenen Tropenkrankheit betroffen. Das ist kein Zufall, denn Träger der Sichelzellenanämie vom Typ Aa erhalten tatsächlich einen Schutz gegen Malaria. Da sie, im Gegensatz zum schwer erkrankten Typ aa, entweder überhaupt nicht oder nur von leichten Formen der Sichelzellenanämie betroffen sind, profitieren sie von der Mutation. Das für die Sichelzellenanämie verantwortliche Allel a wirkt sich also zweifach aus.

Vom Standpunkt des Fortbestands der Population gibt es also keinen Grund, das Sichelzellenallel auszuselektieren, weil es zum Schutz eines Großteils der Bevölkerung beiträgt. Wir wollen zeigen, wie sich in Abhängigkeit von der Verbreitung der Malaria ein Gleichgewicht der Allele einstellt.

	A vom Vater	a vom Vater
A von Mutter	(A, A) gesund Malaria-gefährdet	(a, A) keine/leichte S-Anämie Schutz vor Malaria
a von Mutter	(A, a) keine/leichte S-Anämie Schutz vor Malaria	(a, a) schwere S-Anämie

Dazu ändern wir unser Modell der Ausbreitung eines günstigen Allels wie folgt ab. Anstelle der Gewichtungsfaktoren (15.2) setzen wir

$$g(AA) = 1 - s, \qquad g(Aa) = 1, \qquad g(aa) = 1 - t \tag{15.16}$$

Wählen wir für s und t verschiedene Zahlen aus dem Intervall $[0, 1]$, so werden die reinen Genotypen AA und aa gegenüber dem gemischten Typ Aa auf verschiedene Weise benachteiligt. Je höher die Malariarate eines Gebiets ist, desto größer wird t angesetzt. Die Allelhäufigkeiten (15.8) vor der Selektion bleiben indessen unverändert.

Bezeichnen wir wiederum die Allelhäufigkeiten der n-ten Generation mit

$$p_n(A) = p_n, \qquad p_n(a) = q_n = 1 - p_n$$

Dann treten die verschiedenen Typen mit

$$p_n(AA) = p_n^2, \qquad p_n(Aa) = 2p_nq_n, \qquad p_n(aa) = q_n^2$$

auf. Nun berechnen wir die Häufigkeit q_{n+1} des Sichelzellenallels der nachfolgenden Generation aus der vorangegangen.

$$q_{n+1} = p(a \text{ unter allen Allelen} \mid \text{Selektion fand statt})$$

$$q_{n+1} = \frac{2 \cdot g(aa) \cdot p_n(aa) + g(Aa) \cdot p_n(Aa)}{2 \cdot [g(AA) \cdot p_n(AA) + g(Aa) \cdot p_n(Aa) + g(aa) \cdot p_n(aa)]}$$

$$q_{n+1} = \frac{(1-t)q_n + p_n}{(1-s)p_n^2 + 2p_nq_n + (1-t)q_n^2} \cdot q_n \tag{15.17}$$

wobei $p_n = 1 - q_n$ ist.

Gehen wir davon aus, dass in einem Malariagebiet zunächst nur ein geringer Anteil an Trägern der Sichelzellenanämie vorhanden ist. Wir wollen nachweisen, dass dieser Anteil in den folgenden Generationen durch die natürliche Selektion steigt und zu einem Gleichgewichtszustand strebt, der durch die im Gebiet herrschende Malariarate bestimmt wird.

Satz 21. *Für jeden Startwert $0 < q_1 < 1$ besitzt die Folge (15.17) einen Grenzwert q.*
Für einen hinreichend kleinen Startwert q_1 ist diese Folge monoton wachsend.

Nachweis. Für jeden gegebenen Startwert $q_1 \in (0,1)$ lässt sich die Zahlenfolge (q_n) mittels

$$q_{n+1} = f(q_n) \qquad \text{für } n = 1, 2, \ldots \tag{15.18}$$

durch die Funktion

$$f(x) = \frac{(1-t)x^2 + (1-x)x}{(1-t)x^2 + 2x(1-x) + (1-s)(1-x)^2}$$

definieren. Es ist leicht zu sehen, dass diese Funktion das Intervall $[0,1]$ auf sich selbst abbildet und unsere Zahlenfolge (15.17) somit beschränkt bleibt.

Wir wollen nun zeigen, dass f auf dem Intervall $[0, 1]$ monoton wächst. Dazu untersuchen wir ihre erste Ableitung. Mit

$$u(x) = (1-t)x^2 + (1-x)x, \qquad v(x) = (1-t)x^2 + 2x(1-x) + (1-s)(1-x)^2$$

erhalten wir $f'(x) = \frac{u'(x)\cdot v(x) - u(x)\cdot v'(x)}{[v(x)]^2}$. Wir bezeichnen ihren Zähler mit

$$h(x) = u'(x)\cdot v(x) - u(x)\cdot v'(x) \tag{15.19}$$

Für die Monotonie von f genügt der Nachweis von

$$h(x) \geq 0 \tag{15.20}$$

Nach längeren algebraischen Umformungen, deren Details dem Leser erspart werden sollen, erhalten wir aus (15.19)

$$h(x) = 2\left[-tsx^2 + (s-(1-s)t)\,x + 1 - s\right]$$

Hierbei handelt es sich um eine quadratische Parabel mit einem Maximum. Somit nimmt h im Intervall $[0,1]$ ihr Minimum bei einem der Werte $x = 0$ oder $x = 1$ an. Wegen

$$h(0) = 2\,[1-s] > 0$$
$$h(1) = 2\,[-ts + (s-(1-s)t) + 1 - s] = 2\,[1-t] > 0$$

ist also die Monotoniebedingung (15.20) erfüllt. In Abhängigkeit vom gewählten Startwert q_1 ist nun ein verschiedenes Verhalten unserer Folge möglich.

1. Fall: Die Zahlenfolge (q_n) ist streng monoton fallend.
   Dann besitzt sie nach Satz 33 (Anhang) einen Grenzwert q.
2. Fall: Für einen gewissen Index $k \in \mathbb{N}$ ist $q_k \leq q_{k+1}$. Hieraus folgt

$$q_{k+1} = f(q_k) \leq f(q_{k+1}) = q_{k+2}$$

bzw. nach wiederholter Anwendung von f auf die letzte Ungleichung

$$q_n \leq q_{n+1} \qquad \text{für } n = k, k+1, \ldots$$

Die Folge (q_n) ist ab dem Index k monoton wachsend und besitzt somit einen Grenzwert q.

Für genügend kleine Startwerte $q_1 \approx 0$ ist $p_1 \approx 1$, und aus (15.17) folgt

$$q_2 \approx \frac{1}{1-s} \cdot q_1 > q_1 \tag{15.21}$$

sodass wir den zweiten Fall für $k = 1$ erhalten. Die Folge wächst monoton. □

Die Allelverteilung strebt also zu einem Gleichgewichtszustand, der wie folgt berechnet werden kann.

Satz 22. *In einem Gleichgewicht bei den gleichzeitigen Reproduktionsnachteilen s (durch Malaria ohne Sichelzellschutz) sowie t (durch Sichelzellenanämie) erhalten wir als Häufigkeit unseres Sichelzellenallels*

$$q = \frac{s}{s+t} \tag{15.22}$$

Nachweis. Mit $p = \lim_{n\to\infty} p_n$ und $q = \lim_{n\to\infty} q_n$ erhalten wir aus (15.17):

$$\frac{(1-t)q + p}{(1-s)p^2 + 2pq + (1-t)q^2} = 1$$

$$(1-t)q + p = (1-s)p^2 + 2pq + (1-t)q^2$$

Multiplizieren wir beide Seiten aus und berücksichtigen $p + q = 1$ bzw.

$$p^2 + 2pq + q^2 = (p+q)^2 = 1$$

so erhalten wir nach einigen Umformungen

$$\begin{aligned} tq &= sp^2 + tq^2 \\ 0 &= sp^2 + tq^2 - tq \end{aligned}$$

Nach Ausklammern von q ist

$$0 = sp^2 + tq(q-1) = sp^2 - tqp = p(sp - tq)$$

Die *Gleichgewichtsbedingung* lautet also $sp = tq$. Ersetzen wir $p = 1 - q$ und stellen nach q um, so erhalten wir (15.22). □

Aus den Sätzen 21 und 22 folgt unmittelbar, dass sich bei Senkung der Malariarate durch ökologische Maßnahmen auch der Anteil der Sichelzellerkrankungen im Laufe der Generationen verringert, bis sich schließlich ein neues Gleichgewicht einstellt. Die Formeln (15.22) konnten praktisch überprüft werden.

Problem 46. *In einem bestimmten Malariagebiet hat man folgende Selektionsnachteile geschätzt:*

$s = 0{,}2039$	*gegen den Typ AA ohne das Sichelzellenallel*
$t = 0{,}8302$	*gegen den Typ aa der Erkrankten an Sichelzellenanämie*

Berechnen Sie den Bevölkerungsanteil $p(Aa)$ des geschützten Typs Aa.

Lösung. Aus (15.22) folgt für den Gleichgewichtszustand des Sichelzellenallels

$$q = \frac{0{,}2039}{0{,}2039 + 0{,}8302} \approx 0{,}2, \qquad p = 1 - q \approx 0{,}8$$

Nach dem Gesetz von Hardy-Weinberg ist dann der Anteil des geschützten Typs Aa gleich

$$p(Aa) = 2pq = 0{,}32$$

Der Wert stimmt gut mit dem vor Ort gefundenen Anteil von 31,7 % überein. □

Kürzen wir in (15.22) durch s, so folgt $q = 1/\left(1 + \frac{t}{s}\right)$. Bei erhöhter Malariarate wächst s stärker als t, sodass unser Sichelzellenallel noch häufiger auftreten würde.

An Sichelzellenanämie erkrankte Männer erreichen im Durchschnitt ein Alter von über 40 Jahren. Bei den Frauen sind es fast 50 Jahre. Die Verbreitung der Krankheit in Afrika ging einher mit der Erweiterung der Landwirtschaft. Bei der Erschließung von Nutzflächen wurde Wald vernichtet, wodurch günstigere Bedingungen für die Anophelesmücke entstanden. *Durch die Schutzfunktion des Sichelzellenallels konnte sich die Landwirtschaft in weiten Teilen Afrikas durchsetzen.* Bis jetzt ist das Allel in landwirtschaftlichen Gebieten weit stärker verbreitet als bei Völkern, die als Jäger und Sammler leben.

In den ehemaligen Malariagebieten des Mittelmeerraums hat sich die *Thalassämie*, eine rezessive Erbkrankheit mit ähnlicher Wirkung verbreitet. Besonders stark tritt sie in Malta, Sardinien, Griechenland und Zypern auf. Auf Zypern gehört jeder siebte Einwohner zum gemischten Typ Aa und besitzt damit einen natürlichen Malariaschutz.

Für die Betroffenen (Typ aa) verläuft die Krankheit jedoch deutlich härter. Sie leiden unter einer erniedrigten Hämoglobinkonzentration im Blut, die ohne Behandlung bereits im frühen Kindesalter zum Tod führt. Heute sind Bluttransfusionen möglich, die alle zwei bis sechs Wochen durchgeführt werden müssen. Als Nebenwirkung der Behandlung entsteht im Körper ein Eisenüberschuss, der schwere Organschäden von Herz, Leber und Bauchspeicheldrüse zur Folge hat. Darum empfehlen Ärzte nach einer Frühdiagnostik bei ungeborenen erkrankten Kindern zumeist einen Schwangerschaftsabbruch. Diese Einstellung wird von weiten Teil der Öffentlichkeit einschließlich der Kirche unterstützt.

Die weite Verbreitung einer derart schweren Erbkrankheit lässt erahnen, welches Problem die Malaria früher in Gebieten darstellte, die heute zu den beliebtesten europäischen Urlaubsorten gehören. Noch bis in das 20. Jahrhundert hinein waren weite

Regionen komplett malariaverseucht. Auch hier handelt es sich um ein von Menschen selbst geschaffenes Problem, dessen Wurzeln bis in die Antike zurückreichen.

Die griechischen Stadtstaaten entwickelten nach den Perserkriegen im 5. Jahrhundert n. Chr. schlagfertige Kriegsflotten, denen große Wälder zum Opfer fielen, da die Holzschiffe ständig erneuert werden mussten. Weiterer Holzbedarf entstand durch die aufsteigende Industrie, insbesondere bei der Metallverarbeitung.

Als Folge des Kahlschlags kam es zur Bodenerosion, und die Flüsse spülten den Schlamm in die Ebenen, wo sich Sümpfe bildeten. Die Anophelesmücke, Überträger der Malaria, begann sich nun in Griechenland heimisch zu fühlen und breitete sich aus.

Ähnliches geschah etwas später in Rom, wo noch der permanente Brennstoffbedarf für Fußbodenheizungen hinzukam, und erreichte schließlich beim Zusammenbruch des Imperiums und seiner Landwirtschaft einen Höhepunkt. Nicht mehr bewirtschaftete Flächen verwandelten sich in Sumpfgebiete und wurden rasch durch das grassierende Viertagefieber unbewohnbar. Am gefürchtetsten waren die Pontinischen Sümpfe, die vorher zu den fruchtbarsten Böden zählten.

Malaria beeinflusste den Lauf der Geschichte, indem sie Italien während des Mittelalters sogar einen gewissen Schutz vor ausländischen Interventionen sicherte und damit die politische Eigenständigkeit des Landes förderte. In dieser Zeit war ein Großteil des Landes formal im Heiligen Römischen Reich Deutscher Nation eingebunden, sodass deutsche Könige und Kaiser ihren Herrschaftsanspruch geltend machten. Die zur Durchsetzung nötigen Interventionen deutscher Ritterheere über die Alpen blieben jedoch ineffizient, da sie zu verlustreich waren: Die Sumpfkrankheit lähmte das gesamte Heer. Allein die Liste der prominentesten Malariaopfer mit den Königen Otto II., Heinrich III., Lothar III., Heinrich IV., Konrad IV. und Heinrich VII. zeigt, welchen Tribut die Krankheit in den Armeen forderte. Auch nach einem erfolgreichen Feldzug musste das Heer schließlich irgendwann nach Deutschland zurückkehren, und wenige Jahre später brachen in Italien erneut Aufstände aus.

Einzige Ausnahme ist der in Italien geborene Kaiser Friedrich II., welcher die Malaria bereits als Kleinkind überlebte und dadurch eine Immunität gegen die Krankheit entwickelt hatte. Er machte Italien zu seinem Lebensmittelpunkt und verbrachte dort 28 seiner 39 Regierungsjahre, sodass er den Italienern bis jetzt unter dem Namen Federico II als einheimischer Herrscher gilt.

Auf Zypern, einem Hauptverbreitungsgebiet der Thalassämie, waren der seit der Antike betriebene Kupferbergbau und die Holzgewinnung für die Flotten der Hauptgrund für das Verschwinden der Wälder und die Versumpfung des Landes.

Ob griechisch, römisch, venezianisch oder osmanisch, jede neue Großmacht holzte im Mittelmeerraum aufs Neue für ihre Flotte ab, ohne sich um Wiederaufforstung zu kümmern. Die Folgen waren gravierend, denn die Malaria beherrschte den Mittelmeerraum über 2000 Jahre lang. Erst im 20. Jahrhundert wurden die Sümpfe trockengelegt und durch großflächigen Einsatz des Schädlingsbekämpfungsmittels DDT von den Mücken befreit.

Abb. 15.7: Die Krankheit prägte die Lebensweise der ganzen Region. Die auf malerischen Anhöhen errichteten Städte wie Civita di Bagnoregio boten mit ihre Lage nicht nur Verteidigungsmöglichkeiten, sondern auch besseren Malariaschutz. Foto: Alessio Damato.

In den letzten Jahren begann man sich dafür zu interessieren, ob auch andere Erbkrankheiten Schutzmechanismen gegen bakteriell oder viral verursachte Seuchen bieten. Die Untersuchungen stecken noch in den Anfängen. Sie werden dadurch erschwert, dass nicht nur viele dieser Erbkrankheiten, sondern auch die Seuchen mittlerweile in Europa seltener auftreten. Das Datenmaterial ist spärlich. Doch die Suche lohnt sich, denn mit den großen Katastrophen längst vergangener Zeiten lassen sich zugleich die Umbrüche unserer Geschichte nachvollziehen.

G6PD-Mangel, auch bekannt als *Favismus* oder Favabohnenkrankheit, ist ein Mangel des Stoffwechselsenzyms Glucose-6-phosphat-Dehydrogenase, welches bei der Umwandlung von Fettsäuren benötigt wird. Die Vererbung erfolgt über eine Mutation des G6PD-Gens, welches auf dem geschlechtsbestimmenden X-Chromosom liegt. Es handelt sich also ebenso wie bei der Bluterkrankheit um eine *gonosomale Erkrankung*. Ein Mann kann das Allel nur von seiner Mutter erben und würde in diesem Fall sofort erkranken. Dagegen erkrankt eine Frau nur dann, wenn sie es von beiden Eltern bekommt. Da dieser Fall wenig wahrscheinlich ist, sind hauptsächlich Männer betroffen.

Glücklicherweise tritt die Krankheit nur beim Verzehr von Favabohnen (oder der Einnahme gewisser Medikamente) auf. Dann führt sie zur Zerstörung roter Blutkörperchen. Die Folgen sind Bauchschmerzen, Durchfall, Erbrechen und Fieber. Weltweit sind etwa 1,18 Milliarden Menschen von irgendeiner Form des G6PD-Mangels betroffen, doch die Krankheit konzentriert sich in Gebieten, wo Malaria verbreitet war oder ist. Das Allel bietet nämlich ebenfalls Malariaschutz.

Bis jetzt kennt man sechs verschiedene Formen des genetischen Malariaschutzes, von denen insgesamt 8 % der Weltbevölkerung profitiert. Seit 2012 ist ebenfalls bekannt, dass Träger der Blutgruppe 0, das sind 63 % der gesamten Weltbevölkerung, einen gewissen Schutz zumindest gegen den tödlichen Malariaverlauf besitzen. Auch er ist nicht gratis, denn die Träger dieser Blutgruppe sind dafür einem höheren Risiko gegenüber anderen Seuchen, beispielsweise der Cholera ausgesetzt. Doch angesichts der starken Auslese nach Malariaschutzfaktoren lässt sich ermessen, welche bedeutende Rolle diese Krankheit in weiten Teilen der Welt für den Fortbestand der Menschheit gespielt haben muss. Bis jetzt lebt fast die Hälfte der Weltbevölkerung in Malariagebieten. Jährlich fordert die Krankheit 1 bis 2 Millionen Tote.

Von der Stoffwechselkrankheit *Phenylketonurie* war bereits die Rede. Doch auch dieses Allel hat seine positive Seite, zumindest wenn man als Frau zum gemischten Typ gehört. Diese Träger des Allels besitzen ebenfalls einen – allerdings nur leicht – erhöhten Phenylalaninwert. Er beeinträchtigt zwar nicht mehr die Gesundheit, ist aber hoch genug, um während der Schwangerschaft gegen das häufig vorkommende Schimmelpilzgift Ochratoxin A zu schützen.

Da die Vergiftungen oft die Ursache von Schwangerschaftsabbrüchen sind, werden Trägerinnen eines Allels besser geschützt und haben eine höhere Wahrscheinlichkeit zur Weitergabe des Allels.

Zu den Gegenden mit einer erhöhten Phenylketonurierate gehört Irland, welches in seiner Geschichte mehrfach von verheerenden Hungersnöten heimgesucht wurde. Bekanntlich entschließen sich Hungernde eher dazu, verfaulte Nahrung zu essen als wegzuwerfen. Damit trugen Notzeiten zur Verbreitung des Allels bei.

Abb. 15.8: Die Große Irische Hungersnot von 1845 bis 1852 in einer zeitgenössischen Darstellung von James Mahony. Die Missernte wurde durch Kartoffelfäule, eine Pilzkrankheit, verursacht und forderte 1 Million Tote, was 12 % der damaligen Bevölkerung entsprach.

Kommen wir nochmals auf die *Tay-Sachs-Krankheit* zurück. Das auslösende Allel ist bei den Ashkenazim, der Gruppe mittel- und osteuropäischer Juden besonders stark verbreitet. Dort beträgt der Anteil des gemischten Genotyps bis zu 11 %.

Der Evolutionsbiologe Jared Diamond stellte die Hypothese auf, dass Träger des Tay-Sachs-Allels möglicherweise einen Schutz gegen Tuberkulose besitzen. Diese Krankheit grassierte in deutschen Internierungslagern, wo während des Zweiten Weltkriegs eine große Zahl hauptsächlich osteuropäischer Juden unter entsetzlichen Bedingungen interniert war. Durch unhygienische Lebensbedingungen, Mangelernährung und Behinderung der medizinischen Versorgung förderten die Nazis bewusst die Seuchenausbreitung, um so die Sterblichkeit zu erhöhen.

Es gab gewisse Anhaltspunkte, dass Verwandte von Kindern mit der Tay-Sachs-Krankheit seltener an Tuberkulose erkrankten, obwohl sie genauso oft mit ihr in Kontakt kamen. Die Theorie ist bis jetzt unbewiesen, da die betreffenden Fälle nicht unter wissenschaftlichen Bedingungen untersucht werden konnten und auch jetzt zu wenig Datenmaterial vorliegt. Ein molekularbiologischer Mechanismus konnte ebenfalls noch nicht nachgewiesen werden.

Mukoviszidose, auch als *zystische Fibrose* oder CF bekannt, ist eine weitere autosomal-rezessiv vererbte Stoffwechselerkrankung. Dabei sind bestimmte Körperzellen nicht mehr in der Lage, mittels Osmose Wasser in das umliegende Gewebe zu ziehen. In der Folge sinkt der Wassergehalt des Bronchialsekrets, der Sekrete der Bauchspeicheldrüse, der Galle, der Geschlechtsorgane und des Dünndarms. Die Sekrete werden zähflüssig, und in den betroffenen Organen kommt es zu Funktionsstörungen. Mit einem erkrankten Kind auf etwa 2000 Lebendgeburten belegt die Krankheit in Europa den Spitzenplatz unter den Erbkrankheiten. Die mittlere Lebenserwartung mit medizinischer Behandlung liegt derzeit bei etwa 40 Jahren.

Andererseits kommen Träger eines Allels in den Vorzug eines Schutzes gegen bakteriell übertragene Krankheiten wie Typhus oder Cholera. Seuchenwellen dieser Krankheiten forderten allein im 19. Jahrhundert in Europa Hunderttausende von Toten und stellen bis jetzt in vielen Ländern der Dritten Welt eine ernste Bedrohung dar. Durchfall kann bei Cholera innerhalb von 24 h zum Tod führen, doch zähflüssige Sekrete mildern die Attacken ab.

15.7 Der Mann, der kein AIDS bekam

Der New Yorker Stephen Crohn wurde berühmt als „The man who can't catch AIDS". Der Name wurde ihm von der britischen Tageszeitung The Independent verliehen, nachdem 1996 bekannt wurde, dass er trotz langjähriger sexueller Kontakte mit verschiedenen infizierten Personen gesund blieb. Nach der Entdeckung weiterer ähnlicher Fälle begannen die Forscher nach Gemeinsamkeiten dieser Resistenzen zu suchen.

Dabei wurde eine Mutation erkannt, die als CCR5-Delta32 bezeichnet wird. CCR5 ist ein sogenanntes Rezeptorprotein der weißen Blutkörperchen, an den das Virus ankoppelt. Bei der Mutation fehlt dem Rezeptorprotein eine Sequenz von 32 Basenpaaren. Mit diesem verkürzten CCR5 ist das Andocken für HIV-1, den weltweit meistverbreitetsten HIV-Typ, nicht mehr möglich.

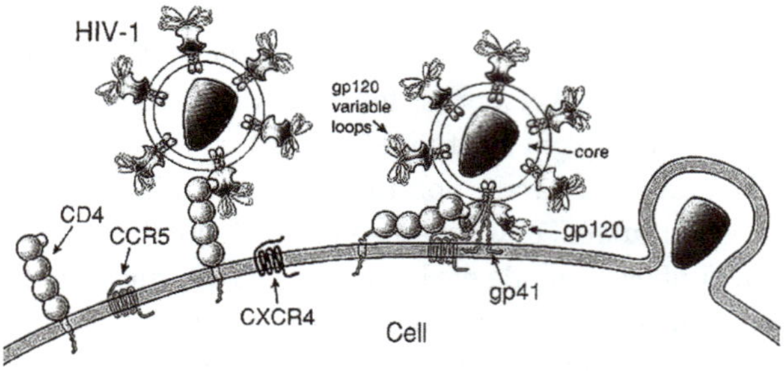

Abb. 15.9: Andocken von HIV-1 an eine CD4⁺ T-Helferzelle.
Schritt 1: Der Virus verbindet sich mit CD4.
Schritt 2: Verbindung mit Korezeptorprotein CCR5 oder CXCR4.
Schritt 3: Der Virus dringt in die Zelle ein.

Bezeichnen wir mit A das Allel zur Mutation als CCR5-Delta32 und mit a ein anderes Allel ohne Schutzfunktion. Menschen vom Genotyp AA erhalten einen sehr hohen Schutz. Der gemischte Typ Aa kann sich gegenüber AA schneller anstecken, besitzt aber immer noch ein geringeres Risiko als der Typ aa.

Infizieren sich Personen vom Typ AA oder Aa trotzdem mit dem Virus, der auch über andere Rezeptoren eindringen kann, so verläuft die Krankheit gegenüber dem ungeschützten Typ aa deutlich verzögert.

Die glücklichen Träger der Mutation sind zumeist Europäer. In Asien und Nordafrika ist es weniger vorhanden. Im zentralen und südlichen Afrika, in Ostasien sowie bei der einheimischen amerikanischen Bevölkerung scheint das Allel zu fehlen.

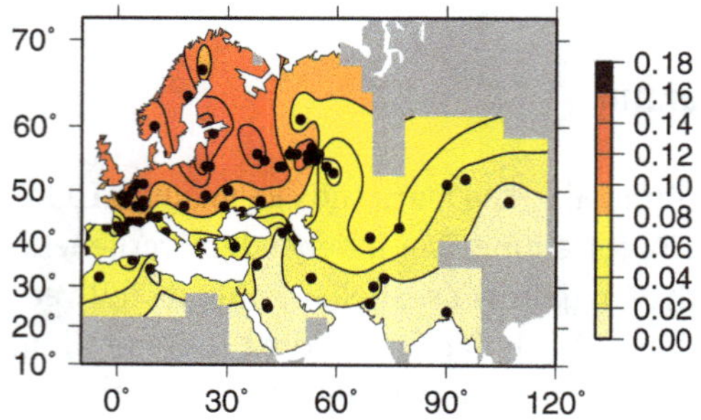

Abb. 15.10: Anteil des Allels CCR5-Delta32. Die Punkte markieren die Orte der Datenerfassung. Autor: John Novembre [125].

Mit $p = 16\,\%$ ist das Allel am häufigsten in Nordeuropa anzutreffen. Mit dem Gesetz von Hardy-Weinberg (14.1) folgt dann für diese Region

$$p(AA) = p^2 = 0{,}026, \qquad p(Aa) = 2p(1-p) = 0{,}27$$

Nimmt man für die Bevölkerung Mitteleuropas den Durchschnittswert $p = 0{,}1$, so erhält man immerhin

$$p(AA) = p^2 = 0{,}01, \qquad p(Aa) = 0{,}18$$

Außer gegen AIDS erweist sich die Mutation CCR5-Delta32 noch gegen eine ganze andere Reihe von Krankheiten als hilfreich. Dazu gehören die Stoffwechselkrankheit *Diabetes Typ 1*, die Gelenkerkrankung *rheumatoide Arthritis* sowie zwei eher seltene Autoimmunerkrankungen: die *primär biliäre Zirrhose*, eine Lebererkrankung, und die zu Muskelschwäche führende *Myasthenia gravis*. Allerdings ist auch der Vorteil von CCR5-Delta32 nicht gratis. Die Mutation steht im starken Verdacht, die Entwicklung multipler Sklerose zu begünstigen.

Die weite Verbreitung im nordeuropäischen Raum legt nahe, dass die Mutation dort ihren Ursprung hat. Bei der Entstehungszeit führten die Berechnungen auf weit auseinanderliegende Ergebnisse, die von vor 700 Jahren bis vor 3500 Jahren zurückreichen.

Durch welche Ereignisse könnte die Ausbreitung des Allels begünstigt worden sein? Da AIDS in Europa früher unbekannt war, muss es eine andere Seuche gewesen sein. Zunächst wurde die *Beulenpest* als Verstärkungsfaktor vermutet. Zeitlich würde sie zu einer möglichen Entstehung von CCR5-Delta32 vor etwa 700 Jahren passen. In den Jahren des Schwarzen Todes von 1347 bis 1353 starben in Europa 25 Millionen Menschen. Das war ein Drittel der Bevölkerung. Doch wie wirkt sich das Allel tatsächlich bei einer Pesterkrankung aus? Zumindest bei Mäusen konnte bisher nachgewiesen werden, dass ein mutierter CCR5-Rezeptor keinen Schutz vor der Pest bietet (Siehe J. Mecsas [120]).

Als weitere Möglichkeit gelten die *Pocken*, welche den Kontinent im Laufe der letzten Jahrhunderte wiederholt heimsuchten und ab dem 18. Jahrhundert als schlimmste europäische Krankheit gefürchtet waren. Durch ihre längere Präsenz wäre ihre Selektionswirkung auf Allele nachdrücklicher. Außerdem benutzen sie bei der Infizierung als Eingangspforte ebenfalls den Rezeptor CCR5.

CCR5-Delta32 ist zwar die effektivste, aber nicht die einzige bekannte Mutation mit einer Schutzfunktion gegen den HI-Virus[6]. Durch die hohen AIDS-Raten besonders im südlichen Afrika ist der Selektionsdruck sehr hoch, sodass man die Ausbreitung schützender Allele beobachten kann. Selbst Genvarianten mit verzögertem Krankheitsausbruch werden stärker verbreitet. Da die Infizierten länger leben, geben sie ihre Allele an mehr Nachkommen weiter. Einer Studie zufolge wird sich innerhalb der nächsten hundert Jahre der Zeitraum von der Infektion zum Ausbruch der Krankheit von derzeit 7,8 Jahren auf 8,8 Jahre erhöhen[7].

---

6 Siehe M. Tait [132].

7 Siehe P. Schliekelman [131].

15.8 Seuchen und ihre Ursprünge

In vorangegangenen Abschnitten ging es um Erbkrankheiten, deren Allele einen Schutz vor gewissen Seuchen bieten. Doch wann traten die Menschen erstmals mit Pest, Pocken oder Cholera in Kontakt?

Die Mehrheit von ihnen wurde ursprünglich von Tieren auf den Menschen übertragen und verbreitet sich besonders in Gebieten mit hoher Bevölkerungsdichte. Vermutlich haben die Sesshaftwerdung des Menschen und die Domestizierung unserer Haustiere, verbunden mit engem räumlichen Kontakt von Mensch und Tier sowie mangelnder Hygiene zum Ausbruch der Epidemien geführt.

Der Übergang zur Tierhaltung fällt in die sogenannte neolithische Transition, welche in Europa von 7000 bis 5000 Jahre vor unserer Zeit stattfand. Der Nachweis von Erbkrankheiten mit Schutzfunktion ist in prähistorischen Skeletten von besonderem Interesse, weil sie erst in einer gewissen historischen Etappe einen Selektionsvorteil darstellten.

15.9 Von Gründern und Flaschenhälsen

Gewisse Erbkrankheiten bieten einen Schutz vor Giften oder Seuchen. Doch warum haben sich diese Gene unter den Völkern so unterschiedlich verbreitet? Katastrophen waren stets und überall gegenwärtig.

Da sich Nachbarvölker früher wie auch heute regelmäßig vermischen, erwartet man eine stärkere Angleichung ihres Genbestands. So ist die Hälfte der Allele osteuropäischer Juden mitteleuropäischen Ursprungs. Trotz Vermischung haben sich einzelne Allele stärker durchgesetzt, andere sind fast völlig verschwunden. Wie ist das möglich?

Häufig sind Gendefekte bei Gruppen anzutreffen, deren Anzahl entweder gering ist oder noch vor relativ kurzer Zeit gering war. Das betrifft kleine Siedlungen in entlegenen Bergregionen oder auf abgelegenen Inseln, wo ein Austausch schwer möglich ist. Eine wahre Fundgrube für den Genetiker sind die malerischen verstreut gelegenen Dörfer im Schweizer Bergkanton Wallis. Ähnliches kann man auch in kleinen Religionsgemeinschaften beobachten, deren Mitgliedern eine Isolation von ihrer Umwelt auferlegt wurde. Sie heiraten zumeist untereinander.

Unter günstigen Umständen vermehrten sie sich später stärker und gaben dabei die genetischen Besonderheiten weiter. Bei ashkenasischen Juden geht man davon aus, dass ihre Zahl vor 600 bis 800 Jahren nur 300 Mitglieder betrug. Nach 25 bis 32 Generationen sind sie heute auf mehr als 10 Millionen angewachsen.[8]

---

8 K. Kaplan [115].

Eine weitere Population mit einem interessanten genetischen Profil sind die Amischen. Sie bilden eine protestantische Glaubensgemeinschaft, deren Gemeinden sich 1693 im französischen Elsass unter Führung ihres Gemeindeältesten Jacob Ammann von anderen christlichen Strömungen abtrennten und in der Folge hauptsächlich untereinander heirateten. Die Abspaltung ist der intoleranten Innenpolitik französischer Könige, aber hauptsächlich der Persönlichkeit Ammanns zu verdanken, der seine Gemeinde im Stil eines alttestamentarischen Propheten mit fester Hand regierte. Heute lebt ein Großteil ihrer Nachkommen in den USA und Kanada, wo sie ein traditionell orientiertes Leben in der Landwirtschaft führen.

In den USA gehören 250.000 Personen zu verschiedenen amischen Gemeinden, die sich oftmals nicht einmal untereinander vermischen. Die ursprüngliche Größe der Population lässt sich daran ermessen, dass es nur noch 130 amische Nachnamen gibt, von denen in den verschiedenen Siedlungen wiederum nur eine kleine Zahl auftritt. Gewisse Krankheiten wie die Mukoviszidose sind in einigen ihrer Gemeinden überdurchschnittlich hoch verbreitet, während sie in anderen fast völlig fehlen.

Als 1744 eine amische Kolonie in Pennsylvania gegründet wurde, waren zwei ihrer Mitglieder zufälligerweise Träger des seltenen Ellis-van Creveld-Syndroms. Bei dieser autosomal-rezessiven Erbkrankheit treten zu kurze Rippen, Vielfingerigkeit, Kleinwüchsigkeit, Missbildungen der Zähne und häufig auch Herzfehler auf. Infolge häufiger Verwandtenehen tritt die Krankheit bei Amischen in Lancaster County jetzt mit einer Rate von 1:5000 pro Neugeburt auf, während sie weltweit nur zwischen 1:60.000 und 1:200.000 geschätzt wird.

Wright-Fisher-Modell

Wir wollen der Frage nach der Durchsetzung von Allelen mathematisch auf den Grund gehen. Da wir diesmal die Populationsgröße einbeziehen wollen, müssen wir endgültig den Boden des Hardy-Weinberg-Modells verlassen, wo man von unendlich großen Populationen ausgeht. Das Wright-Fisher-Modell geht stattdessen von folgenden Voraussetzungen aus.

Eine Population bestehe in jeder Generation aus N Individuen, wobei Paarungen wieder zufällig stattfinden. Weiter übernehmen wir folgende Voraussetzungen des Hardy-Weinberg-Modells:

1. Vernachlässigung von Mutationen, d. h. keine Entstehung neuer Allele;
2. Vernachlässigung der Selektion, d. h. keine Beeinflussung von Fortpflanzungschancen durch die Allele, die man trägt.

Bezeichnen wir mit $t = 1, 2, \dots$ die Abfolge der Generationen. Wir untersuchen die Vererbung an einem bestimmten Genort, wo nur zwei verschiedene Allele A und a auftreten können.

Unser Modell geht in jeder Generation von einem Genpool mit $2N$ Allelen aus, zu dem jedes Individuum seine zwei von den Eltern geerbten Allele beisteuert. Diese sind entweder vom Typ A oder a. Mit welchen Wahrscheinlichkeiten verändern sich nun die Allelanteile im Laufe einer Generation?

Wir bezeichnen mit $X(t)$ die Gesamtzahl von Allel A im Genpool der Generation t. Entsprechend tritt das Allel a dort in der Anzahl $2\,\mathrm{N} - X(t)$ auf. Für $X(t) = i$ beträgt die Wahrscheinlichkeit für das A-Allel $\frac{i}{2N}$. Entsprechend ist dann die Wahrscheinlichkeit des a-Allels gleich $1 - \frac{i}{2N}$.

Aus dem Genpool werden $2\,N$ Allele für die nächste Generation benötigt, da diese wiederum aus N Individuen bestehen soll. Die Allele werden zufällig ausgewählt. Im Auswahlverfahren werden gewisse Individuen mehrfach vom Glück ausgezeichnet, ihr Erbmaterial weitergeben zu dürfen. Andere kommen dafür nicht zum Zuge. Mit p_{ij} wollen wir die Wahrscheinlichkeit bezeichnen, dass aus der Vorgängergeneration mit i A-Allelen nun zufällig j A-Allele und der Rest a-Allele ausgewählt werden.

Das Verfahren funktioniert wie im Urnenschema mit Zurücklegen aus Beispiel 13. Die Berechnung erfolgt also durch eine Binomialverteilung mit

$$p_{ij} = \binom{2\,\mathrm{N}}{j} \cdot \left(\frac{i}{2N}\right)^j \cdot \left(1 - \frac{i}{2N}\right)^{2N-j} \tag{15.23}$$

Bei p_{ij} handelt es sich um bedingte Wahrscheinlichkeiten

$$p_{ij} = p(X(t+1) = j \mid X(t) = i) \qquad \text{für } i, j = 0, 1, \ldots, 2\,\mathrm{N}$$

Falls $X(t)$ zu einem bestimmten Zeitpunkt t einen der Werte 0 oder $2\,N$ annimmt, so hat sich eines der beiden Allele in der Population vollständig durchgesetzt. Eine Rückkehr des anderen Allels ist dann nicht mehr möglich. Eine Fragestellung besteht darin, mit welcher Wahrscheinlichkeit es dazu kommen kann und wie viele Generationen im Mittel nötig wären. Wir verwenden die folgenden Bezeichnungen.

- $\frac{X(0)}{2N}$ sei der Anteil des Allels A zu Anfang des Prozesses.
- $p_{i\uparrow}$ ist die Wahrscheinlichkeit, von einem Zustand mit i A-Allelen zur völligen Durchsetzung dieses Allels zu gelangen.

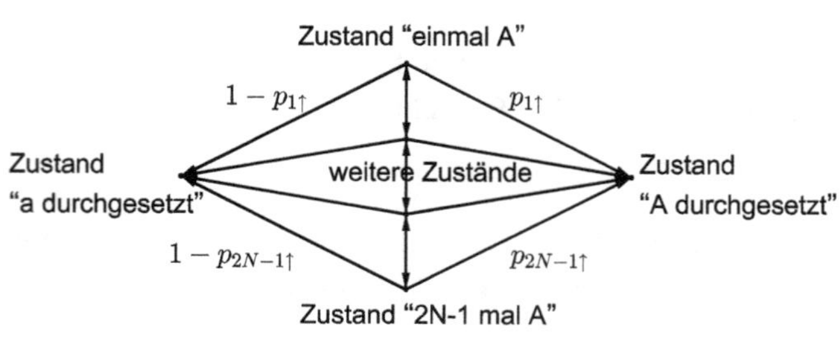

Abb. 15.11: Mögliche Übergänge von Zuständen im Wright-Fisher-Modell.

Damit ist

$$p_{0\uparrow} = 0, \qquad \text{weil sich Typ } a \text{ durchgesetzt hat;} \tag{15.24}$$

$$p_{2N\uparrow} = 1, \qquad \text{weil sich Typ } A \text{ durchgesetzt hat.} \tag{15.25}$$

Der Zusammenhang zwischen den verbleibenden $p_{i\uparrow}$ wird mit Formel (8.9) der totalen Wahrscheinlichkeit hergestellt:

$$p_{i\uparrow} = \sum_{j=0}^{2N} p_{ij} \cdot p_{j\uparrow}, \qquad i = 1, \ldots, 2N - 1 \tag{15.26}$$

Problem 47. *Weisen Sie nach, dass man für*

$$p_{i\uparrow} = \frac{i}{2N}, \qquad i = 0, \ldots, 2N \tag{15.27}$$

eine Lösung des Systems (15.26) mit (15.24) und (15.25) erhält.

Lösung. Aus (15.27) bekommen wir für $i = 0$ bzw. $i = 2\,N$ die Werte (15.24) und (15.25). Nun setzen wir (15.27) zusammen mit (15.24) und (15.25) in die Gleichungen (15.26) ein und erhalten

$$\frac{i}{2N} = \sum_{j=0}^{2N} \binom{2N}{j} \cdot \left(\frac{i}{2N}\right)^j \cdot \left(1 - \frac{i}{2N}\right)^{2N-j} \cdot \frac{j}{2N}$$

$$i = \sum_{j=0}^{2N} \binom{2N}{j} \cdot \left(\frac{i}{2N}\right)^j \cdot \left(1 - \frac{i}{2N}\right)^{2N-j} \cdot j \tag{15.28}$$

Die rechte Seite der letzten Gleichung ist der Erwartungswert $\mathbb{E}Y$ einer binomialverteilten Zufallsgröße Y mit Erfolgswahrscheinlichkeit $p(E) = \frac{i}{2N}$ in einer Serie von $n = 2\,N$ Experimenten. Nach (8.38) beträgt

$$\mathbb{E}Y = n \cdot p(E) = 2N \cdot \frac{i}{2N} = i$$

Somit haben wir die Gültigkeit von Gleichung (15.28) nachgewiesen. Damit ist (15.27) eine Lösung unseres Systems.[9] □

Nach Formel (15.27) ist die Wahrscheinlichkeit zur Durchsetzung einer geringen Anzahl Allele umgekehrt proportional zur Gruppengröße N.

Mutationen setzen sich besser in kleinen, isoliert lebenden Populationen durch. Wenn sich diese Gruppen später unter günstigen Bedingungen stark vermehren sollten, wird das nunmehr dominierende Allel entsprechend weiterverbreitet. Dieser Vorgang wird als *Gründereffekt* bezeichnet.

9 Bei Tran [133] wird für ein verallgemeinertes Problem die Eindeutigkeit dieser Lösung bewiesen.

Kleine, zersplittert lebende Populationen auf isolierten Territorien entwickeln eine größere Artenvielfalt. Das unten stehende Bild zeigt verschiedene Arten von Darwinfinken auf den Galapagosinseln, deren Schnabelformen sich entsprechend der verfügbaren Nahrungsquellen spezialisierten. Diese Vielfalt wäre weniger wahrscheinlich, wenn anstelle der zerstreuten Inseln ein größeres Territorium mit denselben Nahrungsquellen zur Verfügung stehen würde.

Abb. 15.12: Auf den Galapagosinseln lernte Charles Darwin anschauliche Beispiele von Mutationen kennen, die ihn später zur Ausarbeitung der Evolutionstheorie anregten.

Derselbe Effekt ist auch in der nächsten Grafik sichtbar, deren x-Achse im logarithmischen Maßstab gegeben ist. Bei zunehmender Fläche beobachtet man keine proportionale Zunahme der Artenzahl, sondern nur ein abgeschwächtes Wachstum. Globalisierung bedeutet Wegfall der geografischen Schranken, welche einen drastischen Artenrückgang durch Verdrängung zur Folge hat.

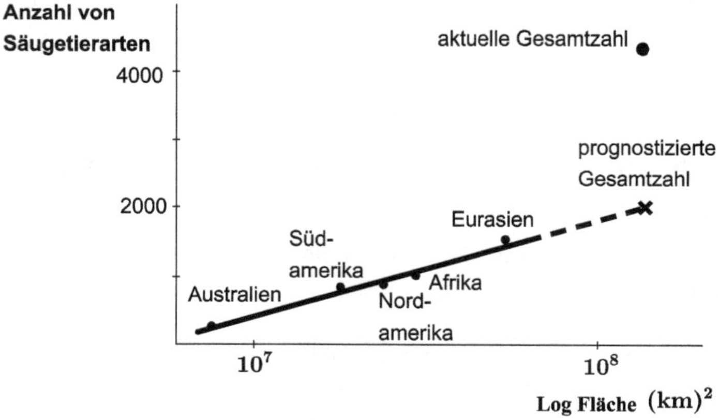

Abb. 15.13: Artenzahlen für Säugetiere der Kontinente. Das Kreuz am rechten Rand entspricht der Artenzahl eines vereinigten Superkontinents bzw. der zu erwartenden Gesamtzahl bei fortschreitender Globalisierung. Darüber ist die Summe der gegenwärtigen Artenzahlen dargestellt. Nach Peter M. Vitousek u. a. [134].

Gruppen- und Stammesgrößen in der Frühzeit

Die Ausprägung von gemeinsamen äußeren Merkmalen in Populationen wird lediglich durch das verstärkte Auftreten gewisser Allele erzeugt. Es wurde dadurch begünstigt, dass die Menschheit während der längsten Periode ihres Daseins in kleinen Verbänden lebte.

Die Gruppengröße von höchstens 50 Personen war durch die Lebensweise als Jäger und Sammler bedingt, wo eine größere Anzahl im umgebenden Territorium keine ausreichende Nahrung gefunden hätte. Eine längerfristige Vermehrung innerhalb derart kleiner Gruppen wäre jedoch problematisch geworden.

Die Fortpflanzung war zwischen verschiedenen Gruppen innerhalb eines gemeinsamen Stammes geregelt. Geht man von den heute verbleibenden Völkern dieser Lebensweise aus, beispielsweise den Pygmäen in Zentralafrika, so umfasste der Stamm zwischen 500 und 2000 Mitglieder. Erst als es später beim Übergang zur Landwirtschaft zu einer Bevölkerungsexplosion kam, konnten Stämme ihre Mitgliederzahl deutlich erhöhen.

Die Untergrenze von 500 Stammesmitgliedern wird benötigt, um übermäßige Verwandtenheiraten zu vermeiden, die zur Inzucht und damit zur Verminderung der Fruchtbarkeit führen würden. Bei dieser minimalen Stammesgröße beträgt die Wahrscheinlichkeit zur Durchsetzung einer Mutation ohne Selektionsvorteil nach (15.27)

$$p_{1\uparrow} = \frac{1}{1000}$$

Aus dem Wright-Fisher-Modell folgt zwangsläufig, dass sich eines der Allele A oder a irgendwann durchsetzt und das andere verschwindet. Die Wahrscheinlichkeiten (15.27) geben die entsprechenden Chancen zur Durchsetzung von A an. Sie sagen allerdings nichts darüber aus, *wann* diese Durchsetzung zu erwarten oder eine Auslöschung zu befürchten ist.

Wir zeigen, dass die entsprechenden Prozesse, auch *Gendrift* genannt, sehr langsam ablaufen, besonders dann, wenn die Population groß ist. Setzen wir voraus, dass unser Allel A zu Anfang mit der Wahrscheinlichkeit p vorhanden ist. Wir führen die folgenden *Erwartungswerte* ein:

$T_A(p)$	für die Anzahl Generationen bei Durchsetzung von Allel A;
$T_a(p)$	für die Anzahl Generationen bei Auslöschung von Allel A;
$T(p)$	für die Anzahl Generationen zur Durchsetzung eines der beiden Allele.

Dann lassen sich die folgenden Beziehungen nachweisen:[10]

$$T_A(p) = -4N\left(\frac{1-p}{p}\right)\ln(1-p) \tag{15.29}$$

$$T_a(p) = -4N\left(\frac{p}{1-p}\right)\ln(p) \tag{15.30}$$

10 Siehe M. Kimura, T. Ohta [117].

Hieraus erhält man wegen $T(p) = (1-p)T_a(p) + pT_a(p)$

$$T(p) = -4N(p\ln p + (1-p)\ln(1-p)) \tag{15.31}$$

In der folgenden Tabelle sind diese Werte für eine neue Mutation $\left(\frac{1}{2N}\right)$ rschiedenen Gruppengrößen N berechnet. Wir erinnern daran, dass unser Modell keinerlei biologische Selektion berücksichtigt.

Tab. 15.2: Erwartete Anzahl Generationen bei Durchsetzung (T_A) bzw. Aussterben (T_a) eines einzelnen Allels A bei einer Population mit Gruppengröße N. Mit T wird die im Mittel benötigte Anzahl Generationen bezeichnet, bis das Allel entweder verschwunden ist oder sich durchgesetzt hat.

N	30	50	100	1000	2000	5000	10.000	50.000
$T_A\left(\frac{1}{2N}\right)$	119	200	400	4000	8000	20.000	40.000	200.000
$T_a\left(\frac{1}{2N}\right)$	8	9	11	15	17	18	20	23
$T\left(\frac{1}{2N}\right)$	10	11	13	17	19	20	22	25

Die Durchsetzung eines neuen Allels nimmt ohne Selektionsvorteil selbst bei kleinen Gruppen lange Zeit in Anspruch. Doch ohne den maßgeblichen Einfluss des Gründereffekts ist sie kaum erklärbar. Dasselbe trifft im noch stärkeren Maße auf die Durchsetzung gruppentypischer biologischer Merkmale zu, die durch das gleichzeitige Wirken mehrerer Allele bestimmt werden.

Nehmen wir an, unsere neue Mutation hätte schon so weit Fuß gefasst, dass beide Allele bereits mit gleicher Häufigkeit auftreten. Dann ist in (15.31) die Wahrscheinlichkeit $p = \frac{1}{2}$ zu setzen, und es folgt

$$T\left(\frac{1}{2}\right) = -4N \cdot \ln\left(\frac{1}{2}\right) \approx 2{,}8 \cdot N$$

Tab. 15.3: Erwartete Anzahl Generationen zum Aussterben oder Durchsetzen gleichhäufiger Allele bei einer Population mit Gruppengröße N.

N	30	50	100	1000	2000	5000	10.000	50.000
$T\left(\frac{1}{2}\right)$	84	140	280	2800	5600	14.000	28.000	140.000

Das völlige Verschwinden selektionsneutraler Allele im Laufe der letzten 10.000 Jahre ist höchstens bei kleinen menschlichen Populationen zu erwarten. In den langen Zeiträumen, wo Allelvielfalt noch vorhanden ist, kann sie sich als sehr nützlich erweisen. Andere Kräfte der Evolution wie die natürliche Selektion erhalten so einen breiteren Wirkungsbereich.

In Tabelle 15.2 steigt die benötigte Anzahl Generationen T_A bei der Durchsetzung einer selektionsneutralen Mutation mit der Gruppengröße N rasch an. Um sich eine anschauliche Vorstellung vom langen Weg der Ausprägung gruppentypischer Merkmale zu machen, lohnt sich die Betrachtung der Schädel aus der rumänischen Höhle von Pestera cu Oase. Der Name bedeutet Knochenhöhle, da sie außerdem noch die Überreste zahlreicher Höhlenbären enthält. Die menschlichen Schädel wurden mit der Radiokarbonmethode auf ein Alter von fast 40.000 Jahren geschätzt und sind damit die bisher ältesten europäischen Knochenfunde von Jetztmenschen.

Bei einer Rekonstruktion erkennt man eine fast modern anmutende Mischung aus afrikanischen, asiatischen und europäischen Gesichtszügen. DNA-Analysen ergaben außerdem eine kräftige Beimischung von 6 bis 9 % des Neandertalergenoms. Zum Vergleich liegt der Neandertaleranteil heutiger Europäer nur noch zwischen 1 und 3 %. In den Jahrtausenden nach dem Aussterben unserer entfernten Verwandten haben unsere Vorfahren diejenigen Neandertalergenome weitergegeben, welche ihnen von Nutzen waren. Der Rest war offensichtlich hinderlich, denn er wurde schrittweise aussortiert.

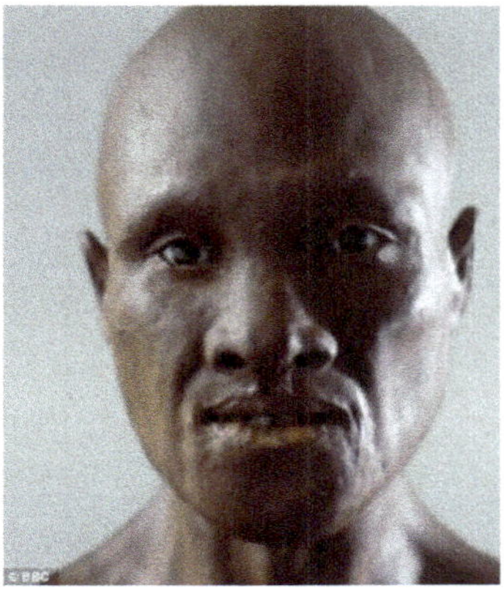

Abb. 15.14: Gesichtsrekonstruktion eines Schädels von Pestera cu Oase nach Richard Neave. Quelle: BBC.

Oft spricht man anstelle des Gründereffekts auch vom *Flaschenhalseffekt*. Damit ist eine Population gemeint, die zunächst auf wenige Individuen zusammenschrumpft, bevor sie sich wieder vergrößert. Während der Verkleinerung der Gruppengröße wird die genetische Vielfalt stark eingeschränkt.

Der in afrikanischen Savannen beheimatete Gepard ist vermutlich vor 10.000 Jahren durch einen derart engen Flaschenhals gegangen, dass heute sogar Gewebetransplantationen zwischen beliebigen Tieren möglich sind, ohne Abstoßungsreaktionen zu befürchten. Das ist sonst nur bei eineiigen Zwillingen möglich. Eingeschränkte Fruchtbarkeit ist eine der Folgen dieser Inzucht, sodass die Tiere jetzt stark vom Aussterben bedroht sind.

Auch beim modernen Menschen hat es in der Vergangenheit mehrere Flaschenhälse gegeben. Einer davon trat vor rund 70.000 bis 80.000 Jahren auf und reduzierte die gesamte menschliche Population auf etwa 1000 bis 10.000 Individuen, die hauptsächlich in Afrika überlebten. Gemäß dem Anthropologen Stanley Ambrose führte der Ausbruch des Supervulkans Toba auf Sumatra vor etwa 74.000 Jahren in vielen Teilen der Welt zu einer mehrtausendjährigen Kälteperiode, die auch eine Vergletscherung großer Teile Europas zur Folge hatte. Die Jäger und Sammler konnten in ihrer Umgebung nicht mehr genügend Nahrung finden, sodass viele dem Hunger zum Opfer fielen. Ein weiterer Flaschenhalseffekt trat für unsere Vorfahren durch eine Kaltzeit auf, die vor 195.000 Jahren begann und vor etwa 123.000 Jahren endete.

16 Bäume der Vielfalt

In diesem Kapitel wollen wir die Familienchroniken der Mutationen unter die Lupe nehmen. Wir zeigen, nach welchem Prinzip entwicklungsgeschichtliche Stammbäume aufgestellt werden und wie man ihre einzelnen Zeitabschnitte festlegen kann.

16.1 Eine Bauanleitung für Stammbäume

Stammbäume der Evolution wurden früher durch den Vergleich von körperlichen Merkmalen aufgestellt. Später kam die Biochemie dazu. Nun konnte man auch Gemeinsamkeiten und Unterschiede in der chemischen Zusammensetzung des Hämoglobins im Blut oder Teile der DNA untersuchen.

Im folgenden Beispiel soll die chemische Zusammensetzung in der α-Kette des Blutbestandteils Hämoglobin verglichen werden. Sie besteht aus 141 hintereinander aufgereihten Aminosäuren, die in einem Knäuel miteinander verflochten sind. Ihre Bestandteile sind die Proteine Valin (V), Leucin (L), Serin (S), Alanin (A) usw. In der folgenden Tabelle[1] wird der Teil dieser Kette von der 6. bis zur 20. Aminosäure für Mensch und Delfin gegenübergestellt. Man erkennt fünf Unterschiede.

Tab. 16.1: Vergleich der 9. bis 20. Aminosäure der α-Kette von Hämoglobin.

	...	9	10	11	12	13	14	15	16	17	18	19	20	...
Mensch	...	N	V	K	*A*	*A*	W	*G*	K	*V*	G	*A*	H	...
Delfin	...	N	V	K	*G*	*T*	W	*S*	K	*I*	G	*N*	H	...

Wir vergleichen nun die gesamte α-Kette für Mensch, Gorilla, Schwein und Kaninchen. Die jeweilige Anzahl der Unterschiede ist in der folgenden Tabelle aufgeführt.[2]

Eine kleine Zahl von Unterschieden spricht meist für eine nahe Verwandtschaft. Suchen wir also nach einem Baum, der die Lebewesen mit wenigen Unterschieden zueinander in die Nähe rückt. Die einfachste, aber leider nur für simple Strukturen brauchbare Methode besteht in der Berechnung der Spaltensummen.

1 Siehe Homepage von K. Gabric [148]. Dort sind auch entsprechende Tabellen für die Zusammensetzung anderer wichtiger Eiweiße bei verschiedenen Arten zu finden.

2 Die Werte entstammen dem Buch von L. und F. Cavalli-Sforza [107] sowie dem Onlineskript von F. Embacher [146]. Weiteres Datenmaterial zum Aufstellen von Evolutionsbäumen findet man auf der Homepage von D. McDonald [156] und bei J. W. Kimball [152].

https://doi.org/10.1515/9783110542547-016

Tab. 16.2: Anzahl unterschiedlicher Aminosäuren in der α-Kette von Hämoglobin.

	Mensch	**Gorilla**	**Schwein**	**Kaninchen**
Mensch	0	1	19	26
Gorilla	1	0	20	27
Schwein	19	20	0	27
Kaninchen	26	27	27	0

Das Spaltensummenverfahren

Dieses Verfahren ist nur dann geeignet, wenn sämtliche Verzweigungen von einem einzigen Hauptstamm erfolgen. Die Rechnung folgt dem natürlichen Ablauf der Zeit, sodass als erste diejenige biologische Art herausgelesen wird, welche sich auch zuerst vom gemeinsamen Stamm abgespalten hat.

Im ersten Schritt berechnen wir für jedes Tier die Summe seiner Abstände zum Rest der Gruppe. Das sind die folgenden Spaltensummen.

Tab. 16.3: Berechnung der Spaltensummen.

	Mensch	**Gorilla**	**Schwein**	***Kaninchen***
Mensch	0	1	19	26
Gorilla	1	0	20	27
Schwein	19	20	0	27
Kaninchen	26	27	27	0
Summe	46	48	66	*80*

Das Kaninchen besitzt mit der Summe von 80 das Maximum von Unterschieden zu den anderen Arten. Also ist es am wenigsten mit ihnen verwandt.

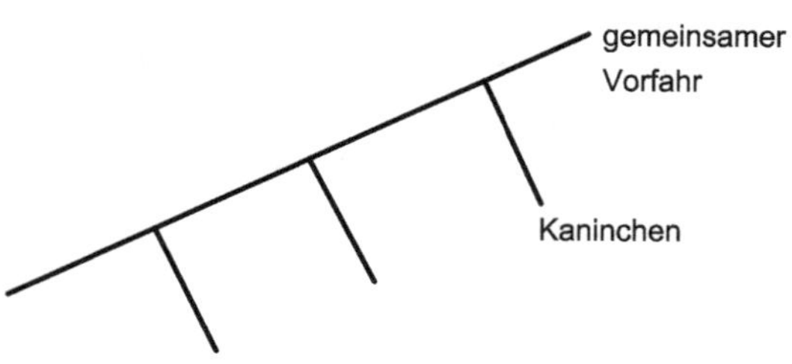

Abb. 16.1: Bestimmung der ersten Abzweigung.

Jetzt geht es darum, die Plätze für Mensch, Gorilla und Schwein festzulegen. Wir stellen eine neue Tabelle auf, indem wir die Zeile und Spalte des Kaninchens entfernen und die Spaltensummen für die verbleibenden Gruppenmitglieder berechnen.

Tab. 16.4: Anzahl Unterschiede zwischen Mensch, Gorilla und Schwein.

	Mensch	**Gorilla**	***Schwein***
Mensch	0	1	19
Gorilla	1	0	20
Schwein	19	20	0
Summe	20	21	*39*

Diesmal besitzt das Schwein mit 39 das Maximum von Unterschieden zu den verbleibenden Arten. Also ist es am wenigsten mit ihnen verwandt und besetzt den nächsten Platz.

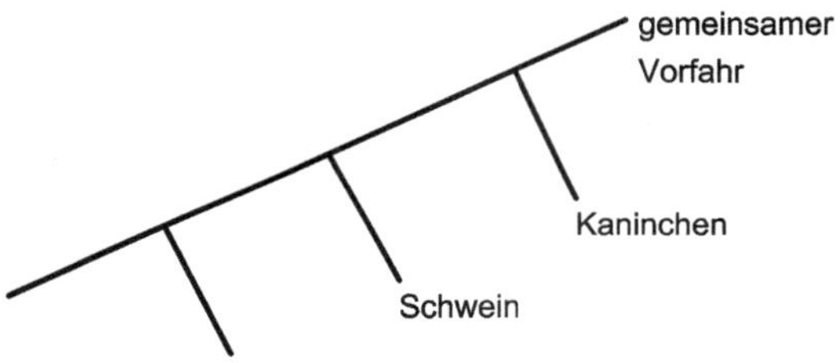

Abb. 16.2: Bestimmung der zweiten Abzweigung.

Die restlichen beiden Knoten können nach Belieben zwischen Mensch und Gorilla verteilt werden. Beispielsweise wie im folgenden Bild.

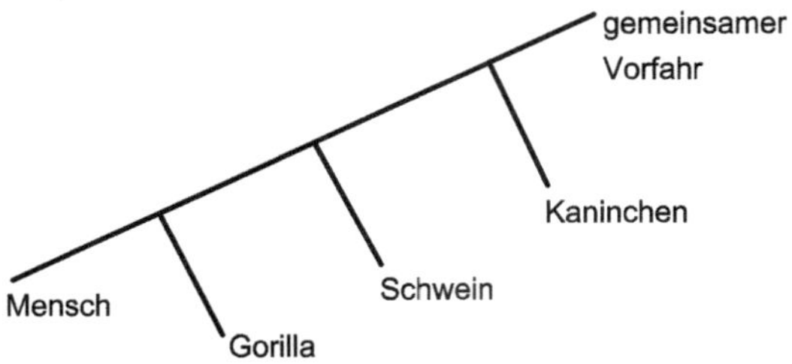

Abb. 16.3: Willkürliche Zuweisung der letzten beiden Abzweigungen.

Die Verzweigungspunkte weisen auf gemeinsame Vorfahren hin.

Berücksichtigen wir zusätzliche Daten, beispielsweise aus anderen Eiweißen oder der DNA, so können sich die Stammbäume ändern. Um eine einheitliche Vorstellung zu erhalten, vergleicht man diese Stammbäume aus verschiedenen Datensätzen miteinander. Auch zusätzliche Informationen, beispielsweise aus Funden von Fossilien, sollten möglichst einbezogen werden.

16.2 Fahrplan zur Zeitreise

Über Stammbäume kann man versuchen, die Zeitpunkte der Verzweigungen bzw. gemeinsamer Vorfahren abzuschätzen, wenn zumindest einer dieser Verzweigungspunkte zeitlich bekannt ist (z. B. über die Altersbestimmung von Fossilien).

Vereinfachend wollen wir davon ausgehen, dass sich die Unterschiede zwischen den Arten zeitlich in annähernd demselben Rhythmus entwickelt haben. Auch diese Hypothese ist sehr gewagt, denn die Evolution macht ihre Sprünge in Abhängigkeit vom Wechsel der Umweltbedingungen. Die großen Umbrüche verdanken wir den erdgeschichtlichen Katastrophen, welche stets zu einem massenhaften Artensterben führten.[3] In diesen Perioden ist der Selektionsdruck besonders hoch, sodass sich schneller neue Arten entwickeln.

Wir wollen unser zugegeben unzuverlässiges Modell für Mensch, Pferd und Huhn durch den Vergleich in der α-Kette von Hämoglobin testen. Innerhalb der ersten 15 Aminosäuren zählt man folgende Unterschiede.[4]

Tab. 16.5: Anzahl Unterschiede zwischen Mensch, Pferd und Huhn innerhalb der ersten 15 Aminosäuren der α-Kette von Hämoglobin.

	Mensch	Pferd	Huhn
Mensch	0	2	6
Pferd	2	0	6
Huhn	6	6	0

Wir berechnen den Baum mit dem Spaltensummenverfahren in den folgenden Schritten:

Schritt 1	Mensch	Pferd	Huhn
Mensch	0	2	6
Pferd	2	0	6
Huhn	6	6	0
Summe	8	8	12

Schritt 2	Mensch	Pferd
Mensch	0	2
Pferd	2	0

3 Paläontologen bezeichnen als *Massensterben*, wenn die Erde in einem geologisch kurzen Intervall mehr als drei Viertel der Arten verliert. In den letzten 540 Millionen Jahren konnten fünf derartige Ereignisse nachgewiesen werden. Eine Studie [142] von Biologen mehrerer renommierter Universitäten aus dem Jahre 2012 weist darauf hin, dass das Biosystem der Erde durch menschliche Einwirkung aktuell ebenfalls vor einem Kollaps steht, dessen drastische Phase bereits in der Mitte unseres Jahrhunderts eintreten könnte. Die französische Filmdokumentation „Demain Tomorrow", an welcher auch Autoren der Studie beteiligt waren, stellt Lösungsalternativen vor.

4 Die Daten stammen von L. und F. Cavalli-Sforza [107] sowie F. Embacher [146].

Wir erhalten damit den folgenden Stammbaum.

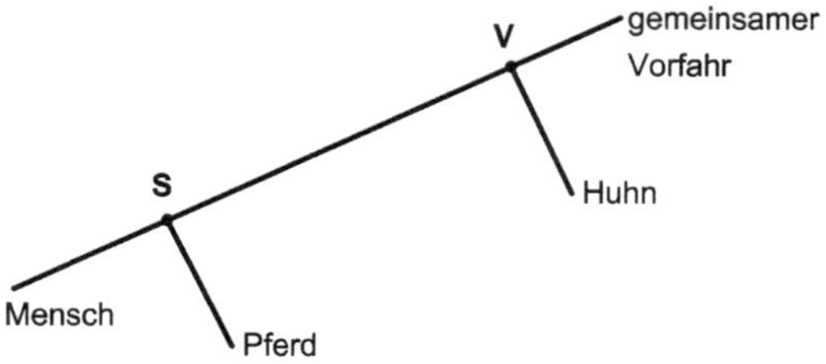

Abb. 16.4: Stammbaum nach Spaltensummenverfahren.

Die Verzweigungspunkte V und S markieren die Zeitpunkte der Entstehung von Vögeln bzw. Säugetieren. Jetzt betrachten wir die Anzahl der Unterschiede als Abstände zu den Verzweigungspunkten und tragen sie als entsprechende Kantenlängen ein. Mit den Werten der Tabelle erhalten wir das folgende Bild.

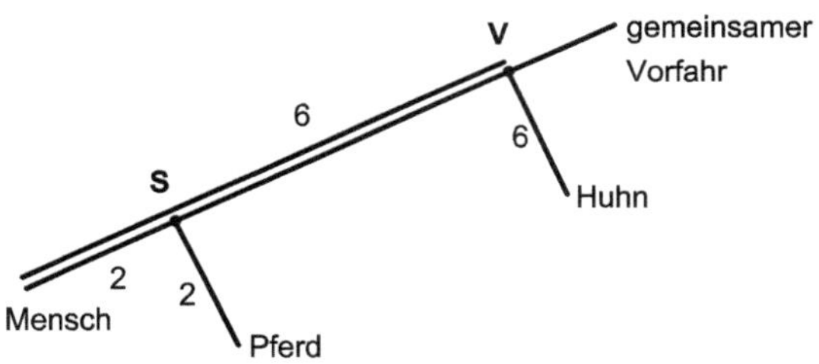

Abb. 16.5: Zuweisung der Abstände.

Schließlich nehmen wir kühn an, dass die Anzahl der Unterschiede proportional zur vergangenen Zeit ist.

$$\frac{\text{Zeit der Entstehung der Säugetiere}}{\text{Zeit der Entstehung der Vögel}} \approx \frac{2}{6} = \frac{1}{3}$$

Nach Daten aus der Geologie löste vor ca. 65 Millionen Jahren ein Artensterben die spätere Entstehung der Säugetiere aus. Dagegen belegen Fossilienfunde die Entstehung der Vögel vor etwa 200 Millionen Jahren. Es ist $\frac{65}{200} \approx \frac{1}{3}$, sodass unsere Daten hier ganz gut zu passen scheinen.

Auch geologische Daten wie Kontinentaldrift oder die Entstehung von Inseln beim Ende der letzten Eiszeit können Hinweise zur Altersbestimmung liefern. So wurde bei genetischen Untersuchungen von asiatischen Wildkatzen und ihren Stammesverwandten von der japanischen Insel Tsushima eine Trennung der Linien vor 100.000 Jahren ermittelt. Dieser Zeitpunkt fällt in die Anfangsphase der aktuellen Warmzeit, als die Landverbindung zum Kontinent durch schmelzende Eismassen und steigende Meeresspiegel überflutet wurde und Tsushima seine isolierte Insellage erhielt.

Über die Altersbestimmung von Verzweigungspunkten erhält man Anhaltspunkte, wann gemeinsame Vorfahren existiert haben könnten. Damit können Fossilien besser zugeordnet werden.

16.3 Zur Herkunft von Völkern und Sprachen

Auf dieselbe Weise lassen sich Stammbäume zur Abstammung von Sprachen erstellen, die wiederum Rückschlüsse auf die Verwandtschaft oder kulturelle Beziehung zwischen verschiedenen Völkern erlauben. Wir erhalten ein Werkzeug zur Erforschung der Geschichte von Völkern aus Epochen, von denen sonst keine Zeugnisse oder Funde vorliegen. Selbst die eigenen Überlieferungen der Völker gehen in der Geschichte selten so weit zurück, wie es Sprachanalysen erlauben.

So lag die Herkunft der etwa elf Millionen europäischen Roma jahrhundertelang im Dunkeln. In Europa waren ihre Vorfahren während des Mittelalters plötzlich als Flüchtlinge von Byzanz aufgetaucht. Doch mehr war niemandem, nicht einmal ihnen selbst bekannt. Roma ist die Mehrzahl von Rom, womit ein männliches Stammesmitglied bezeichnet wird. Da im Mittelalter aber auch Byzanz als Römisches bzw. Oströmisches Reich bekannt war, lag die Vermutung nahe, dass der Name Roma auf ein Volk byzantinischer Herkunft hindeutet.

Abb. 16.6: Bei einer Schenke rastende Roma im 17. Jahrhundert. Autor: Jacques Callot.

Im Jahre 1753 machte der ungarische Student Stephan Valyi an der Universität von Leyden (Niederlande) eine überraschende Beobachtung. Als Zeuge beim Gespräch einiger indischer Studenten entdeckte er große Ähnlichkeiten zum Romani, der ihm aus seiner Heimat bekannten Sprache der Roma. Übersetzt man beispielsweise den Satz

„Mein Haar ist schwarz", so heißt es in einem Romanidialekt „Mire bale kale hin", auf Hindi dagegen „Mere bal kale hain".

Aktuelle DNA-Vergleiche von Roma und indischen Völkern bestätigten die Vermutung einer nordindischen bzw. pakistanischen Abstammung. Derzeit geht man davon aus, dass die Auswanderung vor etwa 1500 Jahren begann. Erst 600 Jahre später begannen sie, sich in Europa niederzulassen.

Vertiefte Sprachanalysen brachten zutage, dass die Sprachen der Roma auch zahlreiche Einflüsse aus dem Persischen, dem Armenischen und dem Griechischen aufweisen. Deshalb nimmt man an, dass sich die Roma längere Zeit in diesen Ländern aufgehalten haben, bevor sie nach Byzanz gekommen sind. Gemeinsame Analysen der Sprache und des genetischen Erbguts helfen so, die längst vergessene Route ihrer Wanderung zu rekonstruieren.

Die Berechnung des Abstands zwischen Sprachen

Eine im Internet auf *eLinguistics.net* frei zugängliche Software erlaubt die eigene Erstellung von sprachlichen Stammbäumen durch die Berechnung eines Abstands zwischen verschiedenen Sprachen. Das Programm legt eine Liste der folgenden Wörter zugrunde.

Auge, Ohr, Nase, Hand, Zunge, Zahn, Tod, Wasser, Sonne, Wind, Nacht, Zwei, Drei, Vier, Ich, Du, Wer, Name

Sie alle besitzen die Gemeinsamkeit, schon sehr lange in derselben Bedeutung zu existieren. Beim Vergleich zweier Sprachen wird nun zu jedem einzelnen Wort eine Zahl zwischen 0 und 100 bestimmt, die ihren *Verwandschaftsgrad* beziffern soll. Dabei stehen 0 für völlige Verschiedenheit und 100 für die (sprachtheoretische) Gleichheit der Wörter. Beispielsweise erhält man beim Vergleich von Deutsch und Persisch:

Tab. 16.6: Verwandtschaftsgrad der Wörter Tod, Hand, Name, Wind, Du.

Deutsch	Persisch	Verwandtschaftsgrad	Kommentar
Tod (T-T)	Marg (M-R-G)	0	Keine Ähnlichkeit
Hand (H-N-D)	Dast (D-S-T)	25,93	Ähnlichkeit D/T
Name (N-M)	Nam (N-M)	100	Gleichheit N=N Gleichheit M=M
Wind (V-N-D)	Bad (B-D)	33,33	Ähnlichkeit V/B Gleichheit D=D
Du (D)	To (T)	77,78	Ähnlichkeit D/T

Wir berechnen nun den Mittelwert der Verwandtschaftsgrade unserer zugrunde liegenden 18 Wörter. Für zwei Sprachen sei dann ihr

$$\text{Sprachabstand} = 100 - \text{Mittelwert der Verwandtschaftsgrade der 18 Wörter}$$

Je kleiner der Abstand ist, desto näher sind die Sprachen miteinander verwandt.

Als Beispiel soll die Verwandtschaft der Sprachen Deutsch (D), Persisch (P), Englisch (E), Spanisch (S), Russisch (R) und Tschechisch (T) berechnet und in einem Baum dargestellt werden. Unser bisheriges Spaltensummenverfahren erlaubt nur Stammbäume mit einfachen Abzweigungen von einem Hauptstamm. Im gewählten Beispiel ist die Struktur jedoch komplizierter. Englisch/Deutsch gehören zur germanischen und Russisch/Tschechisch zur slawischen Sprachfamilie, sodass jedes der Paare eine gemeinsame Abzweigung beanspruchen wird.

Wir stellen deshalb eine verbesserte Methode zur Konstruktion von Stammbäumen vor, die als UPGMA-Verfahren (Unweighted Pair Group Method with Arithmetic Mean) bekannt ist. Damit können sowohl komplizierter verzweigte Baumstrukturen als auch exaktere Werte der Abstände zwischen den Verzweigungen (Knoten) berechnet werden. Während beim Spaltensummenverfahren getrennt wird, fasst man hier zusammen. Dabei bewegt man sich in der Rechnung genau entgegengesetzt zum Lauf der Zeit, also immer weiter zurück in die Vergangenheit. Zuerst werden diejenigen Elemente vereinigt, welche am nächsten miteinander verwandt sind.

Beim UPGMA-Verfahren werden die Zahlenwerte nur im unteren Teil der Tabelle eingetragen. Die folgende Tabelle wurde mit eLinguistics.net berechnet.

Tab. 16.7: Abstände ausgewählter Sprachen.

	D	P	E	S	R
D					
P	78,07				
E	30,8	70,6			
S	58,2	63,6	51,9		
R	60,6	65,2	56,8	44,4	
T	61,5	66,1	57,8	43,4	4,4

UPGMA-Verfahren zum Aufstellen von Stammbäumen

Erläutern wir das Verfahren am Beispiel unserer Tabelle. Die Sprachen werden durch die Endknoten unseres Baumes dargestellt. Der Anfangsknoten ist die gemeinsame Ursprache. Zwei beliebigen Knoten X,Y wird ein Abstand zugeordnet, den wir mit $d(X,Y)$ bezeichnen. Bei einer direkten Abstammung wird der Knoten des Vorfahren durch eine Linie mit dem Knoten seines Nachkommen verbunden.

Das Verfahren besteht im Wesentlichen aus drei Schritten, die mehrfach wiederholt werden.

1. Schritt Wir suchen diejenigen Knoten mit dem kleinsten Abstand zueinander und ordnen ihnen einen gemeinsamen Vorfahren zu.
Die kleinste Zahl in der oben stehenden Tabelle ist der Abstand zwischen R und T mit $d(R,T) = 4{,}4$.

Ihr gemeinsamer Vorfahr wird als [RT] bezeichnet und über die Knoten R und T gesetzt.

Abb. 16.7: Zwischenergebnis nach Schritt 1.

2. Schritt Wir berechnen die Abstände des neuen Knotens [RT] zu den anderen Knoten nach folgenden Regeln.
Als Abstand von [RT] zu seinen Nachfahren R bzw. T setzen wir jeweils die Hälfte des Abstands der Nachfahren untereinander.

$$d([\mathrm{RT}], \mathrm{R}) = \frac{d(\mathrm{R,T})}{2} = 2{,}2 und d([\mathrm{RT}], \mathrm{T}) = \frac{d(\mathrm{R,T})}{2} = 2{,}2.$$

Der Knoten D ist kein direkter Nachfahre von [RT]. Als Abstand verwenden wir den Mittelwert der Abstände von D zu den Nachfahren R und T:

$$d([\mathrm{RT}], \mathrm{D}) = \frac{d(\mathrm{R,D}) + d(\mathrm{T,D})}{2} = \frac{60{,}6 + 61{,}5}{2} = 61{,}05$$

Analog verfahren wir für die Abstände zu P, E und S:

$$d([\mathrm{RT}], \mathrm{P}) = \frac{d(\mathrm{R,P}) + d(\mathrm{T,P})}{2} = \frac{65{,}2 + 66{,}1}{2} = 65{,}65$$
$$d([\mathrm{RT}], \mathrm{E}) = \frac{d(\mathrm{R,E}) + d(\mathrm{T,E})}{2} = \frac{56{,}8 + 57{,}8}{2} = 57{,}3$$
$$d([\mathrm{RT}], \mathrm{S}) = \frac{d(\mathrm{R,S}) + d(\mathrm{T,S})}{2} = \frac{44{,}4 + 43{,}4}{2} = 43{,}9$$

3. Schritt Mit diesen Abständen wird nun eine neue Tabelle aufgestellt, die anstelle von R und T ihren gemeinsamen Vorfahren [RT] mit den berechneten Abständen enthält.

	RT	D	P	E	S
RT					
D	61,05				
P	65,65	78,07			
E	57,3	30,8	70,6		
S	43,9	58,2	63,6	51,9	

4. Schritt (Wiederholung von Schritt 1)

Als kleinsten Wert lesen wir in der neuen Tabelle den Abstand

$$d(\text{D,E}) = 30{,}8$$

zwischen D und E ab. Ihr gemeinsamer Vorfahr wird als [DE] bezeichnet und über die Knoten D und E gesetzt.

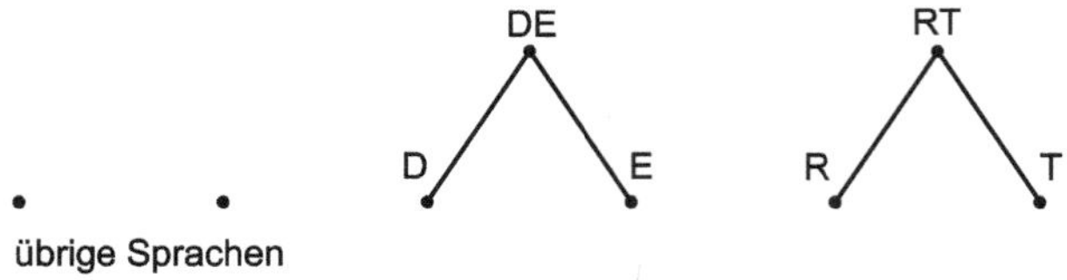

Abb. 16.8: Zwischenergebnis nach Schritt 4.

5. Schritt (Wiederholung von Schritt 2)

Wir berechnen die Abstände des neuen Knotens [DE] zu den anderen Knoten. Für seine Nachfahren D bzw. E setzen wir

$$d([\text{DE}]\,,\text{D}) = d([\text{DE}]\,,\text{E}) = \frac{d(\text{D,E})}{2} = \frac{30{,}8}{2} = 15{,}4.$$

Für die anderen Knoten [RT], P und S verwenden wir die Mittelwerte

$$d([\text{DE}]\,,[\text{RT}]) = \frac{d(\text{D},[\text{RT}]) + d(\text{E},[\text{RT}])}{2} = \frac{61{,}05 + 57{,}3}{2} = 59{,}2$$

$$d([\text{DE}]\,,\text{P}) = \frac{d(\text{D,P}) + d(\text{E,P})}{2} = \frac{78{,}07 + 70{,}6}{2} = 74{,}3$$

$$d([\text{DE}]\,,\text{S}) = \frac{d(\text{D,S}) + d(\text{E,S})}{2} = \frac{58{,}2 + 51{,}9}{2} = 55{,}05$$

6. Schritt (Wiederholung von Schritt 3)

Mit diesen Abständen wird eine neue Tabelle aufgestellt.

	RT	DE	P	S
RT				
DE	59,2			
P	65,65	74,3		
S	43,9	55,05	63,6	

7. Schritt (Wiederholung von Schritt 1)

Der kleinste Abstand ist $d([\text{RT}]\,,\text{S}) = 43{,}9$ zwischen [RT] und S. Ihr gemeinsamer Vorfahr wird als [RTS] bezeichnet und über die Knoten [RT] und S gesetzt.

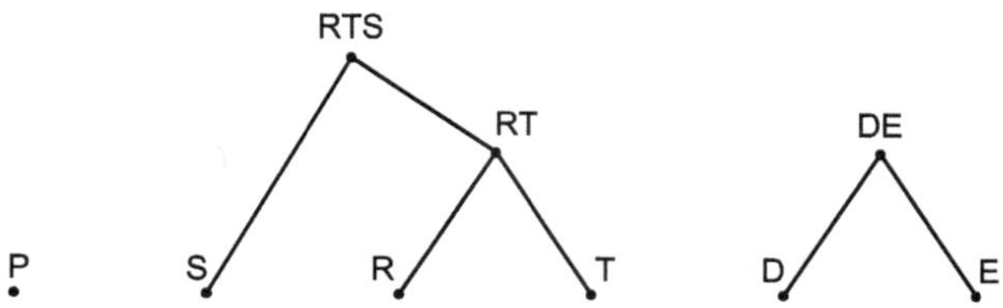

Abb. 16.9: Zwischenergebnis nach Schritt 7 (Wir haben die Knotenpaare R – T und D – E vertauscht, um den Graphen optisch ansprechender darzustellen).

8. Schritt (Wiederholung von Schritt 2)

Wir berechnen die Abstände des neuen Knotens [RTS] zu den anderen Knoten. Für seine Nachfahren [RT] bzw. S setzen wir

$$d([\mathrm{RTS}], [\mathrm{RT}]) = d([\mathrm{RTS}], \mathrm{S}) = \frac{d([\mathrm{RT}], \mathrm{S})}{2} = \frac{43{,}9}{2} = 22$$

Für die verbleibenden Knoten DE und P berechnen wir die Mittelwerte

$$d([\mathrm{RTS}], [\mathrm{DE}]) = \frac{d([\mathrm{RT}], [\mathrm{DE}]) + d(\mathrm{S}, [\mathrm{DE}])}{2} = \frac{59{,}2 + 55{,}05}{2} = 57$$

$$d([\mathrm{RTS}], \mathrm{P}) = \frac{d([\mathrm{RT}], \mathrm{P}) + d(\mathrm{S},\mathrm{P})}{2} = \frac{65{,}65 + 63{,}6}{2} = 64{,}6$$

9. Schritt (Wiederholung von Schritt 3)

Mit diesen Abständen wird eine neue Tabelle aufgestellt.

	RTS	DE	P
RT			
DE	57		
P	64,6	74,3	

10. Schritt (Wiederholung von Schritt 1)

Der kleinste Abstand ist $d([\mathrm{RTS}], \mathrm{DE}) = 57$ zwischen [RTS] und [DE]. Ihr gemeinsamer Vorfahr wird als [RTSDE] bezeichnet und über die Knoten [RTS] und [DE] gesetzt.

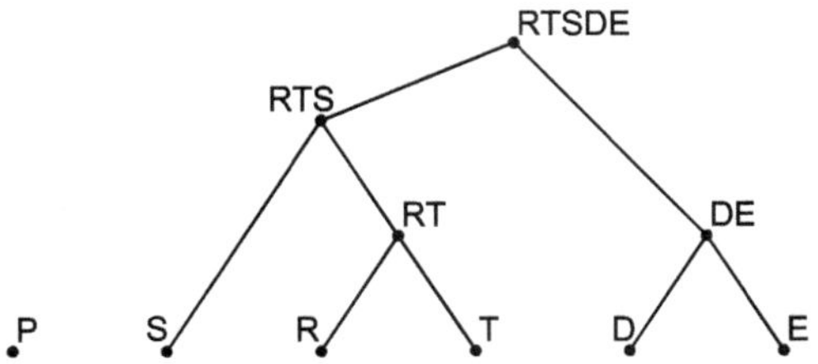

Abb. 16.10: Zwischenergebnis nach Schritt 10.

11. Schritt (Wiederholung von Schritt 2)
Wir berechnen die Abstände des neuen Knotens [RTSDE] zu den anderen Knoten. Für seine Nachfahren [RTS] bzw. [DE] setzen wir

$$d([\mathrm{RTSDE}], [\mathrm{RTS}]) = d([\mathrm{RTSDE}], [\mathrm{DE}]) = \frac{d([\mathrm{RTS}], [\mathrm{DE}])}{2} = \frac{57}{2} = 28{,}5$$

Für den verbleibenden Knoten P berechnen wir den Mittelwert

$$d([\mathrm{RTSDE}], \mathrm{P}) = \frac{d([\mathrm{RTS}], \mathrm{P}) + d([\mathrm{DE}], \mathrm{P})}{2}$$
$$= \frac{64{,}6 + 74{,}3}{2} = 69{,}45$$

12. Schritt (Abschluss)
Damit liegt der Ursprungsknoten zwangsläufig über [RTSDE] und P. Sein Abstand zu P ist

$$d(\mathrm{Ursprung}, \mathrm{P}) = \frac{d([\mathrm{RTSDE}], \mathrm{P})}{2} = \frac{69{,}45}{2} = 34{,}7$$

Zeichnen wir diesen ersten Vorfahren ein, so erhalten wir unseren vollständigen Baum, dessen Knoten folgendermaßen beschriftet werden können.

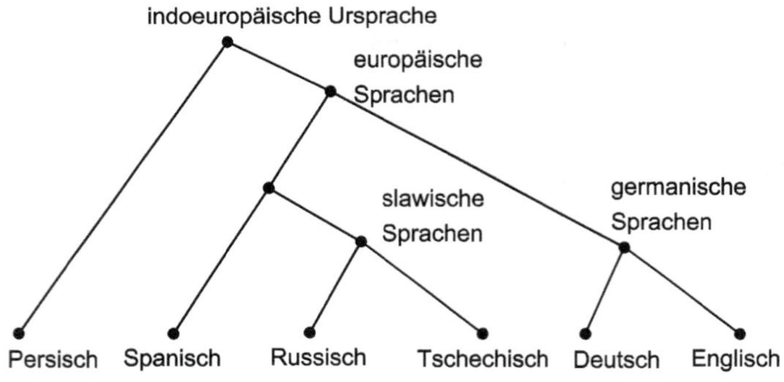

Abb. 16.11: Vervollständigter Sprachbaum zu Tabelle 16.7

Die merkwürdige Nähe des Spanischen zu den slawischen Sprachen ist darauf zurückzuführen, dass unsere Analyse einen zu geringen Umfang hat. Für einen genaueren Baum müsste man sämtliche Sprachen berücksichtigen, insbesondere weitere Vertreter aus der romanischen und slawischen Familie.

Die slawischen Völker waren sich bewusst, dieselben Wörter zu benutzen. Slawisch leitet sich von „slovo“ ab, was so viel wie Wort bedeutet. Im Gegensatz dazu bezeichneten sie ihre westlichen Nachbarn als „nemzi“, übersetzt als die Stummen. (Heute wird dieses Wort im Russischen nur noch für die Deutschen benutzt, die in der Geschichte Russlands lange Zeit den Hauptteil der westlichen Ausländer repräsentierten.)

Jedoch sollten die Ergebnisse von eLinguistics.net innerhalb gewisser Grenzen nicht überbewertet werden. Das Analyseprogramm hat seine kleinen Schwächen. So erhält man für das Paar Dänisch-Schwedisch den Abstand 10,6. Die beiden Völker können problemlos miteinander kommunizieren, was für Russen und Tschechen bei Weitem nicht zutrifft. Die vergleichsweise große Zahl 10,6 entsteht durch das Wort Auge (Dänisch: øje [gesprochen öje]; Schwedisch: öga), welches von eLinguistics.net unverständlicherweise als vollständige Nichtübereinstimmung gewertet wird.

Entstehungszeiten von Ursprachen

Kombiniert man sprachwissenschaftliche Analysen mit bekannten Daten der Geschichte, so kann man die Zeiträume des Bestehens gemeinsamer Ursprachen aus dem Sprachabstand schätzen. Auf der Internetseite eLinguistics.net findet man die folgenden Werte.

Tab. 16.8: Sprachabstand und Zeitraum der Ursprache.

Sprachabstand	Zeitraum der gemeinsamen Ursprache
1 bis 30	Vor einigen Jahrhunderten bis vor 2000 Jahren
30 bis 50	Vor 2000 bis 4000 Jahren
50 bis 70	Vor 4000 bis 6000 Jahren
70 bis 78	Älter als vor 6000 Jahren
78 bis 100	Nicht bezifferbar, möglicherweise kein gemeinsamer Ursprung

Damit können wir bei unseren Stammbäumen ähnlich wie im vorangegangen Abschnitt die Zeitpunkte der Verzweigung bestimmen.

Nehmen wir als Beispiel den Vergleich von Schwedisch mit Hindi. Als Sprachabstand erhält man 71,1. Damit sollte die gemeinsame Ursprache aus dem Zeitraum vor etwa 6000 Jahren stammen. Das passt zum Beginn der indoeuropäischen Migration, die von ca. 4000 bis 1000 v. Chr. stattgefunden haben soll.[5]

Das Ursprungsgebiet der indogermanischen Völker war nach dieser Theorie die südrussische Steppe zwischen dem Schwarzen und dem Kaspischen Meer, deren einzig verbleibende Zeugnisse die mächtigen, heute zumeist ausgeraubten Grabhügel (Kurgane) sind. Kürzliche DNA-Untersuchungen an 3000 bis 8000 Jahre alten Skeletten stützen die Hypothese.[6]

5 Die indoeuropäische Migration war damit die zweite bedeutende Einwanderungswelle nach Europa während der Jungsteinzeit. Zuvor erfolgte von ca. 7500 bis 6000 v. Chr. die im Zusammenhang mit der Milchzuckerverträglichkeit (siehe Abschnitt 15.1) erwähnte mittelöstliche (anatolische) Migration. Siehe Ewen Callaway [144].

6 Siehe P. Mühlbauer [157] und W. Haak [150].

Die zugehörige Sprachfamilie umfasst die baltischen, germanischen, iranischen, indoiranischen, indoarischen, romanischen, keltischen und slawischen Sprachen. Ebenfalls dazu gehören Albanisch, Armenisch, Griechisch sowie Romani, die Sprache der Roma. Die indoeuropäische Einwanderung in Europa begann während der Jungsteinzeit vor 4500 Jahren.[7] In der entgegengesetzten Richtung erreichten die indoarischen Völker den indischen Subkontinent etwa vor 3500 bis 4000 Jahren.

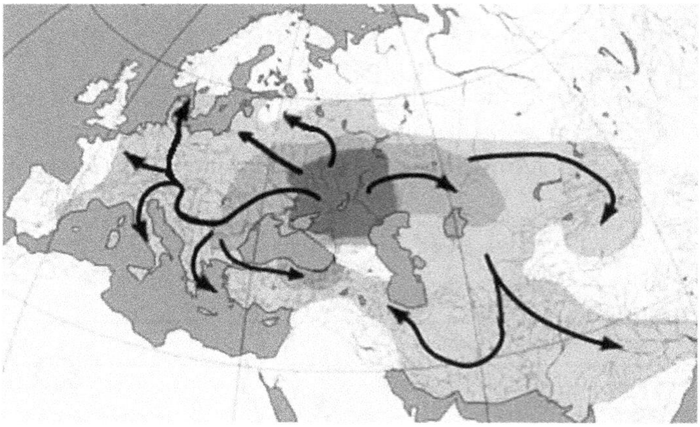

Abb. 16.12: Indoeuropäische Migration von ca. 4000 bis 1000 v. Chr. nach der Kurgan-Hypothese. Autor: Dbachmann contribs.

Finnisch, Estnisch und Ungarisch gehören nicht zur indoeuropäischen Sprachfamilie, sondern zu den finno-ugrischen Sprachen, die auch unter einigen westsibirischen Völkern gesprochen werden. Eine Ausnahme in Europa ist Baskisch, das mit keiner der europäischen Sprachen verwandt ist. Sein Sprachabstand zu Französisch bzw. Spanisch liegt bei 83. Hinzu kommt die genetische Besonderheit der Basken, im Vergleich zu anderen Europäern einen überdurchschnittlichen Anteil des Rh-negativ-Allels aufzuweisen. Man vermutet deshalb, dass dieses Volk schon lange vor der indoeuropäischen Einwanderung in Europa siedelte.

Bei einem weltweiten Sprachvergleich über die Kontinente stellt sich heraus, dass viele Sprachfamilien untereinander keine nennenswerte Verwandtschaft erkennen lassen. Es ist ein Hinweis darauf, dass der Ursprung vieler Sprachfamilien in zunächst sehr kleinen Gruppen lag. Man hat es auch hier mit einem Gründereffekt zu tun. Ihre Vergrößerung erreichten sie auch durch Assimilation anderer Völker, die ihre eigene Sprache anschließend völlig aufgaben. Prozesse dieser Art lassen sich bis jetzt weltweit beobachten.

7 Siehe P. Mader [154].

16.4 Der Weg zur Besiedlung der Kontinente

Wir wollen auf Grundlage der Genetik einen Stammbaum konstruieren, der die schrittweise menschliche Besiedlung des Planeten nachvollzieht. Zunächst gibt es dabei jedoch ein Problem. Im Unterschied zu Kaninchen und Gorilla kann bei Menschengruppen von verschiedenen genetischen Merkmalen keine Rede sein. Wir gehören alle zur selben Art und unterscheiden uns nur in Allelen. Häufige Allele oder Allelkombinationen bei einer Gruppe mögen in einer anderen Gruppe eher selten anzutreffen sein, doch sind sie auch dort vorhanden.

Wie das Wright-Fisher-Modell zeigt, benötigt die Durchsetzung eines Allels selbst in einer relativ kleinen Gruppe viele Generationen. Was bedeutet das für die Durchsetzung von Rassenmerkmalen, die durch eine große Anzahl spezifischer Allele bestimmt sind?

Wie Genetiker feststellten, gab es in den langen Zeiträumen der Trennung von Populationen immer wieder genügend Kontakte zu anderen Gruppen und eine entsprechende Rückvermischung.[8] Wir erinnern nur an die auf rätselhaftem Wege aus Europa bis nach Indien eingeführte Milchzuckerverträglichkeit.

Selbst wenn diese Kontakte nur gering waren und selten auftraten, so hinterließen sie doch in den Genen deutliche Spuren. Das Trennen ist ein langwieriger Prozess. Vermischen dagegen geht schnell. In der Evolution laufen beide Prozesse ständig parallel zueinander.

Ideen zur „Reinheit der Rasse" waren unseren Vorfahren glücklicherweise fremd, sonst hätte es wohl kaum Vermischungen mit Neandertalern und anderen verwandten Arten gegeben, solange diese biologisch möglich waren. (Dieser sexuellen Freizügigkeit unserer Vorfahren verdanken wir beispielsweise eine bessere Anpassungsfähigkeit an das Leben in kalten Klimazonen. Wir werden im Abschnitt 16.5 darauf zurückkommen.)

Unser Stammbaum der menschlichen Populationen ist nur dann berechenbar, wenn wir ähnlich wie bei den Sprachen vorgehen. Wenn dort für jedes Sprachpaar in einer Wortliste nach dem Grad der Abweichung gesucht wurde, so tun wir jetzt im Prinzip dasselbe in der Liste ausgewählter genetischer Merkmale. Beispielsweise möge ein Merkmal im Vorhandensein der Blutgruppe 0 bestehen. Man kann pro Volk den Anteil ihrer Träger bestimmen und daraus für jedes Paar von Völkern den Betrag der Differenz berechnen. Über diese Werte wird anschließend ein Mittelwert gebildet,

---

8 Die verbreitete Vorstellung von isolierten Zonen vor den europäischen Entdeckungen des 15. Jahrhunderts ist falsch. Sogar im abgelegenen Australien wurde eine zweite Einwanderungswelle vor 4000 Jahren aus Südindien nachgewiesen, wobei man im Gegensatz zur ersten Einwanderung den direkten Seeweg benutzte. Bei dieser Gelegenheit wurden auch Hunde mitgebracht, die später zu den bekannten Dingos verwilderten. Auch in der Folgezeit kam es regelmäßig zu Kontakten zwischen Aborigines und muslimischen Händlern.

woraus der genetische Abstand der Völker berechnet wird. (In der Praxis werden noch etwas kompliziertere Formeln verwendet.)

Die folgenden Daten der mittleren genetischen Abstände für die Ureinwohner von Afrika, Amerika, Asien, Europa und Ozeanien (einschließlich Australien) sind die vereinfachte Fassung der Ergebnisse einer Forschergruppe um L. Cavalli-Sforza [107] und wurden auf Grundlage des Vergleichs von 110 Genen ermittelt.

Tab. 16.9: Genetische Unterschiede zwischen der Urbevölkerung. M=Amerika, F=Afrika, S=Asien, E=Europa, O=Ozeanien/Australien.

	M	F	S	E	O
M					
F	22,6				
S	8,9	20,6			
E	9,5	16,6	9,7		
O	14,6	24,7	10,0	13,5	

Problem 48. *Aus den Daten von Tabelle 16.9 ist ein Stammbaum zu erstellen.*

Lösung. Wir verwenden das UPGMA-Verfahren aus dem letzten Abschnitt, dessen Bezeichnungsweise wir übernehmen. Die Urvölker der Kontinente werden durch die Endknoten unseres Baumes dargestellt. Der Anfangsknoten ist das gemeinsame Ursprungsvolk.

1. Schritt Die kleinste Zahl in der oben stehenden Tabelle ist der Abstand zwischen M und S mit $d(\mathrm{M,S}) = 8{,}9$. Ihr gemeinsamer Vorfahr wird als [MS] bezeichnet.

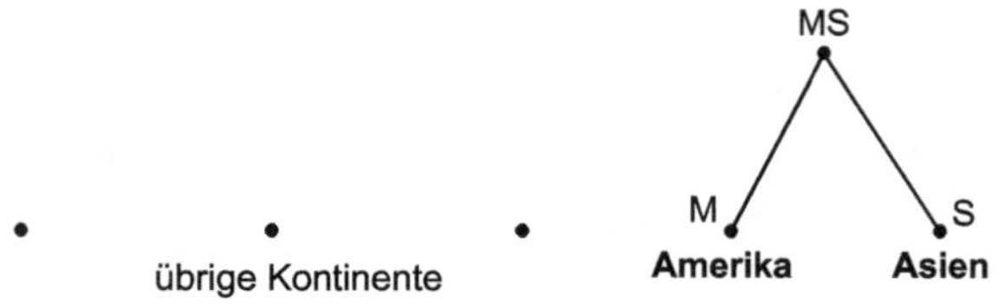

Abb. 16.13: Zwischenergebnis nach Schritt 1.

2. Schritt Die Abstände von [MS] zu den anderen Knoten sind dann

$$d([\mathrm{MS}], \mathrm{M}) = d([\mathrm{MS}], S) = \frac{d(\mathrm{M,S})}{2} = 4{,}45$$

$$d([\mathrm{MS}], \mathrm{E}) = \frac{d(\mathrm{M,E}) + d(S,\mathrm{E})}{2} = \frac{9{,}5 + 9{,}7}{2} = 9{,}6$$

$$d([\mathrm{MS}]\,,\mathrm{O}) = \frac{d(\mathrm{M,O}) + d(S,\mathrm{O})}{2} = \frac{14{,}6 + 10{,}0}{2} = 12{,}3$$

$$d([\mathrm{MS}]\,,\mathrm{F}) = \frac{d(\mathrm{M,F}) + d(S,\mathrm{F})}{2} = \frac{22{,}6 + 20{,}6}{2} = 21{,}6$$

3. Schritt Mit diesen Abständen erhalten wir die folgende Tabelle.

	MS	F	E	O
MS				
F	21,6			
E	9,6	16,6		
O	12,3	24,7	13,5	

4. Schritt (Wiederholung von Schritt 1)
Als kleinsten Wert in der neuen Tabelle lesen wir $d([\mathrm{MS}]\,,\mathrm{E}) = 9{,}6$ ab. Ihr gemeinsamer Vorfahr wird als [MSE] bezeichnet.

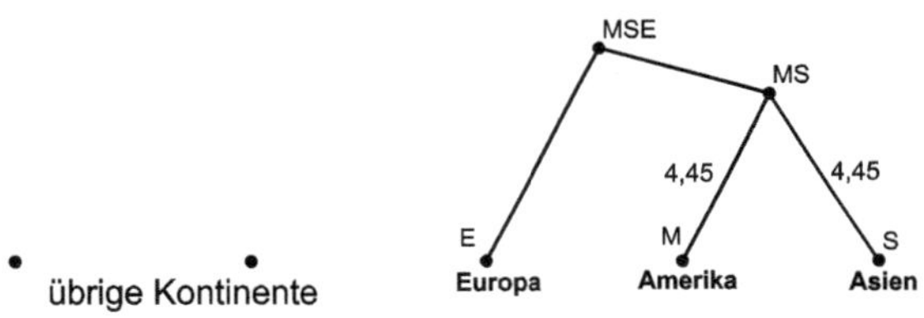

Abb. 16.14: Zwischenergebnis nach Schritt 4.

5. Schritt (Wiederholung von Schritt 2) Wir berechnen die Abstände

$$d([\mathrm{MSE}]\,,[\mathrm{MS}]) = d([\mathrm{MSE}]\,,\mathrm{E}) = \frac{d([\mathrm{MS}]\,,\mathrm{E})}{2} = 4{,}8$$

$$d([\mathrm{MSE}]\,,\mathrm{O}) = \frac{d([\mathrm{MS}]\,,\mathrm{O}) + d(\mathrm{E,O})}{2} = 12{,}9$$

$$d([\mathrm{MSE}]\,,\mathrm{F}) = \frac{d([\mathrm{MS}]\,,\mathrm{F}) + d(\mathrm{E,F})}{2} = 19{,}1$$

6. Schritt (Wiederholung von Schritt 3) Wir erhalten die folgende Tabelle.

	MSE	F	O
MSE			
F	19,1		
O	12,9	24,7	

7. Schritt (Wiederholung von Schritt 1)
Der kleinste Abstand ist $d([\mathrm{MSE}]\,,\mathrm{O}) = 12{,}9$. Ihr Vorfahr wird als [MSEO] bezeichnet.

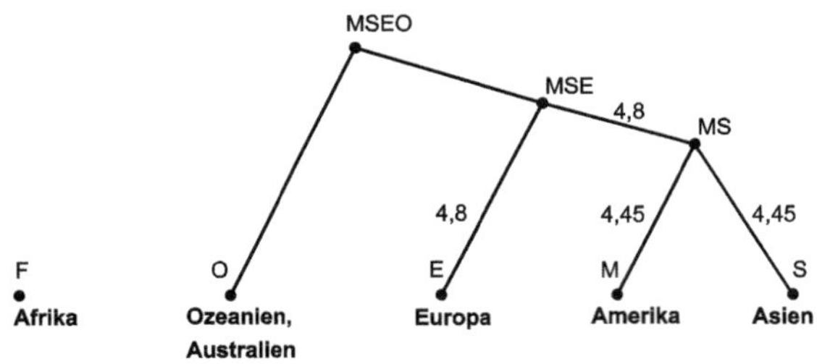

Abb. 16.15: Zwischenergebnis nach Schritt 7.

8. Schritt (Wiederholung von Schritt 2) Wir berechnen die Abstände

$$d([\text{MSEO}]\,,[\text{MSE}]) = d([\text{MSEO}]\,,\text{O}) = \frac{d([\text{MSE}]\,,\text{O})}{2} = 6{,}45$$

$$d([\text{MSEO}]\,,\text{F}) = \frac{d([\text{MSE}]\,,\text{F}) + d(\text{O,F})}{2} = 21{,}9$$

Damit liegt der Ursprungsknoten über [MSEO] und F. Sein Abstand zu F ist

$$d(\text{Ursprung, F}) = \frac{d([\text{MSEO}]\,,\text{F})}{2} = \frac{21{,}9}{2} = 10{,}95$$

Zeichnen wir diesen ersten Vorfahren ein, so erhalten wir unseren vollständigen Baum.

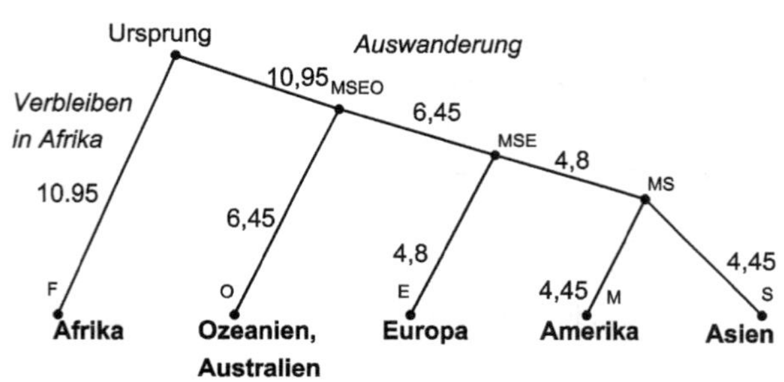

Abb. 16.16: Baum zum Besiedlung der Kontinente (nach Tabelle 16.9) □.

Mit detaillierteren Daten erhielt die Arbeitsgrupppe von Luigi Luca Cavalli-Sforza den folgenden Stammbaum, dessen genetische Abstände sogar eine Abschätzung der Auswanderungszeitpunkte erlauben.

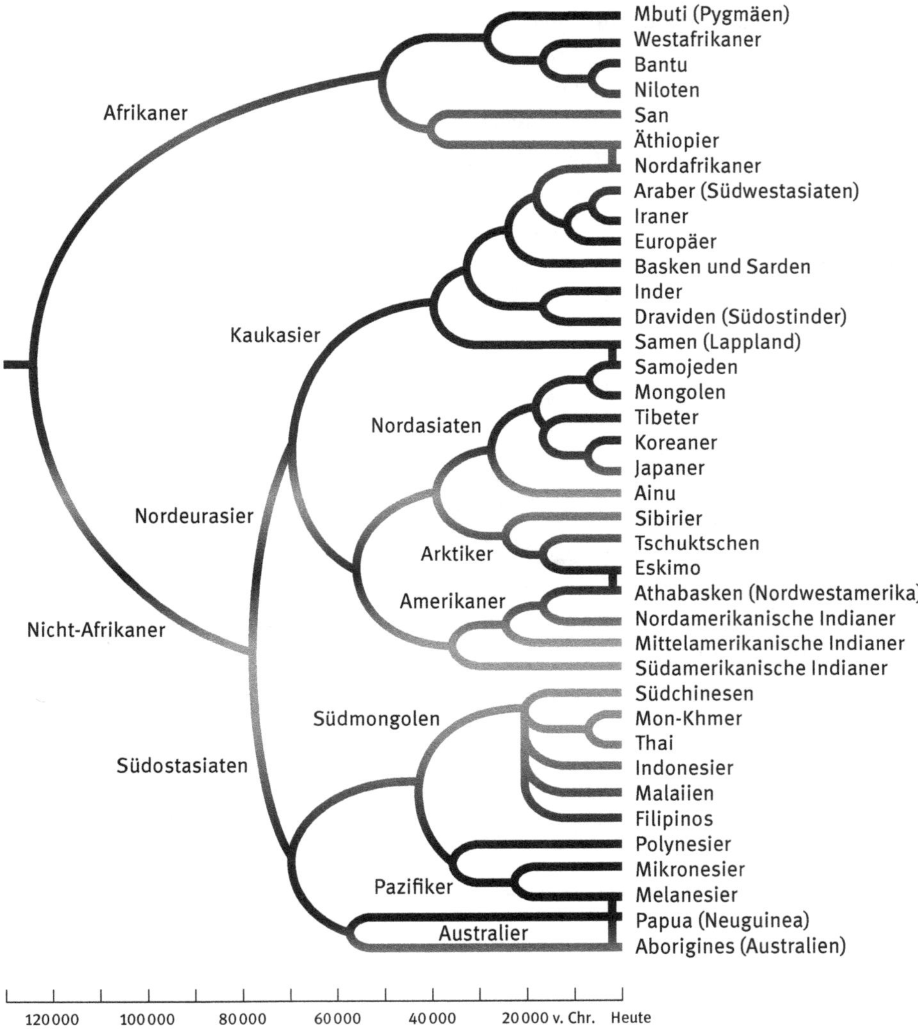

(Bitte beachten: Die Darstellung des Stammbaumes ist nicht überall maßstabsgetreu)

Abb. 16.17: Stammbaum der Populationen nach Luigi Luca Cavalli-Sforza. Autor: Ökologix.

Zieht man die bekannten Fossilienfunde mit der entsprechenden Altersbestimmung hinzu und berücksichtigt die klimatischen Bedingungen der damaligen Zeit, so kann man die wahrscheinlichen Routen der Wanderung rekonstruieren.

Die damaligen Jäger und Sammler waren sicherlich weniger mobil als heutige Nomadenstämme. Ihre „Wanderung“ ist eher als ein notgedrungener Ortswechsel vorstellbar, wenn die Ressourcen in der Umgebung knapp wurden oder Bedrohungen auftauchten. Trafen sie auf günstige Plätze und vermehrten sich dann zu stark, so werden sich eher einzelne Gruppen abgetrennt haben, um etwas weiter zu ziehen.

Man geht derzeit von einem ersten dauerhaften Verlassen Afrikas vor etwa 65.000 Jahren aus. Der Landweg erscheint während der Eiszeit (vor 80.000 bis vor 10.000 Jahren) eher schwierig. Er hätte durch die zunehmend lebensfeindliche Sahara und den Sinai geführt. Als Alternative wird eine Überquerung des Roten Meeres vermutet, dessen Breite damals wegen des abgesunkenen Meeresspiegels und neu entstandener Inseln stark verkürzt war. Wenn Auswanderer dieses Risiko wagten, so mussten sie wirklich wenig zu verlieren gehabt haben.

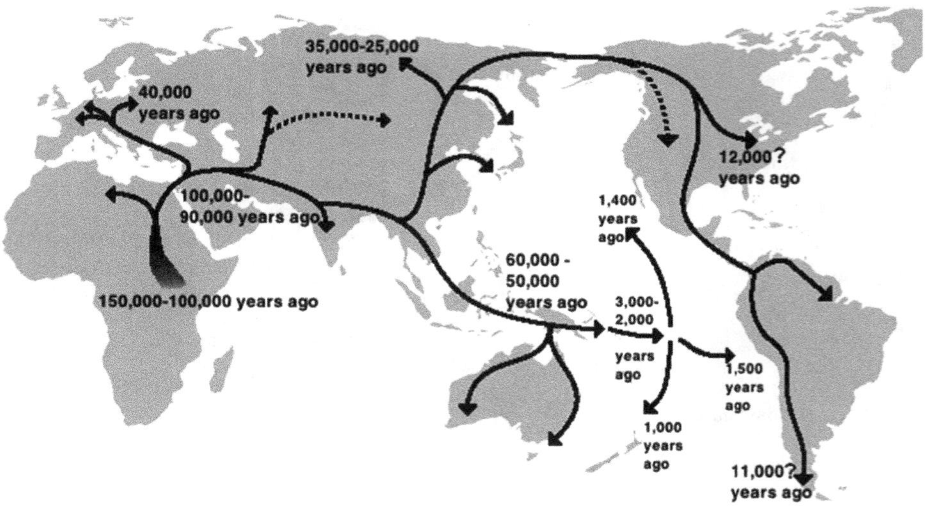

Abb. 16.18: Die Ausbreitung des modernen Menschen. Autor: Ephert.

Unter dem Einfluss der Eiszeit blieb Europa für die afrikanischen Neuankömmlinge als Einwanderungsland zunächst sehr unattraktiv. Erst nach vielen Generationen waren Menschen dazu in der Lage, sich dem rauen Klima anzupassen und neue Nahrungsquellen zu erschließen. Dagegen boten die Wanderwege entlang der südlichen Küsten eine vertrautere Umgebung, in der zusätzlich ein Nahrungsangebot an Fischen und Meeresfrüchten verfügbar war.

Sri Lanka, Neuguinea und Australien waren auch während ihrer Erstbesiedlung ohne Verbindung zum übrigen Festland und wurden bereits vor mindestens 46.000 Jahren auf dem Seeweg erreicht. Obwohl der Meeresspiegel während der Eiszeit tiefer lag, war diese Seefahrt eine erstaunliche Leistung. Besonders während der langen Monsunperiode ist die See alles andere als freundlich.

Vor 16.000 Jahren wurden schließlich die beiden amerikanischen Kontinente über den Landweg der Beringroute besiedelt. Eine etwas frühere Besiedlung Südamerikas über den Seeweg wird aufgrund von Fundstätten vermutet.

16.5 Folgenschwere Zufallsbekanntschaften

Während der jahrtausendelangen Odyssee traten unsere Vorfahren gelegentlich in Kontakt mit anderen Urmenschenarten, die nun bereits seit Langem ausgestorben sind. Darunter waren Neandertaler und andere, bis vor kurzem völlig unbekannte Stammesverwandte. Einige dieser exotischen Wesen würden heute im Museum gehörig für Erstaunen sorgen, falls wir überhaupt eine Vorstellung von ihrem Äußeren hätten. Zu Letzteren gehört der 2010 entdeckte Denisova-Mensch, benannt nach seinem Fundort, der Denisova-Höhle im südsibirischen Altai-Gebirge.[9]

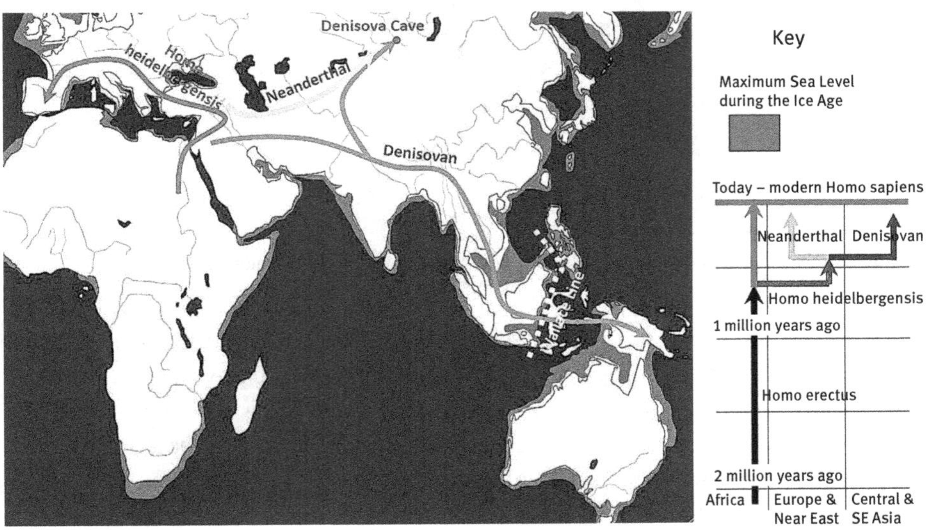

Abb. 16.19: Ausbreitung und Evolution des Denisova-Menschen. Autor: John D. Croft.

Neandertaler und Denisova-Menschen waren bereits vor uns aus Afrika ausgewandert und hatten dadurch einen entsprechenden Vorsprung in der genetischen Anpassung an fremde klimatische Bedingungen. Offensichtlich waren auch nicht alle unserer Vorfahren mit Rassenvorurteilen belastet. Es kam im Zeitraum zwischen den letz-

9 Bisher wurden von ihm nur drei Fossilien entdeckt: ein Knochenfragment eines kleinen Fingers sowie zwei Backenzähne.

ten 60.000 bis 40.000 Jahren zu Vermischungen, deren Nachkommen uns ihre Gene bis heute weitergeben konnten.[10]

Im folgenden Bild bezeichnen die Verzweigungen im Stammbaum des Denisova-Menschen und Neandertalers entweder die Fundorte oder introgressive Linien. Letztere sind diejenigen Populationen, welche uns ihre Gene übermittelt haben. Der nachgewiesene Genfluss durch Vermischung ist als Pfeil dargestellt.[11]

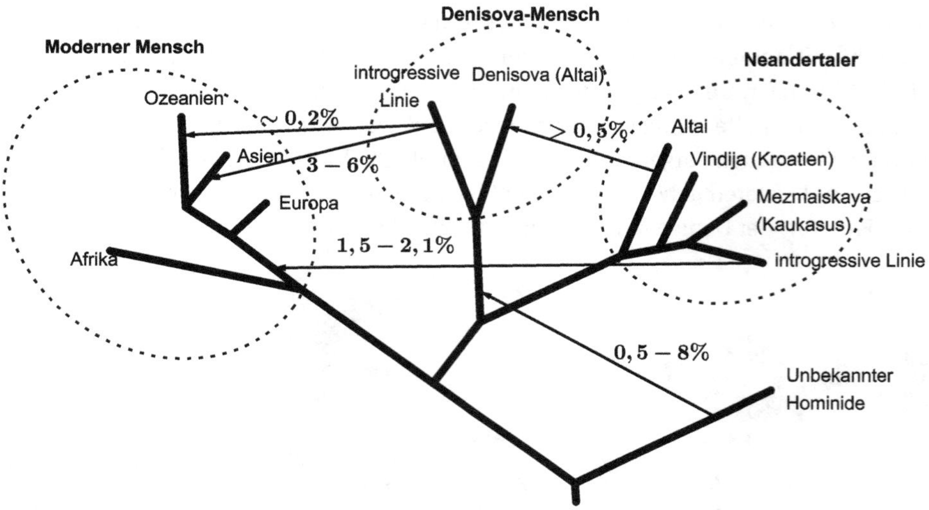

Abb. 16.20: Stammbaum von vier Menschengruppen der Altsteinzeit. Quelle: [160].

Der Hauptteil des bemerkenswerten genetischen Erbes aus dem Intimleben einiger unserer Ahnen ist verloren gegangen, doch gewisse Bruchstücke wurden in verschiedenen Völkern mit größter Sorgfalt weitergegeben, ähnlich wie unterschiedliche Teile eines wertvollen Erbes in verschiedenen Linien einer Familie aufbewahrt werden. Doch wie konnten sich genetische Splitter aus wenigen Vermischungen über einen derart langen Zeitraum im Erbe der Völker einpflanzen? Eine Erklärung ist über das Zusammenwirken folgender Gesetzmäßigkeiten möglich:

- dem Gründereffekt aus Abschnitt 15.9;
- dem Aussortieren schädlicher Gene nach Abschnitt 15.4, Satz 19;
- der Übernahme nützlicher Gene nach dem Prinzip der Sätze 21 und 22 aus Abschnitt 15.6.

---

10 Da sich rassistische Äußerungen bevorzugt auf die Hautfarbe beziehen, sei am Rande erwähnt, dass die Produktion von Keratin, einem wichtigen Bestandteil von Haut, Nägeln und Haar, sowohl bei Europäern als auch bei Ostasiaten wesentlich durch verschiedene Neandertalergene mitbestimmt wird. Bei drei Vierteln der Europäer handelt es sich um das Neandertalergen BNC2, während zwei Drittel der Ostasiaten das entsprechende Neandertalergen POU2F3 in sich tragen.

11 Introgression bezeichnet die Bewegung eines Gens, Genoms usw. von einer Art auf die andere.

Durch den *Gründereffekt* konnten Mischlinge ihre Gene leichter weitergeben, weil die Gruppengrößen unserer nomadisierenden Vorfahren gering war. Als sich diese später zahlreich vermehrten, verbreiteten sich auch einige Gene dementsprechend.

Schädliche Gene wurden schneller herausgefiltert. Dazu müssen diejenigen Sequenzen gehört haben, welche direkt für die Fortpflanzung verantwortlich sind. Auf den geschlechtsbestimmenden Chromosomen sowie bei fortpflanzungsrelevanten Genen in anderen Chromosomen konnte man das fremde Erbgut bisher bei keinem Volk der Erde nachweisen. Die Erklärung dafür ist naheliegend. Kreuzt man verschiedene Arten, so ist die Fruchtbarkeit der Nachkommen oft eingeschränkt. Mischlinge hatten somit bessere Fortpflanzungschancen, wenn sie ihren Nachkommen dieselben geschlechtsrelevanten Gene übertrugen, wie sie in der Gruppe vorherrschten.

Bei ebenfalls von Neandertalern ererbten Genen, welche den Ausbruch der Alzheimer-Krankheit begünstigen, sollte hingegen kaum eine negative Wirkung aufgetreten sein. Die Krankheit tritt erst ab einem Alter von 65 Jahren auf und hatte bei der geringen Lebenserwartung unserer Vorfahren wie auch bei den Neandertalern selbst keinerlei Bedeutung.

Andere zweifelhafte Hinterlassenschaften wie die genetische Veranlagung zur Autoimmunkrankheit Morbus Crohn[12] geben noch Rätsel auf. Mit 150 Erkrankten pro 100.000 Einwohner in westlichen Industriestaaten ist die Krankheit recht selten. Ihre Zunahme in den letzten 20 Jahren weist auf eine Verstärkung durch moderne Umwelteinflüsse hin. Gene agieren oft in Kombination miteinander und sind dann in ihrer Wirkung schwer zu durchschauen. Somit sollte für die Neandertaler als mutmaßlich ursprüngliche Träger wie auch für unsere Vorfahren nicht ausgeschlossen werden, dass anfangs durch das Gen in Wechselwirkung mit anderen Faktoren auch ein noch unbekannter positiver Effekt vorhanden war.

Günstige Allele setzten sich durch. Ihre Auswahl wurde durch die spezifischen Lebensbedingungen getroffen. Dazu gehörten Neandertalergene, welche die Blutgerinnung fördern. Bei der Lebensweise unserer Vorfahren waren Verletzungen häufig. Ein schneller Wundverschluss schützt vor bakterieller Infektion. Dieselben Gene gelten heute als Risikofaktor für Herzinfarkt, doch zum Zeitpunkt ihrer Ausbreitung fiel dieser Nebeneffekt sicher weniger ins Gewicht.

Das von Neandertalern oder Denisova-Menschen stammende HLA-Gen verbesserte unser Immunsystem, indem schädliche Mikroorganismen beim Eindringen in den Körper durch die weißen Blutkörperchen besser aufgespürt werden konnten. Dieses Gen ist bei mehr als der Hälfte der europäischen Bevölkerung anzutreffen. Bei gewissen asiatischen Völkern liegt sein Anteil über 80 %, während einige mit Denisova-Erb-

---

12 Benannt wurde die Krankheit nach einem seiner Entdecker, dem Magen- und Darmspezialisten Burrill Bernard Crohn, der zugleich ein entfernter Verwandter unseres AIDS-resistenten Patienten Stephen Crohn aus Abschnitt 15.7 war.

gut besonders reichlich beschenkte Einwohner von Papua-Neuguinea sogar 95 % vorweisen.

87 % der Tibeter besitzen eine Genvariante der Denisova-Menschen, die sonst bei keinem anderen Volk nachzuweisen ist. In Höhen um 4000 m, wo die Luft etwa 40 % weniger Sauerstoff als auf Meereshöhe enthält, erlaubt das Allel ihnen eine effiziente Sauerstoffversorgung ohne das sonst unausweichliche Risiko der Blutverdickung. Während andere Völker, selbst mit höheren Anteilen von Denisova-Erbgut, dieses Gen als unnütz aussortierten, setzte es sich im Hochland von Tibet sofort durch.

Ebenfalls nützlich sind für die Eskimos in Grönland, Kanada, den USA und Russland gewisse Denisova-Gene, mit denen Fett besser verwertet und leichter in Körperwärme umgewandelt werden kann. Zur besseren Fettspeicherung in der Leber dient auch das Allel SLC16A11, welches ursprünglich von den Neandertalern zu stammen scheint. Den Vorfahren amerikanischer Ureinwohner, welche während der Eiszeit in den unwirtlichen Regionen Sibiriens überlebten, muss es zur Optimierung ihres Stoffwechsels gute Dienste geleistet haben. Da sie ihren Lebensraum längere Zeit mit Neandertalern und Denisova-Menschen teilten, hatten sie wohl auch häufiger Gelegenheit zum Erwerb von Genmaterial ihrer frostbeständigen Nachbarn.

Mit der Übersiedlung nach Amerika änderten sich die Lebensbedingungen der Indianer, doch der stärkste Einschnitt erfolgte wohl in den letzten Jahrzehnten. Die industrielle Nahrungsmittelproduktion führte zu einem Überangebot an Zucker, der als Zusatz vieler billiger Lebensmittel unvermeidbar geworden ist. Als Folge treten bisher seltenere Krankheiten wie Diabetes vom Typ 2, auch als Zuckerkrankheit bekannt, immer öfter auf.[13] Mexikaner und Latinos, die häufig indianische Vorfahren besitzen, erkranken daran fast doppelt so oft wie weiße Amerikaner.

Die erbliche Veranlagung spielt eine große Rolle, und das einstmals so nützliche Allel SLC16A11 stellt sich dabei als Problem heraus. Unter Personen indianischer Abstammung beträgt die Wahrscheinlichkeit, mindestens Träger des Allels zu sein, mehr als 50 %. Bei Ostasiaten ist es immer noch mit etwa 10 % anzutreffen. Noch seltener findet man es unter Personen europäischer Abstammung. Das bedeutet keinesfalls, dass die amerikanischen Indianer den Neandertalern näher stünden als Europäer. Aus dem europäischen Neandertalererbgut wurde SLC16A11 lediglich herausgefiltert. Nicht vorhanden scheint das Allel bei Afrikanern zu sein, die tatsächlich keinen Kontakt zu Neandertalern hatten.[14]

Es gibt keinerlei Anhaltspunkt, dass Neandertaler unter Diabetes oder Fettsucht (Adipositas) gelitten hätten. Auch bei früheren Generationen amerikanischer Indianer ist keine Spur davon zu erkennen. Bei diesen Krankheiten handelt es sich einzig um

---

13 Bis ins 20. Jahrhundert wurde Diabetes Typ 2 weitgehend als Alterskrankheit angesehen.

14 Dafür konnten in mehreren afrikanischen Völkern genetische Einflüsse einer anderen unbekannten Urmenschenart nachgewiesen werden, siehe [149].

eine Begleiterscheinung der modernen Welt, in der eine aufgezwungene ungesunde Lebensführung zu Schäden führt.

Nach Angaben der Weltgesundheitsorganisation WHO hat sich die weltweite Anzahl der Betroffenen bei Fettsucht seit 1980 mehr als verdoppelt. Darunter waren im Jahr 2014 allein 41 Millionen Kinder unter fünf Jahren. Die Anzahl der Diabeteserkrankungen stieg zwischen 1985 und 2002 von 30 Millionen auf 217 Millionen, wobei man für das Jahr 2030 die Anzahl von 366 Millionen erwartet. Der größte Teil der Weltbevölkerung lebt in Ländern, wo nach WHO-Angaben bereits mehr Todesfälle durch Übergewicht und Fettsucht als durch Untergewicht verursacht werden.

In den armen Ländern Lateinamerikas, aber auch in den USA sind die indianischen Gene zum Risikofaktor geworden. Wenn aber ein in der bisherigen Evolutionsgeschichte harmloses Gen plötzlich einen derartigen Selektionsdruck aufbaut, so sollte man die Industriezuckersubvention für Agrarkonzerne mitsamt ihren politischen Verflechtungen stärker unter die Lupe nehmen.

16.6 Die Maus als Tramp

Auch eine andere Wanderungsbewegung wirft spannende Fragen auf. Über DNA-Vergleiche verschiedener Unterarten der Hausmaus lässt sich deren weltweite Ausbreitung verfolgen. Diesmal beginnt die viele Jahrtausende dauernde Reise allerdings nicht in Afrika, sondern in Indien (siehe Abb. 16.21).

Bereits 10.000 v. Chr. wird die Hausmaus in Palästina nachgewiesen. Um 4000 v. Chr. findet man sie in Teilen Mitteleuropas, während sie erst 1000 v. Chr. über Nordafrika nach Spanien und um die Zeitenwende auf die Britischen Inseln gelangt.

Wir können davon ausgehen, dass die Maus weite Strecken dieser Wanderungen nicht auf eigenen Füßen, sondern als passiver Reisebegleiter des Menschen zurückgelegt hat, dessen Speisekammer sie zu schätzen lernte. Es war eine Route der kleinen Etappen und des ständigen Umsteigens.

Teilweise wurden die Expeditionen von Menschen auf der Suche nach neuen Siedlungsgebieten geführt. Andere waren Handelskontakte, bei denen neue landwirtschaftliche Produkte mitgeführt wurden. Auch die Einführung neuer landwirtschaftlicher Methoden dürfte zur Einschleppung des Schädlings beigetragen haben. Die Karte verhüllt uns heute die Zwischenetappen und Ziele der meisten dieser eher kurzfristigen Mitfahrgelegenheiten, bei denen sich einige kleine Nager nahe der Lebensmittelvorräte ihrer Hausherren versteckt hielten.

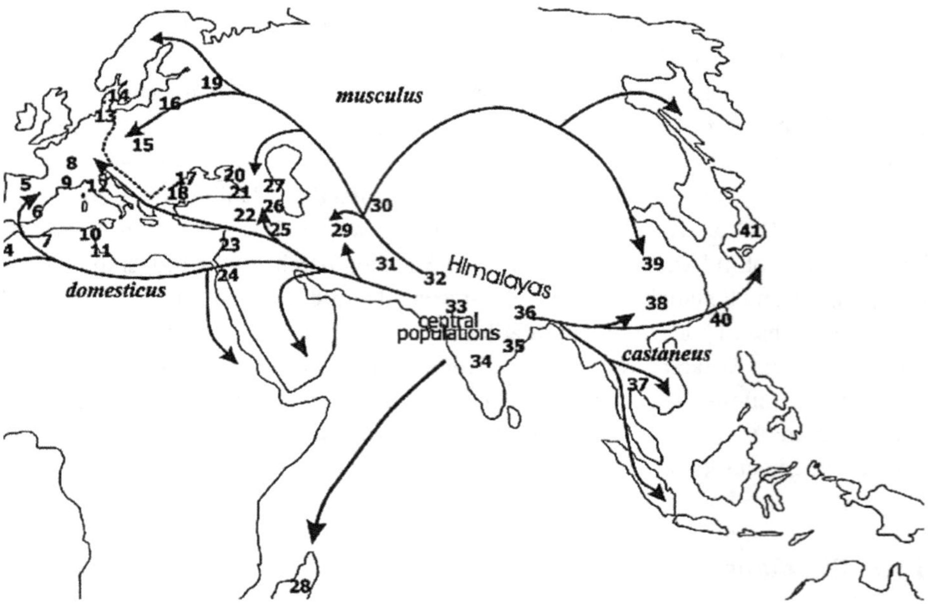

Abb. 16.21: Verbreitung der Hausmaus. Autor: François Bonhomme u. a. [143]. Die Grafik wurde auf Grundlage von DNA-Vergleichen aufgestellt.[15]

Auch dieses Beispiel zeigt, wie vielfältig die Kontakte unserer Vorfahren untereinander gewesen sein müssen. Zur Erforschung des Transfers von Mensch, Kultur und Technologie in den letzten 1000 Jahren ist die Untersuchung der DNA von Mäusen und Ratten sicherlich ein nützliches Werkzeug.

15 Die Zahlen markieren die Orte, in denen Messungen erhoben wurden: 1, Lake Casitas, CA, USA; 2, Azzemour, Morocco; 3, Ouarzazate, Morocco; 4, Azrou, Morocco; 5, León prov., Spain; 6, Granada, Spain; 7, Oran, Algeria; 8, Ardèche, France; 9, Montpellier, France 10, Monastir, Bembla, M'saken, Tunisia; 11, Sfax, Tunisia; 12, Cascina Orcetto, Italy; 13, Ödis, Denmark; 14, Hov, Denmark; 15, Bohemia reg., Czech Republic; 16, Bialowieza, Poland; 17, Kranevo, Sokolovo, Bulgaria; 18, Vlas, Bulgaria; 19, Moscow, Russia; 20, Abkhasia prov., Georgia; 21, Adjaria prov., Georgia; 22, Van Lake, Turkey; 23, Kfar Galim, Israel; 24, Cairo, Egypt; 25, Megri, Armenia; 26, Alazani, Chirackskaya, DidichChiraki, Gardabani, Lissi, Vachlavan, Tbilissi, Georgia; 27, Daghestan, Russia; 28, Antananarivo, Manakasina, Madagascar; 29, Mashhad, Kahkh, Birdjand, Iran; 30, Turkmenistan; 31, Gujarkhan, Islamabad, Tamapasabad, Rawalpindi, Pakistan; 32, Jalandhar, Bikaner, Delhi, India; 33, Pachmarhi, India; 34, Masinagudi, India; 35, Varanasi, India; 36, Gauhati, India; 37, PathumThani, Thailand; 38, Gansu prov., China; 39, Fuhai, China; 40, Taiwan; 41, Mishima, Japan; 42, Tahiti, French Polynesia.

17 Mathematisch quergedacht

Die Modelle der exakten Naturwissenschaften liefern konkrete Vorhersagen. Wenn ein Stein fällt, so lässt sich berechnen, wann und wo er auftrifft, denn die Eingangsgrößen sind direkt messbar und theoretische Annahmen gut begründbar. Wenn das nicht der Fall ist oder zu viele Aspekte der Realität ignoriert werden, schwächt sich die Aussagekraft ab, wie wir bereits in den Beispielen aus Gerichtsprozessen gesehen haben. Manche Modelle werden nur noch zum qualitativen Verständnis von Zusammenhängen brauchbar. Je schlechter ihre Grundlagen experimentell belegt sind, desto mehr sind sie mit Fabeln vergleichbar, von denen manche sehr lehrreich und andere unsinnig erscheinen. Trotzdem kann „Mathematik als Fabel" neue Denkanstöße vermitteln und auf bisher unvermutete Probleme aufmerksam machen. Doch was als Inspirationsquelle zulässig ist, muss für Schlussfolgerungen nicht zwingend sein.

Wir wollen in diesem Kapitel eine Auswahl derartiger Fabeln vorstellen. Einige stammen von bekannten Mathematikern und trugen zum Aufbrechen von Denkschablonen und Stereotypen bei.

17.1 Das Sankt-Petersburg-Paradoxon

Dieses Paradoxon wurde vor ca. 300 Jahren vom Mathematiker Daniel Bernoulli in die Diskussion gebracht und erhitzte lange Zeit führende Köpfe der Wissenschaft. Die Geschichte handelte von einem hypothetischen Casino der damaligen russischen Hauptstadt Sankt Petersburg, ist also frei erfunden.

Unser Casino will folgendes Glücksspiel anbieten. Eine faire Münze mit Wappen und Zahl soll so lange geworfen werden, bis Zahl fällt. Passiert das schon beim ersten Mal, so erhält der Spieler 1 Franken ausgezahlt. Bei zwei Würfen, also zuerst Wappen und dann Zahl erhält er das Doppelte, d. h. 2 Franken. Bei drei Würfen, d. h. Wappen, Wappen, Zahl, wird wieder verdoppelt, und es sind 4 Franken usw. Bei der Wurffolge $\underbrace{W, \dots, W}_{k}, Z$ beträgt die Auszahlung 2^k Franken.

Problem 49. *Welche Teilnahmegebühr müsste das Casino verlangen? Und wie viel wäre ein vernünftiger Teilnehmer bereit zu zahlen?*

Lösung. Wir berechnen zuerst, welche Auszahlung das Casino leisten muss. Unsere Grundgesamtheit Ω besteht aus der Menge aller Buchstabenfolgen der Länge k, die

https://doi.org/10.1515/9783110542547-017

mit Z (=Zahl) enden und für $k > 1$ zuvor nur W (=Wappen) enthalten.[1]

$$\omega_k = \begin{cases} (Z) & \text{falls } k = 1 \\ (W, \dots, W, Z) & \text{falls } k > 1 \end{cases} \tag{17.1}$$

Ihre Wahrscheinlichkeiten sind $p(\omega_1) = \frac{1}{2}$ und

$$p(\omega_k) = p(\underbrace{W, \dots, W}_{k-1}, Z) = \frac{1}{2^k} \qquad \text{für } k > 1$$

Die Zufallsgröße der Auszahlung wird gegeben durch

$$X(\omega_k) = 2^{k-1} \qquad \text{für alle } k \in \mathbb{N} \tag{17.2}$$

Wir erhalten für den Erwartungswert der Auszahlungen

$$\mathbb{E}X = \sum_{k=1}^{\infty} p(\omega_k) \cdot X(\omega_k) = \sum_{k=1}^{\infty} \frac{1}{2} = \infty$$

Damit ist dieses Spiel für das Casino unrentabel, egal welche Spielgebühr es von einem Teilnehmer fordern würde.

Man würde erwarten, dass es dadurch für einen Teilnehmer um jeden Preis attraktiv wäre. Er würde jede noch so hohe Eintrittsgebühr zahlen, um mitspielen zu dürfen? Hier tritt nun das Paradoxon zutage. Kein Spieler, der bei Verstand ist, bezahlt dafür auch nur 100 Franken. Denn es wird nicht lange dauern, bis „Zahl" fällt, und sein realistischer Spielgewinn beträgt selten mehr als $2^6 = 64$ Franken. Das Spiel lohnt sich also für niemanden! □

Bereits Bernoulli erkannte hier ein Beispiel für die Theorie des *sinkenden Grenznutzens*. Zur Veranschaulichung dieser Idee nehmen wir an, wir könnten den Nutzen eines Vermögens durch eine gewisse Zahl beschreiben. Wäre ein linearer Verlauf wie in Abbildung 17.1 sinnvoll?

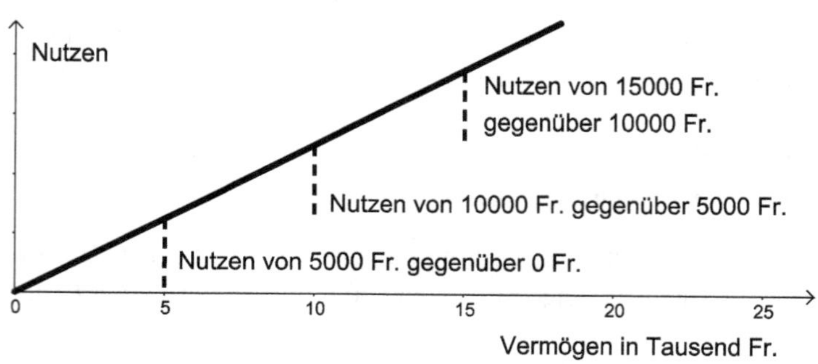

Abb. 17.1: Lineare Nutzenfunktion.

1 Wir benutzen dieselbe Grundgesamtheit Ω wie bei der geometrischen Verteilung im Beweis von Satz 12.

Diese Vorstellung ist offensichtlich falsch, da der Nutzen von 5000 Franken gegenüber null den Unterschied zwischen einem Leben im völligen Elend und einer soliden Absicherung der materiellen Grundbedürfnissse ausmacht, wohingegen der Nutzen von 10.000 Franken gegenüber 5000 Franken bereits in einem Mittelstandsluxus besteht, auf den man eher verzichten könnte als auf ein Dach über dem Kopf. Sinnvoller wäre eher ein gedämpftes Wachstum (siehe Abb. 17.2).

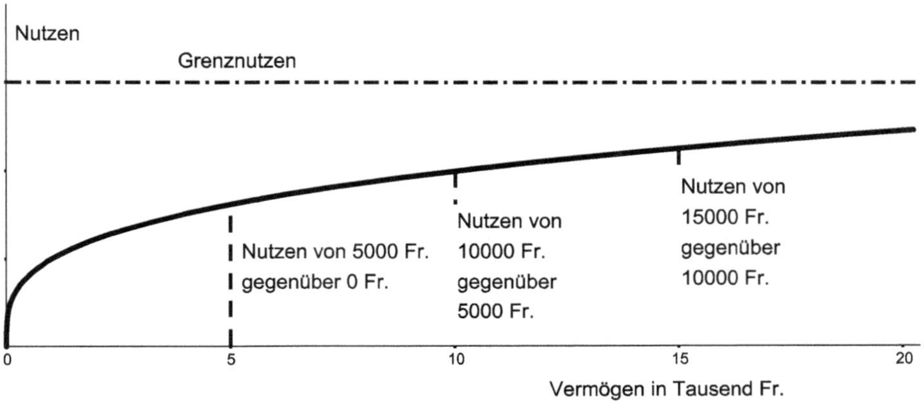

Abb. 17.2: Nicht lineare Nutzenfunktion mit asymptotischer Annäherung an den Grenznutzen.

Dabei geht der Nutzen des Zuwachses für immer größer werdende Vermögen gegen null, denn irgendwann kann man für sein Geld nichts mehr kaufen, was man nicht schon hat.

Geld wird dann schädlich, wenn es seinen Besitzer nur noch zu Dummheiten oder sogar wie im „Besuch der alten Dame“[2] zu Verbrechen verleitet. Wir gehen davon aus, dass bei einem gewissen Vermögen von c Franken die Obergrenze erreicht wird, ab welcher zusätzliches Geld keinen Zuwachs an Nutzen bietet.

Setzen wir unbescheiden $c = 2^{20} \approx 1$ Million Franken an. Wenn das dem Leser zu wenig erscheint, kann er diese Schranke beliebig höhersetzen. Im Falle des Sankt-Petersburg-Paradoxons bedeutet es, dass wir in der Formel des Erwartungswerts statt der Spielgewinne unseren jeweiligen Nutzen zugrunde legen sollten. Dieser ist nie größer als bei c Franken (siehe Abb. 17.3).

Der *Wert einer Gewinnchance* ist der Erwartungswert seines *real nutzbaren Gewinns*, der nach der Grenznutzentheorie nach oben durch c beschränkt ist. Eine Gewinnchance von $1 : 2^{30}$ zum Gewinn von 2^{30} Franken müsste also vom Gewinn $c = 2^{20}$ Franken ausgehen und wäre damit nicht mehr 1 Franken, sondern $\frac{2^{20}}{2^{30}} \approx 0$ Franken

2 Theaterstück von Friedrich Dürrenmatt.

wert. Angesichts der weltweit wachsenden Ungleichheit[3] kann man der Grenznutzentheorie eine größere Verbreitung wünschen.

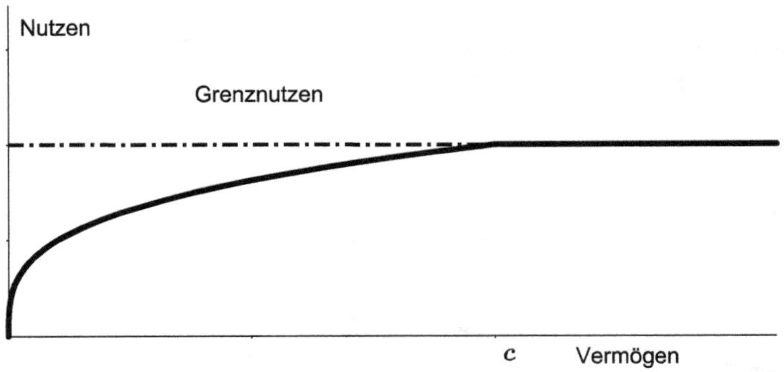

Abb. 17.3: Nicht lineare Nutzenfunktion mit fester Obergrenze.

17.2 Die St. Petersburg-Corporation geht an die Börse

Wenn Kurssteigerungen von Unternehmensaktien nicht durch reale Wertsteigerung, sondern durch Spekulation zustande kommen, drohen Börsencrashs. Wir werden zeigen, dass gängige Bewertungsformeln den Aktienwert und die Zahlungsfähigkeit der Unternehmen überschätzen können. Darauf basierende Einschätzungen, verbunden mit dem Glauben an ein überdurchschnittliches Wachstum, verdrängen die reale Sicht und können Kurse weiter in die Höhe treiben, bis es zum Zusammenbruch kommt.

Im Jahre 1957 erschien im Journal of Finance ein Artikel von D. Durand [167] mit einem vom Sankt-Petersburg-Paradoxon inspirierten Modell. Der Autor wies nach, dass ein Unternehmen bei Gewinnzuwächsen über dem Marktzins längerfristig unmögliche Versprechungen gibt. Nachdem die Arbeit weitgehend vergessen wurde, erinnerte man sich im März 2000 anlässlich des Absturzes der Hightech-Börse (Dotcom-Blase) wieder daran. Da sich derartige Dramen auch in Zukunft in immer größeren Dimensionen wiederholen werden, lohnt sich ein Blick auf das Modell.

3 Auf der Grundlage von Zahlen der Deutschen Bundesbank von 2014 ermittelte der Journalist Jens Berger [163], dass jeder Haushalt aus dem obersten Promille aller deutschen Haushalte im Schnitt über ein Nettogeldvermögen von ca. 19 Millionen Euro verfügte. Nach einer Studie von Oxfam [162], einem internationalen Verbund von Hilfs- und Entwicklungsorganisationen, besaßen im Jahre 2016 die acht reichsten Männer der Welt mit 426 Milliarden Dollar mehr als die gesamte ärmere Hälfte der Weltbevölkerung.

Abb. 17.4: Die „Tulpomanie" stellt die Tulpenbörse mit spekulierenden Affen dar. Das Bild Jan Brueghels des Jüngeren bezieht sich auf die Blase im holländischen Tulpengeschäft, welche im Februar 1637 platzte. Es handelt sich um den ersten dokumentierten Börsencrash der Neuzeit.

Betriebswirtschaftliche Bezeichnungen und Modellansatz

Zunächst benötigen wir einige Grundbegriffe der Betriebswirtschaftslehre. Eine Aktie ist der Anteilschein eines Unternehmens. Sein Wert besteht im Versprechen einer gewissen jährlichen Barauszahlung, der sogenannten *Dividende*. Die Aktie kann selbst gehandelt werden. Man bezeichnet ihren aktuellen Verkaufswert als *Buchwert*, weil er als Guthaben in den Bilanzen erscheint. Falls der Verkaufswert höher als das Dividendenversprechen ist, muss man die Aktie als überbewertet bezeichnen.

Für das Jahr n wollen wir den Buchwert mit b_n und die Dividendenzahlung mit d_n bezeichnen. Der künftige *Wertzuwachs* der Aktie im Börsenhandel sei e_n. Wenn eine hohe Dividende ausgezahlt wird, verschwindet viel Geld aus dem Unternehmen. Danach ist die Aktie zumindest theoretisch für Kaufinteressenten weniger attraktiv. Ihr Buchwert im Folgejahr vermindert sich also. Auf diese Weise ist

$$b_{n+1} - b_n = e_n - d_n$$

Vereinfacht gehen wir davon aus, dass die Dividende stets als fester Anteil des Wertzuwachses bestimmt wird. Ebenso ist der Wertzuwachs ein fester Anteil des Buchwerts. Das bedeutet

$$\frac{e_n}{b_n} = r = \text{konst.} \quad \text{und} \quad \frac{d_n}{e_n} = s = \text{konst.} \tag{17.3}$$

Setzen wir diese Beziehung in die obere Gleichung ein, so erhalten wir

$$b_{n+1} - b_n = (1-s)e_n = (1-s)rb_n$$

und nach Umformung

$$b_{n+1} = [(1-s)r + 1]\, b_n$$

Unter der *Voraussetzung konstanter und garantierter Wertzuwächse* sind also (b_n) und somit auch (e_n) bzw. (d_n) geometrische Zahlenfolgen.

Weitere Modellannahmen zur Einbeziehung des Zufalls

Nun betrachten wir die St. Petersburg-Corporation, ein junges Unternehmen aus einer sogenannten Wachstumsbranche. Sie macht mit derartigen Gewinnen und Dividenden von sich reden, sodass sich die Wochenendbeilagen der Zeitungen vor Begeisterung überschlagen und selbst mittlere Angestellte am Mittagstisch davon schwärmen.

Auch dieses Füllhorn fließt nicht ewig, sondern wird eines Tages vollständig und für immer versiegen. Bezeichnen wir das Risiko, d. h. die *Wahrscheinlichkeit für seinen Zusammenbruch im Verlauf eines Jahres* mit q. Sollte der Wert in der Größenordnung unter 5 % liegen, so brauchen wir uns keine allzu großen Sorgen zu machen. Wenn wir jetzt ins Geschäft einsteigen, werden wir noch rechtzeitig einen Dummen finden und mit Gewinn verkaufen.

Unser Modell bietet zur Geschäftsentwicklung nur zwei Alternativen, das unverminderte Wachstum oder den Ruin. Mit $p = 1 - q$ bezeichnen wir die *Gewinnerhaltungswahrscheinlichkeit* zur Fortsetzung des Wachstums im Laufe des Jahres. Das schlägt sich in entsprechenden *Steigerungen der Dividendenzahlungen* nieder. Deren *Wachstumsfaktor* werde mit g bezeichnet und sei ebenfalls konstant, solange das Unternehmen existiert. Wegen (17.3) entwickeln sich Buchwert und Wertzuwachs unserer Aktie mit derselben Rate.

Sei d unsere Dividende des ersten Jahres. Die bis zum Ruin im k-ten Jahr gezahlten Dividenden (Auszahlungen pro Aktie) bilden eine endliche Zahlenfolge mit

$$\underbrace{d,\ d\cdot(1+g),\ d\cdot(1+g)^2,\ d\cdot(1+g)^3,\ldots,\ d\cdot(1+g)^{k-2}}_{\text{für k-1 üppige Jahre}},\ 0$$

wobei die reale Zahlung im k-ten Jahr endgültig eingestellt wurde. Ihre Summe beträgt

$$s_k = \begin{cases} d & \text{falls } k = 1 \\ \sum_{j=0}^{k-2} d\cdot(1+g)^j & \text{falls } k \geq 2 \end{cases}$$

(Der Zusammenbruch kann frühestens im zweiten Jahr eintreten.) Mithilfe der Summenformel (A.5, Anhang) vereinfachen wir

$$s_k = \frac{d\cdot\left[(1+g)^{k-1} - 1\right]}{g} \qquad \text{für } k \geq 2 \tag{17.4}$$

Diese Serie von Zahlungen wird in genau $k-1$ „guten" Jahren, also mit der Wahrscheinlichkeit

$$p_k = p(\text{k-1 Zahlungen}) = \underbrace{p \ldots p}_{k-1} \cdot q = p^{k-1} q \qquad \text{für } k \geq 2 \tag{17.5}$$

geleistet. Unsere *Dividendenzahlung ab dem zweiten Jahr* wird somit durch eine Zufallsgröße X mit der Verteilung

$$p(X = s_k) = p_k \qquad \text{für } k \geq 2$$

beschrieben. Durand machte für die Wahrscheinlichkeiten nun den Ansatz

$$p = \frac{1}{1+i}, \qquad q = \frac{i}{1+i} \tag{17.6}$$

wobei i der aktuelle Marktzins ist.[4] Mittels (17.4), (17.5) und (17.6) bestimmen wir den Erwartungswert

$$\begin{aligned}
\mathbb{E}X &= \sum_{k=2}^{\infty} p_k \cdot s_k = \sum_{k=2}^{\infty} \frac{i}{(1+i)^k} \cdot \frac{d \cdot \left[(1+g)^{k-1} - 1\right]}{g} \\
&= \frac{id}{g(1+i)} \sum_{k=2}^{\infty} \left(\frac{1+g}{1+i}\right)^{k-1} - \frac{id}{g} \sum_{k=2}^{\infty} \frac{1}{(1+i)^k} \\
&= \frac{id}{g(1+i)} \sum_{k=1}^{\infty} \left(\frac{1+g}{1+i}\right)^{k} - \frac{id}{g} \sum_{k=2}^{\infty} \frac{1}{(1+i)^k}
\end{aligned} \tag{17.7}$$

Satz 23. *Bei einer Gewinnerhaltungswahrscheinlichkeit $p = \frac{1}{i+1}$ und einer Steigerungsrate g für Dividendenzahlungen mit $g \geq i$ folgt $\mathbb{E}X = \infty$.*

Nachweis. Der subtrahierte Term in (17.7) ist endlich, denn mit der Potenzreihenformel (A.6, Anhang) erhält man die Schranke

$$\sum_{k=2}^{\infty} \frac{1}{(1+i)^k} < \sum_{k=1}^{\infty} \frac{1}{(1+i)^k} = \frac{\frac{1}{1+i}}{1 - \frac{1}{1+i}} = \frac{1}{i}$$

Für $g \geq i$ wird jedoch $\frac{1+g}{1+i} \geq 1$ und folglich im ersten Term von (17.7)

$$\sum_{k=1}^{\infty} \left(\frac{1+g}{1+i}\right)^k = \infty$$

Damit ist auch $\mathbb{E}X = \infty$. □

---

4 Der *marktübliche Zinssatz i* orientiert sich seinerseits am *Leitzins*, welcher von der Zentralbank des Landes festgelegt wird. Leitzinsen bestimmen den Preis, zu dem sich private Banken bei der Zentralbank mit Geld versorgen können. Sie liegen derzeit (Stand 2015) bei den großen westlichen Zentralbanken (Europäische Zentralbank, US-Notenbank Federal Reserve System, Bank of England, Bank of Japan) weit unter 1 %.

Vom betriebswirtschaftlichen Standpunkt stellen die Faktoren in eckigen Klammern bei

$$\mathbb{E}X = \sum_{k=2}^{\infty} \frac{1}{(1+i)^k} \cdot \left[\frac{id \cdot ((1+g)^{k-1} - 1)}{g} \right]$$

den Zahlungsstrom der *zukünftig zu erwartenden Dividenden* dar. Die Faktoren $\left(\frac{1}{1+i}\right)^k$ repräsentieren die Diskontierungs- bzw. Abzinsungsfaktoren auf den gegenwärtigen Zeitpunkt (siehe Problem 2 in Abschnitt 1.2).

$\mathbb{E}X = \infty$ ist unser *Barwert aller ab dem zweiten Jahr zu erwartenden Dividenden.* Unter Hinzunahme der Dividendenzahlung des ersten Jahres entspräche er dem Leibrenten-Einmalbeitrag aus Satz 17, Abschnitt 9.5 und sollte somit eine Untergrenze des aktuellen Aktienwerts sein. *Wir haben es mit Aktien zu tun, die bei den gängigen Bewertungsformeln für jeden noch so hohen Kaufpreis unterbezahlt wären!* Andererseits gibt es keinen Grund zu Euphorie. *Unser Modell macht keine Versprechungen in die Ewigkeit, sondern geht von einer endlichen Reihe von Zahlungen aus.* Die Situation ähnelt dem Sankt-Petersburg-Paradoxon im vorangegangenen Abschnitt.

Wenn der Gewinnzuwachs g über dem Marktzins i liegt, sind selbst endliche Zahlungsversprechen mit Gewinnerhaltungswahrscheinlichkeiten $p = \frac{1}{i+1}$ unrealistisch.

Nach Umstellung folgt $i = \frac{1}{p} - 1$. Eingesetzt in $g \geq i$ erhalten wir daraus für die *Unhaltbarkeit des Zahlungsversprechens*

$$p \geq \frac{1}{1+g}$$

Realistische Gewinnerhaltungswahrscheinlichkeiten p müssen sich also unterhalb der Kurve in der nachstehenden Abbildung befinden.

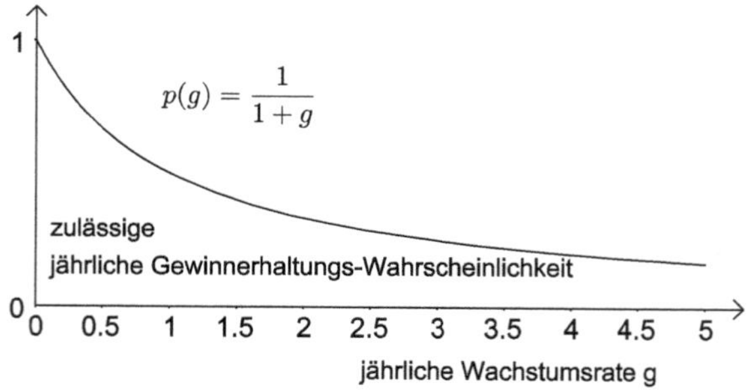

Abb. 17.5: Begrenzung der zulässigen jährlichen Gewinnerhaltungswahrscheinlichkeit bei gegebener Wachstumsrate.

Die folgenden Daten sollen diesen Zusammenhang veranschaulichen. Während der eingangs erwähnten Dotcom-Blase wiesen 59 Investmentfonds im Zeitraum vom 1. Januar bis zum 17. November 1999 Wachstumsraten über 100 % ($g > 1$) auf, wobei der auf Hightech-Aktien spezialisierte Nicholas-Applegate Global Technology Fund mit einem stolzen Wachstum von 325 % ($g \approx 3{,}3$) den Rekord hielt.[5] Es handelte sich faktisch um Schneeballsysteme.

Mark Twain, Autor der *Abenteuer des Tom Sawyer*, durchschaute die Zusammenhänge bereits im 19. Jahrhundert, wobei er die Schlussfolgerungen völlig ohne Mathematik zusammenfasste:

> „Es gibt zwei Situationen im menschlichen Leben, in denen man nicht spekulieren sollte: Wenn man es sich nicht leisten kann, und wenn man es kann."

In der gegenwärtigen Niedrigzinsphase ist das Problem aktueller als je zuvor. Der Schaden für den Kleinanleger ist jedoch noch das geringste Übel.

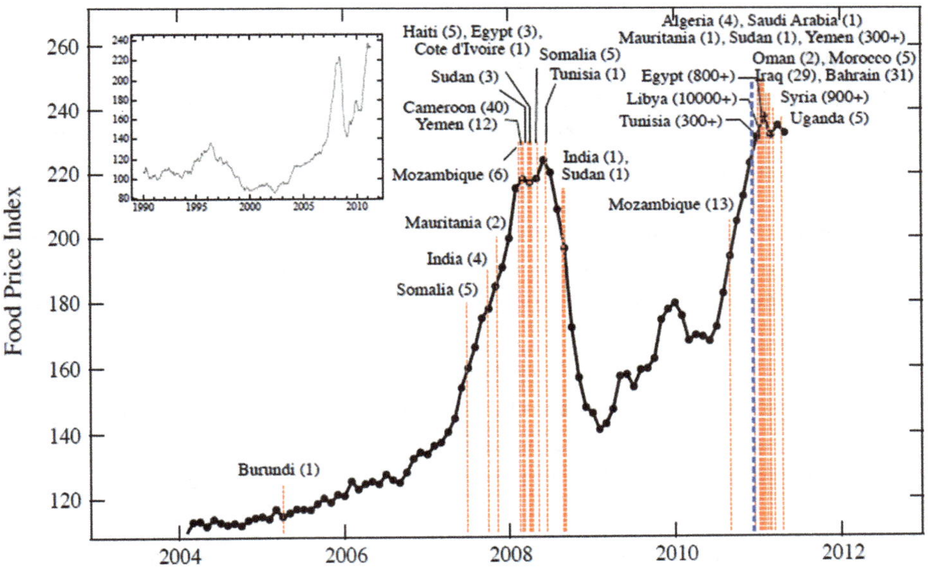

Abb. 17.6: Entwicklung des FAO Food Price Index im Zeitraum von Januar 2004 bis Mai 2011 nach [174]. Die vertikalen kurz gestrichelten Linien zeigen den Beginn von Hungerrevolten und Protesten. Die in Klammern gestellten Zahlen geben die Anzahlen ihrer Todesopfer an. Die blau gestrichelte Linie verweist auf das Datum des 13. Dezember 2010, als die Autoren einen Bericht zur Warnung bei der US-Regierung einreichten. Quelle: NECSI, http://necsi.edu/research/social/foodcrises.html.

5 Angaben des Wall Street Journal vom 19. November 1999.

Eine Gruppe von Mathematikern des US-amerikanischen New England Complex Systems Institute (NECSI) [174, 175] konnte nachweisen, dass der rapide Anstieg der Kornpreise im Zeitraum 2007/2008 sowie 2010/2011 im Wesentlichen durch Spekulation verursacht wurde (siehe Abb. 17.6). Diese bekam ihren Auftrieb durch neu geschaffene Fonds[6] auf der Basis von Terminkontrakten, sogenannten *commodity futures* für Agrarrohstoffe, welche infolge der Finanzkrise von 2007/2008 massiven Zulauf von Kapital erhielten. Die gestiegenen Weltmarktpreise für Lebensmittel verschärften die soziale Unzufriedenheit in der Dritten Welt und waren ein wesentlicher Faktor für den arabischen Frühling von 2011.[7]

17.3 Die harmonische Reihe und Harmonie der Ökooptimisten

Das Ungewöhnliche wird im Alltag oft zur Norm. Jedes zweite Jahr bietet Temperaturrekorde und ein 20-jähriger hat das Wort „Jahrhundertrekord" im Zusammenhang mit dem Klima mittlerweile so oft gehört, dass er eigentlich schon ein biblisches Alter erreicht haben müsste.

Abbildung 17.7 zeigt für den Zeitraum von 1979 bis 2015 die Ausdehnung der arktischen Eisfläche in den Monaten September. Dann wird ihr jährliches Minimum erreicht. Der Trend zur Abnahme ist deutlich zu sehen. Doch welche Aussagekraft haben die Daten einiger Jahrzehnte für die Bewertung von Prozessen, die über Jahrtausende laufen?

Wissenschaft leitet Gesetzmäßigkeiten ab und muss zufällige Schwankungen herausfiltern. Das setzt eine große Zahl von Messwerten voraus. *Wenn man aber lange genug in die Klimavergangenheit zurückblickt, findet man dort fast jede Form von Anomalie wieder.*

Argumente dieser Art werden von Leuten ins Spiel gebracht, die sich selbst als Klimawandelskeptiker oder als Ökooptimisten, das klingt besonders vertrauenserweckend, bezeichnen.[8] Die Diskussion wird dadurch nicht beendet, sondern nur um einige Zehntausend Jahre verschoben. Wer bis dahin noch den Mund aufmacht, weil es

---

6 Der erste derartige Fonds wurde 1991 von der Investmentbank Goldman Sachs eröffnet, nachdem zuvor Gesetze zur Liberalisierung des Finanzmarktes erlassen wurden. Beflügelt durch seinen Erfolg zogen andere Großbanken wenige Jahre später nach. Details findet man in den lesenswerten Artikeln von Frederick Kaufman [171] und Harald Schumann [179].

7 Nach Angaben von R. Zurayk [185] kletterten die ägyptischen Brotpreise um 37 %, nachdem sich die Regierung gezwungen sah, Brotsubventionen zu kürzen.

8 Forschungsergebnisse zum Klimawandel, beispielsweise vom Goddard Institutes for Space Studies (GISS) der NASA, werden von gewissen Lobbyorganisationen in der Öffentlichkeit regelmäßig als unglaubwürdig diskreditiert. Wie die investigative Journalistin Sara Jerving mit einigen Kolleginnen von der Los Angeles Times [170] schildert, stehen dahinter Energiekonzerne, die Zweifel an den Klimawissenschaften schüren sollen. Dabei betreiben einige dieser Konzerne schon seit den 70er-Jahren parallel eine private Klimaforschung. Die Los Angeles Times berichtet, wie der Ölriese Exxon Mobil ein Forschungsteam unter der Leitung von Ken Croasdale [177] aufgestellt hat. Es sollte herausfin-

ihm zu warm wird, beweist sein Unverständnis für mathematische und statistische Sachverhalte, das eben leider weitverbreitet ist.

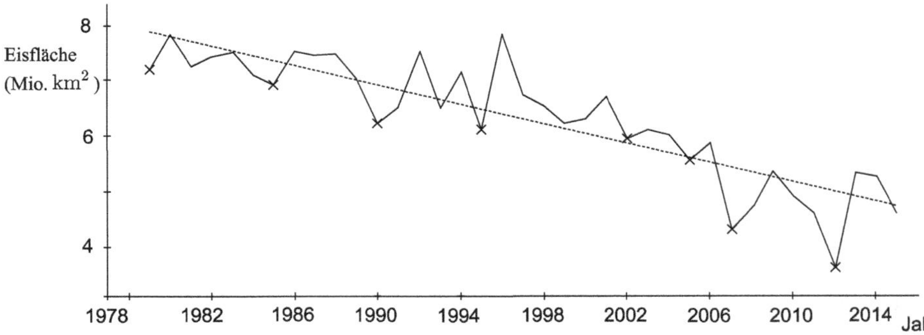

Abb. 17.7: Ausdehnung der arktischen Eisfläche 197 9–2015 (jeweils Monatsmittelwerte für September). Die Kreuze bezeichnen nacheinanderfolgende Minimalwerte. Quelle: Wolfgang Pomrehn [178] nach Daten des National Snow and Ice Data Centre, USA.

Ein zum Sammelfigurproblem (Abschnitt 13.1) verwandter Ansatz hilft, zumindest einen ersten Eindruck für die Abschätzung der Häufigkeit ungewöhnlicher Ereignisse zu erhalten. Betrachten wir nochmals unsere Grafik. Im Beobachtungszeitraum von 36 Jahren wurden acht Rekorde gebrochen, die im Bild als Punkte markiert sind.0.5

Unser Modell beruht auf der folgenden *Voraussetzung: Für zwei beliebige Jahre kann die Höchsttemperatur mit derselben Wahrscheinlichkeit in jedem dieser beiden Jahre eintreten.* (Wählt man beispielsweise die Jahre 2020 und 2030, so besteht die Wahrscheinlichkeit von 50 %, dass 2020 das heißere Jahr wird.)

Die Voraussetzung ist erfüllt, wenn die Temperaturmaxima der einzelnen Jahre unabhängige sowie identisch verteilte Zufallsgrößen sind. Wenn man das Klima als unverändert annimmt, ist unsere Voraussetzung als erster mathematischer Ansatz sinnvoll.

Die Anzahlen unserer Temperaturrekorde können durch Zufallsgrößen beschrieben werden. Das erste Jahr ist per Definition ein Rekord, denn vorher haben wir nichts gemessen. Damit setzen wir $X_1 = 1$. Für jedes folgende Jahr $k > 1$ definiert man eine Zufallsgröße

$$X_k = \begin{cases} 1 & \text{falls das } k\text{-te Jahr im Zeitraum } 1, \ldots, k \text{ einen neuen Rekord aufstellt} \\ 0 & \text{sonst} \end{cases}$$

Ihre Wahrscheinlichkeitsverteilung bestimmen wir durch die Überlegung, dass gemäß unserer Voraussetzung jedes einzelne der Jahre $1, \ldots, k$ mit der gleichen Wahrschein-

---

den, welche Auswirkungen der Klimawandel auf die Erschließung von Rohstoffquellen nördlich des Polarkreises haben könnte. Die verwendeten Klimamodelle stammen von ihren zuvor diskreditierten Gegnern, unter anderem dem GISS.

lichkeit $\frac{1}{k}$ der Anwärter auf den Temperaturrekord innerhalb der Gruppe wäre. Also ist

$$p(X_k = 1) = \frac{1}{k}, \quad p(X_k = 0) = 1 - \frac{1}{k} \qquad \text{für } k > 1$$

Die Zufallsgröße $Z_n = \sum_{k=1}^{n} X_k$ beschreibt die Anzahl nacheinander eintretender Rekorde im Zeitraum von n unabhängigen Jahren. Ihr Erwartungswert ist

$$\mathbb{E}Z_n = \sum_{k=1}^{n} \mathbb{E}X_k = \sum_{k=1}^{n} \frac{1}{k}$$

Die berechneten Werte sind in der folgenden Tabelle dargestellt.

Tab. 17.1: Erwartete Rekordbrüche bei Unabbhängigkeit.

Zeitraum von Jahren n	**erwartete Rekordbrüche $\mathbb{E}Z_n$**
36	4,17
100	5,19
200	5,88
500	6,79
1000	7,48
1500	7,89
1674	8,0005

Man würde bei einer Unveränderlichkeit des Klimas also eher vier aufeinanderfolgende Rekorde erwarten. Die Zahl von acht Rekordbrüchen entspricht dagegen einem Zeitraum von fast 1700 Jahren!

Bevor jetzt zu starke Einwände erhoben werden sollten, sei betont, dass für die Temperaturrekorde aufeinanderfolgender Jahre komplexe Abhängigkeiten bestehen, auch dann, wenn das Klima stabil bleibt. Genauere Berechnungen müssen diese Wechselwirkungen berücksichtigen und erfordern weitaus kompliziertere Modelle, die von den Klimaforschungsinstituten in leistungsfähigen Rechnern simuliert werden. Außerdem gibt es in der Wahrscheinlichkeitsrechnung genügend Beispiele für recht häufige und starke Abweichungen von Erwartungswerten. Im Folgenden wird davon noch die Rede sein. Unsere kleine Rechnung ist kein Klimamodell. Doch sie soll die Skepsis wachhalten gegenüber der Idee, dass sich jede zeitweilige klimatische Anomalie mittels einer langen Reihe von Beobachtungen in Wohlgefallen auflöst.

Unsere Formel $\sum_{k=1}^{n} \frac{1}{k}$ ist in der Mathematik als Teilsummenformel der unendlichen *harmonischen Reihe*

$$\sum_{k=1}^{\infty} \frac{1}{k}$$

bekannt. Ihr Wert ist unendlich, und sie hat große theoretische Bedeutung bei Fragestellungen, ob sich gewisse andere Summen berechnen lassen oder nicht. Für den

Nachweis der Unendlichkeit benutzt man folgenden Abschätzungstrick. Unter den Folgengliedern $\frac{1}{k}$ werden jeweils diejenigen zwischen aufeinanderfolgenden Zweierpotenzen zusammengefasst.

$$\sum_{k=1}^{\infty} \frac{1}{k} = 1 + \frac{1}{2} + \underbrace{\frac{1}{3} + \frac{1}{4}} + \underbrace{\frac{1}{5} + \frac{1}{6} + \frac{1}{7} + \frac{1}{8}} + \underbrace{\frac{1}{9} + \ldots + \frac{1}{16}} + \ldots$$

Diese Pakete haben die Form

$$\frac{1}{2^k + 1} + \ldots + \frac{1}{2^{k+1}}$$

wobei jedes aus 2^k Summanden besteht. Diese nehmen ab, sodass der letzte Summand $\frac{1}{2^{k+1}}$ jeweils der kleinste ist. Damit können wir jedes Paket wie folgt abschätzen.

$$\frac{1}{2^k + 1} + \ldots + \frac{1}{2^{k+1}} > \frac{1}{2^{k+1}} + \ldots + \frac{1}{2^{k+1}} = \frac{2^k}{2^{k+1}} = \frac{1}{2}$$

Nun lässt sich die gesamte harmonische Reihe abschätzen.

$$1 + \frac{1}{2} + \underbrace{\frac{1}{3} + \frac{1}{4}}_{>\frac{1}{2}} + \underbrace{\frac{1}{5} + \frac{1}{6} + \frac{1}{7} + \frac{1}{8}}_{>\frac{1}{2}} + \underbrace{\frac{1}{9} + \ldots + \frac{1}{16}}_{>\frac{1}{2}} + \ldots > 1 + \frac{1}{2} + \frac{1}{2} + \frac{1}{2} + \ldots$$

Damit ist klar, dass die harmonische Reihe keinen endlichen Summenwert besitzt, sondern ins Unendliche wächst. Wenn man die Zahlen

$$1 + \frac{1}{2} + \frac{1}{3} + \frac{1}{4} + \frac{1}{5} + \ldots$$

ausreichend lange aufaddiert, überschreitet die Summe also jede positive Zahl.

17.4 Reichtum und Zufall

Unter einem *Nullsummenspiel* versteht man ein Spiel, bei welchem sich die Gewinne und Verluste aller Teilnehmer pro Spielrunde zu null aufsummieren.

Betrachten wir ein unfaires Nullsummenspiel zwischen zwei Personen. Die Gewinnchancen der Spieler sind also verschieden. Es soll in mehreren Runden mit dem Einsatz von 1 Franken pro Runde gespielt werden. Beide Gegner verfügen über verschiedenes Startkapital. Beim ersten sind das i Franken und beim zweiten $a - i$ Franken. Jeder Kontrahent ist fest entschlossen, bis zum vollständigen Ruin seines Gegners zu spielen, selbst wenn er dabei alles riskiert. Wer von beiden hat nun insgesamt die besseren Chancen?

Zur Bewertung dieser Situation benötigen wir alle Details. Sei q_i die *Wahrscheinlichkeit des ersten Spielers, ein Vermögen von i Franken komplett zu verspielen.* Bei einem Gesamtkapital $a = i + (a - i)$ der beiden Spieler ist

$$q_a = 0\,,$$

weil sich der erste Spieler in diesem Fall bereits das Gesamtvermögen angeeignet hat. Nach einem Totalverlust bleibt man ruiniert, also setzen wir

$$q_0 = 1\,.$$

Die *Gewinnwahrscheinlichkeit von 1 Franken pro Spielrunde für den ersten Spieler* bezeichnen wir mit p. Die entsprechende Verlustwahrscheinlichkeit beträgt dann $q = 1 - p$. Solange der erste Spieler ein Vermögen $0 < i < a$ behält, ist noch nichts entschieden. Sein Ruin mit i Franken ist möglich, indem er

1) entweder in der nächsten Runde gewinnt und anschließend $i + 1$ Franken verspielt;
2) oder in der nächsten Runde verliert und sich dann mit nur noch $i - 1$ Franken ruinieren muss.

Die Wahrscheinlichkeit für den ersten Fall beträgt $p \cdot q_{i+1}$, wohingegen der zweite mit $q \cdot q_{i-1}$ eintritt. Mit der Formel der totalen Wahrscheinlichkeit (8.9) ist

$$q_i = pq_{i+1} + qq_{i-1}$$

Durch Umstellung erhalten wir

$$\begin{aligned} pq_{i+1} &= q_i - qq_{i-1} \\ pq_{i+1} &= pq_i + qq_i - qq_{i-1} \\ p(q_i - q_{i+1}) &= q(q_{i-1} - q_i) \\ q_i - q_{i+1} &= \frac{q}{p}(q_{i-1} - q_i) \end{aligned}$$

Diese Differenzen bilden eine geometrische Reihe. Nach mehrfachem Ineinander-einsetzen dieser Beziehungen erhält man

$$q_i - q_{i+1} = \left(\frac{q}{p}\right)^i (q_0 - q_1) = \left(\frac{q}{p}\right)^i (1 - q_1)$$

Wegen

$$1 - q_i = q_0 - q_i = (q_0 - q_1) + (q_1 - q_2) + \ldots + (q_{i-1} - q_i)$$

ist

$$1 - q_i = \sum_{k=1}^{i} (q_{k-1} - q_k) = (1 - q_1) \cdot \sum_{k=1}^{i} \left(\frac{q}{p}\right)^{k-1} = (1 - q_1) \cdot \sum_{k=0}^{i-1} \left(\frac{q}{p}\right)^k$$

Also folgt

$$1 - q_i = (1 - q_1) \cdot \frac{\left(\frac{q}{p}\right)^i - 1}{\frac{q}{p} - 1} \tag{17.8}$$

Wir berechnen zunächst q_1, indem wir $i = a$ setzen. Zur Verkürzung der Formeln ersetzen wir $\alpha = \frac{q}{p}$. Wegen $q_a = 0$ ist

$$1 = (1 - q_1) \cdot \frac{\alpha^a - 1}{\alpha - 1}$$

bzw.

$$q_1 = 1 - \frac{1-\alpha}{1-\alpha^a} = \frac{\alpha - \alpha^a}{1-\alpha^a}$$

Jetzt stellen wir (17.8) nach q_i um und setzen unser q_1 ein.

$$q_i = (q_1 - 1)\frac{\alpha^i - 1}{\alpha - 1} + 1 = \left(\frac{\alpha - \alpha^a}{1-\alpha^a} - 1\right)\frac{\alpha^i - 1}{\alpha - 1} + 1 = \frac{\alpha^i - \alpha^a}{1-\alpha^a}$$

Die Wahrscheinlichkeit für den ersten Spieler, bei einem Guthaben von i Franken schließlich alles zu verlieren, beträgt also

$$q_i = \frac{\left(\frac{q}{p}\right)^i - \left(\frac{q}{p}\right)^a}{1 - \left(\frac{q}{p}\right)^a}$$

Im folgenden Bild wurde $a = 100$ gewählt. Damit lässt sich der prozentuale Anteil des ersten Spielers am Gesamtvermögen auf der x-Achse darstellen.

Im ungleichen Kampf um Leben und Tod besitzt ein Kontrahent wesentliche Vorteile, falls er über die Übermacht an Reserven verfügt. Selbst wenn die Gewinnwahrscheinlichkeit des Gegners mit 60 % überwiegen würde, läge seine Ruinwahrscheinlichkeit bei einem Einsatz unter 1,7 % des Casinovermögens noch bei über 50 %.

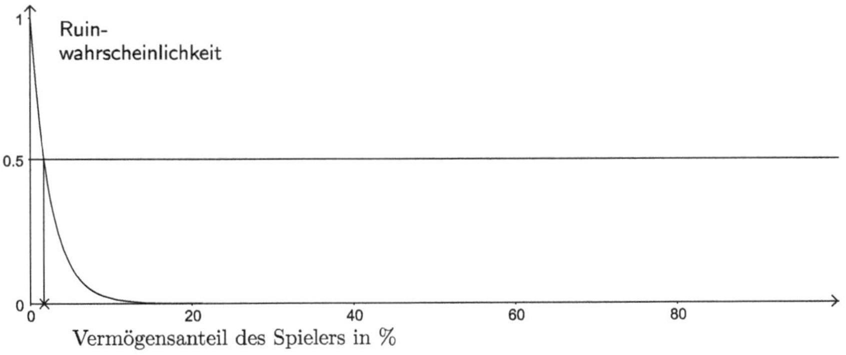

Abb. 17.8: Ruinwahrscheinlichkeit eines Spielers in Abhängigkeit vom Vermögensanteil bei einer Gewinnwahrscheinlichkeit von 60 %. Das Kreuz markiert den Vermögensanteil von 1,7 %.

Besitzt wie in der nachfolgenden Abbildung 17.9 einer der Spieler nun sowohl ein größeres Vermögen als auch höhere Gewinnchancen, so wird die Lage für seinen Gegner nahezu aussichtslos.

Das hier vorgestellte Problem ist unter dem Namen „Ruin des Spielers" bekannt. Es wurde gegen Mitte des 17. Jahrhunderts formuliert und beschäftigte in verschiedenen Varianten fast zwei Jahrhunderte lang die besten Mathematiker seiner Zeit. Die Namensliste liest sich wie das Who is Who der mathematisch-naturwissenschaftlichen Prominenz, darunter sind Blaise Pascal, Pierre de Fermat, Christian Huygens,

Abraham de Moivre, mehrere Mitglieder der Mathematikerdynastie Bernoulli, der Physiker André-Marie Ampère, Joseph-Luis Lagrange, Pierre-Simon Laplace und schließlich 1970 William Feller. Im Ergebnis ihrer Arbeit verfügen wir nun über eine ganze Lösungsvielfalt.

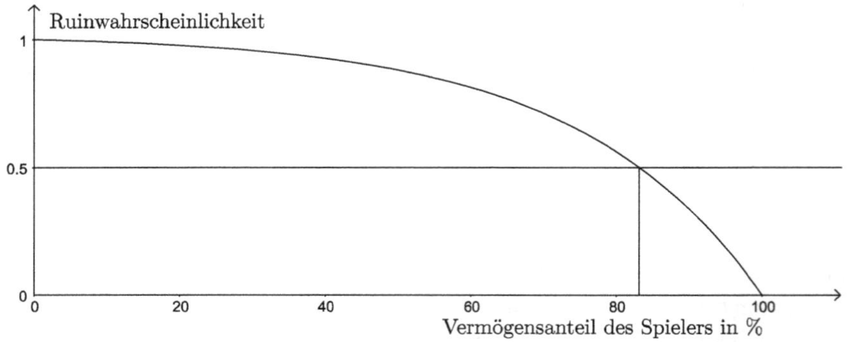

Abb. 17.9: Ruinwahrscheinlichkeit eines Spielers in Abhängigkeit vom Vermögensanteil bei einer Gewinnwahrscheinlichkeit von 49 %.

Den Autoren war der praktische Wert des Problems bewusst. Es ging um die Durchsetzungsfähigkeit eines Neuankömmlings auf dem Finanzmarkt. Obwohl der Börsenhandel kein Nullsummenspiel ist, funktionieren Casino und Börsenspekulationen im Wesentlichen nach demselben Prinzip. Langfristig gewinnen nur die Großen, weil sie sämtliche Vorteile auf ihrer Seite haben. Doch während Glücksspiel in der Öffentlichkeit weitgehend verpönt ist, werden Aktiengeschäfte für Kleinanleger in der Presse lautstark beworben. Auch hier wird das meiste Vermögen von sehr wenigen Marktteilnehmern gehalten. Eine Umverteilung geht längerfristig in die Richtung, dass die bestehenden Vermögensunterschiede noch vertieft werden.

Abb. 17.10: Die Wappentiere der Börse: Bulle, Bär und Kleinanleger.

Gewinnchancen an der Börse sind alles andere als fair. Die großen Haie im Geschäft haben eine Vielzahl mehr Möglichkeiten, verfügen teilweise über Insiderwissen und können sogar die Kurse manipulieren. Wenn der Kleinaktionär eine Zeit lang von der Erfolgswelle mitgetragen wird, hatte er einfach Glück. Langfristig ist das nicht haltbar.

17.5 Im Namen der Folge

Bekanntlich lässt eine edle Verpackung die Ware wertvoller erscheinen, sodass ihr Inhalt oder Nutzen zuweilen weniger hinterfragt wird. Dasselbe trifft auch auf Ideen zu, wenn man sie ansprechend „mathematisch verpackt".

Eine Meisterleistung bei der mathematischen Einrahmung höchst zweifelhafter Ideen gelang dem anglikanischen Geistlichen Thomas Malthus (1766–1834), der es damit sogar schaffte, als Klassiker der Nationalökonomie aufgenommen zu werden.

Er kam auf die Idee, das zeitliche Wachstum der menschlichen Population als geometrische Folge mit einem Faktor $q > 1$ zu modellieren und dem Wachstum der Nahrungsmittelproduktion, diesmal bestenfalls als arithmetische Folge gegenüberzustellen.

Das klingt zunächst ganz plausibel. Nehmen wir beispielsweise an, ein Paar hätte im Durchschnitt vier fortpflanzungsfähige Kinder. Dann verdoppelt sich die Bevölkerung pro Generation n, sodass ihr Wachstum dem Gesetz $b_n = b_1 \cdot 2^n$ folgt.

Eine Steigerung der Lebensmittelproduktion erfolgt aber nicht in derselben Größenordnung. Selbst wenn die Produktivität durch technologische Verbesserungen um 20 % steigt, so erzeugt dieser Zuwachs automatisch keinen weiteren Zuwachs. Die landwirtschaftlich nutzbare Fläche und andere natürliche Ressourcen geben eine Obergrenze zur Versorgung vor. Formulieren wir diesen Sachverhalt mathematisch:

Satz 24. *Eine geometrische Folge mit $b_n = b_1 \cdot q^n$ mit $q > 1$ übertrifft ab einem gewissen Index n jede beliebige arithmetische Folge mit $r_n = r_1 + n \cdot d$.*

Nachweis. Wir bilden den Quotienten

$$c_n = \frac{r_n}{b_n} = \frac{r_1}{b_1} \cdot \frac{1}{q^n} + \frac{d}{b_1} \cdot \frac{n}{q^n}$$

Der erste Summand $\frac{r_1}{b_1} \cdot \frac{1}{q^n}$ konvergiert für $n \to \infty$ offensichtlich gegen null. Uns bleibt die Untersuchung des zweiten Teils. Betrachten wir die Folge der

$$x_n = \frac{n}{q^n}$$

Aufschluss über ihr Wachstum gibt die Berechnung des Quotienten

$$\frac{x_{n+1}}{x_n} = \frac{n+1}{q^{n+1}} \cdot \frac{q^n}{n} = \frac{1}{q} \cdot \left(1 + \frac{1}{n}\right)$$

Es ist also

$$x_{n+1} = \left[\frac{1}{q} \cdot \left(1 + \frac{1}{n}\right)\right] \cdot x_n$$

Wegen $q > 1$ ist $0 < \frac{1}{q} < 1$. Wir wollen zeigen, dass der Ausdruck in den eckigen Klammern für $n > \frac{2}{q-1}$ stets kleiner als eins ist. Formen wir die letzte Ungleichung zu $\frac{1}{n} < \frac{q-1}{2}$ um, so folgt

$$\left[\frac{1}{q}\left(1 + \frac{1}{n}\right)\right] < \frac{1}{q}\left(1 + \frac{q-1}{2}\right) = \frac{1 + \frac{1}{q}}{2}$$

Bezeichnen wir $\alpha = \frac{1+\frac{1}{q}}{2}$. Als Mittelwert von 1 und $\frac{1}{q}$ ist $\alpha < 1$ und somit

$$x_{n+1} < \alpha \cdot x_n \qquad \text{für alle } n > \frac{2}{q-1}$$

weswegen $\frac{d}{b_1} \cdot \frac{n}{q^n}$ für $n \to \infty$ gegen null konvergiert. Also ist

$$\frac{r_n}{b_n} \to 0 \qquad \text{für } n \to \infty$$ □

Auch hier erweist sich die Modellierung mit stetigen Funktionen als deutlich komfortabler. Die arithmetische Folge entspricht einer linearen Funktion $g(x) = m \cdot x + q$ mit $m > 0$, während das Wachstum der geometrischen Folge durch die Exponentialfunktion $f(x) = a \cdot b^x$ mit $a > 0$ und $b > 1$ beschrieben wird. Nach der Regel von de l'Hospital ist dann

$$\lim_{x\to\infty} \frac{f(x)}{g(x)} = \lim_{x\to\infty} \frac{f'(x)}{g'(x)} = \lim_{x\to\infty} \frac{a \cdot \ln b \cdot b^x}{m} = \infty$$

Unser Verhältnis $\frac{r_n}{b_n}$ gibt in der Lehre von Malthus die verfügbaren Ressourcen pro Person an. Da die Bevölkerungszahl zu schnell wächst, kommt es zwangsläufig zum Mangel an Nahrungsmitteln. Unter diesem Aspekt sind Kriege und Seuchen nur ein natürliches Mittel zur Regulierung des Gleichgewichts, welches regelmäßig wiederhergestellt werden muss.

Überbevölkerung ist nach Malthus ein gesellschaftliches Problem, dem nur durch erhöhte Sterblichkeit abgeholfen werden könne. Natürlich nicht in der staatstragenden Oberschicht, sondern in den „nutzlosen" unteren Schichten der Bevölkerung. In der Einleitung seines 1798 erschienenen *Essay on the Principle of Population* [176] führt er dazu aus:

> „Ein Mensch, der in einer schon okkupierten Welt geboren wird, wenn seine Familie nicht die Mittel hat, ihn zu ernähren oder wenn die Gesellschaft seine Arbeit nicht nötig hat, dieser Mensch hat nicht das mindeste Recht, irgend einen Teil von Nahrung zu verlangen, und er ist wirklich zu viel auf der Erde. Bei dem großen Gastmahle der Natur ist durchaus kein Gedecke für ihn gelegt. Die Natur gebietet ihm abzutreten, und sie säumt nicht, selbst diesen Befehl zur Ausführung zu bringen."[9]

---

9 Diese Textpassage wurde von Malthus in späteren Ausgaben gestrichen. Sie trifft jedoch den Kern der Lehre und ihrer Anwendungen.

Diese Theorie ist möglicherweise die schwerwiegendste Fehlinterpretation einer mathematischen Formel, da ihr Einfluss bis in die Gegenwart reicht. Es ist die wissenschaftliche Trumpfkarte jeder „Das-Boot-ist-voll"-Diskussion, einsetzbar zur Rechtfertigung beim Bau von Grenzzäunen und Abschiebelagern in der ganzen Welt. Dabei tritt eine Doppelmoral zutage, die von der in Genf forschenden Anthropologin Shalini Randeria wie folgt zusammengefasst wird:

> „Wenn eine Frau aus Kamerun mehrere Kinder zur Welt bringt, trägt sie angeblich zur globalen Überbevölkerung bei, wenn der Schweizer aber zwei Autos kauft, kurbelt er das Wirtschaftswachstum an. Man kann die Frage der vermeintlichen Überbevölkerung nicht vom Ressourcenverbrauch trennen. Die Einwohner der Stadt New York verbrauchen an einem Tag mehr Energie als der gesamte afrikanische Kontinent. ... Überzählig sind immer die Anderen: die Armen, die Ausländer, die Angehörigen anderer Religionsgemeinschaften. ... Es geht nie nur um die Zahlen, sondern stets um die Frage, wer sich vermehren darf und wer nicht." [182]

Den Gipfel der Doppelmoral stellt jedoch die längst wieder salonfähige Behauptung dar, dass Waffenexporte zum Arbeitsplatzerhalt und Wirtschaftswachstum beitragen würden, wogegen Kriegsflüchtlinge das soziale Netz und den inneren Frieden gefährden.

Die schockierenden Thesen des anglikanischen Geistlichen fanden bereits im 19. Jahrhundert längst nicht die Zustimmung aller Zeitgenossen. Robert Louis Stevenson, der Autor der „Schatzinsel" setzte ihm ein passendes Denkmal, als er den Namen Malthus in seiner Erzählung *Der Selbstmörderclub* in der abstoßenden Person des Ehrenmitglieds verewigte. Dieser angesehene Gentleman kannte nur noch ein einziges Vergnügen, den Nervenkitzel des Zuschauers bei der Auslosung eines Mordopfers und seines Mörders, wobei sich die Lust schnell in schlotternde Angst und Feigheit verwandelte, als er schließlich selbst zum Opfer erwählt wurde.

In der Weihnachtsgeschichte *A Christmas Carol* legt Charles Dickens seiner Hauptfigur, dem zum Ekel mutierten Geschäftsmann Ebenezer Scrooge zur drastischen Untermalung eine Kurzfassung sämtlicher malthusschen Sparvorschläge in den Mund. Einzig die Formeln fehlen noch. Mit Verinnerlichung der neuen nationalökonomischen Glaubenssätze hatte Scrooge einen enormen Reichtum angehäuft und gleichzeitig sämtliche sozialen Bindungen gekappt. Die Psychologie bezeichnet ein derartiges Verhalten als antisozial.

Mit Entzücken reagierte dagegen die Wirtschaftselite. 1806 wurde Malthus zum Professor für Geschichte und politische Ökonomie am frisch gegründeten East India Company College in Hertford berufen, wo die Führungskader der Honourable East India Company (HEIC) ausgebildet wurden. Die Aktiengesellschaft schickte sich gerade an, mit staatlicher Unterstützung zum international mächtigsten Privatunternehmen aufzusteigen.

Der Posten, welchen er bis zu seinem Tode behielt, wurde für ihn geradezu maßgeschneidert. Es war der weltweit erste Lehrstuhl für politische Ökonomie. Mit seinen Ansichten galt er unter Kollegen keineswegs als Außenseiter. Die Argumente lieferten lediglich die mathematischen Verzierungen zu den Thesen seines Vorgängers Adam Smith (1723–1790). Der „Vater der Nationalökonomie" war bereits 1770 gegen staatliche Regulierungen bei Hungersnöten aufgetreten. Mit Smiths Kerngedanken, dass der eigennützig, auf seinen persönlichen wirtschaftlichen Vorteil bedachte Mensch mit seinem wirtschaftlichen Handeln gleichzeitig dem Wohl aller anderen dient, bekam die Spekulation in Hungerzeiten gleichsam eine höhere Weihe. Sozialdarwinismus galt als Rückgrat der Ökonomie.

Obwohl die Naturwissenschaftler jener Zeit ihre Theorien sorgfältig durch Messungen und Experimente untermauerten, beeilte sich Malthus nicht damit. Verweise auf Bevölkerungsstatistiken beschränkten sich auf die 13, kurz zuvor abtrünnig gewordenen britischen Kolonien an der nordamerikanischen Ostküste, die nunmehr den Kern der jungen USA bildeten. Sie befanden sich bereits zuvor in einer Boomphase. Eine Bevölkerungszunahme der Neusiedler war dort wenig verwunderlich, da – durch Verdrängung der Indianer – genügend Ressourcen zur Verfügung standen. Mit welchem Kunstgriff es Malthus jedoch gelang, in den statistischen Daten zwischen Fortpflanzung und Zuwanderung zu unterscheiden, wird wohl sein Geheimnis bleiben. Jedenfalls las er den Daten mehr oder weniger alle 25 Jahre eine Bevölkerungsverdopplung ab, was die Universalität seiner Theorie zu beweisen schien.[10]

Ohne sich mit umständlichen und zeitraubenden Überprüfungen der neuen Theorie aufzuhalten, schritt die Regierung direkt zur praktischen Umsetzung. Als Erstes sollte gemäß dem neuen Naturgesetz das irische Volk „abtreten", denn durch die Große Hungersnot (1845–1852) hatte es sich offensichtlich als überzählig erwiesen. Im Gegensatz zu anderen europäischen Ländern ergriff Großbritannien praktisch keine Hilfsmaßnahmen. Die britische Regierung erlaubte während der Hungerjahre sowohl die Schnapsbrennerei als auch den Weizenexport aus Irland, was dem irischen Aktivisten John Mitchel den Anlass zum Ausspruch gab:

> „Der Allmächtige sandte die Kartoffelfäule, aber die Engländer schufen die Hungersnot."

Obwohl in vielen Teilen Europas Missernten zu beklagen waren, hatte Irland mit 1 Million Hungertoten die höchste Sterberate. Viele Iren zogen damals die Schlussfolgerung, dass ein Leben nur außerhalb des britischen Herrschaftsbereichs möglich sei. Die Auswanderung nahm zu und auch die Unabhängigkeitsbewegung erhielt einen starken Aufschwung. Währenddessen gab es für Großbritanniens Führungszirkel keine Konsequenzen. Zu mächtig schien die Beweiskraft der geometrischen Folge.

10 Die gesamte Statistik basiert ausschließlich auf Daten der Jahre 1643, 1760 und des Zeitpunkts vor Beginn des Unabhängigkeitskriegs. Die gefundenen Verdopplungsraten variieren zwischen 15, 22, 25 und 35 Jahren, wobei die Bevölkerung einiger Städte sogar konstant blieb. Unerwähnt blieb, dass die Zahlen nur die Entwicklung der weißen Bevölkerung enthielten. Der gleichzeitige drastische Rückgang der indianischen Urbevölkerung, die seiner Meinung nach nicht in Freiheit lebte, war ihm entweder nicht bekannt oder interessierte ihn wenig. Siehe [176].

Während des gesamten 19. Jahrhunderts, der Epoche weltweiter Kolonialisierung, wiederholten sich ähnliche Katastrophen in noch schlimmerem Ausmaß. Zu dieser Zeit hatten sich Malthus geistige Sprösslinge bereits in Spitzenpositionen der Kolonialverwaltung hochgearbeitet und eine eigene Führungskaste begründet.

Im Gegensatz zur europäischen Kartoffelfäule von 1845 war der Auslöser der Hungerepidemien diesmal eine regelmäßig weltweit auftretende Klimaschwankung, die als El Niño bekannt ist. Sie verursacht eine Verschiebung des Monsunregens, wodurch in gewissen Gebieten Afrikas, Asiens und Südamerikas längere Trockenperioden auftreten. Eine Kette besonders heftiger Schwankungen wurde den frisch kolonialisierten oder in Abhängigkeit geratenen Gebieten nun zum Verhängnis.

Tab. 17.2: Geschätzte Zahl von Todesopfern in Indien, China und Brasilien infolge von Klimaschwankungen und mangelnder Hungerhilfe (siehe M. Davis [166]).

Land	Zeitraum	Anzahl Tote (Mio.)	Quelle
Indien	1876–1879	10,3	Digby
		8,2	Maharatna
		6,1	Seavoy
	1896–1902	19,0	The Lancet
		8,4	Maharatna/ Seavoy
		6,1	Cambridge
Indien insgesamt		12,2–29,3	
China	1876–1879	20	Broomhall
		9,5–13	Bohr
	1896–1900	10	Cohen
China insgesamt		19,5–30	
Brasilien	1876–1879	0,5–1,0	Cunniff
	1896–1900	Ohne Angaben	
Brasilien insgesamt		2	Smith
Zusammen		31,7–61,3	

In den Jahrhunderten zuvor hatten sich die traditionellen Gesellschaften durch Vorratshaltung und den Anbau geeigneter Sorten auf das Wetterphänomen eingestellt, sodass der Schaden begrenzt blieb. Das änderte sich drastisch. In Indien lief dieser Prozess folgendermaßen ab.

Die koloniale Abhängigkeit zerstörte das Sozialgefüge der Gesellschaft, indem Lebensmittelspekulationen gefördert und Beschränkungen des Wuchers aufgehoben wurden.[11] Privatisierung von Gemeindeland führte dazu, dass den Armen künftig ei-

11 Einer der wenigen Vorteile des hinduistischen Kastensystems bestand darin, Angehörigen der Priesterschicht den Geldverleih zu verbieten. Mit der Aufhebung dieser Beschränkung verfügten die

ne weitere Ressource für Notzeiten versperrt blieb. Gleichzeitig wurde ein überhöhter Steuersatz eingefordert. Selbst die private Instandsetzung von Bewässerungsanlagen bestrafte man durch eine Sondersteuer. Die Bauern verschuldeten sich rasant. Nunmehr mussten sie die Kultivierung zur Selbstversorgung mit dürrebeständigen Sorten wie Hirse einschränken und wurden stattdessen zum Anbau von Exportwaren wie Weizen, Indigo, Baumwolle und Rohopium[12] für fallende Preise gezwungen.

In der Ausgangslage unmittelbar vor der Dürre waren Bauern, selbst wenn sie Weizen anbauten, nicht mehr in der Lage, Reserven für Hungersnöte anzulegen. Ihre Ernten gehörten ihnen nicht, sie wurden sofort nach dem Einbringen gepfändet. Während weltweit ein Überangebot an börsennotierten, landwirtschaftlichen Gütern erzeugt wurde, entstand gleichzeitig ein unerschöpflicher Pool von billigen, weil besitzlosen Landarbeitern bzw. Kleinpächtern.

Abb. 17.11: Hungeropfer in Indien (1876–1879). Foto: Willoughby Wallace Hooper.

Mit dem Eintritt der Dürren ließ man diese Menschen einfach verhungern, weil man sie nicht brauchte. In Britisch-Indien gab es keinerlei Festsetzung von Obergrenzen

neuen Wucherer durch den Missbrauch ihrer religiösen Stellung über außerordentliche Machtmittel zum Eintreiben ihrer Schulden.

12 Britisch-Indien war im 19. Jahrhundert der weltgrößte Rauschgiftproduzent. Die enormen Gewinne finanzierten einen Großteil der kostspieligen Militäroperationen zur Ausdehnung der East India Company auf dem indischen Subkontinent. Britische Drogenexporte nach China wurden mit den beiden Opiumkriegen 1839–1842 und 1856–1860 durchgesetzt. Das Reich der Mitte galt zwar formal als unabhängig, hatte sich jedoch de facto bereits in eine Halbkolonie verwandelt, deren Wirtschaft zerstört war.

der Lebensmittelpreise, was die Hortung und Spekulation massiv förderte. Gebiete mit Eisenbahnanbindung hatten sogar noch stärker unter dem Hunger zu leiden, weil die dortigen Vorräte leichter abtransportiert werden konnten. Die Kolonialverwaltung errichtete Lager der „Hungerhilfe", deren Insassen mit einer Verpflegungsration unterhalb des berüchtigten deutschen Konzentrationslagers Buchenwald zu Schwerarbeit beim Eisenbahnbau gezwungen wurden.

Wie bereits während der irischen Hungersnot ließ die britische Regierung selbst während der schlimmsten Zeiten große Mengen von Reis und Weizen aus Indien exportieren. Durch Notverkäufe kam es in Indien zu einer massiven Umverteilung des Besitzes, von welchem Grundbesitzer und Geldverleiher profitierten.

Während viele mittlere Verwaltungsangestellte diese Hungerpolitik als skandalös empfanden – die Dokumentation der Verbrechen entstammt größtenteils den Berichten britischer Beamter –, beriefen sich die Verantwortlichen direkt auf die Lehren der Ökonomie und damit verbundene klangvolle Namen wie Adam Smith und Thomas Malthus.

Abb. 17.12: Edward Robert Lytton, Vizekönig in Britisch-Indien von 1876 bis 1880. Foto: Bourne & Shepherd 1877.

Ganz im Sinne seiner geistigen Mentoren vertrat Edward Robert Bulwer-Lytton als höchster britischer Statthalter während der Hungersnot von 1876 bis 1879 unbeirrt die Position, dass die indische Bevölkerung schneller zunimmt als die Nahrungsmittel, die sie dem Boden abgewinnt. Doch das war falsch. Zwischen 1750 und 1900 fiel der

Anteil Südostasiens an der Weltbevölkerung von 23 auf 20 %, während Europas Anteil von 17 auf 21 % zunahm. (Beide Prozesse entsprachen der Veränderung der jeweiligen Wirtschaftskraft durch die koloniale Abhängigkeit bei gleichzeitiger Umkehr der Warenströme. Siehe M. Davis [166].)

Der Vizekönig sah in hohen Preisen den „natürliche Ausweg aus der Situation", weil sie die Importe stimulieren und den Konsum einschränken würden. Auf seine Anordnung waren „jegliche Maßnahmen vonseiten der Regierung zu unterlassen". Im Hinblick auf die wachsende Kritik beklagte er eine „humanitäre Hysterie". Der Anti-Charitable Contributions Act von 1877 verbot unter Androhung von Haftstrafen private Spenden, da diese angeblich den Gesetzen des freien Marktes zuwiderliefen. Selbstverständlich war von Steuererlässen gegenüber der notleidenden Bevölkerung erst recht keine Rede. Schließlich startete Lytton 1878 aus reinem imperialen Größenwahn einen verlustreichen Krieg gegen Afghanistan, der hauptsächlich mit den erpressten Steuergeldern finanziert wurde.

Seine Nachfolger verhielten sich ähnlich. Die Doktrin wurde weitgehend von anderen europäischen Mächten und den USA zur Kolonialisierung übernommen, in deren Machtbereichen ähnliche Zustände herrschten. Insgesamt wird die Anzahl der Todesopfer durch die Folgen von Hunger im Zeitraum von 1876 bis 1902 in der Dritten Welt auf bis zu 60 Millionen Menschen geschätzt.

17.6 Grenzen für das Wachstum?

Der von Malthus gewählte Ansatz enthält zwar sinnvolle Elemente, vereinfacht das Problem aber stark. Die Anwendung auf die Bevölkerungsentwicklung seiner Zeit und die daraus gezogenen Schlussfolgerungen waren schlichtweg falsch. Keine der beiden Seiten des Modells, weder die Ressourcen noch die Population, stand im Einklang mit den Daten der Realität. Ihre Anwender im globalen Maßstab interessierten sich jedoch wenig für eine Überprüfung der sozialdarwinistischen Theorie, solange diese profitabel war.

Dabei entwickelte der belgische Mathematiker Pierre François Verhulst bereits 1838 eine brauchbare Alternative. Seine *logistische Gleichung*

$$X_{n+1} = q_v \cdot X_n \cdot (G - X_n) \tag{17.9}$$

beschreibt das Wachstum einer Population X_n, wobei G ihre Maximalgröße bei den verfügbaren Ressourcen ist. q_v wird als Vermehrungsfaktor bezeichnet. Zur Vereinfachung benutzt man die normierten Größen

$$x_n = \frac{X_n}{G}, \quad r = G \cdot q_v$$

und erhält

$$x_{n+1} = r \cdot x_n \cdot (1 - x_n) \tag{17.10}$$

Damit sind $0 \le x_n \le 1$ der erreichte Anteil an der Maximalgröße und $r > 0$ der Wachstumsfaktor.

Gleichung (17.10) berücksichtigt mit dem Faktor x_n, dass die künftige Generation proportional zur Elterngeneration ist. Ebenso ist sie wegen $(1 - x_n)$ proportional zu den noch verfügbaren Ressourcen. Das Modell wird in der Biologie recht erfolgreich angewendet. Die Wahl des Vermehrungsfaktors r hängt von der Art der Lebewesen und ihren Lebensbedingungen ab. Für Anwendungen untersucht man hauptsächlich Wachstumsfaktoren $r \le 4$, weil damit $x_n \le 1$ garantiert ist.

Mit den folgenden Berechnungen verschaffen wir uns einen Überblick über die Möglichkeiten des Modells.

Problem 50. *Weisen Sie nach, dass die Folge (17.10) für Startwerte $0 < x_1 < 1$ und $r \le 4$ stets im Intervall $[0; 1]$ beschränkt bleibt.*

Lösung. Die quadratische Funktion

$$y = x(1 - x) \qquad \text{für } 0 < x < 1$$

nimmt ihr Maximum bei $x = \frac{1}{2}$ und $y = \frac{1}{4}$ an. Hieraus folgt die Abschätzung

$$x_{n+1} = r \cdot x_n \cdot (1 - x_n) \le \frac{r}{4} \qquad \text{für } 0 < x_n < 1$$

Für $r \le 4$ ist also $x_{n+1} \le 1$. □

Problem 51. *Welche Grenzwerte sind für die Folge (17.10) prinzipiell möglich?*

Lösung. Falls ein Grenzwert $x = \lim_{n\to\infty} x_n$ existiert, so ist

$$\lim_{n\to\infty} x_{n+1} = \lim_{n\to\infty} r \cdot x_n \cdot (1 - x_n)$$

$$x = r \cdot x \cdot (1 - x) \tag{17.11}$$

Eine Lösung erhält man für $x = 0$. Für $x \ne 0$ folgt aus (17.11)

$$1 = r \cdot (1 - x)$$

$$x = \frac{r - 1}{r}$$

Damit sind $x = 0$ oder $x = \frac{r-1}{r}$ als Grenzwerte möglich. Obwohl unsere Folgenglieder x_n Werte bis zu 1 annehmen könnte, sind stabile Zustände nur in einem gewissen Abstand darunter erreichbar. □

Problem 52. *Weisen Sie nach, dass die Population bei $0 \le r \le 1$ ausstirbt.*

Lösung. Wegen $0 < x_n < 1$ ist auch $0 < 1 - x_n < 1$ und damit

$$x_{n+1} = r \cdot x_n \cdot (1 - x_n) \le x_n \cdot (1 - x_n) < x_n$$

Unsere Folge mit $0 < x_n < 1$ fällt also monoton und besitzt nach Satz 33 (Anhang) einen Grenzwert. Da wir für $0 \le r \le 1$ einen Wert $\frac{r-1}{r} \le 0$ erhalten würden, kommt als Grenzwert nur $x = 0$ in Betracht. □

Der Wachstumsfaktor r beschreibt nicht die reine Vermehrungsrate, sondern eine *effektive Fortpflanzungsrate unter Einbeziehung der Sterblichkeit*. Höhere Sterblichkeitsverluste müssen durch eine entsprechend größere Vermehrungsrate ausgeglichen werden. Im Fall $0 \leq r \leq 1$ ist die Ursache des Aussterbens nicht der Ressourcenmangel, sondern eine gegenüber der Sterblichkeit unzureichende Fortpflanzung.

Problem 53. *Weisen Sie nach, dass sich die Population für Wachstumsfaktoren* $1 < r \leq 2$ *und Startwerte* $x_1 \in \left(0; \frac{r-1}{r}\right)$ *dem Grenzwert* $\frac{r-1}{r}$ *annähert.*

Lösung. Für $1 < r \leq 2$ ist $0 < \frac{r-1}{r} \leq \frac{1}{2}$. Untersuchen wir die Funktion

$$f(x) = r \cdot x(1 - x)$$

Wegen $f'(x) = r(1-2x) > 0$ für $0 < x < \frac{r-1}{r} \leq \frac{1}{2}$ wächst $f(x)$ monoton auf dem Intervall $\left(0; \frac{r-1}{r}\right)$. Dann liegt ihr Maximum an der rechten Intervallgrenze:

$$f(x) = r \cdot x(1 - x) < r \cdot \frac{r-1}{r} \cdot \left(1 - \frac{r-1}{r}\right) = \frac{r-1}{r}$$

und wir erhalten für die Glieder unserer Zahlenfolge

$$x_{n+1} = f(x_n) < \frac{r-1}{r} \quad \text{für } x_n \in \left(0; \frac{r-1}{r}\right)$$

Damit ist die Folge (x_n) beschränkt. Weiterhin folgt aus $x_n < \frac{r-1}{r}$

$$\begin{aligned} rx_n &< r - 1 \\ rx_n^2 &< rx_n - x_n \\ x_n &< rx_n(1 - x_n) \\ x_n &< x_{n+1} \end{aligned}$$

Eine beschränkte und monoton wachsende Folge ist nach Satz 33 (Anhang) konvergent. Als Grenzwert kommt nur noch $\frac{r-1}{r}$ in Betracht, da sich die Folge von 0 entfernt. □

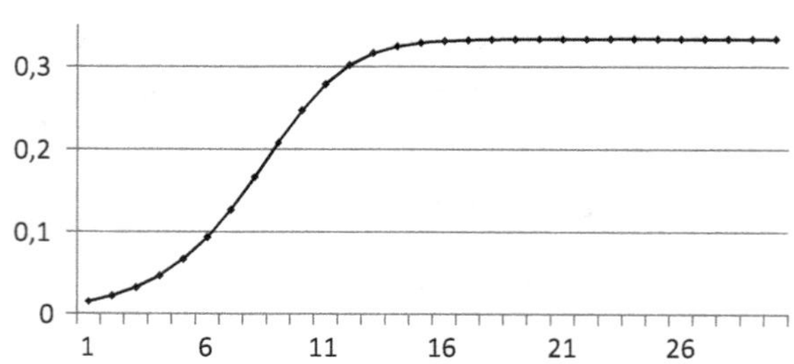

Abb. 17.13: Logistisches Wachstum für $1 < r \leq 2$, hier $r = 1{,}5$, und Startwerte unterhalb des Grenzwerts 1/3. Ähnlich würde sich vermutlich eine Elefantenpopulation ohne menschliche Beeinträchtigung entwickeln. Die Tiere besitzen keine natürlichen Feinde und wenige Konkurrenten.

Mit analogen Überlegungen lässt sich nachweisen, dass für Startwerte $x_1 > \frac{r-1}{r}$ eine Annäherung durch eine monoton fallende Folge erfolgt.

Die logistische Gleichung stellt eine natürliche Alternative zur zwangsläufigen Entstehung und Vernichtung von Überbevölkerung vor. Im obigen Bild sieht man, wie das logistische Wachstum zunächst in einer Boomphase beginnt, die tatsächlich der malthusschen Bevölkerungsexplosion entspricht. Es kommt jedoch zu keiner Katastrophe, da noch genügend Ressourcen vorhanden sind. Mit deren zunehmender Verknappung schwächt sich dieses Wachstum ab, bis man sich einem stabilen Gleichgewicht annähert. Damit gibt es keine naturgesetzliche Rechtfertigung eines regelmäßigen Massensterbens durch Kriege, Epidemien und große Hungersnöte.

Es lassen sich ausreichend Beispiele dafür finden. Nach Meinung des Genetikers Luigi Cavalli-Sforza, der verschiedene Nomadenvölker besuchte und dabei ihre traditionelle Lebensweise studierte, wäre die Erhaltung des Gleichgewichts bereits in der Frühzeit möglich gewesen, ohne dass dazu besondere Kenntnisse nötig wären:

> „Die Jäger und Sammler von damals verhielten sich vermutlich nicht viel anders als die von heute, die im Durchschnitt fünf Kinder bekommen – ungefähr alle vier Jahre eines. Mit einer Pause von vier Jahren zwischen den Geburten können sie immer umherziehen und das zuletzt geborene Kind im Arm oder auf dem Rücken mit sich tragen, während die älteren Kinder bereits selbst gehen können, zwar nicht sehr schnell, aber sie können auf den Wanderzügen der Gruppe doch mithalten.
> Durch die großen Abstände zwischen den Schwangerschaften kann die Stillperiode bis zum vierten Lebensjahr des Kindes ausgedehnt werden, was die Wahrscheinlichkeit einer unmittelbar folgenden Schwangerschaft weiter vermindert.
> Mit durchschnittlich fünf Kindern pro Frau hält sich die Bevölkerung ungefähr konstant, weil von diesen fünf Kindern mehr als die Hälfte noch vor Erreichen des Erwachsenenalters, im allgemeinen schon in den ersten Lebensjahren, stirbt. So hat jedes Paar praktisch nur zwei Kinder, die das Erwachsenenalter erreichen und sich ihrerseits fortpflanzen; auf diese Weise bleibt die Population konstant, das heißt, sie wächst nicht oder nur sehr langsam.“ [107]

Beim Übergang zur Landwirtschaft stand den Menschen genügend Boden zur Verfügung. Durch die Sesshaftigkeit konnten sie sich mehr Nachkommen leisten. Kinderreichtum war sogar von Vorteil, denn dadurch standen mehr Arbeitskräfte zur Verfügung. Notfalls wanderte ein Teil von ihnen aus, um anderswo Land zu erschließen.

Mit veränderter wirtschaftlicher Grundlage war also ein Gleichgewicht auf höherem Niveau möglich. Der Übergang zwischen den Gleichgewichten wird sicherlich selten glatt vonstatten gegangen sein. Es ist anzunehmen, dass ein Wechsel zu neuen Lebensweisen häufig durch Notsituationen erfolgte, wenn die bisherigen Ressourcen zu versiegen drohten.

Bei Faktoren $r > 2$ tritt erstmals ein derartiges Wachstum auf, dass die Population zeitweise nicht mehr ausreichend versorgt werden kann. Für Werte $2 < r \leq 3$ ist das vorerst nur in der Anfangsphase zu beobachten. Danach stabilisiert sich die Situation. Die Population nähert sich in Form einer gedämpften Welle dem Grenzwert.

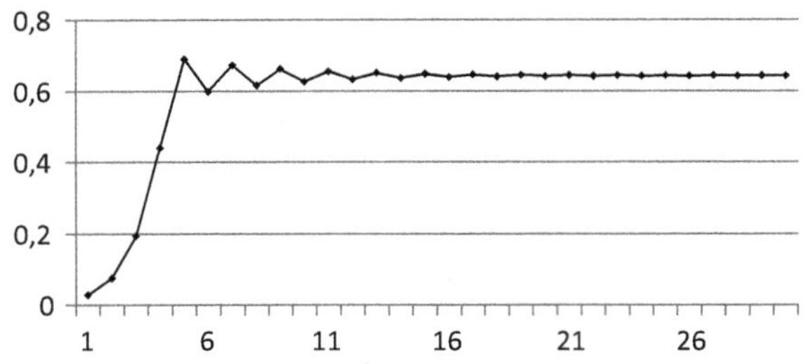

Abb. 17.14: Bei Wachstumsraten $2 < r \leq 3$, hier $r = 2{,}8$, kommt es bei Beginn zu einer Überbevölkerung, die durch Ressourcenmangel reduziert wird.

Dieses Verhalten konnte bei Wasserflöhen nachgewiesen werden. Im nachfolgenden Bild ist das Absinken ihrer Anzahl nach 70 Tagen die Folge anfänglicher Übernutzung der Ressourcen.

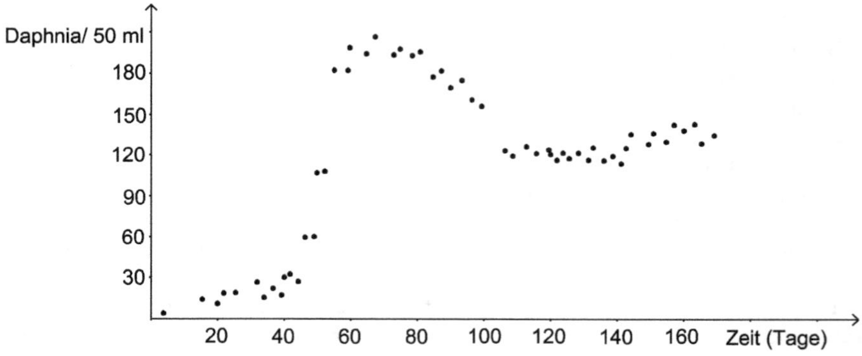

Abb. 17.15: Messwerte zur Entwicklung einer Population von Wasserflöhen (Daphnien) unter Laborbedingungen. Quelle: P. Chen [164].

Bei noch stärkeren Wachstumsraten kommt es schließlich zum malthusschen Szenario einer dauerhaft wiederkehrenden Überbevölkerung. Die Populationsstärke pendelt zwischen zwei Häufungspunkten hin und her. Die Erscheinung lässt sich bei gewissen Insektenarten beobachten. (Bei Maikäfern treten Schwankungen alle vier Jahre auf.)

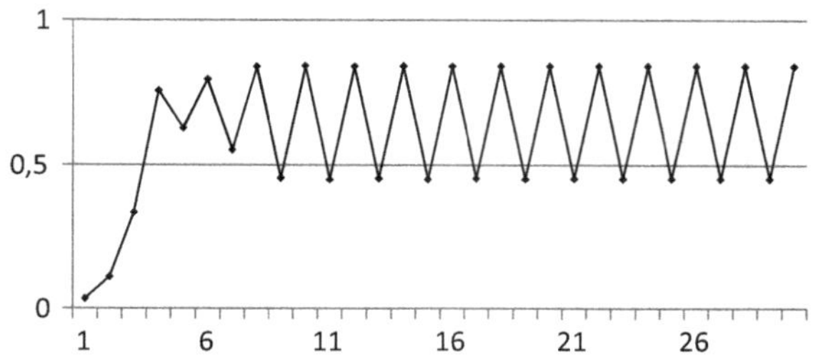

Abb. 17.16: Bei Wachstumsraten r zwischen 3 und etwa 3,45, hier $r = 3{,}4$, kommt es regelmäßig zur Überbevölkerung.

Erhöht man den Faktor r weiter, so kann sogar chaotisches Verhalten auftreten. Extrem kleine Änderungen des Startwerts x_1 führen dann zu unterschiedlichsten Verläufen der Zahlenfolge.

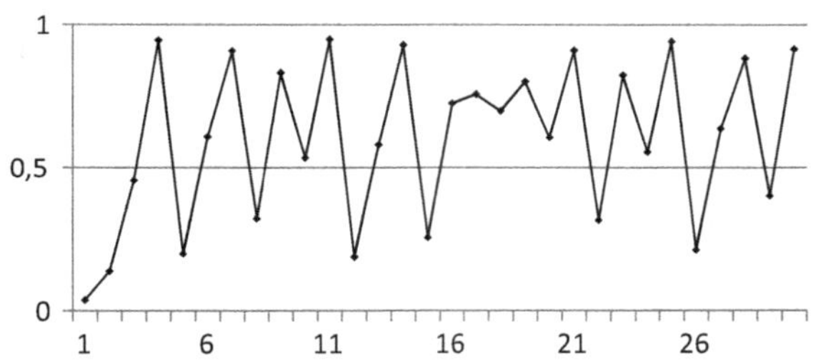

Abb. 17.17: Für $r = 3{,}81$ zeigt die Folge ein chaotisches Verhalten.

Starke Sprünge führen zu mitunter kleinen Werten der Zahlenfolge, sodass in der Realität ein Aussterben drohen würde.

Das diskrete Modell (17.9) wird schnell unhandlich, sodass man eine kontinuierliche Formulierung sucht. Betrachten wir statt der Zahlenfolge (x_n) eine stetig differenzierbare Funktion $x(t)$. Anstelle des Zuwachses $x_{n+1} - x_n$ innerhalb einer Generation untersuchen wir die Wachstumsgeschwindigkeit $\frac{dx}{dt}$, welche proportional zum Produkt $x(t) \cdot (G - x(t))$ sei. Eine Alternative zu (17.10) bei monotonem Wachstum, also dem Fall von Abbildung 17.13, ist die Differenzialgleichung

$$\frac{dx}{dt} = k \cdot x(t) \cdot (G - x(t)) \tag{17.12}$$

mit geeigneten positiven Konstanten G und k.

Satz 25. *Für Anfangswerte $0 < x(0) < G$ besitzt die logistische Gleichung (17.12) die Lösung*

$$x(t) = \frac{G}{\left(\frac{G}{x(0)} - 1\right) \cdot e^{-k \cdot G \cdot t} + 1} \qquad \text{für } t \in \mathbb{R} \tag{17.13}$$

Sie wird als *logistische* bzw. *Sigmoidfunktion* bezeichnet.

Nachweis. Durch Trennung der Variablen erhalten wir

$$\frac{dx}{x \cdot (G - x)} = k\, dt$$

Unter Benutzung der Identität $\frac{1}{x \cdot (G-x)} = \frac{1}{G} \cdot \left(\frac{1}{x} + \frac{1}{G-x}\right)$ folgt nach Integration

$$\int \left(\frac{1}{x} + \frac{1}{G - x}\right) dx = \int G \cdot k\, dt$$

$$\ln x - \ln(G - x) = G \cdot k \cdot t + C \quad \text{mit einer Konstanten } C$$

$$\frac{x}{G - x} = e^{G \cdot k \cdot t + C}$$

$$\frac{G}{x} - 1 = e^{-G \cdot k \cdot t} \cdot e^{-C} \tag{17.14}$$

$$x = \frac{G}{e^{-C} \cdot e^{-G \cdot k \cdot t} + 1} \tag{17.15}$$

Wir bestimmen e^{-C} aus der Anfangsbedingung, indem wir $t = 0$ in (17.14) einsetzen:

$$\frac{G}{x(0)} - 1 = e^{-C}$$

Ersetzen wir diesen Ausdruck in (17.15), so folgt (17.13). □

Satz 26. *Die Sigmoidfunktion (17.13) besitzt für $0 < x(0) < G$ folgende Eigenschaften:*

a) $0 < x(t) < G$ *für* $t \in \mathbb{R}$*;*

b) $x(t)$ *ist streng monoton wachsend;*

c) $\lim_{t \to \infty} x(t) = G.$

Nachweis. Zu a) Es ist

$$x(t) = \frac{G}{\underbrace{\left(\frac{G}{x(0)} - 1\right)}_{>0} \cdot e^{-k \cdot G \cdot t} + 1} < \frac{G}{1}$$

Zu b) Aus a) folgt $x(t) > 0$ und $G - x(t) > 0$. Damit ist

$$x'(t) = k \cdot x(t) \cdot (G - x(t)) > 0$$

Zu c) Es ist

$$\lim_{t \to \infty} \frac{G}{\left(\frac{G}{x(0)} - 1\right) \cdot e^{-k \cdot G \cdot t} + 1} = \frac{G}{\left(\frac{G}{x(0)} - 1\right) \cdot \lim_{t \to \infty} e^{-k \cdot G \cdot t} + 1} = \frac{G}{0 + 1} = G$$

□

Satz 27. *Für* $0 < x(0) < G$ *besitzt die Sigmoidfunktion* (17.13) *einen Wendepunkt bei*

$$t_w = \frac{\ln\left(\frac{G}{x(0)} - 1\right)}{k \cdot G} \tag{17.16}$$

Dort ist die Hälfte der maximal möglichen Population erreicht und die Ausbreitungsgeschwindigkeit hat ihr Maximum

$$x'(t_w) = \frac{k \cdot G^2}{4} \tag{17.17}$$

Nachweis. Wir berechnen x'' direkt aus der Differenzialgleichung (17.12).

$$x'' = (k \cdot x \cdot (G - x))' = k \cdot x' \cdot (G - x) + k \cdot x \cdot (-x') = k \cdot x' \cdot (G - 2x) \tag{17.18}$$

Wegen $k \cdot x' > 0$ folgt aus der notwendigen Bedingung $x'' = 0$ für den Wendepunkt

$$\begin{aligned} G - 2x &= 0 \\ x &= \frac{G}{2} \end{aligned}$$

Unter Benutzung der Lösungsformel (17.13) erhalten wir daraus

$$\frac{G}{\left(\frac{G}{x(0)} - 1\right) \cdot e^{-k \cdot G \cdot t_w} + 1} = \frac{G}{2}$$

und nach Umstellung schließlich (17.16). Erneutes Ableiten von (17.18) liefert

$$x''' = k(Gx'' - 2x''x - 2(x')^2)$$

Wegen $x''(t_w) = 0$ folgt daraus $x'''(t_w) = -2k(x')^2 < 0$. Somit besitzt x bei t_w tatsächlich einen Wendepunkt und x' ein Maximum.

Die Maximalgeschwindigkeit (17.17) am Wendepunkt erhält man durch Einsetzen von $x = G/2$ in die Differenzialgleichung (17.12). □

Der Populationsansatz von Verhulst liefert für geeignete Wachstumsfaktoren r meist gute Ergebnisse, solange keine Konkurrenten auftreten und die übrigen Lebensbedingungen gleich bleiben. Kommen jedoch stärkere Wechselbeziehungen vom Räuber-Beute-Typ hinzu, so muss das Modell aufgegeben werden.

Nach verschiedenen Wachstumsfaktoren der logistischen Gleichung unterteilten die Ökologen Robert H. MacArthur und Edward O. Wilson biologische Arten zwischen den beiden Extremen der K-Strategen und r-Strategen. Sie unterscheiden sich im Umgang mit begrenzten Ressourcen hinsichtlich künftiger Generationen.

Zu den ausgeprägten *r-Strategen* gehören diejenigen Arten, die eine hohe Reproduktionsrate r ansteuern und dabei Ressourcen über ihre Kapazität hinaus beanspruchen. Sie vermehren sich stark und überlassen ihren Nachwuchs sich selbst. Als Folge davon überlebt oft nur ein geringer Teil der Nachkommen.

Prinzipiell sind *r*-Strategen bei der schnellen Besiedlung neuer Lebensräume im Vorteil. Unter hohem Druck stehend, ihre individuelle Entwicklung rasch abzuschließen, haben sie kurze Lebenszyklen. Die geringe Lebensdauer bedingt einen frühen Fortpflanzungsbeginn sowie rasch aufeinanderfolgende Geburtenabstände. Aufgrund der kurzen Entwicklungsphase sind sie eher klein und verfügen über ein entsprechend leistungsschwächeres Gehirn.

Zu den *r*-Strategen zählen Kleinkrebse, Blattläuse, Sperlinge, Mäuse, Bienen, Ameisen, ferner die im Abschnitt 3.2 erwähnten Spinnen sowie unsere im Abschnitt 7.2 vorgestellten Fledermäuse mit ihren kleinen Hirnen und der bemerkenswerten sexuellen Potenz. Die Heftigkeit vieler krankheitserregender Viren oder Bakterien ist ebenfalls Ausdruck einer ausgeprägten *r*-Strategie. Dringen die Krankheitserreger ein, so vermehren sie sich explosionsartig. Mitunter richten sie ihren Wirt schnell zugrunde und berauben sich somit ihrer Ressource.

Das andere Extrem bezeichnet man als *K-Strategen*. Diese Arten wählen ihre Vermehrungsrate, um einen Gleichgewichtszustand bei der Nutzung der Ressourcen anzusteuern. Dann bleibt ihre Anzahl über einen langen Zeitraum nahezu konstant und die Vermehrungsrate ist relativ gering.

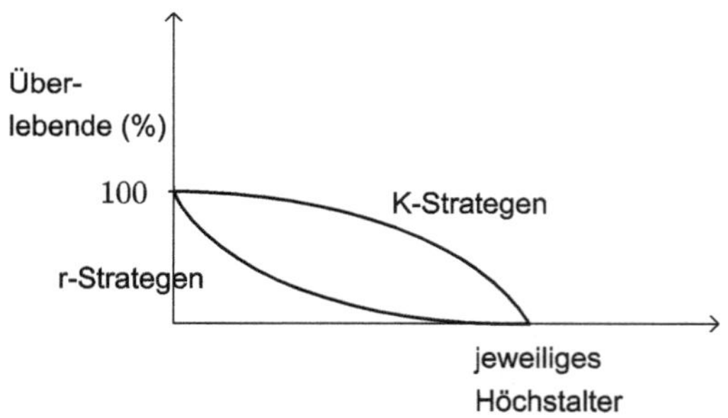

Abb. 17.18: Überlebenskurven bei unterschiedlicher Fortpflanzungsstrategie.

K-Strategen zeichnen sich durch eine hohe Lebenserwartung und entsprechend lange Lebenszyklen wie Brut- oder Aufzuchtphasen aus. Zu ihnen gehören außer dem Menschen und anderen Primaten auch Bären, Biber, Wale und Elefanten.

Damit erscheint auch die gegenwärtige Bevölkerungsexplosion in Drittweltländern unter einem anderen Blickwinkel. Höhere Vermehrungsraten in ärmeren Bevölkerungsschichten gewisser Entwicklungsländer sind keine biologische Eigenart. Sonst wären sie wohl auch in der Mittelschicht und in den vorangegangenen Generationen zu beobachten gewesen. Es handelt sich um ein wirtschaftliches Problem in einer vollständig aus dem Ruder gelaufenen Gesellschaft.

17.7 Über Innovationen, Werbung und Sprache

Anwendungen der logistischen Gleichung gehen über die Biologie hinaus. Selbst der Spracherwerb bei Kindern folgt einem derartigen Gesetz. Anfangs wird der Wortschatz nur langsam aufgebaut. Jedes neue Wort muss zunächst durch Gesten oder Vorführungen erklärt und oft wiederholt werden. Je größer die sprachliche Basis, desto mehr Wörter können verstanden und aufgenommen werden, bis bei einem gewissen Sprachumfang eine Sättigung eintritt.

Auch die erfolgreiche Ausbreitung von Reklame oder Innovationen lässt sich auf diese Weise nachvollziehen. In der Anfangsphase setzt sich die Innovation nur langsam durch, da sie noch weitgehend unbekannt ist. Neuinvestitionen sind kostspielig und könnten sich als Fehlschlag erweisen. Erst ab einer gewissen Anzahl Nutzer liegen genügend vertrauenswürdige Erfahrungswerte vor. Die Verbreitung steigt rapide an und wird zum Trend. Doch am Wendepunkt muss sich dieses Wachstum abschwächen, weil sich immer weniger Neukunden finden lassen.

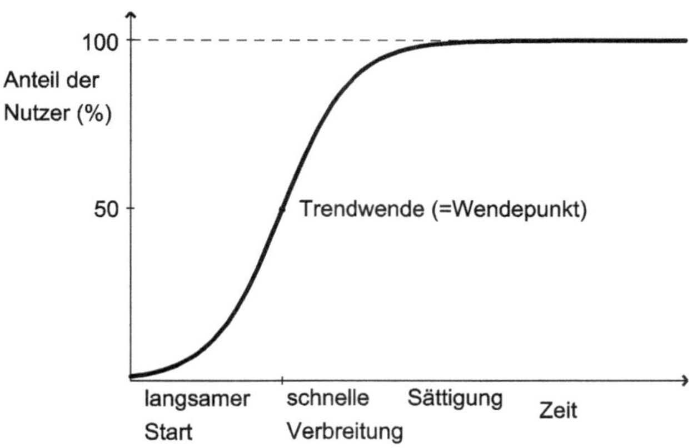

Abb. 17.19: Phasen der Durchsetzung einer erfolgreichen Innovation.

Bei der Verbreitung von Mobiltelefonen oder dem Beginn der Internetnutzung gegen Ende des 20. Jahrhunderts konnte diese Gesetzmäßigkeit gut bestätigt werden. Damit würde ein Produkt, falls es nicht wie Nahrung regelmäßig neu benötigt wird und von dauerhafter Qualität ist, ab der Trendwende immer weniger Absatz finden.

In einer „Wachstumsgesellschaft" ergibt sich sofort eine Reihe von Konsequenzen. Will man die Verkaufszahlen halten, so muss man ständig alte Konsumenten zurückgewinnen. Man kann ihnen beispielsweise ein innovatives Nachfolgeprodukt anbieten. Ein anderer Weg besteht darin, die Betriebsdauer absichtlich zu verkürzen und die Kunden zum Neukauf zu zwingen. Der Fachbegriff dafür lautet geplante Obsoleszenz. Schließlich gibt es noch die Möglichkeit, statt Verkauf stärker auf den Service zu setzen.[13] Alle drei Strategien werden eingesetzt, oft sogar in Kombination miteinander, wobei der erste Weg bei relativ kurzen Zeitspannen von wenigen Jahren praktisch am schwierigsten ist. Ein Handy dient zum Kommunizieren. Wenn das leidlich gut klappt, kann man vielleicht noch eine Kamera oder ein GPS-System hinzufügen, doch im Vergleich zum ursprünglichen Qualitätssprung wird der Zuwachs an Funktionalität immer geringer. Daran ändert auch die Umbenennung in „Smartphone" wenig.

Zur geplanten Obsoleszenz gehört auch die besonders in der Computerbranche beliebte „geplante Inkompatibilität", bei welcher ältere Modelle nur noch eingeschränkt nutzbar werden, weil sie nicht mehr zu den neueren Modellen passen. Persönliche Erfahrungen dürften nicht schwer zu finden sein.[14]

Produktlebenszyklen, also die Dauern von der Markteinführung eines Produkts bis zu seiner Herausnahme aus dem Markt, werden sorgfältig geplant. Dazu gehört die Abstimmung von Zeiträumen für die Garantie sowie die Verfügbarkeit von Ersatzteilen genauso wie die Planung des entsprechenden Nachfolgeprodukts. In Abhängigkeit davon werden entsprechende Betriebsdauern angestrebt und technisch umgesetzt.

---

13 Diese Strategie wird von überteuerten Luxusmarken bevorzugt, die selbstverständlich eher Wert auf lange Haltbarkeit legen. Bei einem geringen Produktionsvolumen wirbt man in erster Linie mit finanzieller Wertbeständigkeit, welche die Funktionalität mit einschließt. Eine Edelkarosse ist ein Sammlerstück, das man noch im fahrtüchtigen Zustand vererben können sollte.

14 In den Medien wird die Problematik unterschiedlich diskutiert. Untersuchungen in Buchform findet man in [168, 180] und [172]. Im Gegensatz dazu prangerte die in der Schweiz einflussreiche Neue Züricher Zeitung [169] entsprechende Aussagen als Verschwörungstheorie und modernes Märchen an.

A Definitionen und Formeln

In der folgenden Übersicht werden häufig benutzte Begriffe, Formeln und Aussagen zusammengestellt. Ihre Herleitungen findet man in zahlreichen Lehrbüchern der Mathematik, von denen eine Auswahl im Literaturverzeichnis gegeben wird.

A.1 Mengenlehre und Kombinatorik

Kartesisches Produkt

Gegeben seien n endliche Mengen $A_1, \ldots, A_n$. Als ihr *kartesisches Produkt*

$$A_1 \times \ldots \times A_n$$

bezeichnet man die Menge aller endlichen Folgen $(a_1, \ldots, a_n)$, wobei $a_i \in A_i$ ist.

Satz 28. *Die Anzahl der Elemente von $A_1 \times \ldots \times A_n$ erhält man als Produkt aller Anzahlen der Elemente der A_i.*

Fakultät und Permutationen

Für alle natürlichen Zahlen n wird die Funktion $n!$ (sprich: n Fakultät) wie folgt definiert. Es ist $0! = 1$ sowie

$$(n + 1)! = (n + 1) \cdot n!$$

Eine einheitliche Definition unter Einschluss des Sonderfalls $n = 0$ ist möglich, indem $n!$ als Anzahl der Bijektionen einer n-elementigen Menge auf sich selbst erklärt wird. Damit ist $0! = 1$, denn es gibt genau eine Bijektion $f : \emptyset \to \emptyset$.

Die Fakultät kann in der folgenden Situation angewendet werden.

Unter einer *Permutation* versteht man eine Anordnung von Objekten in einer bestimmten Reihenfolge. Die *Anzahl aller Permutationen eines Wortes aus n verschiedenen Buchstaben* bezeichnen wir mit $\mathrm{perm}(n)$.

Satz 29. *Die Anzahl aller Permutationen von n Elementen beträgt*

$$\mathrm{perm}(n) = n!$$

https://doi.org/10.1515/9783110542547-018

Variationen

Es seien k verschiedene Objekte auf n Plätze aufzuteilen, wobei $n \geq k$ ist und jeder Platz höchstens ein Objekt zugewiesen bekommt. Damit bleiben also $n - k$ Plätze unbesetzt.
Jede derartige Zuteilung wird *Variation* genannt. Die *Anzahl der Variationen* wird mit $\mathrm{Var}\,(n, k)$ bezeichnet.

Satz 30. *Die Anzahl der Variationen für $n \geq k$ beträgt*

$$\mathrm{Var}\,(n, k) = \frac{n!}{(n-k)!} \tag{A.1}$$

Binomialkoeffizient und Kombinationen

Die für alle natürlichen Zahlen n und k definierte Funktion

$$\binom{n}{k} = \begin{cases} \frac{n!}{k!(n-k)!} & \text{für } 0 \leq k \leq n \\ 0 & \text{für } 0 \leq n < k \end{cases}$$

heißt *Binomialkoeffizient.*

Eine Anwendung findet man in der folgenden Situation.

Gegeben sei eine Menge aus n Elementen. Für ein vorgegebenes $k \leq n$ bezeichnet man die Auswahl einer Teilmenge von k Elementen als *Kombination* der Ordnung k. Die *Anzahl dieser Kombinationen* wird mit $C(n, k)$ bezeichnet.

Satz 31. *Die Anzahl der Kombinationen wird berechnet als*

$$C(n, k) = \binom{n}{k} \tag{A.2}$$

Im Zusammenhang mit den Binomialkoeffizienten tritt der binomische Lehrsatz auf.

Satz 32. *Für alle $x, y \in \mathbb{R}$ und $n \in \mathbb{N}$ ist*

$$(x + y)^n = \sum_{k=0}^{n} \binom{n}{k} \cdot x^k \cdot y^{n-k} \tag{A.3}$$

A.2 Zahlenfolgen und Summenformeln

Unendliche Zahlenfolgen $n \mapsto a_n$ für $n \in \mathbb{N}$ werden mit (a_n) bezeichnet. In diesem Zusammenhang benötigen wir folgende Definitionen.

– *Monoton wachsende und fallende Zahlenfolgen*
  Für eine *monoton wachsende Folge* ist $a_n \leq a_{n+1}$ für alle $n \in \mathbb{N}$.
  Für eine *monoton fallende Folge* ist $a_n \geq a_{n+1}$ für alle $n \in \mathbb{N}$.
– *Arithmetische Zahlenfolge*
  Bei einer *arithmetischen Folge* ist die Differenz aufeinanderfolgender Glieder konstant.
$$a_{n+1} - a_n = d \qquad \text{für alle } n \in \mathbb{N}$$
– *Geometrische Zahlenfolge*
  Bei einer *geometrischen Folge* ist der Quotient aufeinanderfolgender Glieder konstant.
$$\frac{a_{n+1}}{a_n} = q \qquad \text{für alle } n \in \mathbb{N}$$

Für endliche Teilsummen erhält man die Formeln:

– *Summenformel von Gauß*
$$\sum_{k=1}^{n-1} k = \frac{n(n-1)}{2} \tag{A.4}$$
– *Summenformel der (endlichen) geometrischen Folge*
  Für $q \neq 1$ ist
$$\sum_{k=0}^{n} a_0 \cdot q^k = a_0 \cdot \frac{q^{n+1} - 1}{q - 1} \tag{A.5}$$

A.3 Offene Mengen

– *Offene Kugel* in $\mathbb{R}^n$
  Sei $x^0 = (x_1^0, \ldots, x_n^0) \in \mathbb{R}^n$. Als offene Kugel mit Radius $r > 0$ um x^0 bezeichnen wir die Menge aller Punkte $x \in \mathbb{R}^n$ mit
$$|\, x - x^0 \,| = \left[\sum_{k=1}^{n} (x_k - x_k^0)^2 \right]^{1/2} < r$$
  Wir bezeichnen die offene Kugel mit $B(x^0, r)$.
  Die eindimensionale Kugel $B(x^0, r)$ ist das offene Intervall $I(x^0, r) = (x^0 - r, x^0 + r)$.
– *Offene Menge* in $\mathbb{R}^n$
  Die Menge $G \subset \mathbb{R}^n$ heißt offen, falls zu jedem $x^0 \in G$ ein Radius r existiert, sodass $B(x^0, r) \subset G$ ist.

A.4 Grenzwerte

Oft erhalten wir die Lösung eines mathematischen Problems durch Annäherung mit einer Folge von Zahlen oder Funktionen. Dann muss die Existenz eines Grenzwerts abgesichert sein.

Grenzwert einer Zahlenfolge
Eine Zahlenfolge (a_n) besitzt den *Grenzwert* a, falls zu jedem $\epsilon > 0$ ein Folgenindex n_ϵ existiert, sodass gilt:

$$a_n \in (a - \epsilon, a + \epsilon) \qquad \text{für alle} \ \ n \geq n_\epsilon$$

Man bezeichnet die Folge auch als *konvergent gegen* a. Symbolik: $a = \lim_{n\to\infty} a_n$.

Eine häufig benötigte Aussage ist der folgende

Satz 33. *Jede monoton wachsende und nach oben beschränkte Zahlenfolge besitzt einen Grenzwert. Dasselbe gilt auch für jede monoton fallende und nach unten beschränkte Zahlenfolge.*

A.5 Reihenentwicklungen und Näherungsformeln

Reihenentwicklungen sind ein beliebtes Mittel zur Darstellung reeller oder komplexer Funktionen.

- *Geometrische Reihe und ihre Ableitung*
  Für $| x |< 1$ ist

$$\sum_{k=1}^{\infty} x^k = \frac{x}{1-x} \tag{A.6}$$

$$\sum_{k=1}^{\infty} kx^{k-1} = \frac{1}{(1-x)^2} \tag{A.7}$$

- *Reihendarstellung der Exponentialfunktion*
  Für alle reellen Zahlen x gilt

$$e^x = \sum_{k=0}^{\infty} \frac{x^k}{k!} \tag{A.8}$$

- *Näherungsformel* der Exponentialfunktion:

$$e^{-x} \approx 1 - x \quad \text{für} \quad x \approx 0 \tag{A.9}$$

  Man erhält sie durch Abschätzung der höheren Glieder in der Reihe von e^{-x}.

A.6 Das Newton-Verfahren

Das Newton-Verfahren ist ein Näherungsverfahren zur Lösung von nicht linearen Gleichungen der Form

$$0 = f(x)$$

mit einer reellen Funktion f. Man sucht also eine Nullstelle von $y = f(x)$.

Voraussetzung des Verfahrens ist, dass diese Funktion auf einer offenen Menge $G \subset \mathbb{R}$ *stetig differenzierbar* ist und tatsächlich eine Nullstelle $x_0 \in G$ besitzt, bei der ihre erste Ableitung nicht verschwindet:

$$f(x_0) = 0, \qquad f'(x_0) \neq 0$$

Derartige Nullstellen werden *einfach* genannt. Dann existiert ein offenes Intervall I um x_0 mit

$$f'(x_0) \neq 0 \qquad \text{für } x \in I$$

Anschaulich beruht das Verfahren auf der Idee, dass bei der Wahl eines $x_1 \in I$ die im Kurvenpunkt $(x_1; f(x_1))$ konstruierte Tangente „auch in der Nähe von x_1 nicht zu stark von der Kurve abweicht“ und eine Nullstelle besitzt.

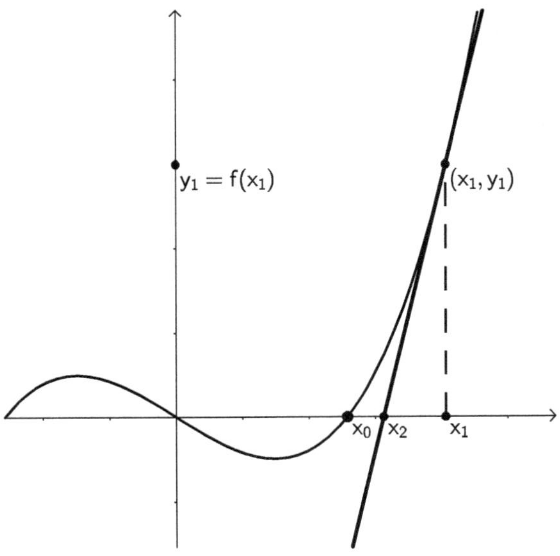

Abb. A.1: Tangente als Näherung der Funktion bei der Nullstelle.

Für die Tangentengleichung durch $(x_1; f(x_1))$ berechnet man

$$t(x) = f'(x_1) \cdot x + f(x_1) - f'(x_1) \cdot x_1$$

Wegen $f'(x_1) \neq 0$ besitzt die Tangente eine Nullstelle x_2. Aus $t(x_2) = 0$ folgt

$$x_2 = x_1 - \frac{f(x_1)}{f'(x_1)}$$

Wiederholen wir das Verfahren mit der Konstruktion einer neuen Tangente bei $(x_2; f(x_2))$, deren Nullstelle x_3 sei. Mit

$$\boxed{x_{n+1} = x_n - \frac{f(x_n)}{f'(x_n)}, \quad \text{für} \quad n = 1, 2, \ldots} \tag{A.10}$$

erhalten wir eine Folge (x_n), die unter gewissen Voraussetzungen gegen x_0 konvergiert.

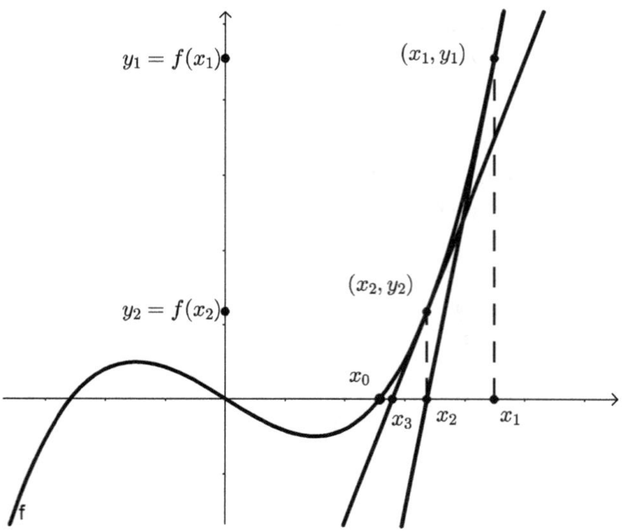

Abb. A.2: Konstruktion einer Folge von Näherungslösungen.

Eine Bedingung dafür liefert die folgende Aussage.

Satz 34. *Sei f zweimal stetig differenzierbar auf einer offenen Menge G. Für $x_0 \in G$ seien $f(x_0) = 0$ sowie $f'(x_0) \neq 0$.*

Dann existiert um x_0 ein offenes Intervall I, sodass das Newton-Verfahren (A.10) *für jeden Startwert $x_1 \in I$ eine gegen x_0 konvergente Folge liefert.*

Leider gibt der Satz keine Auskunft, wie man das Intervall I bestimmen könnte.

Beispiel 19. Es sollen Biegeschwingungen eines elastischen Stabes (siehe L. Collatz [186], S. 460/461) untersucht werden, der gemäß nachfolgendem Bild beidseitig unterschiedlich gelagert ist. Am linken Ende ist er eingespannt und am rechten Ende liegt er frei auf einer Stütze auf.

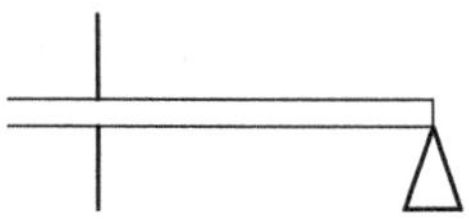

Abb. A.3: Links eingespannter und rechts aufliegender Stab.

Wir suchen einen Näherungswert seiner kleinsten positiven Eigenfrequenz, der sogenannten Grundschwingung. Aus der für diesen Fall geltenden Differenzialgleichung und der Auflagerbedingung erhält man für den Frequenzwert x der Schwingungen des Stabes die Gleichung

$$\tan(x) - \tanh(x) = 0 \tag{A.11}$$

Dabei ist $\tanh(x) := \frac{\sinh(x)}{\cosh(x)}$ mit $\sinh(x) = \frac{1}{2}(e^x - e^{-x})$ und $\cosh(x) = \frac{1}{2}(e^x + e^{-x})$ für alle reellen Zahlen x.

Skizzieren wir die in (A.11) beteiligten Funktionen, so können wir unseren gesuchten Wert x_0 zunächst einmal eingrenzen, beispielsweise auf das Intervall $(2, 5)$.

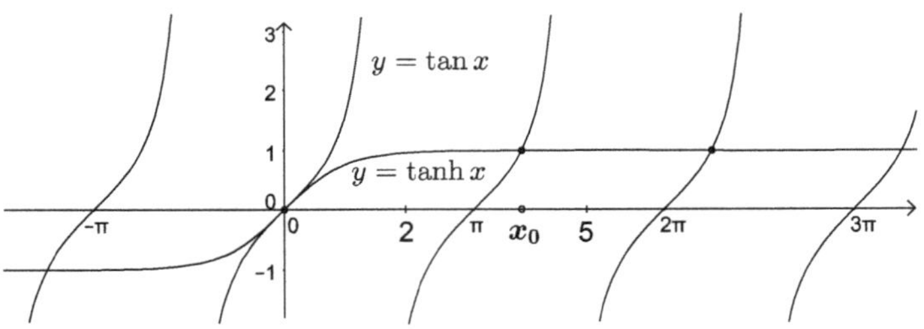

Abb. A.4: Grafische Eingrenzung einer Lösung für Gleichung (A.11).

Wir suchen eine Nullstelle der Funktion $f(x) = \tan(x) - \tanh(x)$ in diesem Intervall. Es ist

$$f'(x) = \frac{1}{\cos^2 x} - \frac{1}{\cosh^2 x} \geq 1 - 0{,}1 \qquad \text{für alle } x \in (2, 5)$$

Für den Startwert $x_1 = 3$ berechnen wir anschließend mit (A.10) die Näherungslösung $x_0 = 3{,}905$. □

Das Konvergenzverhalten des Newton-Verfahrens kann sehr unterschiedlich sein. Ohne weitergehende Untersuchungen lässt sich nichts darüber aussagen, ob die gefundenen Werte x_n sich tatsächlich einer Lösung der Gleichung $f(x) = 0$ annähern.

Für den Startwert $x_1 = 3{,}1$ erhalten wir im vorigen Beispiel $x_0 \approx 7{,}0929$, also die nächstfolgende Lösung von (A.11). Für weitere Startwerte aus $(2, 5)$ erlebt man Überraschungen. Unser Intervall $(2, 5)$ hat nichts mit dem Intervall I aus Satz 34 zu tun, selbst wenn die erste Ableitung dort nicht verschwindet!

Es gibt umfangreiche Konvergenzuntersuchungen, siehe z. B. L. Collatz [187], und man findet auch Beispiele für Funktionen $f(x)$, die genau eine Nullstelle besitzen, um welche die berechnete Folge (x_n) periodisch „herumkreist“, ohne sich ihr jemals anzunähern.

Sind aber durch bestimmte Ungleichungen beschriebene Anfangsvoraussetzungen für den Beginn des Newton-Verfahrens gesichert, dann gelangt man mit wenigen Wiederholungen der Formel (A.10) sehr rasch zu einer brauchbaren Näherungslösung von $f(x) = 0$ (siehe L. Collatz [187], F. A. Willers [190]).

A.7 Funktionen mehrerer Variablen

Die reelle Funktion $f: G \to \mathbb{R}$ sei auf der offenen Menge $G \subset \mathbb{R}^n$ definiert.

Unter der partiellen Ableitung von f bei $x^0 = (x_1^0, \ldots, x_n^0) \in G$ nach x_k versteht man den Grenzwert des Differenzenquotienten

$$\frac{\partial f}{\partial x_k}(x_1^0, \ldots, x_n^0) = \lim_{h \to 0} \frac{f(x_1^0, \ldots, x_{k-1}^0, x_k^0 + h, x_{k+1}^0, \ldots, x_n^0) - f(x_1^0, \ldots, x_n^0)}{h}$$

Man berechnet also die jeweilige partielle Ableitung, indem man die anderen Variablen als Konstanten behandelt.

Auch für Funktionen mehrerer Variablen lässt sich eine Theorie der Extremwerte aufstellen, von der wir die folgende Aussage benötigen.

Satz 35. *Es sei $f: G \to \mathbb{R}$ eine Funktion, deren partielle Ableitungen*

$$\frac{\partial f}{\partial x_k}(x_1^0, \ldots, x_n^0)$$

in jedem Punkt $(x_1^0, \ldots, x_n^0) \in G$ stetig sind. Eine notwendige Bedingung für ein lokales Extremum von f bei $(x_1^0, \ldots, x_n^0)$ ist das Verschwinden der ersten partiellen Ableitungen:

$$\frac{\partial f}{\partial x_k}(x_1^0, \ldots, x_n^0) = 0 \qquad \text{für } k = 1, \ldots, n \tag{A.12}$$

Bildrechte

1. Titelbild: gemeinfrei, Iustitia, Göttin der Gerechtigkeit, auf dem Gerechtigkeitsbrunnen in Bern. Bildhauer: Hans Gieng, 1543, Autor: Wikimedia Commons user TheBernFiles.
2. Bild 3.1: I, Calidius (https://commons.wikimedia.org/wiki/File:Seneca-berlinantikensammlung-2_copy.jpg), https://creativecommons.org/licenses/by-sa/3.0/legalcode
3. Bild 3.3: Schnobby (https://commons.wikimedia.org/wiki/File:Water_strider_in_a_pond.jpg), „Water strider in a pond", Rand verkleinert von Spielmann, https://creativecommons.org/licenses/by-sa/3.0/legalcode
4. Bild 3.5: Dave, The Worlds Best Ever, http://www.theworldsbestever.com
5. Bild 3.6: gemeinfrei. Links: aus Pander, Christian Heinrich (1821): *Die vergleichende Osteologie*. Rechts: aus Richard Lydekker (1893-96): *Royal Natural History*, Volume 2, verfügbar auf www.archive.org
6. Bild 5.3: gemeinfrei
7. Bild 5.9: gemeinfrei „Carboniferous Pteridophyta", from a the 1896 edition of Underwood's Native Ferns and their Allies, Date 1874, Source: Our Native Ferns and their Allies (1888) after Manual of Geology (1874). Author: Lucien Marcus Underwood after James Dwight Dana (authors of the books, illustrators not listed)
8. Bild 7.3: Yosuke Kaifu
9. Bild 7.4: Dr. Susan Hayes (2012), University of Wollongong
10. Bild 7.8: Rainer Garve, Roland Garve
11. Bild 7.14: Richard B. Aronson, Florida Institute of Technology
12. Bild 9.2: gemeinfrei
13. Bild 9.3: gemeinfrei, Archives d'Etat du canton de Geneve
14. Bild 9.4: gemeinfrei, aus Adolphe Joanne (1867): *Paris illustré*
15. Bild 9.5: gemeinfrei
16. Bild 11.4: Golf Bravo (https://commons.wikimedia.org/wiki/File:Ossuary_Hecht_Museum.jpg), „Ossuary Hecht Museum", zugeschnitten von Spielmann, https://creativecommons.org/licenses/by-sa/3.0/legalcode
17. Bild 11.9: World Coalition Against the Death Penalty from Paris, France(https://commons.wikimedia.org/wiki/File:Troy_Davis_Paris_demo.jpg), „Troy Davis Paris demo", https://creativecommons.org/licenses/by-sa/2.0/legalcode
18. Bild 13.3: gemeinfrei
19. Bild 13.4: gemeinfrei, Autor: US Government
20. Bild 13.5: gemeinfrei, Encyclopedia Americana, 1920, v. 7, p. 7
21. Bild 14.1: gemeinfrei
22. Bild 14.2: gemeinfrei
23. Bild 15.3: gemeinfrei, Künstler: M. W. Ridley. Illustration from Frank Leslie's illustrated newspaper, v. 44, no. 1137 (July 14 1877)

https://doi.org/10.1515/9783110542547-019

24. Bild 15.4: gemeinfrei, Künstler: John Murphy
25. Bild 15.6: gemeinfrei, Autor: Anthony Allison
26. Bild 15.7: Alessio Damato (https://commons.wikimedia.org/wiki/File:Bagnoregio_civita_panorama_cropped.jpg), „Bagnoregio civita panorama cropped“, https://creativecommons.org/licenses/by-sa/3.0/legalcode
27. Bild 15.8: gemeinfrei, Autor: James Mahony. Aus der Serie: Sketches in the West of Ireland. Erschienen in: The Illustrated London News, Feb. 20, 1847
28. Bild 15.9: gemeinfrei, Autor: US National Institutes of Health – National Institute of Allergy and Infectious Diseases
29. Bild 15.10: John Novembre, University of Chicago
30. Bild 15.12: gemeinfrei, aus Charles Darwin (1845): *Journal of researches into the natural history and geology of the countries visited during the voyage of H.M.S. Beagle round the world.* London: John Murray. 2d ed.
31. Bild 15.14: Richard Neave
32. Bild 16.6: gemeinfrei, Künstler: Jacques Callot, British Museum
33. Bild 16.12: Dbachmann contribs) (https://commons.wikimedia.org/wiki/File:IE_expansion.png), „IE expansion“, Graustufenumwandlung von Spielmann, https://creativecommons.org/licenses/by-sa/3.0/legalcode
34. Bild 16.17: Ökologix (https://commons.wikimedia.org/wiki/File:Menschlicher_Populationsstammbaum.png), https://creativecommons.org/licenses/by-sa/4.0/legalcode
35. Bild 16.18: Ephert (https://commons.wikimedia.org/wiki/File:Human_migration_out_of_Africa.png), „Human migration out of Africa“, https://creativecommons.org/licenses/by-sa/3.0/legalcode
36. Bild 16.19: John D. Croft at English Wikipedia (https://commons.wikimedia.org/wiki/File:Spread_and_evolution_of_Denisovans.jpg), „Spread and evolution of Denisovans“, umgewandelt in Graustufen von Spielmann, https://creativecommons.org/licenses/by-sa/3.0/legalcode
37. Bild 16.21: François Bonhomme, Eric Rivals, Annie Orth, Philippe R.J. Bois [143]
38. Bild 17.4: gemeinfrei, Künstler: Jan Brueghel d.J., Frans-Hals-Museum, Haarlem
39. Bild 17.6: NECSI, http://necsi.edu/research/social/foodcrises.html
40. Bild 17.11: gemeinfrei, Foto: Willoughby Wallace Hooper
41. Bild 17.12: gemeinfrei, Foto: Bourne & Shepherd 1877

Die Rechte aller anderen Bilder liegen beim Autor.

Literatur

Kapitel 1

[1] Eckhardt U (2007): *Die Schildkröte des Zenon von Elea, Gedanken eines Mathematikers über das Unendliche.* Universität Hamburg [online] http://www.math.uni-hamburg.de/home/eckhardt/Zenon.pdf [Stand: 6.3.2017].

[2] Graeber D (2014): *Schulden – Die ersten 5000 Jahre.* Goldmann, München.

[3] Schreyer P (2016): *Wer regiert das Geld?* Westend, Frankfurt.

[4] Schweizerische Nationalbank (2017): *iconomix – Ökonomie entdecken* [online] https://www.iconomix.ch/de/blog/525-geldschoepfung/ [Stand: 6.3.2017].

[5] Siedenbiedel C: *Hauskäufer leihen sich mehr Geld.* Frankfurter Allgemeine Zeitung, 13.4.2016 [online] http://www.faz.net/aktuell/finanzen/meine-finanzen/finanzieren/immobilienblase-droht-bei-hoeheren-preisen-kreditvolumen-14174871/infografik-preisindex-fuer-14174919.html [Stand: 6.3.2017].

Kapitel 3

[6] Apelt O (2004): *Seneca – Philosophische Schriften.* Marix, Wiesbaden.

[7] Berenbaum MR (2004): *Blutsauger, Staatsgründer, Seidenfabrikanten. Die zwiespältige Beziehung von Mensch und Insekt.* Elsevier, Amsterdam.

[8] Engels F: *Dialektik der Natur.* MEW Bd. 20 [online] http://www.mlwerke.de/me/me20/me20_305.htm [Stand: 10.3.2017].

[9] Franz H, Beier M (1970): *Die geographische Verbreitung der Insekten.* SLIA Handbuch der Zoologie, Bd. 4, De Gruyter, Berlin.

[10] Lavers C (2003): *Warum haben Elefanten so große Ohren? Dem genialen Bauplan der Tiere auf der Spur.* Bastei Lübbe, Köln.

[11] Metcalf HJ (1980): *Topics in classical biophysics.* Prentice Hall, Upper Saddle River, New Jersey.

[12] Osborne H: *Angel Hair phenomenon: When spiders rain down on Australia town.* International Business Times, 14.5.2015 [online] http://www.ibtimes.co.uk/angel-hair-phenomenon-when-spiders-rain-down-australia-town-1501267 [Stand: 10.3.2017].

Kapitel 5

[13] Berner RA: *Atmospheric oxygen over Phanerozoic time.* Proc Natl Acad Sci USA. 1999 Sep 28; vol. 96(20): 10955–10957, doi: 10.1073/pnas.96.20.10955.

[14] Jacobsen A (2014): *Operation Paperclip – The Secret Intelligence Program that Brougt Nazi Scientists to America.* Little, Brown and Company, New York.

[15] Lee MA, Shlain B (1994): *Acid Dreams, The Complete Social History of LSD: The CIA, the Sixties, and Beyond.* Grove Press, New York.

[16] *LSD Related Death of an Elephant, Controversy surrounding the 1962 death of an elephant after an injection of LSD.* Erowid [online] https://www.erowid.org/chemicals/lsd/lsd_history4.shtml [Stand: 2.2.2016].

[17] Milewski AV: *A Comparison of Reptile Communities in Relation to Soil Fertility in the Mediterranean and Adjacent Arid Parts of Australia and Southern Africa.* Journal of Biogeography 8(6):493, November 1981, DOI: 10.2307/2844567.

https://doi.org/10.1515/9783110542547-020

[18] *Project MKULTRA, The CIA's Program of Research in Behavioral Modification.* Schaffer Library of Drug Policy [online] http://www.druglibrary.org/Schaffer/HISTORY/e1950/mkultra/Hearing01.htm [Stand: 2.2.2016].
[19] Ross CA (2006). *The C.I.A. doctors: human rights violations by American psychiatrists.* Richardson, Manitou Communications, Richardson, Texas.
[20] Schmidt-Nielsen K (1997): *Animal Physiology: Adaptation and Environment.* Cambridge University Press, Cambridge.
[21] West LJ, Pierce CM, Thomas WD (1962): *Lysergic acid diethylamide: Its effects on a male Asiatic elephant.* Science 138: 1100–1103.

Kapitel 6

[22] Gillooly JF, Allen AP, Brown JH, West GB (2005): *The Rate of DNA evolution: Effects of Body Size and Temperature on the Molecular Clock.* Proceedings of the National Academy of Sciences, 102:140–145.
[23] Savage VM, Deeds EJ, Fontana W: *Sizing up allometric scaling theory.* Public Library of Science: Computational Biology, 4(9), 2008.

Kapitel 7

[24] Allee WC, Schmidt KP (1951): *Ecological animal geography: an authorized, rewritten edition, 2nd, based on Tiergeographie auf oekologischer Grundlage by Richard Hesse.* John Wiley & Sons, New York.
[25] Baker RJ, Wickliffe JK (2011): Wildlife and Chernobyl: *The scientific evidence for minimal impacts.* Bulletin of the Atomic Scientist. 14 April 2011. Web Edition. [Stand: 6.3.2017].
[26] Bamberg Migliano A, Vinicius L, Mirazon Lahr M: *Life history trade-offs explain the evolution of human pygmies.* PNAS, 2007, doi: 10.1073/pnas.0708024105.
[27] Dähnhardt O (Hrsg., 1907–1912): *Natursagen. Eine Sammlung naturdeutender Sagen, Märchen, Fabeln und Legenden.* 4 Bände, B. G. Teubner, Leipzig /Berlin.
[28] Garve R, Garve M (2010): *Unter Papuas und Melanesiern. Von kunstsinnigen Kannibalen, Kopfjägern, Baumhausmenschen, Sumpfnomaden, Turmspringern und anderen Südsee-Eingeborenen.* Verlag Neue Literatur, Jena.
[29] Graca da Silva S, Tehrani JJ: *Comparative phylogenetic analyses uncover the ancient roots of Indo-European folktales.* Royal Society Open Science, 2016, published 20 January 2016. DOI: 10.1098/rsos.150645.
[30] Hayes S, Sutikna T, Morwood M: *Faces of Homo floresiensis (LB1).* Journal of Archaeological Science Volume 40, Issue 12, December 2013, pages 4400–4410, http://dx.doi.org/10.1016/j.jas.2013.06.028.
[31] Highfield R: *Pygmies life expectancy is between 16 and 24.* The Telegraph, 10.12.2007 [online] http://www.telegraph.co.uk/news/science/science-news/3317989/Pygmies-life-expectancy-is-between-16-and-24.html [Stand: 6.3.2017].
[32] Kubo D, Kono TR, Kaifu Y: *Brain size of Homo floresiensis and its evolutionary implications.* Proc. R. Soc. B, 7 June 2013, vol. 280, no. 1760, DOI: 10.1098/rspb.2013.0338.
[33] Lehmann K: *Von wegen: „Spatzenhirn".* Telepolis, 22.11.2016 [online] https://www.heise.de/tp/features/Von-wegen-Spatzenhirn-3464068.html [Stand: 6.3.2017].
[34] Mirazon Lahr M, Foley R: *Palaeoanthropology: Human evolution writ small.* Nature 431, 1043–1044 (28 October 2004), doi:10.1038/4311043a.

[35] Prinzinger R: *Programmed ageing: the theory of maximal metabolic scope.* EMBO reports (2005) 6, S14-S19, DOI 10.1038/sj.embor.7400425.

[36] Roberts R: *Villagers speak of the small, hairy Ebu Gogo.* The Telegraph, 28.10.2004 [online] http://www.telegraph.co.uk/news/worldnews/asia/indonesia/1475280/Villagers-speak-of-the-small-hairy-Ebu-Gogo.html [Stand: 6.3.2017].

[37] Schwaiger E (1994): *Größenordnungen in der Natur.* Hölder-Pichler-Tempsky Verlag, Wien.

[38] Watkins T: *Animal Longevity and Scale* [online] http://www.sjsu.edu/faculty/watkins/longevity.htm [Stand: 6.3.2017].

Kapitel 8

[39] Charpak G, Broch H (2003): *Was macht der Fakir auf dem Nagelbrett? Erklärungen für unerklärliche Phänomene.* Piper, München.

[40] DasGupta A (2010): *Fundamentals of Probability: A first course.* Springer Texts in Statistics, Springer, New York.

[41] Fisz M (1989): *Wahrscheinlichkeitsrechnung und mathematische Statistik.* Deutscher Verlag der Wissenschaften, Berlin.

[42] Gnedenko BW, Chintschin AJ (1973): *Elementare Einführung in die Wahrscheinlichkeitsrechnung.* Deutscher Verlag der Wissenschaften, Berlin.

[43] Müller PH (Hrsg., 1991): *Wahrscheinlichkeitsrechnung und mathematische Statistik*, Lexikon der Stochastik. 5. Auflage, Akademie Verlag Berlin.

[44] Tijms H (2007): *Understanding Probability.* Cambridge University Press, Cambridge.

Kapitel 9

[45] ABS Staff: *15 Major Corporations You Never Knew Profited from Slavery.* Atlanta Black Star, 26.8.2013 [online] http://atlantablackstar.com/2013/08/26/17-major-companies-never-knew-benefited-slavery/8/ [Stand: 6.3.2017].

[46] *Deutscher Lotto- und Totoblock (DLTB), Daten aus dem Jahr 2007, Details für das Bundesland Baden-Württemberg.* Lottozeitung, 19.3.2017 [online] http://www.lottozeitung.de/deutscher_lotto-_und_totoblock_dltb.php [Stand: 19.3.2017].

[47] Fiedler I: *Das deutsche Glücksspielwesen. Kriminogene Aspekte und Zahlungsströme.* Vortrag auf dem Arbeitstreffen Bekämpfung Geldwäsche vom 05.06.2013.

[48] Fiedler I: *Die Ökonomie des Glücksspiels, Automaten, Spielsucht und Degentrifizierung.* Gastvortrag an der Universität für angewandte Kunst Wien, 2011.

[49] Geitmann R: *Bibel, Kirchen und Zinswirtschaft.* Zeitschrift für Sozialökonomie, Heft 80/1989 [online] http://www.cgw.de/pdf/geitmann-bibelkirchenzins.pdf [Stand: 6.3.2017].

[50] Lubbadeh J: *Glücksspielsucht: Zocken bis zum Zusammenbruch.* Spiegel Online, 9.7.2012, http://www.spiegel.de/gesundheit/psychologie/gluecksspiele-machen-suechtig-vor-allem-geldspielautomaten-a-814173.html [Stand: 6.3.2017].

[51] Ramesh R: *The gambling machines helping drug dealers „turn dirty money clean".* The Guardian, 8.11.2013 [online] http://www.theguardian.com/uk-news/2013/nov/08/gambling-machines-drug-money-laundering-bookies [Stand: 6.3.2017].

[52] Schilling MF: *The longest run of heads.* The College Mathematics Journal, Vol. 21, No. 3, (1990), pp. 196–207.

[53] Swarns RL: *Insurance Policies on Slaves: New York Life's Complicated Past.* New York Times, 18.12.2016 [online] https://www.nytimes.com/2016/12/18/us/insurance-policies-on-slaves-new-york-lifes-complicated-past.html?_r=0 [Stand: 6.3.2017].

[54] Vovelle M (1997): *Die Französische Revolution: Soziale Bewegungen und Umbruch der Mentalitäten*, S. Fischer Verlag, Frankfurt.

[55] Willmann G: *The History of Lotteries* [online] http://willmann.com/~gerald/history.pdf [Stand: 6.3.2017].

Kapitel 10

[56] Garcia Pelayo G (2004): *La Fabulosa Historia De Los Pelayos*. Debolsillo, Madrid.

[57] Murphy J: *Roulette Bias Exposed*. Indian Gaming, Juli 2007 [online] http://www.indiangaming.com/istore/Jul07_Murphy.pdf [Stand: 19.3.2017].

Kapitel 11

[58] Alexander M (2010): *The New Jim Crow. Mass Incarceration in the Age of Colorblindness*, The New Press, New York.

[59] Bayes and the Law, https://sites.google.com/site/bayeslegal/home [Stand: 20.3.2017].

[60] Bonczar TP, Beck AJ: *Lifetime Likelihood of Going to State or Federal Prison*. U.S. Department of Justice, 6.3.1997 [online] http://www.bjs.gov/index.cfm?ty=pbdetail&iid=1042 [Stand: 20.3.2017].

[61] Brühl J: *Ohne Gnade*. Süddeutsche Zeitung, 23.10.2013 [online] http://www.sueddeutsche.de/politik/strafen-fuer-drogendelikte-in-den-usa-ohne-gnade-1.1800890 [Stand: 20.3.2017].

[62] Fields KL: *Towards a Bayesian analysis of recanted eyewitness identification testimony*. New York University Law Review 88(5):1769–1801, November 2013.

[63] Hachlili R (1984): *Names and Nicknames of Jews in Second Temple Times*. Israel Exploration Society, volume 17 of Eretz-Israel.

[64] Ilan T (2002): *Lexicon of Jewish Names in Late Antiquity*. Part 1: Palestine 330 BCE -200 CE, Verlag Mohr Siebeck, Tübingen.

[65] Koch M: *Private Gefängnisse profitieren von der Krise*. Süddeutsche Zeitung, 17.5.2010 [online] http://www.sueddeutsche.de/wirtschaft/usa-private-gefaengnisse-profitieren-von-der-krise-1.377459 [Stand: 15.3.2017].

[66] Roberts PC (2008): *The Tyranny of Good Intentions: How Prosecutors and Law Enforcement Are Trampling the Constitution in the Name of Justice*. Broadway Books, New York.

[67] Roberts PC: *Prosecutor's Gone Wild – America's Injustice System is Criminal*. Counterpunch, 12.12.2006 [online] http://www.counterpunch.org/2006/12/12/america-s-injustice-system-is-criminal/ [Stand: 20.3.2017].

[68] *Significant Doubts about Troy Davis' Guilt: A Case for Clemency*. National Association for the Advancement of Colored People [online] http://www.naacp.org/pages/troy-davis-a-case-for-clemency [Stand: 5.2.2016].

[69] Stamm E: *Die Internet-Revolution erfasst auch die Anwaltsbranche*. NZZ am Sonntag, 16.8.2016 [online] http://www.nzz.ch/meinung/kommentare/innnovation-im-recht-die-internet-revolution-erfasst-auch-die-anwaltsbranche-ld.111110 [Stand: 20.3.2017].

[70] *State of New Mexico, Plaintiff-Appellee, vs. Joe E. Sneed, Defendant-Appellant, State v. Sneed, 1966-NMSC-104, 76 N.M. 349, 414 P.2d 858 (S. Ct. 1966)* [online] http://www.nmcompcomm.us/nmcases/NMSC/1966/1966-NMSC-104.pdf [Stand: 10.3.2017].

[71] Tabor JD (2007): *Die Jesus-Dynastie. Das verborgene Leben von Jesus und seiner Familie und der Ursprung des Christentums*. Goldmann, München.

[72] *The People, Plaintiff and Respondent, v. Malcolm Ricardo Collins, Defendant and Appellant, People v. Collins, 68 Cal. 2d 319 (Cal. 1968)* [online] https://www.courtlistener.com/opinion/1207456/people-v-collins/ [Stand: 15.3.2017].

[73] Tversky A, Kahneman D: *Judgment under Uncertainty: Heuristics and Biases.* Science, 1974 Sep 27;185(4157):1124–31, DOI: 10.1126/science.185.4157.1124.

[74] Upadhyay R: *Murder Cases, Evidence and Logical Rigor* [online] http://ucanalytics.com/blogs/logical-rigor/ [Stand: 20.3.2017].

Kapitel 12

[75] Appleton DR, French JM, Vanderpump MPJ.: *Ignoring a Covariate: An Example of Simpson's Paradox.* The American Statistician, Volume 50, 1996 – Issue 4, pages 340–341.

[76] Ballmer D: *Die zweitschlechteste Polizei der Schweiz.* Basler Zeitung, 11.03.2012 [online] http://bazonline.ch/basel/land/Die-zweitschlechteste-Polizei-der-Schweiz/story/16199731 [Stand: 20.3.2017].

[77] Gigerenzer G, Kuoni J, Ritschard R (2015): *Was Ärzte wissen müssen.* Swiss Medical Forum, 15(36), 787–793.

[78] Heinz W: *Kriminalität von Deutschen nach Alter und Geschlecht im Spiegel von Polizeilicher Kriminalstatistik und Strafverfolgungsstatistik.* Aktualisierte Neuauflage Konstanz 2004, Konstanzer Inventar Kriminalitätsentwicklung (KIK) [online] www.uni-konstanz.de/rtf/kik/ [Stand: 20.3.2017].

[79] *Informationsplattform humanrights.ch* http://www.humanrights.ch/de/menschenrechte-schweiz/inneres/strafen/polizei/ rassistisches-profiling-gerichtsverhandlung-praezedenz-charakter [Stand: 20.3.2017].

[80] Julious SA, Mullee MA: *Confounding and Simpson's paradox.* British Medical Journal 1994; 309: 1480–1481.

[81] Sun K: *Racial Profiling and a Misunderstanding of Probability.* Psychology Today, 13.9.2009 [online] https://www.psychologytoday.com/blog/the-justice-and-responsibility-league/200909/racial-profiling-and-misunderstanding-probability [Stand: 20.3.2017].

[82] Wernicke J: *Die faschistische Gefahr.* Gespräch mit Jürgen Todenhöfer, 9.5.2016 [online] http://www.nachdenkseiten.de/?p=33295 [Stand: 20.3.2017].

Kapitel 13

[83] Bröckers M (2013): *JFK-Staatsstreich in Amerika.* Westend, Frankfurt.

[84] *Cable Sought to Discredit Critics of Warren Report.* New York Times, 26.12.1977, Page 32. http://www.nytimes.com/1977/12/26/archives/cable-sought-to-discredit-critics-of-warren-report.html?_r=0 [Stand: 20.3.2017].

[85] deHaven-Smith L (2016): *Conspiracy Theory in America.* Discovering America, University of Texas Press, Austin.

[86] *JFK Lancer.* [online] http://www.jfklancer.com/CIA.html [Stand: 22.4.2017].

[87] Mikkelson D: *Fact Check History Linkin' Kennedy* [online] http://www.snopes.com/history/american/lincoln-kennedy.asp [Stand: 20.3.2017].

[88] Perkins HC (1964): *Northern Editorials on Secession.* Peter Smith, Gloucester, Mass.

[89] Roth R (2015): *Sklaverei als Menschenrecht.* DVS, Frankfurt am Main.

[90] Talbot D (2016): *Das Schachbrett des Teufels: Die CIA, Allen Dulles und der Aufstieg Amerikas heimlicher Regierung.* Westend, Frankfurt.

[91] *Verschwörungstheorie.* Wikipedia [online] https://de.wikipedia.org/wiki/Verschw%C3%B6rungstheorie [Stand: 22.4.2017].

Kapitel 14

[92] *Australian Law Reform Commission, Criminal Proceedings* [online] https://www.alrc.gov.au/publications/44-criminal-proceedings/reliability-dna-evidence#_ftnref17 [Stand: 20.3.2017].

[93] Bobelian M: *DNA's Dirty Little Secret.* Washington Monthly, March/April 2010 [online] http://www.geneticsandsociety.org/article.php?id=5091 [Stand: 20.3.2017].

[94] Brenner CH: *Forensic mathematics of DNA matching* [online] http://dna-view.com/ [Stand: 20.3.2017].

[95] Clarke M: *Cold Case Hits Use Vastly Exaggerated DNA „Match" Statistics; Upheld by California Supreme Court.* Prison Legal News, Januar 2009.

[96] Farrell N: *The murder mystery solved by DNA from the back of a postage stamp.* Newsweek, 10.11.2014 [online] http://europe.newsweek.com/murdery-mystery-solved-back-stamp-282052?rm=eu [Stand: 20.3.2017].

[97] Felch J, Dolan M: *When a match is far from a lock.* Los Angeles Times, 4.5.2008 [online] http://articles.latimes.com/2008/may/04/local/me-dna4 [Stand: 20.3.2017].

[98] *Innocence Project.* http://www.innocenceproject.org/ [Stand: 20.3.2017].

[99] Troyer K, Gilroy T, Koeneman B: *A nine STR locus match between two apparent unrelated individuals using AmpFlSTR Profiler Plus TM and COfiler TM.* Proceedings of the Promega 12th International Symposium on Human Identification, 2001.

[100] Riley DE: *DNA Testing, An Introduction For Non-Scientists, An Illustrated Explanation* [online] http://www.scientific.org/tutorials/articles/riley/riley.html [Stand: 20.3.2017].

[101] Schneider P: *Nachweisgrenzen der DNA-Analyse.* Gen-ethisches Netzwerk [online] http://gen-ethisches-netzwerk.de/gid/191/nachweisgrenzen-dna-analyse [Stand: 20.3.2017].

[102] Thompson WC: *The Potential for Error in Forensic DNA Testing (and How That Complicates the Use of DNA Databases for Criminal Identification).* Council for Responsible Genetics (CRG) and its national conference, Forensic DNA Databases and Race: Issues, Abuses and Actions held June 19–20, 2008, New York University, 2008.

[103] Trautman D: *Probabilities Associated with DNA Profiling* [online] http://www.mathcs.citadel.edu/trautmand/stuff/dnapapers/little.htm [Stand: 20.3.2017].

[104] Weir BS: *The rarity of DNA profiles.* The Annals of Applied Statistics 1(2):358–370, February 2007, DOI: 10.1214/07-AOAS128.

Kapitel 15

[105] Angier N: *Cause of Cystic Fibrosis Is Traced to the Stone Age.* The New York Times, 1.6.1994.

[106] Aronova-Tiuntseva Y, Freeman Herreid C: *Hemophilia: The Royal Disease.* National Center for Case Study Teaching in Science. University at Buffalo, State University of New York., 7.4.2012 [online] http://sciencecases.lib.buffalo.edu/cs/files/hemo.pdf [Stand: 23.3.2017].

[107] Cavalli-Sforza L, Cavalli-Sforza F (1996): *Verschieden und doch gleich.* Knaur Verlag, München.

[108] Chaplin G, Jablonski NG: *Die Evolution der Hautfarben.* Spektrum der Wissenschaft, 1.6.2003 [online] http://www.spektrum.de/magazin/die-evolution-der-hautfarben/829886 [Stand: 24.3.2017].

[109] Curry A: *Archaeology: The milk revolution.* Nature 500, 20–22 (01 August 2013) doi:10.1038/500020a.

[110] DeNoon DJ: *Fatty Liver Disease: Genes Affect Risk.* WebMD Health News, 26.9.2008 [online] http://www.webmd.com/digestive-disorders/news/20080925/fatty-liver-disease-genes-affect-risk [Stand: 24.3.2017].

[111] Fisher RA (1930): *The genetical theory of natural selection.* Clarendon Press, Oxford.

[112] Frisch A, Colombo R, Michaelovsky E, Karpati M, Goldman B, Peleg L (2004): *Origin and spread of the 1278insTATC mutation causing Tay-Sachs disease in Ashkenazi Jews: genetic drift as a robust and parsimonious hypothesis.* Human Genetics 114 (4): 366–76. PMID 14727180.

[113] Goodman BE, Percy WH: *CFTR in cystic fibrosis and cholera: from membrane transport to clinical practice.* Advances in Physiology Education Published 1 June 2005 Vol. 29 no. 2, 75–82 DOI: 10.1152/advan.00035.2004.

[114] Höffeler F (2009): *Das Erbe der frühen Viehzüchter. Geschichte und Evolution der Lactose(in)toleranz.* Biologie in unserer Zeit, Volume 39, Issue 6.

[115] Kaplan K: *DNA ties Ashkenazi Jews to group of just 330 people from Middle Ages.* Los Angeles Times, 9.9.2014.

[116] Keller A et al.: *New insights into the Tyrolean Iceman's origin and phenotype as inferred by whole-genome sequencing.* Nature Communications 3, Article number: 698 (2012), doi:10.1038/ncomms1701.

[117] Kimura M, Ohta T: *The average number of generations until fixation of a mutant gene in a finite population.* Genetics 61 (763–771), March 1969.

[118] Kruettli A, Bouwman A, Akguel G, Della Casa P, Ruehli F, & Warinner, C. G. (2014): *Ancient DNA analysis reveals high frequency of European lactase persistence allele (T-13910) in medieval Central Europe.* PLoS One, 9(1): e86251. doi:10.1371/journal.pone.0086251.

[119] Mähr C (2010): *Von Alkohol bis Zucker. Zwölf Substanzen, die die Welt veränderten.* Dumont, Köln.

[120] Mecsas J, Franklin G, Kuziel WA, Brubaker RR, Falkow S, Mosier DE: *Evolutionary genetics: CCR5 mutation and plague protection.* Nature, Volume 427, Issue 6975, pp. 606 (2004).

[121] Menotti-Raymond M, O'Brien SJ (1993): *Dating the Genetic Bottleneck of the African Cheetah.* Proceedings of the National Academy of Sciences of the United States of America 90, (8): 3172–3176 [online] http://nsuworks.nova.edu/cnso_bio_facarticles/232 [Stand: 24.3.2017].

[122] Mitchum R: *Lactose Tolerance in the Indian Dairyland.* Science Life, 14.9.2011 [online] https://sciencelife.uchospitals.edu/2011/09/14/lactose-tolerance-in-the-indian-dairyland/ [Stand: 24.3.2017].

[123] Moalem S, Prince J (2008): *Survival of the Sickest.* Harper, New York.

[124] Morral N et al.: *The origin of the major cystic fibrosis mutation (DeltaF508) in European populations.* Nature Genetics 7, 169–175 (1994) doi:10.1038/ng0694-169.

[125] Novembre J, Galvani AP, Slatkin M (2005): *The Geographic Spread of the CCR5 Delta32 HIV-Resistance Allele.* PLoS Biol 3(11): e339. doi:10.1371/journal.pbio.0030339.

[126] Osterweil N: *Hemophilia carriers are at risk for abnormal bleeding.* Frontline Medical News, MDedge, 27.8.2016 [online] http://www.mdedge.com/familypracticenews/article/112005/hematology/hemophilia-carriers-are-risk-abnormal-bleeding [Stand: 24.3.2017].

[127] *PBS, Evolution Library, Online Course for Teachers* http://www.pbs.org/wgbh/evolution/educators/ [Stand: 20.11.2016].

[128] Potts DM, Potts WTW (1995): *Queen Victoria's Gene: Haemophilia and the Royal Family.* Alan Sutton Publishing, Stroud, Gloucestershire.

[129] Priehodova E, Abdelsawy A, Heyer E, Cerny V: *Lactase Persistence Variants in Arabia and in the African Arabs.* (2014). Human Biology Open Access Pre-Prints. Paper 48. [online] http://digitalcommons.wayne.edu/humbiol_preprints/48 [Stand: 2.5.2017].

[130] Robinson PN: *Molekularbiologie und Genetik II.* Vorlesungsskript [online] http://charite.github.io/teaching-genetics.html [Stand: 20.11.2016].

[131] Schliekelman P, Garner C, Slatkin M (2001): *Natural selection and resistance to HIV.* Nature 411: 545–546.
[132] Tait M: *Natural Immunity Against HIV.* 10/4/09 [online] http://www.cabsa.org.za/book/export/html/1496 [Stand: 20.11.2016].
[133] Tran TD et al.: *The evolution of moment generating functions for the Wright Fisher model of population genetics.* Mathematical Biosciences 256, January 2014.
[134] Vitousek PM et al.: *Introduced species: A significant component of human-caused global change.* New Zealand Journal of Ecology (1997) 21(1): 1–16.
[135] Walker C: *Bubonic Plague Traced to Ancient Egypt.* National Geographic News, 10.3.2004.
[136] Wright S: *Evolution in Mendelian populations.* Genetics, 16:97–159, 1931.
[137] Yang Y, Shevchenko A et al.: *Proteomics Evidence for Kefir Dairy in Early Bronze Age China.* Journal of Archaeological Science, 4 December 2013 (DOI: 10.1016/j.jas.2014.02.005).
[138] Zeeb-Lanz A: *Kannibalismus in Herxheim.* Biologie in unserer Zeit, June 2014, DOI: 10.1002/biuz.201410536.
[139] Zeibig D: *Verträglichkeit für Milchzucker entstand überraschend spät.* Spektrum der Wissenschaft, 22.10.2014 [online] http://www.spektrum.de/news/vertraeglichkeit-fuer-milchzucker-entstand-ueberraschend-spaet/1314527 [Stand: 24.3.2017].

Kapitel 16

[140] Atkinson QD: *Phonemic Diversity Supports a Serial Founder Effect Model of Language Expansion from Africa.* Science, 15 Apr 2011: Vol. 332, Issue 6027, pp. 346–349, DOI: 10.1126/science.1199295.
[141] Barnosky AD et al.: *Has the Earth's sixth mass extinction already arrived?* Nature 471, 51–57 (03 March 2011) doi:10.1038/nature09678.
[142] Barnosky AD et al.: *Approaching a state shift in Earth's biosphere.* Nature 486, 52–58 (07 June 2012) doi:10.1038/nature11018.
[143] Bonhomme F, Rivals E, Orth A, Grant GR, Jeffreys AJ, Bois PRJ: *Species-wide distribution of highly polymorphic minisatellite markers suggests past and present genetic exchanges among house mouse subspecies.* Genome Biol. 2007; 8(5): R80. Published online 2007 May 14. doi: 10.1186/gb-2007-8-5-r80, PMCID: PMC1929145.
[144] Callaway E: *Steppe migration rekindles debate on language origin.* Nature 518, 284–285 (19 February 2015) doi:10.1038/518284a.
[145] Choi C: *Now-Extinct Relative Had Sex with Humans Far and Wide.* LiveScience. 22. September 2011 [Stand: 6.10.2013].
[146] Embacher F: *Von Graphen, Genen und dem WWW.* Online-Skriptum zur Lehrveranstaltung „Außermathematische Anwendungen im Mathematikunterricht", gehalten am Institut für Mathematik der Universität Wien im Sommersemester 2003 http://homepage.univie.ac.at/franz.embacher/Lehre/aussermathAnw/ [Stand: 27.3.2017].
[147] Franz A: *Wir sprechen alle ein bisschen Afrika.* Spiegel Online, 17.05.2011 http://www.spiegel.de/wissenschaft/mensch/sprachenentstehung-wir-sprechen-alle-ein-bisschen-afrika-a-762134.html [Stand: 27.3.2017].
[148] Gabric K: *Biology Central* [online] https://www.hinsdale86.org/staff/kgabric/evolution03/evolution.cswarthout/ [Stand: 12.5.2016].
[149] *Genfluss archaischer Menschen zu Homo sapiens.* Wikipedia [Stand: 2.3.2017]
[150] Haak W et al.: *Massive migration from the steppe was a source for Indo-European languages in Europe.* Nature 522, 207–211 (11 June 2015) doi:10.1038/nature14317.
[151] *Human Journey – Wie der Mensch die Welt eroberte.* BBC-Dokumentation, 2009.

[152] Kimball JW: *Kimball's Biology Pages* [online] http://www.biology-pages.info/ [Stand: 27.3.2017].
[153] Lachance J et al: *Evolutionary History and Adaptation from High-Coverage Whole-Genome Sequences of Diverse African Hunter-Gatherers.* Cell. Band 150, Nr. 3, 2012, S. 457–469, doi:10.1016/j.cell.2012.07.009.
[154] Mader P: *Jungsteinzeitliche Wanderungen beeinflussen indoeuropäische Sprachen.* Max-Planck-Gesellschaft, 2.3.2015 [online] https://www.mpg.de/8995790/menschen-wanderung-indogermanische-sprachen [Stand: 27.3.2017].
[155] Masuda R, Yoshida MC: *Two Japanese wildcats, the Tsushima cat and the Iriomote cat, show the same mitochondrial DNA lineage as the leopard cat Felis bengalensis, bengalensis.* Zoolog. Sci. 12(5): 655–659, 1995.
[156] McDonald D: Homepage an der Universität von Wyoming http://www.uwyo.edu/dbmcd/molmark/practica/trees.html [Stand: 27.3.2017].
[157] Mühlbauer P: *Indoeuropäer kamen aus der Steppe.* Telepolis, 4.3.2015 [online] http://www.heise.de/tp/artikel/44/44307/1.html [Stand: 27.3.2017].
[158] Rasmussen M et al.: *An Aboriginal Australian genome reveals separate human dispersals into Asia.* Science. Band 334, Nr. 6052, 2011, S. 94–98, doi:10.1126/science.1211177.
[159] Reich D et al.: *Denisova Admixture and the First Modern Human Dispersals into Southeast Asia and Oceania.* The American Journal of Human Genetics. Band 89, Nr. 4, 7. Oktober 2011, 516–528, doi:10.1016/j.ajhg.2011.09.005, PMID 21944045, PMC 3188841.
[160] Sanders R: *Neanderthal genome shows evidence of early human interbreeding, inbreeding.* Berkeley News, 18.12.2013 [online] http://news.berkeley.edu/2013/12/18/neanderthal-genome-shows-evidence-of-early-human-interbreeding-inbreeding/ [Stand: 27.3.2017].
[161] Smith L: *Migrants from India settled in Australia 4,000 years ago before Captain Cook's arrival (and they took their dingos with them).*Mail Online, 15.1.2013 [online] http://www.dailymail.co.uk/sciencetech/article-2262843/Migrants-India-settled-Australia-4-000-years-ago-Captain-Cooks-arrival-took-dingos-them.html [Stand: 2.3.2017].

Kapitel 17

[162] *An Economy for the 99 %.* Oxfam Briefing Paper, published by Oxfam GB for Oxfam International in January 2017. DOI: 10.21201/2017.8616.
[163] Berger J: *Schöner manipulieren mit dem Allianz Global Wealth Report.* Nachdenkseiten, 25.12.2014 [online] http://www.nachdenkseiten.de/?p=23388 [Stand: 30.3.2017].
[164] Chen P: Principles of Biological Science [online] http://bio1152.nicerweb.com [Stand: 30.3.2017].
[165] Coad A, Frankish J, Roberts RG, Storey DJ: *Growth paths and survival chances: An application of Gamblers Ruin theory.* Journal of Business Venturing, Volume 28, Issue 5, September 2013, Pages 615–632.
[166] Davis M: *Die Geburt der Dritten Welt: Hungerkatastrophen und Massenvernichtung im imperialistischen Zeitalter.* Assoziation A, Berlin, 2004.
[167] Durand D: *Growth stocks and the St.Petersburg Paradox.* Journal of Finance, 1957, vol. 12, issue 3, pages 348–363.
[168] Hindle T: *Guide to Management Ideas and Gurus (Economist).* Profile Books, London, 2008.
[169] Hirstein A: *Moderne Märchen der Konsumkritik.* NZZ am Sonntag, 18.11.2012.
[170] Jerving S, Jennings K, Hirsch; Masako M, Rust S: *What Exxon knew about the Earth's melting Arctic.* Los Angeles Times, 09.10.2015 [online] http://graphics.latimes.com/exxon-arctic/ [Stand: 30.3.2017].

[171] Kaufman F: *The food bubble. How Wall Street starved millions and got away with it.* Harpers Magazine, Juli 2010.

[172] Kreiss C (2014): *Geplanter Verschleiß.* Europa Verlag, München.

[173] Kwasniewski N: *Oxfam-Bericht. Acht Superreiche besitzen angeblich so viel wie die halbe Menschheit.* Spiegel Online, 16.01.2017 http://www.spiegel.de/wirtschaft/soziales/oxfam-8-milliardaere-sind-reicher-als-3-6-milliarden-menschen-a-1129932.html [Stand: 30.3.2017].

[174] Lagi M, Bertrand KZ, Bar-Yam Y: *The Food Crises and Political Instability in North Africa and the Middle East.* arXiv:1108.2455 (August 10, 2011), http://necsi.edu/research/social/foodcrises.html [Stand: 30.3.2017].

[175] Lagi M, Bar-Yam Y, Bertrand KZ, Bar-Yam Y: *The Food Crises: A Quantitative Model of Food Prices Including Speculators and Ethanol Conversion.* arXiv:1109.4859 (September 21, 2011), http://necsi.edu/research/social/foodprices.html [Stand: 30.3.2017].

[176] Malthus T (1798): *An Essay on the Principle of Population.* 1st edition, J. Johnson, St. Paul's Church-yard, London. http://www.econlib.org/library/Malthus/malPopCover.html [Stand: 30.3.2017].

[177] Palmer A, Croasdale K (2013): *Arctic Offshore Engineering.* World Scientific, Singapore.

[178] Pomrehn W: *Rauchen ist harmlos.* Telepolis, 14.10.2015 [online] https://www.heise.de/tp/features/Rauchen-ist-harmlos-3376001.html [Stand: 30.3.2017].

[179] Schumann H: *Rohstoff-Spekulanten. Die Hungermacher.* Tagesspiegel, 23.10.2011 [online] http://www.tagesspiegel.de/wirtschaft/rohstoff-spekulanten-die-hungermacher/5442222.html [Stand: 30.3.2017].

[180] Slade G (2006): *Made to Break: Technology and Obsolescence in America.* Harvard University Press, Cambridge MA.

[181] Song S, Song J: *A Note on the History of the Gambler's Ruin Problem.* Communications for Statistical Applications and Methods 2013, Vol. 20, No. 2, 157–168, DOI: http://dx.doi.org/10.5351/CSAM.2013.20.2.157.

[182] Spät P: *Der Mythos der Überbevölkerung.* Telepolis, 18.3.2013 [online] https://www.heise.de/tp/features/Der-Mythos-der-Ueberbevoelkerung-3398821.html [Stand: 30.3.2017].

[183] Szekely GJ, Richards DSP: *The St. Petersburg Paradox and the Crash of High-Tech Stocks in 2000.* The American Statistician 58/3, 225–231, 2004.

[184] Wernicke J: *Geplanter Verschleiß als organisierter Betrug.* Gespräch mit Christian Kreiss, Nachdenkseiten, 16.9.2015 [online] http://www.nachdenkseiten.de/?p=27578 [Stand: 30.3.2017].

[185] Zurayk R: *Use your loaf: why food prices were crucial in the Arab spring.* The Guardian, 17.7.2011 [online] https://www.theguardian.com/lifeandstyle/2011/jul/17/bread-food-arab-spring [Stand: 30.3.2017].

Anhang

[186] Collatz L (1963): *Eigenwertaufgaben mit technischen Anwendungen.* Akademische Verlagsgesellschaft Geest und Portig, Leipzig.

[187] Collatz L (1968): *Funktionalanalysis und numerische Mathematik.* 2. Auflage, Springer, Berlin.

[188] Marti K, Gröger D (2004): *Grundkurs Mathematik für Ingenieure, Natur- und Wirtschaftswissenschaftler.* Springer, Berlin.

[189] Göpfert A, Riedrich T, Tammer C (2017): *Approximation und Nichtlineare Optimierung in Praxisaufgaben: Anwendungen aus dem Finanzbereich und der Standortplanung.* Studienbücher Wirtschaftsmathematik, Springer, Berlin.

[190] Willers FA (1950): *Methoden der praktischen Analysis.* 2. Auflage, W. de Gruyter & Co, Berlin.

Stichwortverzeichnis

https://doi.org/10.1515/9783110542547-021

www.ingramcontent.com/pod-product-compliance
Lightning Source LLC
LaVergne TN
LVHW080849300926
849162LV00003B/378